“十四五”高等职业教育公共基础课程系列教材

应用数学

李　冰　司　维◎主　编
赵　萍　梁　晶◎副主编

中国铁道出版社有限公司
CHINA RAILWAY PUBLISHING HOUSE CO., LTD.

内 容 简 介

本书是编者根据多年教学经验，结合工程类应用数学教学的实际情况，按照高等职业教育人才培养目标的要求，本着基础理论知识“必需、够用”的原则，在教学讲义的基础上经过修改、补充而成的。全书叙述精练，由浅入深，并适度突出了数学在工程领域中的应用。

全书共分为9章，主要阐述了微积分、线性代数和概率的基本知识。内容包括函数、极限与连续，导数与微分，导数的应用，不定积分，定积分，定积分的应用，常微分方程，线性代数初步，概率统计初步。各节后配有习题与文化视角，各章后有综合测试，书后附有习题及综合测试的参考答案。

本书适合作为高等职业院校、成人高校理工类专业的数学基础课程教材。

图书在版编目(CIP)数据

应用数学 / 李冰，司维主编. -- 北京 : 中国铁道出版社有限公司，2025. 8. --（“十四五”高等职业教育公共基础课程系列教材）. -- ISBN 978-7-113-32478-0

Ⅰ. O29

中国国家版本馆 CIP 数据核字第 2025M0D764 号

书　　名：应用数学
作　　者：李　冰　司　维

策　　划：王文欢　　　　**编辑部电话：**(010)83527746
责任编辑：张松涛　许　璐
封面设计：高博越
责任校对：苗　丹
责任印制：赵星辰

出版发行：中国铁道出版社有限公司(100054,北京市西城区右安门西街8号)
网　　址：https://www.tdpress.com/51eds
印　　刷：河北京平诚乾印刷有限公司
版　　次：2025年8月第1版　2025年8月第1次印刷
开　　本：889 mm×1 194 mm　1/16　**印张：**18.25　**字数：**549千
书　　号：ISBN 978-7-113-32478-0
定　　价：52.00元

前　言

近年来,高等职业教育改革不断推进,高职数学课程标准趋于清晰。为了进一步适应高等职业教育培养目标的需要,我们根据近几年“高等数学”教学改革实践,整理讲义、总结经验、吸收意见与建议,摒弃一些一元微积分中晦涩难懂的内容及复杂运算过程,代之引入部分线性代数和概率统计内容,经过改进和调整,编写了本书。

本书采用模块设计的形式,分为预备知识模块、基础模块和专业模块。其中预备知识模块包括函数、极限与连续;基础模块包括导数与微分、导数的应用、不定积分、定积分、定积分的应用、常微分方程;专业模块包括线性代数初步和概率统计初步。

本书在编写时力求突出四个特点:

(1)从高等职业教育人才培养的目标出发,以应用为目的,以理论“必需、够用”为原则,以阐述基本概念和基本方法为基础,重点强调数学思想和方法的应用,淡化理论体系和理论证明。

(2)以专业案例为切入点,引入概念、强化应用,突出数学与专业的联系,提高学生的学习兴趣。

(3)语言叙述深入浅出,使学生能够在没有他人指导的情况下也能读懂教材,增强学习数学的信心。

(4)通过文化视角及部分例题等引入思政元素,引导学生树立社会主义核心价值观,培养数学素养、工匠精神。

本书适合作为高等职业院校、成人高校理工类专业的数学基础课程教材,其中专业模块内容可根据不同专业进行选讲。本书建议学时为100学时。书中带*号的内容可酌情选择。

本书由哈尔滨铁道职业技术学院多名多年奋斗在教学一线的教师联合编写,由李冰、司维任主编,赵萍、梁晶任副主编。具体编写分工如下:第2、3、9章由司维编写;第4、5章及附录由李冰编写;第1、8章由赵萍编写;第6、7章由梁晶编写,全书由李冰统稿。

本书在编写过程中得到了哈尔滨铁道职业技术学院各级领导及中国铁道出版社有限公司有关领导的重视、支持和帮助,在此一并致以诚挚的谢意。

由于编者水平有限,书中难免存在疏漏和不妥之处,恳请读者批评指正,并将您的宝贵意见和建议及时反馈给我们(电子邮箱:124978396@qq.com),以便及时修订。

编　者

2025年6月

目　录

预备知识模块

基础模块

专业模块

附录

预备知识模块

◎第 1 章　函数、极限与连续

第 1 章　函数、极限与连续

函数作为近代数学的基本概念之一，是微积分的主要研究对象. 极限思想是微积分的理论基础，极限方法是微积分的基本方法. 连续性是函数在微积分中的一个重要性态. 本章将从函数的概念出发，引入极限的思想和方法，确定函数的连续性，为微积分的学习夯实基础.

§1.1　函数的概念

在现实世界中，一切事物都在一定的空间中运动着. 17 世纪初，数学首先从对运动(如天文、航海问题等)的研究中引出了函数这个基本概念. 此后的 200 多年里，这个概念在几乎所有的科学研究工作中占据了中心位置. 本节介绍函数的一些相关概念、函数关系的构建与函数的特性等.

1.1.1　集合、区间、邻域

1. 集合

定义 1.1　一般地，我们把研究对象统称为**元素**，把一些元素组成的总体称为**集合**(简称**集**). 集合具有确定性(集合中的元素必须是确定的)和互异性(集合中的元素是互不相同的).

通常用大写拉丁字母 A，B，C，…表示集合，用小写拉丁字母 $a,b,c,\cdots$表示集合中的元素. 如果 a 是集合 A 的元素，就说 a 属于 A，记作 $a \in A$；否则就说 a 不属于 A，记作 $a \notin A$.

我们通常把集合的元素一一列举出来，并用“{ }”括起来表示集合，或用集合所有元素的共同特征来表示集合.

如果集合只包含有限个元素，则称为**有限集合**；反之称为**无限集合**.

由数组成的集合称为**数集**，常用的数集见表 1-1-1.

表　1-1-1

数集	自然数集	整数集	正整数集	有理数集	实数集
符号	$\mathbf{N}$	$\mathbf{Z}$	$\mathbf{N}^*$	$\mathbf{Q}$	$\mathbf{R}$

2. 区间

定义 1.2　由数轴上两点间的一切实数所组成的集合称为**区间**，这两个点称为区间的**端点**. 区间可分为有限区间和无限区间，其中有限区间包括闭区间、开区间和半开区间，见表 1-1-2；无限区间指区间的其中一端或两端为无穷大的区间，例如 $(a,+\infty)$、$[a,+\infty)$、$(-\infty,b)$、$(-\infty,+\infty)$.

表　1-1-2

区间的名称	区间对应的集合	区间的记号	区间在数轴上的表示
闭区间	$a \leqslant x \leqslant b$	$[a,b]$	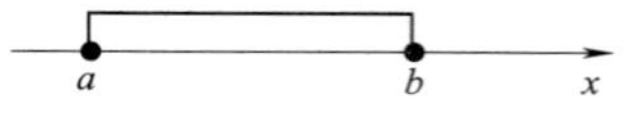
开区间	$a < x < b$	(a,b)	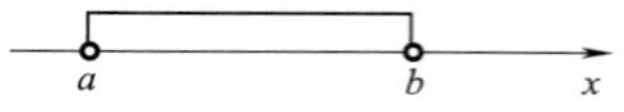

续表

区间的名称	区间对应的集合	区间的记号	区间在数轴上的表示
半开区间	$a<x\leqslant b$ 或 $a\leqslant x<b$	$(a,b]$ 或 $[a,b)$	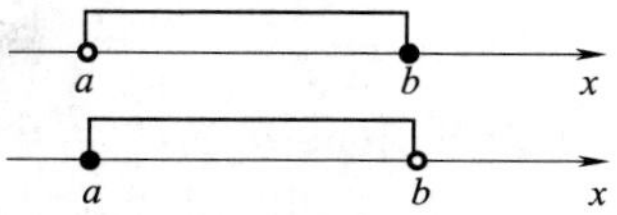

3. 邻域

定义 1.3　设 $a,\delta\in\mathbf{R}$, $\delta>0$，称开区间 $(a-\delta,a+\delta)$ 为点 a 的 **δ 邻域**，记作 $U(a,\delta)$，即

$$U(a,\delta)=(a-\delta,a+\delta)=\{x\mid a-\delta<x<a+\delta\}=\{x\mid |x-a|<\delta\}.$$

其中，点 a 称为**邻域**的中心，δ 称为**邻域**的半径.

视频

邻域定义

$U(a,\delta)$ 在数轴上的表示如图 1-1-1(a)所示。

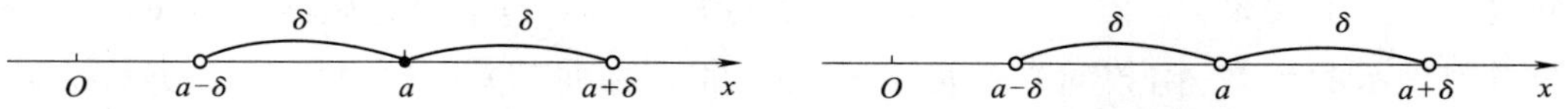

(a)　(b)

图　1-1-1

若把邻域 $U(a,\delta)$ 的中心去掉，则称为点 a 的**去心 δ 邻域**，记作 $\mathring{U}(a,\delta)$，即

$$\mathring{U}(a,\delta)=\{x\mid 0<|x-a|<\delta\}.$$

$\mathring{U}(a,\delta)$ 在数轴上的表示如图 1-1-1(b)所示。

为表达方便，有时还把开区间 $(a-\delta,a)$ 称为点 a 的 **δ 左邻域**，记作 $U_-(a,\delta)$；把开区间 $(a,a+\delta)$ 称为点 a 的 **δ 右邻域**，记作 $U_+(a,\delta)$。

另外，当无须指明邻域半径时，点 a 的邻域（或去心邻域）也可简记为 $U(a)$（或 $\mathring{U}(a)$）。

1.1.2　函数的定义和定义域

1. 函数的定义

定义 1.4　设 D 为一个非空实数集合，若存在确定的对应法则 f，使得对于数集 D 中的任意一个实数 x，按照 f 都有唯一确定的实数 y 与之对应，则称 f 是定义在集合 D 上的**函数**，记作

$$y=f(x),\quad x\in D.$$

其中，x 称为**自变量**，y 称为**因变量**，数集 D 称为该函数的**定义域**.

如果对于自变量 x 的某个确定的值 x_0，按照对应法则 f，因变量 y 能够得到一个确定的值与之对应，则称这个值为函数 $f(x)$ 在 x_0 处的函数值，记作 $f(x_0)$ 或 $y|_{x=x_0}=f(x_0)$.

当自变量取遍 D 的所有数值时，对应的函数值的全体构成的集合称为函数 f 的**值域**，记为 R_f，即

$$R_f=\{y\mid y=f(x),x\in D\}.$$

2. 函数的定义域

函数的定义域通常按以下两种情形来确定：一种是对有实际背景的函数，其定义域根据实际背景中变量的实际意义确定；另一种是对抽象地用算式表达的函数，通常约定这种函数的定义域是使得算式有意义的一切实数组成的集合，这种定义域称为函数的**自然定义域**.

例 1　确定函数 $f(x)=\dfrac{\lg(3-x)}{\sin x}+\sqrt{5+4x-x^2}$ 的定义域.

解　要使函数 $f(x)$ 有意义，自变量 x 显然要满足：

$$\begin{cases}3-x>0\\ \sin x\neq 0\\ 5+4x-x^2\geq 0\end{cases}\Rightarrow\begin{cases}x<3\\ x\neq k\pi\\ -1\leq x\leq 5\end{cases}\quad (k\in\mathbf{Z}).$$

所以,函数$f(x)$ 的定义域为 $D_f=\{x\mid -1\leq x<3, x\neq 0\}=[-1,0)\cup(0,3)$.

1.1.3 函数的常用表示法

(1)表格法:将自变量的值与对应的函数值以表格形式列出的方法.

(2)图像法:在坐标系中用图形直观表示函数关系的方法.

(3)公式法(解析法):用数学表达式(解析式)描述自变量和因变量之间的函数关系的方法.

根据函数解析表达式的不同表示形式,公式法定义的函数可进一步分为以下四类:

(1)显函数:函数 y 由 x 的解析表达式直接表示,例如 $y=(x+1)^2$.

(2)隐函数:函数的自变量 x 与因变量 y 的对应关系由方程 $F(x,y)=0$ 来确定,例如 $e^{xy}=x+y$.

(3)参数方程表示的函数:函数的自变量 x 与因变量 y 的对应关系通过第三个变量联系起来,例如 $\begin{cases}x=g(t)\\ y=f(t)\end{cases}$,$t$ 为参变量.

(4)分段函数:函数在定义域的不同区间内,使用不同的解析表达式.

下面来看几个分段函数的例子:

①绝对值函数

$$y=|x|=\begin{cases}x & x\geq 0\\ -x & x<0\end{cases}$$

的定义域为 $D=(-\infty,+\infty)$,值域 $R_f=[0,+\infty)$,其图像如图 1-1-2 所示.

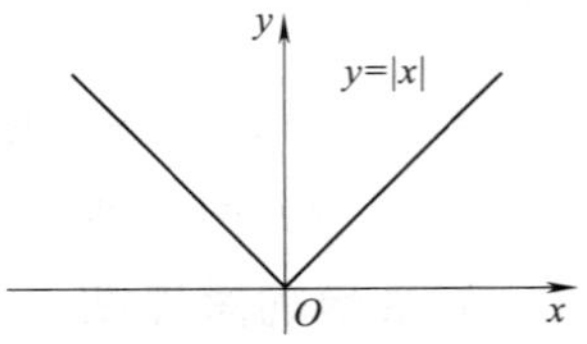

图 1-1-2

②符号函数

$$y=\operatorname{sgn} x=\begin{cases}1 & x>0\\ 0 & x=0\\ -1 & x<0\end{cases}$$

的定义域为 $D=(-\infty,+\infty)$,值域 $R_f=\{-1,0,1\}$,其图像如图 1-1-3 所示.

③取整函数 $y=[x]$,其中,$[x]$ 表示不超过 x 的最大整数.

例如,$\left[\frac{2}{3}\right]=0$,$[\sqrt{3}]=1$,$[\pi]=3$,$[-2]=-2$,$[-2.3]=-3$.

取整函数的定义域 $D=(-\infty,+\infty)$,值域 $R_f=\mathbf{Z}$,其图像如图 1-1-4 所示.

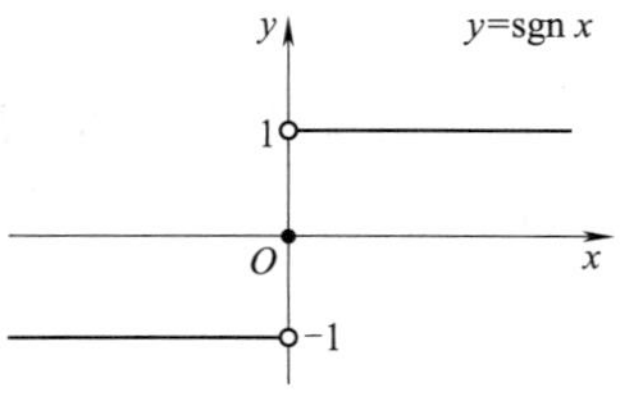

图 1-1-3

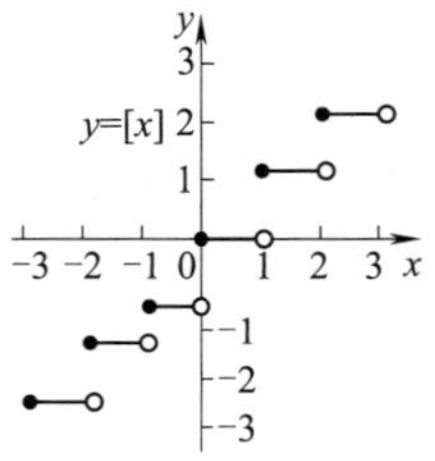

图 1-1-4

④狄利克雷函数

$$y=D(x)=\begin{cases}1 & \text{当 } x \text{ 是有理数}\\ 0 & \text{当 } x \text{ 是无理数}\end{cases}$$

的定义域为 $D=(-\infty,+\infty)$,值域 $R_f=\{0,1\}$.

1.1.4 函数的基本特性

1. 函数的单调性

设函数 $y = f(x)$ 的定义域为 $D, I \subset D$, 对于区间 I 上的任意两点 x_1 及 x_2, 当 $x_1 < x_2$ 时,

(1)若恒有 $f(x_1) < f(x_2)$, 则称函数 $f(x)$ 在区间 I 上是**单调增加函数**;

(2)若恒有 $f(x_1) > f(x_2)$, 则称函数 $f(x)$ 在区间 I 上是**单调减少函数**.

例如,函数 $y = \sin x$ 在区间 $\left[-\frac{\pi}{2}, \frac{\pi}{2}\right]$ 上是单调增加的,在区间 $\left[\frac{\pi}{2}, \frac{3\pi}{2}\right]$ 上是单调减少的.

2. 函数的奇偶性

设函数 $y = f(x)$ 的定义域关于原点对称,对于任意 $x \in D$,

(1)若有 $f(-x) = f(x)$, 则称 $y = f(x)$ 为**偶函数**;

(2)若有 $f(-x) = -f(x)$, 则称 $y = f(x)$ 为**奇函数**;

不是偶函数也不是奇函数的函数,称为**非奇非偶函数**.

偶函数的图形是关于 y 轴对称的,如函数 $y = \cos x, y = x^2$;

奇函数的图形是关于原点对称的,如函数 $y = \sin x, y = x^3$.

3. 函数的周期性

设函数 $y = f(x)$ 的定义域为 D ,若存在正数 T, 使得对于一切 $x \in D$, 有 $(x \pm T) \in D$, 且

$$f(x \pm T) = f(x),$$

则称 $f(x)$ 为**周期函数**, T 称为 $f(x)$ 的**周期**,通常所说的周期函数的周期是指其最小正周期. 如函数 $y = \tan x$, $y = \cos x$ 的周期分别为 $\pi, 2\pi$.

4. 函数的有界性

设函数 $y = f(x)$ 的定义域为 D, $X \subset D$, 若存在一个正数 M, 使得

$$|f(x)| < M$$

对任意 $x \in X$ 均成立,则称函数 $f(x)$ 在 X 上**有界**. 若这样的 M 不存在,就称函数 $f(x)$ 在 X 上无界. 这就是说,若对于任何正数 M, 总存在 $x_1 \in X$, 使 $|f(x_1)| > M$, 则函数 $f(x)$ 在 X 上**无界**.

例如,因为当 $x \in (-\infty, +\infty)$ 时,恒有 $|\sin x| \leqslant 1$,所以函数 $f(x) = \sin x$ 在 $(-\infty, +\infty)$ 是有界函数,这里 $M = 1$. 再如,当 $x \in \left(-\frac{\pi}{2}, \frac{\pi}{2}\right)$ 时, $f(x) = \tan x$ 是无界函数.

1.1.5 反函数

函数 $y = f(x)$ 的自变量 x 与因变量 y 的关系往往是相对的,有时不仅要研究 y 随 x 而变化的状况,也要研究 x 随 y 而变化的状况,对此,引入反函数概念.

定义 1.5 设函数 $y = f(x)$ 的定义域为 D ,值域为 R_f ,若对于 R_f 中的每一个值 y ,在 D 中都有唯一确定的 x 与之对应,则称这一对应关系为 $f(x)$ 的**反函数**,记作

$$x = f^{-1}(y),$$

其定义域为 R_f, 值域为 D。

注意:

(1)习惯上,常用 x 表示自变量, y 表示因变量,因此函数 $y = f(x)$ 的反函数 $x = f^{-1}(y)$ 常改写为 $y = f^{-1}(x)$.

(2)在同一坐标平面内, $y = f(x)$ 与 $y = f^{-1}(x)$ 二者的图形关于直线 $y = x$ 对称.

(3)按此定义,只有单调函数才存在反函数. 对于在定义域内不单调的函数,应限定在某一单调区间内才可求反函数.

例 2 求函数 $y=2^{x-1}$ 的反函数.

解 由 $y=2^{x-1}$ 可得 $x=1+\log_2 y$,

交换 x 和 y, 得 $y=1+\log_2 x$,

从而 $y=2^{x-1}$ 的反函数为 $y=1+\log_2 x$.

习题 1-1

A 组

1. 判断题:

(1) 函数 $y=1$ 与 $y=\sin^2 x+\cos^2 x$ 是同一函数. (　　)

(2) 函数 $f(x)=\log_a(x+\sqrt{x^2+1})$ 是非奇非偶函数. (　　)

(3) 函数 $y=3$ 是有界函数. (　　)

2. 填空题:

(1) 设 $f(x)=\dfrac{1}{1-x}(x\neq 0,1)$, 则 $f(3)=$ ________.

(2) 函数________的图像与函数 $y=8^x$ 的图像关于直线 $y=x$ 对称.

(3) 两奇函数之和是________,两奇函数之积是________,两偶函数之积是________,一个偶函数与一个奇函数之积是________.(填奇、偶函数)

(4) 设函数 $f(x)=\begin{cases}\sin x & -2<x<0\\ 1+x^2 & 0\leqslant x<2\end{cases}$, 则 $f\left(\dfrac{\pi}{2}\right)=$ ________.

(5) 设 $f(x+1)=x^2+2x+3$, 则 $f(x)=$ ________.

(6) 函数 $y=\dfrac{1}{x}$ 在区间 $(0,1)$ 内________,在区间 $(1,2)$ 内________.(填有界、无界)

3. 选择题:

(1) 若函数 $f(x)$ 的定义域为 $[1,2]$,则函数 $f(1-\ln x)$ 的定义域为(　　).

A. $[1,1-\ln 2]$　　B. $(0,1]$　　C. $[1,e]$　　D. $\left[\dfrac{1}{e},1\right]$

(2) 设 $f(x)$ 为定义在 $(-\infty,+\infty)$ 内的任意函数,下列函数中,(　　)为奇函数.

A. $f(|x|)$　　B. $|f(x)|$　　C. $f(x)+f(-x)$　　D. $f(x)-f(-x)$

4. 求函数 $y=\dfrac{\sqrt{x^2-4}}{x-2}$ 的定义域.

5. 判断函数 $y=x^3$ 的奇偶性.

B 组

1. 求函数 $f(x)=\sqrt{\dfrac{1-x^2}{6-x-x^2}}$ 的定义域.

2. 判断函数 $f(x)=\dfrac{2^x-1}{2^x+1}$ 的奇偶性.

文化视角

以下是李大潜院士在复旦大学数学科学学院 2016 级新生迎新大会上的讲话节选.

为什么学数学?

为什么要学习数学? 对绝大多数人来说,数学是一生中学得最多的一门课程:从小学到中学,从中学到大学,包括到了研究生的学习阶段,都在学习数学.为什么要花这么多时间来学习数学? 又为什么一定要努力学好数学呢?

要搞清为什么要学好数学,首先要认识数学这门学科本身的重要性.世间的万事万物都有数与形这两个侧面,数学作为研究现实世界中的数量关系和空间形式的科学,是剔除了物质的其他具体特性,仅仅从数与形的角度来研究整个世界的.

数学的作用和地位,现在看来,概括起来可以有以下几条:

1. 数学是一类常青的知识

作为小学、中学到大学必修的重要课程,数学是人类必不可少的知识,这一点不会有人存在疑问.人类的许多发现就像过眼烟云,很多学科是从推翻前人的结论而建立新的理论的;然而,古往今来数学的发展,不是后人摧毁前人的成果,而是每一代的数学家都在原有建筑的基础上,再添加一层新的建筑.因而,数学的结论往往具有永恒的意义.欧几里得是两千多年以前的古希腊数学家,然而,以他命名的欧几里得几何至今还在发挥着重要的作用,其中的勾股定理,不仅没有被人认为老掉牙而不屑一顾,相反还被人称为千古第一定理,一直被高度颂扬、反复应用,就充分地说明了这一点.

2. 数学是一种科学的语言

伽利略曾说过:"大自然这本书是用数学语言写成的.……除非你首先学懂了它的语言……否则这本书是无法读懂的."数学这种科学的语言,是十分精确的,这是数学这门学科的特点.同时,这种语言又是世界通用的.加减乘除、乘方开方、指数对数、微分积分、常数等,这些数学语言和符号一开始虽然可能五花八门、各有千秋,但早已统一为一个固定的样式,世界各地通用,对我们的掌握和使用是十分方便的.

3. 数学是一个有力的工具

数学在人们的日常生活及生产中随时随地发挥着重要的作用,已经是有目共睹.在现代,数学作为现代化建设的重要武器,在很多重要的领域中更起着关键性,甚至决定性作用.我国在两弹一星研制中的出色成就,凝聚了不少优秀数学家的心血,就是一个突出的例子.

4. 数学是一个共同的基础

现在,不仅在自然科学、技术科学中,而且在经济科学、管理科学,甚至人文、社会科学中,为了准确和定量地考虑问题,得到有充分根据的规律性认识,数学都成了必备的重要基础.离开了数学的支撑,有关的科学已很难取得长足的进步,很多学科(特别是很多自然科学学科)近年来甚至已经出现了数学化的趋势.

5. 数学是一门重要的科学

数学忽略了物质的具体形态和属性,纯粹从数量关系和空间形式的角度来研究现实世界,它和哲学类似,具有超越具体学科、普遍适用的特征,对所有的学科都有指导性的意义.现在的数学科学已构成包括纯粹数学及应用数学内含的众多分支学科和许多新兴交叉学科的庞大的科学体系.

大家千万不要认为,我们已经学过的数学,包括已经了解的数学,就是数学的全部.其实,中学里学习的数学,大体上属于初等数学的范畴,而大学所学的高等数学,是以牛顿、莱布尼茨在17世纪创立的微积分为标志和起步的,到现在也已经有300多年的历史了.数学远比我们已经看到的要丰富多彩,说数学的内涵博大精深,是一点也不过分的.但是,数学越发展,不是使事情变得越来越复杂,相反,处理问题会变得更简单,人们认识世界与改造世界的能力也越来越扩大,这会使我们越学越感到数学的魅力,越学越想学.

过去小学六年级的算术课,"鸡兔同笼"是一个顶级的难题,但到中学学了代数,只要设鸡为 x 只,兔为 y 只,根据题意列出一个二元一次联立方程式,一下子就可求得问题的解答,这是多么容易啊! 中学里学的平面几何,为了证明,要挖空心思画辅助线,实在是对智力的一个重大挑战与考验,但学习了解析几何,将代数与几何结合起来,过去绞尽脑汁才能求解的几何问题就一下子变得轻而易举了.

我在高中时,对如何用数学方法求半圆的重心这个问题曾经发生了兴趣,也为此花了不少的课余时间,结果是无功而返.后来听老师说这个问题只有用微积分才能解决,才知道世界上还有微积分这样一门威力无穷的学问,也更激发了我进一步学习数学的好奇心和动力.真正好的数学,是越来越深入、越来越简明、越来越有用的.

6. 数学是一门关键的技术

过去一支笔、一张纸就能搞定的数学,竟然可以成为一门技术,似乎是匪夷所思.但是,数学的思想和方法与高度发展的计算技术的结合的确已经形成了技术,而且是一种关键性的、可实现的技术,称为“数学技术”.在这种技术中起核心作用的部分是数学,拿走它就只剩下一堆废铜烂铁.

我们在医院里看到的CT这一先进的技术就是一个突出的例子.它的本质,是利用X射线从各个不同角度所拍摄的众多平面照片,恢复出体内物体(如肿瘤)的立体形状,这完全是一个数学问题.这样,数学的内涵物化为计算机的软件及硬件,就成为技术的一个重要组成部分与关键,从而可以直接地转化为生产力.现在,“高技术本质上是一种数学技术”的说法已越来越多地为人们所认同.

7. 数学是一种先进的文化

数学是人类文明的重要基础.它的产生和发展伴随着人类文明的进程,并在其中一直起着重要的推动作用,占有举足轻重的地位.因时间关系,下面仅举计数与进位这一个简单的例子来加以说明.

大家知道,数学开始于数数.原始人只能区分1与多,碰到3就觉得多了,三人为“众”大概就是这样来的.后来有了十进制,用1,2,3,4,5,6,7,8,9和0这十个数字,再加上逢十进一(以及一个小数点),就可以表示世界上任何一个数字.这是现在的人们从小就知道的事实,似乎是天经地义的.然而,这却经历了一个漫长的历史进程,是数学给人类文明带来的一个不可磨灭的巨大贡献.没有了它,稍微大一些的数字就会使人晕头转向,更谈不上庞大的天文数字或是极其微小的数字了,现今金融行业或科学试验中种种复杂或高精度的数学运算根本不可能进行,我们还能有如此高度发达的文明社会吗?

这样的例子还可以举出很多,但就从这个例子已足以看出:数学过去是、现在是、将来也将是一种先进的文化,它带领着、推动着、影响着人类的文明进程,深刻地改变着世界的面貌,也改变着人类本身的思维能力和认识水平,改变着人类的本身.人类充分享受着数学文化的恩惠,但往往浑然不觉、习以为常,“身在福中不知福”.古人说:“天不生仲尼,万古长如夜.”大家想一想,如果没有数学,没有数学的进步,人们可能还生活在愚昧之中,过着“长如夜”的生活,我们有什么理由不重视数学、不重视数学文化的引领和熏陶作用呢?

综上所述,长期以来,在人们认识世界和改造世界的过程中,数学作为一种精确的语言和一个有力的工具,一直发挥着举足轻重的作用.尤其在当代,数学作为经济建设的重要武器,作为各门科学的重要基础,作为人类文明的重要支柱,在很多领域中已起着关键性,甚至决定性作用,数学技术已成为高技术的突出标志和不可或缺的组成部分,数学的影响和作用可以说是无处不在,其重要性也已为越来越多的人所认同.这样,不仅在中、小学,而且在大学的很多系科中,数学都是最重要的课程之一,就是理所当然的事了.

§1.2 初等函数

1.2.1 基本初等函数

在中学数学中我们已深入讨论了幂函数、指数函数、对数函数和三角函数,再加上反三角函数,这五类函数统称为基本初等函数,为方便以后学习,这里我们作简要复习.

1. 幂函数

幂函数 $y = x^{\alpha}$（ α 是任意实数），其定义域要由 α 确定. 幂函数中最常用的是 $y = \dfrac{1}{x}$，$y = \sqrt{x}$，$y = x$，$y = x^2$，$y = x^3$. 它们的图像如图 1-2-1 所示.

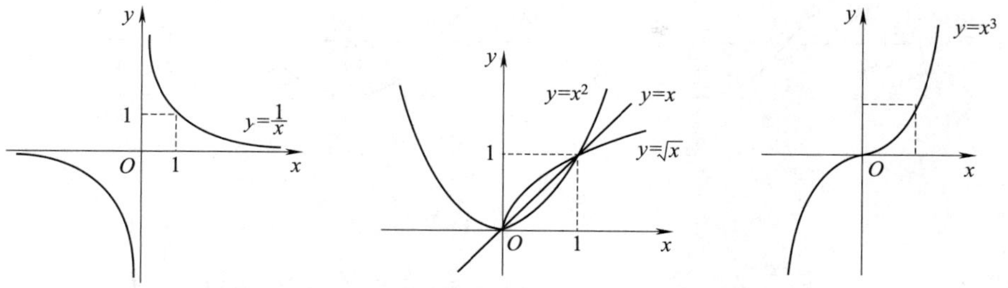

图　1-2-1

2. 指数函数

指数函数 $y = a^x$（ a 为常数，且 $a > 0, a \neq 1$ ），其定义域为 $(-\infty, +\infty)$.

当 $a > 1$ 时，指数函数 $y = a^x$ 单调增加；当 $0 < a < 1$ 时，指数函数 $y = a^x$ 单调减少.

函数 $y = a^{-x}$ 与 $y = a^x$ 的图形关于 y 轴对称，如图 1-2-2 所示.

指数函数中最常用的是以无理数 e（ $\mathrm{e} = 2.718\,281\,8\cdots$ ）为底的函数 $y = \mathrm{e}^x$.

3. 对数函数

对数函数 $y = \log_a x$（ a 为常数，且 $a > 0, a \neq 1$ ），其定义域为 $(0, +\infty)$.

当 $a > 1$ 时，对数函数 $y = \log_a z$ 单调增加；

当 $0 < a < 1$ 时，对数函数 $y = \log_a x$ 单调减少，如图 1-2-3 所示.

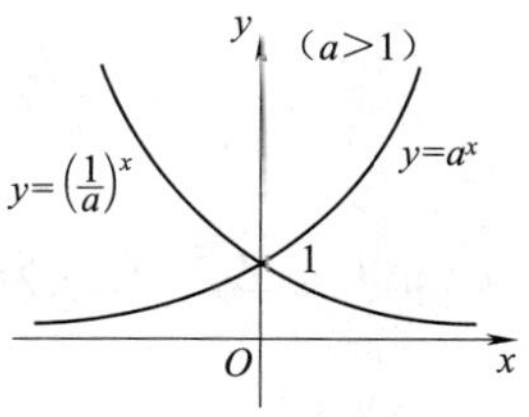

图　1-2-2

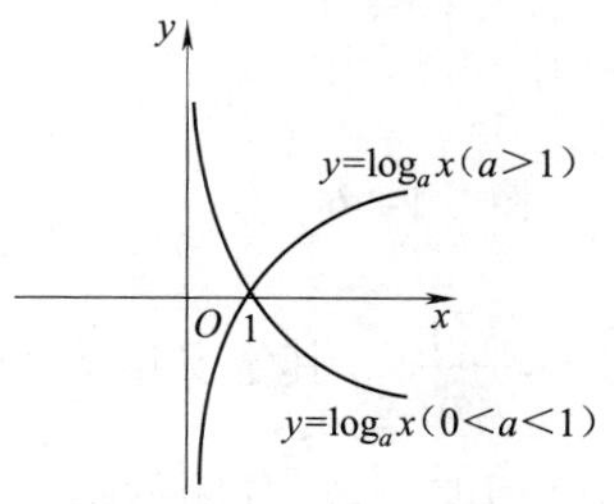

图　1-2-3

其中，以 e 为底的对数函数称为**自然对数函数**，记作 $y = \ln x$；以 10 为底的对数函数称为**常用对数函数**，记作 $y = \lg x$.

4. 三角函数

中学学过的三角函数有：

(1) 正弦函数 $y = \sin x$，其定义域为 $(-\infty, +\infty)$，值域为 $[-1, 1]$，是奇函数，是以 2π 为周期的周期函数，其图像如图 1-2-4 所示.

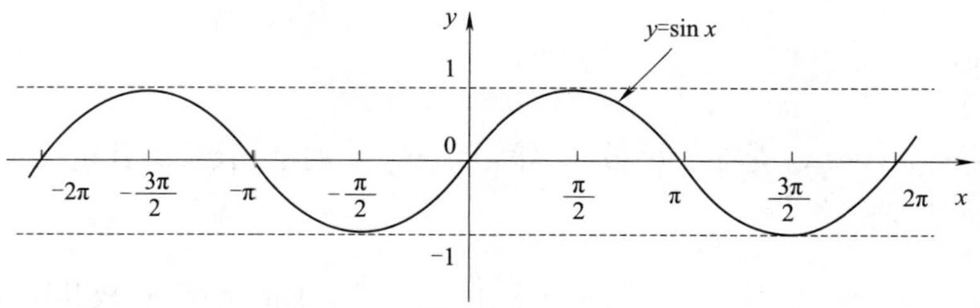

图　1-2-4

(2)余弦函数 $y=\cos x$，其定义域为 $(-\infty,+\infty)$，值域为 $[-1,1]$，是偶函数，是以 2π 为周期的周期函数，其图像如图 1-2-5 所示.

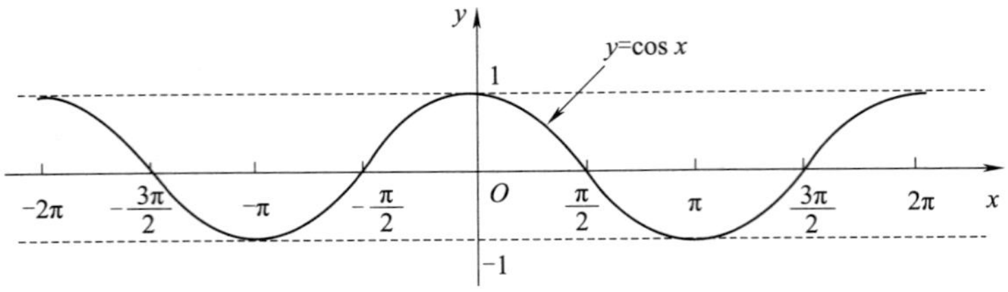

图　1-2-5

(3)正切函数 $y=\tan x$，其定义域为 $\{x \mid x\neq k\pi+\frac{\pi}{2},k\in\mathbf{Z}\}$，值域为 $(-\infty,+\infty)$，是奇函数，是以 π 为周期的周期函数，其图像如图 1-2-6 所示.

此外，三角函数还包括：

(4)余切函数 $y=\cot x$，其定义域为 $\{x \mid x\neq k\pi,k\in\mathbf{Z}\}$，值域为 $(-\infty,+\infty)$，是奇函数，是以 π 为周期的周期函数，其图像如图 1-2-7 所示.

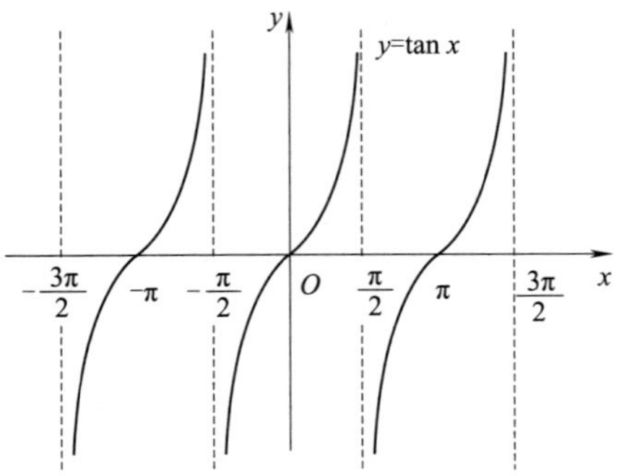

图　1-2-6

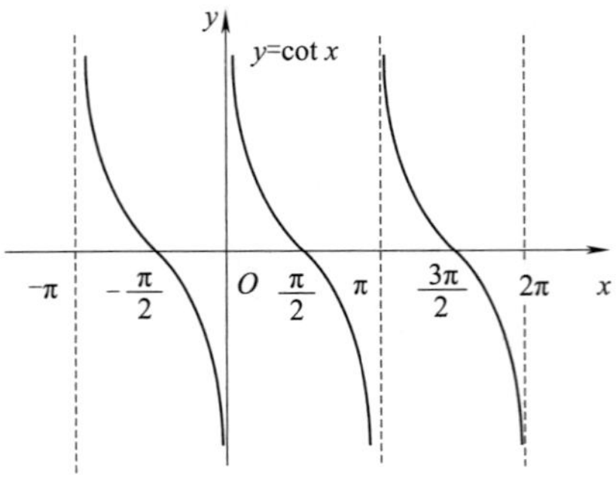

图　1-2-7

(5)正割函数 $y=\sec x=\dfrac{1}{\cos x}$，其定义域为 $\{x \mid x\neq\frac{\pi}{2}+k\pi,k\in\mathbf{Z}\}$，值域为 $(-\infty,-1]\cup[1,+\infty)$，是偶函数，是以 2π 为周期的周期函数，其图像略.

(6)余割函数 $y=\csc x=\dfrac{1}{\sin x}$，其定义域为 $\{x \mid x\neq k\pi,k\in\mathbf{Z}\}$，值域为 $(-\infty,-1]\cup[1,+\infty)$，是奇函数，是以 2π 为周期的周期函数，其图像略.

5. 反三角函数

反三角函数是三角函数的反函数，由于三角函数均不是单调函数，故对它们均是限定在某一单调区间内来讨论其反函数，具体如下：

(1)反正弦函数 $y=\arcsin x$，是正弦函数在区间 $\left[-\frac{\pi}{2},\frac{\pi}{2}\right]$ 上的反函数，故其定义域为 $[-1,1]$，值域为 $\left[-\frac{\pi}{2},\frac{\pi}{2}\right]$，图像如图 1-2-8 所示.

(2)反余弦函数 $y=\arccos x$，是余弦函数在区间 $[0,\pi]$ 上的反函数，故其定义域为 $[-1,1]$，值域为 $[0,\pi]$，图像如图 1-2-9 所示.

(3)反正切函数 $y=\arctan x$，是正切函数在区间 $\left(-\frac{\pi}{2},\frac{\pi}{2}\right)$ 上的反函数，故其定义域为 $(-\infty,+\infty)$，

值域为$\left(-\frac{\pi}{2},\frac{\pi}{2}\right)$，图像如图 1-2-10 所示.

(4)反余切函数 $y=\operatorname{arccot}x$，是余切函数在区间$(0,\pi)$上的反函数，故其定义域为$(-\infty,+\infty)$，值域为$(0,\pi)$，图像如图 1-2-11 所示.

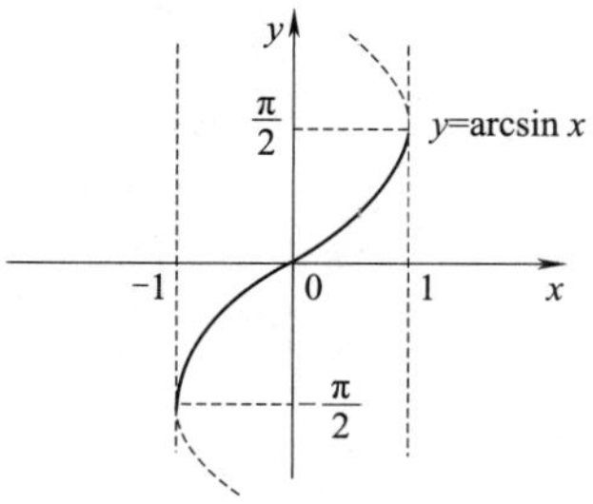

图　1-2-8

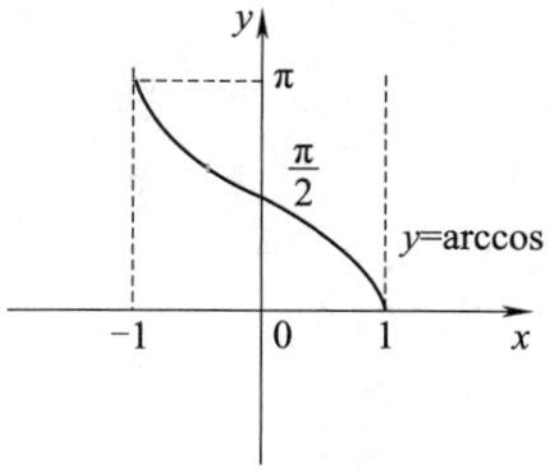

图　1-2-9

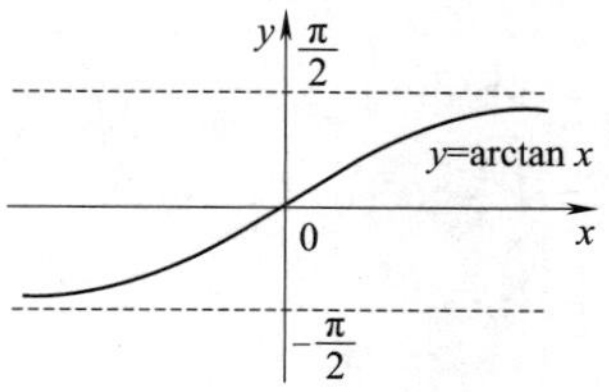

图　1-2-10

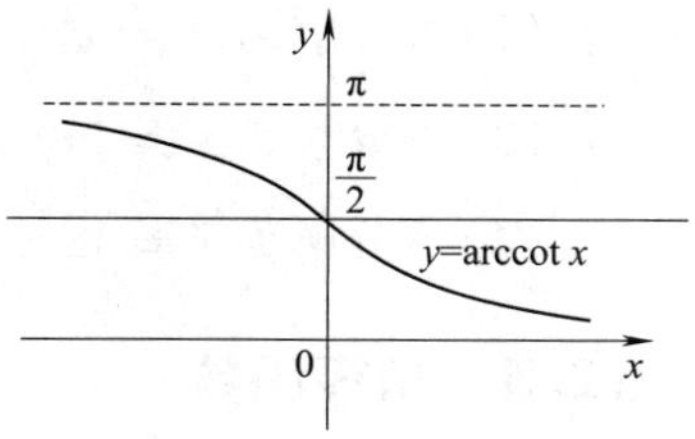

图　1-2-11

1.2.2　复合函数

1. 复合函数的定义

视频

复合函数的定义

定义 1.6　设函数 $y=f(u)$ 的定义域为 D_f，函数 $u=\varphi(x)$ 的值域为 R_φ，若 $D_f\cap R_\varphi=M\neq\varnothing$，则 M 内通过变量 u 可确定一个以 x 为自变量，y 为因变量的函数，称为 $y=f(u)$ 与 $u=\varphi(x)$ 的**复合函数**. 记作

$$y=f(\varphi(x)).$$

其中，u 称为中间变量；f 称为外层函数；φ 称为内层函数，复合函数也常称为多层函数。

注意：

(1)因为 $D_f\cap R_\varphi=M\neq\varnothing$ 可看作复合函数的条件，所以并非任意两个函数都可以复合成一个复合函数. 如 $y=\arcsin u, u=2+x^2$，因前者定义域为$[-1,1]$，而后者的值域为$[2,+\infty)$，故这两个函数不能构成复合函数.

(2)存在由两个以上函数构成的复合函数，只要他们顺次满足复合函数的条件即可. 如函数 $y=\sqrt{u}$，$u=\cot v, v=\frac{x}{2}$可构成复合函数 $y=\sqrt{\cot\frac{x}{2}}$.

例 1　设 $f(x)=\frac{1}{1+x}$，$\varphi(x)=\sqrt{\sin x}$，求 $f(\varphi(x))$，$\varphi(f(x))$.

解　求 $f(\varphi(x))$ 时，应将 $f(x)$ 中的 x 视为 $\varphi(x)$，因此

$$f(\varphi(x))=\frac{1}{1+\varphi(x)}=\frac{1}{1+\sqrt{\sin x}}.$$

求 $\varphi(f(x))$ 时，应将 $\varphi(x)$ 中的 x 视为 $f(x)$，因此

$$\varphi(f(x))=\sqrt{\sin(f(x))}=\sqrt{\sin\frac{1}{1+x}}.$$

例 2　设 $y=f(u)=\arctan u, u=\varphi(v)=\sqrt{v}, v=\psi(x)=x^2-1$，求 $f(\varphi(\psi(x)))$.

解　$f(\varphi(\psi(x)))=\arctan u=\arctan\sqrt{v}=\arctan\sqrt{x^2-1}$.

2. 复合函数的分解

复合函数的分解是基于复合函数定义的逆过程，目的是将复杂函数拆分为简单函数的组合，需确保复合结果与原来函数一致。通常分解方式为从最外层的运算开始，逐层向内剥离，最终把一个复合函数分解

成若干基本初等函数或基本初等函数的四则运算.

例 3 分解下列复合函数:

(1) $y = \cos x^2$;　　(2) $y = \sin^2 2x$;

(3) $y = \ln(\arctan\sqrt{1+x^2})$;　　(4) $y = \lg(1+\sqrt{1+x^2})$.

解 (1)可分解为 $y = \cos u, u = x^2$.

(2)可分解为 $y = u^2, u = \sin v, v = 2x$.

(3)可分解为 $y = \ln u, u = \arctan v, v = \sqrt{w}, w = 1 + x^2$.

(4)可分解为 $y = \lg u, u = 1 + \sqrt{v}, v = 1 + x^2$.

1.2.3 初等函数

定义 1.7 由常数和基本初等函数经过有限次的四则运算和有限次的函数复合步骤所构成的,并可用一个式子表示的函数,称为**初等函数**. 例如

$$y = \lg(x+\sqrt{1+x^2}),\quad y = \sqrt[3]{\ln 3x + 3^x + \sin x^2},\quad y = \frac{\sin 2x}{\sqrt{1+x^2}}$$

等都是初等函数. 本课程所讨论的函数绝大多数都是初等函数.

注意:

分段函数绝大多数都不是初等函数,但不绝对,如 $y = \operatorname{sgn} x$ 和 $y = \begin{cases} e^x & x \geqslant 0 \\ x+1 & x<0 \end{cases}$ 都不是初等函数,而 $y = |x| = \sqrt{x^2}$ 是初等函数.

习题 1-2

A 组

1. 判断题:

(1)分段函数都不是初等函数.　　(　　)

(2)复合函数 $y = f(\varphi(x))$ 的定义域与函数 $u = \varphi(x)$ 的定义域一定相同.　　(　　)

2. 函数 $y = \sin^3 x$ 是由哪些函数复合而成的?

3. 求由函数 $y = e^u$ 及 $u = 3x$ 复合而成的复合函数.

B 组

1. 求由函数 $y = \arcsin u, u = e^v, v = -\sqrt{x}$ 复合而成的复合函数.

2. 求由函数 $y = \sqrt{1+u^2}, u = \sin v, v = \log_2 x$ 复合而成的复合函数.

3. 初等函数 $y = (\arcsin\sqrt{1-x^2})^2$ 是由哪些基本初等函数复合而成的.

4. 已知 $f\left(x-\frac{1}{x}\right) = x^2 + \frac{1}{x^2}$, 求 $f(x)$.

文化视角

数学的发展

数学是一门古老的学科,它伴随着人类文明的产生而产生,至少有四五千年的历史. 但它不是某一个民

族或某一个地区的产物，而是世界许多民族、诸多地区世世代代的产物，是人们在生产斗争和科学实践中逐渐形成和发展而成的.数学的最初的概念和原理在远古时代就萌芽了，经过几千年世界许多民族的共同努力，才发展到今天这样内容丰富、分支众多、应用广泛的庞大系统.

一般认为，从远古到现在，数学经历了五个历史阶段.

1. 数学的萌芽时期(公元前6世纪以前)

主要以记数为主，还未形成独立的学科.

这一时期贡献最大的国家有：中国、古巴比伦、古埃及、古印度.

主要贡献：十进制计数法，计数符号，三角形、梯形和圆的面积的计算，立方体和柱体的体积，截棱锥体的体积公式等.

2. 常量数学时期(公元前6世纪—公元17世纪上半叶)

这一时期又称为初等数学时期，主要发展了算术、初等代数、初等几何(平面几何和立体几何)、平面三角等.

这一时期又可分为三个阶段：

1)希腊时期(公元前6世纪—公元2世纪)

主要研究几何学，不仅将几何形成了系统的理论体系，而且创立了研究数学的方法，即坚持用演绎法证明，重视抽象而非具体问题，使对数的认识从感性提高到理性阶段.

主要代表人物毕达哥拉斯(Bythagoras)发现三角形内角和等于两个直角和；用几何作图法解代数二次方程；建立了毕达哥拉斯定理(勾股定理).

欧几里得(Euclid)创立了第一个数学公理式体系(欧氏几何学)，发表了著名的著作《几何原本》，并对书中的定理完全根据定义、公设或公理，用逻辑推理的方法，给出了演绎证明.

阿基米德(Archimedes)用穷竭法求曲边形的面积和立体的体积，证明了抛物线弓形的面积等于包括它的长方形的面积的2/3.

2)东方时期(2世纪—15世纪前半叶)

主要在算术、代数、几何和三角方面有重要发展.主要有十进制计数法；负数和无理数的引入；用代数方法解方程等.中国的《算经十书》就是这一时期出现的.

主要代表人物：刘徽、祖冲之、杨辉等.

同一时期，印度、阿拉伯和中亚的数学也在蓬勃发展.

3)欧洲文艺复兴时期(15世纪后半叶—17世纪上半叶)

主要贡献有意大利数学家引进了虚数，并找到了解三次和四次方程的求根公式(第一次超过了东方)；法国人韦达制定了系统的符号代数.到17世纪上半叶，初等代数的理论和内容真正完成.

主要代表人物：韦达、笛卡儿、费马等.

3. 变量数学时期(17世纪上半叶—19世纪20年代)

这一时期又称为高等数学时期.主要创立了解析几何和微积分，这是数学史上最伟大的贡献.

笛卡儿将几何和代数结合起来，引进了笛卡儿变数，于1637年建立了解析几何，完成了数学史上一项划时代的变革.牛顿和莱布尼茨共同创立了微积分，是数学史上一次划时代的创举，也是人类文明的一个伟大成果.

主要贡献是解决了17世纪力学和天文学问题.

18世纪是变量数学发展阶段.在18世纪，微积分产生若干新科目，如微分方程、变分法、级数论、函数论等,形成广阔的分析领域.到19世纪在德国数学家的倡导下,对数学进行了一场批判性的检查运动.这场运动不仅使数学奠定了坚实的基础,而且产生了公理化方法和许多新颖学科.

4. 近代数学时期(19世纪20年代—20世纪40年代)

近代数学时期是数学的全面发展和成熟阶段,数学的面貌发生了深刻的变化,数学绝大多数分支在这个时期都已形成,整个数学呈现全面繁荣的景象.

主要贡献:许多数学分支蓬勃地向前发展,内容不断充实、扩大,方法不断地更新.

(1)纯数学方面:拓扑学(也称位置几何学、橡皮几何学.画在橡皮上的几何图形,图中的某些性质不变,如封闭性等)、泛函分析、抽象代数等.

(2)应用数学方面:非标准分析、模糊数学、突变理论、计算机理论、运筹学、优选法、对策论(博弈论)、排队论等.

5. 现代数学时期(20世纪40年代以来)

第二次世界大战以后,科学技术突飞猛进,原子能的利用、电子计算机的发明、空间技术的发展,促使数学发生剧烈的变化.数学的三大特点:高度的抽象性、体系的严谨性和应用的广泛性更明显地表露出来.纯粹数学不断向纵深发展,集合论的观点渗透到各个领域,公理化方法日臻完善,数理逻辑和数学基础已成为整个数学大厦的基础.

20世纪60年代以后数学界的思想异常活跃,出现了多种新思潮——非标准分析、模糊数学、突变理论和泛系理论等.现代科学技术和生产实践将向数学提出更多、更复杂的新课题,必将产生许多更深刻的数学思想和更强有力的数学方法,数学将向更高、更广、更深的领域去探索、去开发,成为分析和理解世界上各种现象的工具和手段.

§1.3 数学建模——函数模型及其应用

1.3.1 数学建模简介

1. 数学建模的含义

数学建模就是对现实问题进行数学抽象,用数学语言表达问题,用数学方法构建数学模型解决问题的过程.

数学建模搭建了数学与外部世界联系的桥梁,是数学应用的重要形式,数学建模是应用数学解决实际问题的基本手段,也是推动数学发展的动力.

2. 数学建模的过程

建立函数模型的过程:首先要对实际问题中的变化过程进行分析,析出其中的常量、变量及其相互关系;明确其运动变化的基本特征,从而确定它的运动变化类型;然后根据分析结果,选择适当的函数类型构建数学模型,将实际问题划归为数学问题;通过运算、推理,求解函数模型;最后利用函数模型的解说明实际问题的变化规律,达到解决问题的目的.在构建函数模型时,经常会遇到没有现成数据可用的情况,这时就需要先收集数据.

上述过程可以概括为图1-3-1.

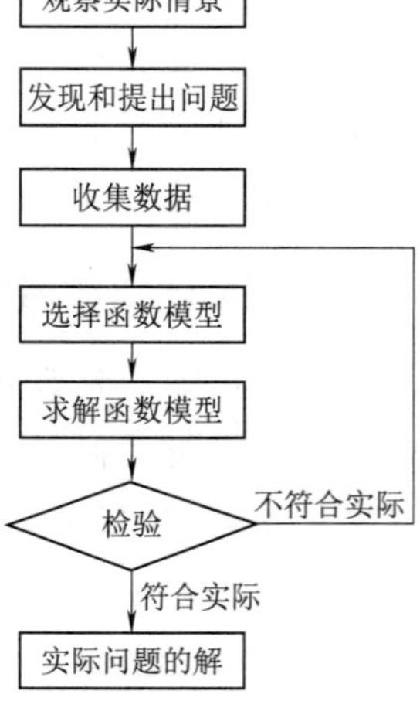

图 1-3-1

1.3.2　常见函数模型(见表 1-3-1)

表　1-3-1

函数模型	函数解析式
一次函数模型	$f(x)=ax+b\quad(a,b$ 为常数,$a\neq 0)$
反比例函数型模型	$f(x)=\frac{k}{x}+b\quad(k,b$ 为常数,$k\neq 0)$
二次函数模型	$f(x)=ax^2+bx+c\quad(a,b,c$ 为常数,$a\neq 0)$
指数型函数模型	$f(x)=ba^x+c\quad(a,b,c$ 为常数,$b\neq 0,a>0$ 且 $a\neq 1)$
对数型函数模型	$f(x)=b\log_a x+c\quad(a,b,c$ 为常数,$b\neq 0,a>0$ 且 $a\neq 1)$
幂函数型模型	$f(x)=ax^n+b\quad(a,b$ 为常数,$a\neq 0)$

1.3.3　建立函数模型解决实际问题实例

例 1　为了研究怎样烧开水最省燃气,实验得关于“燃气灶旋钮角度不同时烧开一壶水所需燃气量”的一组数据,见表 1-3-2.

通过表 1-3-2 分析:燃气灶旋钮角度是多少时,烧开一壶水所需燃气最少,最少是多少?

表　1-3-2

燃气灶旋钮角度/(°)	燃气表开始时读数/m^3	燃气表水开时读数/m^3	所用燃气量/m^3
18	9.080	9.210	0.130
36	8.958	9.080	0.122
54	8.819	8.958	0.139
72	8.670	8.819	0.149
90	8.498	8.670	0.172

分析数据　烧开一壶水所需的燃气量与燃气灶旋钮角度有关,即烧开一壶水所需的燃气量是旋转角度的函数,但是没有现成的函数模型,因此可以根据给出的数据画出散点图,如图 1-3-2 所示. 利用图像直观地分析这组数据的变化规律,从而帮助我们选择函数模型.

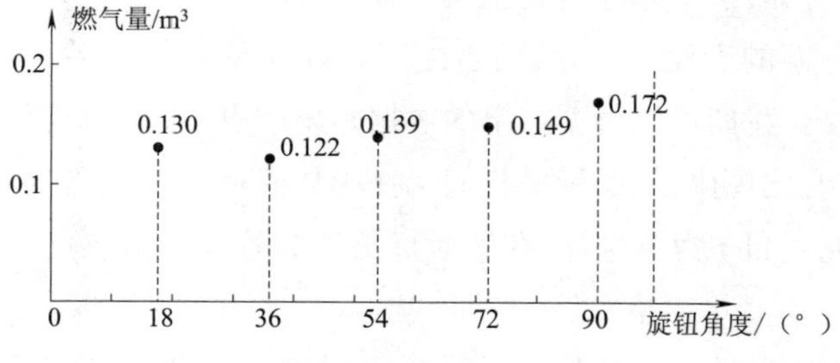

图　1-3-2

由图 1-3-2 可以看出,5 个点显示出随着旋钮角度逐渐增大,燃气量有一个从大到小又从小到大的过程. 在我们学习过的函数图像中,二次函数的图像与之最接近,所以可以用二次函数 $y=ax^2+bx+c(a\neq 0)$ 近似地表示这种变化(其中 x 表示旋钮角度,y 表示燃气量).

建立模型　设函数解析式为 $y=ax^2+bx+c(a\neq 0)$,取三对数据即可求出解析式的系数,不妨取(18,0.130),(36,0.122),(90,0.172),得方程组

$$\begin{cases}18^2a+18b+c=0.130\\36^2a+36b+c=0.122.\\90^2a+90b+c=0.172\end{cases}$$

解得
$$\begin{cases}a=1.903\,3\times10^{-5}\\b=-1.472\,2\times10^{-3}.\\c=1.503\,3\times10^{-1}\end{cases}$$

故函数解析式为

$$y=1.903\,3\times10^{-5}x^2-1.472\,2\times10^{-3}x+1.503\,3\times10^{-1}.$$

检验模型 将已知的表中数据代入上述得到的函数解析式，或者画出函数的图像，可以发现，这个函数模型与实际数据基本吻合，说明它能较好地反映烧开一壶水所需的燃气量随燃气灶旋钮角度的变化规律.

求解问题 求燃气量最少时的旋钮角度，实际上是求函数 $y=1.903\,3\times10^{-5}x^2-1.472\,2\times10^{-3}x+1.503\,3\times10^{-1}$ 的最小值点 x_0.

$$x_0=-\frac{b}{2a}=-\frac{-1.472\,2\times10^{-3}}{2\times1.903\,3\times10^{-5}}\approx39.$$

即燃气量最少时的旋钮角度为 39°，这时的用气量大约是

$$y_0=\frac{4ac-b^2}{4a}=\frac{4\times1.903\,3\times10^{-5}\times1.503\,3\times10^{-1}-(-1.472\,2\times10^{-3})^2}{4\times1.903\,3\times10^{-5}}$$

$$\approx0.121\,8(\mathrm{m}^3).$$

例 2 个体经营者把开始六个月试销 A，B 两种商品的逐月投资与所获纯利润列成表 1-3-3.

表 1-3-3

投资 A 种商品金额/万元	1	2	3	4	5	6
获纯利润/万元	0.65	1.39	1.85	2	1.84	1.40
投资 B 种商品金额/万元	1	2	3	4	5	6
获纯利润/万元	0.25	0.49	0.76	1	1.26	1.51

该经营者准备下月投入 12 万元经营这两种产品，但不知投入 A，B 两种商品各多少钱才最合算. 请你帮助制定一个资金投入方案，使该经营者能获得最大利润，并按你的方案求出该经营者下月可获得的最大纯利润.（结果精确到 0.1）

分析数据 由表中数据可知，该个体经营者试销 A，B 两种商品所获纯利润与投资金额有关，随投资金额的变化而变化，二者之间存在某种函数关系，但这种函数关系没有明确给出，我们可以根据给出的数据画出散点图，借助散点图直观地分析这组数据的变化规律，从而帮助我们选择函数模型.

以投资额 x 为横坐标，纯利润 y 为纵坐标，在平面直角坐标系中画出散点图，如图 1-3-3 所示.

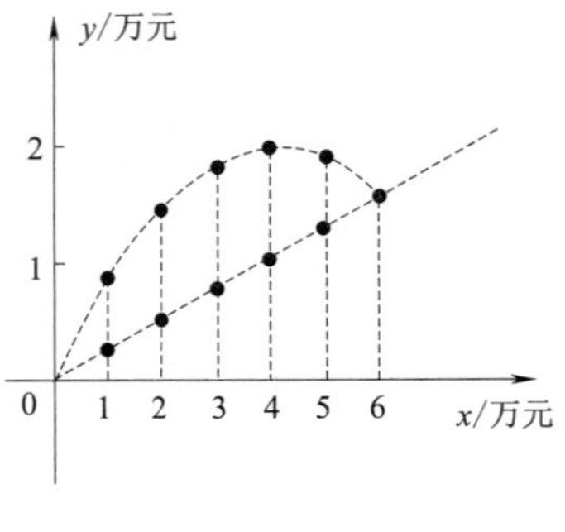

图 1-3-3

由散点图可知，可以用二次函数模型近似表示投资 A 种商品所获纯利润与投资额的关系，用一次函数模型近似表示投资 B 种商品所获纯利润与投资额的关系.

建立模型 设投资 A 种商品所获纯利润 x 与投资额 y 的函数解析式为

$$y=-a(x-4)^2+2\quad(a>0).\qquad①$$

把 $x=1$，$y=0.65$ 代入①式，得 $0.65=-a(1-4)^2+2$，解得 $a=0.15$.

故前 6 个月所获纯利润关于月投资 A 种商品的金额的函数关系可近似地用 $y=-0.15(x-4)^2+2$ 表示，设投资 B 种商品所获纯利润 x 与投资额 y 的函数解析式为

$$y = bx. \tag{②}$$

再把 $x=4$，$y=1$ 代入②式得 $b=0.25$，故前 6 个月所获纯利润关于月投资 B 种商品的金额的函数关系可近似地用 $y=0.25x$ 表示.

检验模型　将已知的表中数据代入上述得到的函数解析式，或者画出函数的图像，可以发现，这两个函数模型与实际数据基本吻合，这说明它们能较好地反映投资两种商品所获纯利润与投资额的关系.

求解问题　令下月投入 A，B 商品的资金分别为 x_A，x_B，总利润为 W，得

$$\begin{cases} x_A + x_B = 12 \\ W = y_A + y_B = -0.15(x_A - 4)^2 + 2 + 0.25x_B \end{cases}.$$

$$W = -0.15\left(x_A - \frac{19}{6}\right)^2 + 0.15 \cdot \left(\frac{19}{6}\right)^2 + 2.6.$$

当 $x_A = \dfrac{19}{6} \approx 3.2$（万元）时，$W$ 取得最大值，约为 4.1 万元，此时 $x_B = 12 - x_A = 8.8$（万元）.

1.3.4　数学建模活动的要求

（1）组建合作团队：数学建模活动需要团队协作. 首先在班级中组成 3 ~ 5 人的研究小组，每位同学参加其中一个小组. 在小组内，要确定一个课题负责人，使每位成员都有明确的分工；然后拟定研究课题、确定研究方案、规划研究步骤、编制研究手册，最后进行一次开题报告.

（2）开展研究活动：根据开题报告所规划的研究步骤，通过背景分析、收集数据、数据分析、数学建模、获得结论等过程，完成课题研究. 在研究过程中，可以借助信息技术解决问题.

（3）撰写研究报告：以小组为单位，撰写一份研究报告.

（4）交流展示：①对同一个课题，先由 3 ~ 4 个小组进行小组交流，每个小组都展示自己的研究成果，相互借鉴、取长补短. 在小组研究报告的基础上形成大组的研究报告. 选定代表，制定向全班汇报的演示文稿.

（5）与老师一起进行全班研究成果的展示与交流，在各组代表作研究报告的基础上，通过质疑、辩论、评价，总结成果，分享体会，分析不足，开展自我评价、同学评价和老师评价，完成本次数学建模活动.

习题 1-3

1. 某地区不同身高的未成年男性的体重平均值见表 1-3-4.

表 1-3-4

身高/cm	60	70	80	90	100	110	120	130	140	150	160	170
体重/kg	6.13	7.90	9.99	12.15	15.02	17.50	20.92	26.86	31.11	38.85	47.25	55.05

如果体重超过相同身高男性平均值的 1.2 倍为偏胖，低于 0.8 倍为偏瘦，那么现有这个地区某中学一个男生身高 175 cm，体重 78 kg，他的体重是否正常？

2. 某商场经营一批进价为 12 元/个的小商品，在 4 天的试销中，对此商品的单价 x（单位：元）与相应的日销量 y（单位：个）作了统计，其数据见表 1-3-5.

表 1-3-5

x	16	20	24	28
y	42	30	18	6

试确定该商场应将此商品单价定为多少元,才能使日销售利润最大? 并求出最大利润.

文化视角

数学的威力

数学的威力有多大? 国防科技大学理学院用实践给出了最好的答案——他们创造性地运用一个个公式、算法、方程,破解制约部队战斗力提升的现实问题,推动了战斗力生成模式转变.

一个公式改变了一支部队的执勤模式

“雷达站为什么要建在偏远山区?”最初,当国防科技大学理学院数学教授提出这个问题时,不免让人觉得有点“太业余”了.

一般来说,担负测控任务的部队,运用的是国际通用的测控方法,即“测距 + 测速”,将雷达站建在大山中正是因为“测距”的需要.

“如果抛开测距,仅通过测速来定位不行吗?”不行. 国际上早有结论:仅凭速度数据无法计算出飞行器的具体位置.

然而,该院数学教授却“异想天开”:如果能突破这一传统理论,不仅可以改变部队传统的测控方法,还能让官兵搬出偏远山区.

不久,部队送来一次导弹试验的测量参数,请他们帮助进行数据分析处理. 当他们将几组测距、测速数据放到计算机中进行运算时,发现其中一个测距雷达并未测到应该测到的数据.

怎么办? 数学教授们又想到了抛开测距定位的创新思路. 于是,他们尝试性地将一个相应的测速参数替代这个测距参数,再算. 奇迹出现了,他们得出了准确的弹道精度.

举一反三,他们将这一创新成果应用于一支测控部队,改变了传统雷达测控体制. 如今,这支部队的测距雷达站全部搬出偏远山区,执行测控任务时,官兵们只需用一台车载测速雷达到达指定地点就可以了.

一个方程将卫星图像质量提高 30%

卫星翱翔太空,需要有一双明察秋毫的慧眼. 但以前我国遥感卫星的图像质量却有待改进.

一个偶然的机会,该校理学院的数学专家了解到这一情况. 要解决图像质量问题,首先要了解成像原理. 于是,团队成员抱来一大摞成像方面的书籍进行系统学习,又到卫星研制单位、用户单位及各相关部队进行实地调研. 渐渐地,他们掌握了遥感成像的原理和特点.

专家们将卫星图像质量不高的问题,描述成数学语言,并将误差扩散过程转换为一个二维方程,然后对这个方程进行求解,从而使受到噪声斑点污染的图像恢复本来面目.

理论上看似行得通,实践中却难以实现. 攻关一度陷入困境,但他们没有放弃. 经过分析他们发现,光学图像处理方法是将噪声斑点抹掉,而雷达图像的噪声斑点抹掉后,图像信息的保真度不高,质量自然也就不清晰,传统的二维方程也就无法求解.

于是,他们先对二维方程进行改造,建立起一个全新的方程. 就是这个方程,一举将图像质量提高了 30% ,达到国内领先、国际先进水平.

一个算法挽救一台武器装备

2008 年,某型号装备在演示验证中,目标测量数据出现严重误差,使该型号装备研制陷入困境.

提起“数据”这个词,研制单位立即想到了该院数据分析技术创新团队. 求援电话打过去,3 名教授犹如战士接到了出征的命令,立即动身赶赴试验现场.

这是一个十分棘手的问题,国内研究单位攻关十余年未能取得突破,国际上也没有现成方法可供参考.

专家们深知,如果问题得不到解决,装备研制人员多年攻关的成果将功亏一篑. 3 名数学专家在条件艰苦的试验场安营扎寨,心无旁骛开始攻关.

60 多个日日夜夜,经历数不清的挫折和失败,他们终于从纷繁复杂的数据中,锁定了影响目标测量预报的关键参数,找到了解决问题的突破口,并创造性地提出了一个新的算法,彻底解决了数据预报误差问题,让这台武器装备获得“新生”.

一个软件将定轨精度提高一个量级

分布式卫星的定轨精度,是衡量一个国家空间技术发展水平的重要标志.由于我国在这方面起步较晚,定轨精度与国际先进水平相比还有差距.

为改变这一现状,我国组织多领域专家经过 10 余年联合攻关,各分系统有关定轨精度的技术指标取得了重大突破.然而,当总体单位将各分系统“组合”起来进行整体试验时,却出现了令专家们惊诧的结果:精度与当初的设计要求相差甚远.

问题出在哪里?参与联合攻关的该校理学院一位年轻博士突生灵感.经过连续几天的试验数据分析,他隐隐约约地发现:精度误差随着时间呈一定规律性变化.

他像哥伦布发现新大陆一样兴奋,立即着手进行数据误差分析,并将时间处理程序嵌入到一个相关软件中,经过实验验证后,再用这个改进后的软件进行有关数据处理时,精度完全达到要求.

研制单位大喜过望,按照他改造的这个软件,用来校准卫星时钟精度和进行卫星轨道参数处理,难题迎刃而解,精度被提升了一个量级.

(根据网络资料整理)

§1.4　极限的概念

极限的思想是由于求某些实际问题的精确解而产生的.例如,我国古代数学家刘徽(公元 3 世纪)利用圆内接多边形来推算圆面积的方法——割圆术,就是极限思想在几何学上的应用.

极限是研究变量的变化趋势的基本工具,高等数学中许多概念都是建立在极限基础上的,例如一元微积分中的连续、导数以及定积分等概念.本节将给出数列极限及函数极限的定义,然后利用定义求一些简单变量的极限.

1.4.1　数列极限

1. 定义

定义 1.8　按照正整数的顺序排列起来的无穷多个数 $x_1, x_2, \cdots, x_n, \cdots$,称为**无穷数列**(简称**数列**),记作 $\{x_n\}$,其中每个数称为数列的项,x_n 称为数列的第 n 项或通项.

数列 $\{x_n\}$ 可看作自变量为正整数 n 的函数(整标函数):

$$x_n = f(n), \quad n \in \mathbf{N}^*.$$

在几何上,数列 $\{x_n\}$ 可看作数轴上的一个动点.例如:

(1)数列 $\left\{1+\frac{1}{n}\right\}$: $2, \frac{3}{2}, \frac{4}{3}, \cdots, 1+\frac{1}{n}, \cdots$.

(2)数列 $\left\{1-\frac{1}{n}\right\}$: $0, \frac{1}{2}, \frac{2}{3}, \frac{3}{4}, \cdots, 1-\frac{1}{n}, \cdots$.

(3)数列 $\left\{\frac{n+(-1)^{n-1}}{n}\right\}$: $2, \frac{1}{2}, \frac{4}{3}, \frac{3}{4}, \cdots, \frac{n+(-1)^{n-1}}{n}, \cdots$.

把这三个数列的前几项分别在数轴上表示出来(见图 1-4-1 ~ 图 1-4-3).

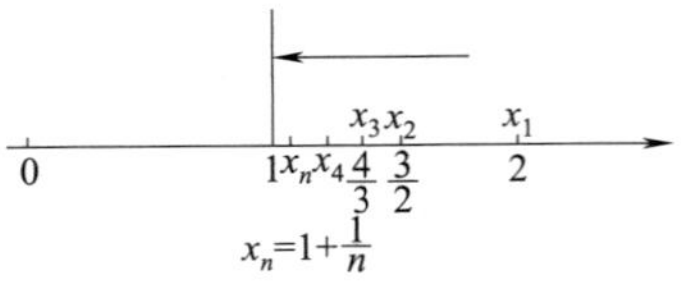

图 1-4-1

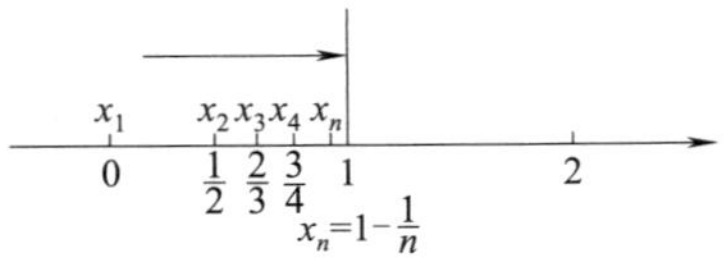

图 1-4-2

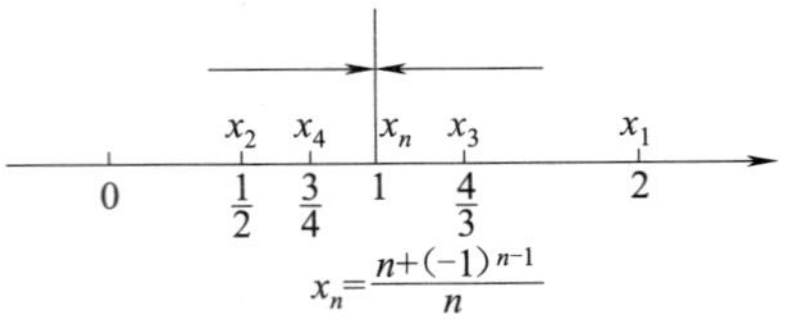

图 1-4-3

由图 1-4-1 可以看出,表示数列 $x_n = 1 + \frac{1}{n}$ 的点在 $x = 1$ 的右侧,随着 n 的增大, x_n 越来越接近于 1;

由图 1-4-2 可以看出,表示数列 $x_n = 1 - \frac{1}{n}$ 的点在 $x = 1$ 的左侧,随着 n 的增大, x_n 越来越接近于 1;

由图 1-4-3 可以看出,表示数列 $x_n = \frac{n + (-1)^{n-1}}{n}$ 的点在 $x = 1$ 的左右两侧跳动,但随着 n 的增大, x_n 越来越接近于 1。

通过观察这三个数列的变化趋势,可抽象得出当 n 无限增大时, x_n 都分别无限接近于一个确定的常数.一般地,有下述定义:

定义 1.9 给定数列 $\{x_n\}$, 如果当 n 无限增大时, x_n 无限接近于一个确定的常数 a, 则称 a 为数列 x_n 的**极限**,记为

$$\lim_{n\to\infty} x_n = a \quad 或 \quad 当 n \to \infty 时, x_n \to a.$$

由此定义, 数列(1)、(2)、(3)的极限可分别表示为 $\lim\limits_{n\to\infty}\left(1 + \frac{1}{n}\right) = 1$, $\lim\limits_{n\to\infty}\left(1 - \frac{1}{n}\right) = 1$, $\lim\limits_{n\to\infty} \frac{n + (-1)^{n-1}}{n} = 1$.

注意:

数列极限定义中"当 n 无限增大时,数列 x_n 无限接近于一个确定的常数 a"是指它们之间的距离可以无限小.

2. 数列的收敛与发散

定义 1.10 若一个数列存在极限,则称该数列是**收敛**的,否则,称该数列是**发散**的.

根据定义,数列(1)、(2)、(3)都是收敛的,而数列 $\left\{\frac{1 + (-1)^{n+1}}{2}\right\}$, 即 1,0,1,0,⋯, $\frac{1 + (-1)^{n+1}}{2}$, ⋯, 显然,随着 n 的增大没有无限接近于一个确定的常数,所以该数列是发散的.

定理 1.1 收敛的数列必定有界.

注意:

有界数列不一定收敛,例如 $\{x_n\}$: $x_n = (-1)^n$.

推论 无界数列必定发散.

极限唯一性:收敛数列的极限是唯一的.

1.4.2 函数极限

若将数列极限概念中自变量 n 的特殊性撇开,可以由此引出函数极限的一般概念:"在自变量 x 的某个变化过程中,如果对应的函数值 $f(x)$ 无限接近于某个确定的常数 A, 则称常数 A 为函数 $f(x)$ 在自变量 x 的上述变化过程中的极限."

显然，极限 A 与自变量 x 的变化过程紧密相关，自变量的变化过程不同，函数的极限就有不同的表现形式.

下面将分两种情况来讨论函数极限.

1. 自变量趋于有限值（$x \to x_0$）时函数的极限

定义 1.11　设函数 $f(x)$ 在 $\mathring{U}(x_0)$ 内有定义，若当 $x \to x_0$ 时，函数 $f(x)$ 无限接近于确定常数 A，则称常数 A 为**函数 $f(x)$ 当 $x \to x_0$ 时的极限**. 记作

$$\lim_{x \to x_0} f(x) = A \quad \text{或} \quad \text{当 } x \to x_0 \text{ 时}, f(x) \to A.$$

定义 1.12　当自变量 x 从 x_0 的左侧趋于 x_0（记为 $x \to x_0^-$）时，$f(x)$ 无限接近于确定常数 A，则称常数 A 为函数 $f(x)$ 当 $x \to x_0$ 时的**左极限**，记作 $\lim\limits_{x \to x_0^-} f(x) = A$ 或 $f(x_0 - 0) = A$；

当自变量 x 从 x_0 的右侧趋于 x_0（记为 $x \to x_0^+$）时，$f(x)$ 无限接近于确定常数 A，则称常数 A 为函数 $f(x)$ 当 $x \to x_0$ 时的**右极限**，记作 $\lim\limits_{x \to x_0^+} f(x) = A$ 或 $f(x_0 + 0) = A$.

定理 1.2　函数 $f(x)$ 当 $x \to x_0$ 时的极限存在的充分必要条件是左极限与右极限都存在并且相等，即 $\lim\limits_{x \to x_0} f(x) = A \Leftrightarrow f(x_0 - 0) = f(x_0 + 0) = A$.

例 1　讨论符号函数

$$y = \operatorname{sgn} x = \begin{cases} 1 & x > 0 \\ 0 & x = 0, \\ -1 & x < 0 \end{cases} \quad \text{当 } x \to 0 \text{ 时的极限.}$$

解　由于 $f(0-0) = -1$，$f(0+0) = 1$，故 $\lim\limits_{x \to 0} \operatorname{sgn} x$ 不存在.

例 2　设 $f(x) = 2^{1/x}$，求 $\lim\limits_{x \to 0} f(x)$.

解　令 $\dfrac{1}{x} = u$，由于 $x \to 0^+$ 时，$u \to +\infty$，$2^u \to +\infty$，即 $\lim\limits_{x \to 0^+} f(x) = +\infty$. 而 $x \to 0^-$ 时，$u \to -\infty$，$2^u \to 0$，即 $\lim\limits_{x \to 0^-} f(x) = 0$，故 $\lim\limits_{x \to 0} f(x)$ 不存在.

2. 自变量趋于无穷大（$x \to \infty$）时函数的极限

定义 1.13　如果当 x 的绝对值无限增大时，函数 $f(x)$ 无限接近于确定常数 A，则称 A 为**函数 $f(x)$ 当 $x \to \infty$ 时的极限**，记作

$$\lim_{x \to \infty} f(x) = A \quad \text{或} \quad \text{当 } x \to \infty \text{ 时}, f(x) \to A.$$

若 $x > 0$ 且无限增大（记作 $x \to +\infty$），则易得 $\lim\limits_{x \to +\infty} f(x) = A$；同样，$x < 0$ 而 $|x|$ 无限增大（记作 $x \to -\infty$），则易得 $\lim\limits_{x \to -\infty} f(x) = A$.

定理 1.3　$\lim\limits_{x \to \infty} f(x)$ 存在的充分必要条件是 $\lim\limits_{x \to +\infty} f(x)$ 和 $\lim\limits_{x \to -\infty} f(x)$ 都存在且相等，即

$$\lim_{x \to +\infty} f(x) = \lim_{x \to -\infty} f(x).$$

例如，观察基本初等函数的图像，可得 $\lim\limits_{x \to \infty} \dfrac{1}{x} = 0$，$\lim\limits_{x \to +\infty} \arctan x = \dfrac{\pi}{2}$，$\lim\limits_{x \to -\infty} \arctan x = -\dfrac{\pi}{2}$.

1.4.3　无穷小与无穷大

视频

无穷小的定义

1. 无穷小

定义 1.14　在自变量的某一变化过程中，以零为极限的函数，称为**无穷小量**，简称**无穷小**.

说明:

在自变量的某一变化过程中,包括 $x\to x_0$, $x\to x_0^-$, $x\to x_0^+$, $x\to\infty$, $x\to-\infty$, $x\to+\infty$ 及 $n\to\infty$.(下文用 $x\to?$ 表示)

例如,(1)因为 $\lim\limits_{x\to1}(x-1)=0$,所以称 $x\to1$ 时,函数 $x-1$ 为无穷小;

(2)因为 $\lim\limits_{x\to-\infty}2^x=0$,所以称 $x\to-\infty$ 时,函数 2^x 为无穷小;

(3)因为 $\lim\limits_{n\to\infty}\sin\dfrac{1}{n^2}=0$,所以称数列 $\left\{\sin\dfrac{1}{n^2}\right\}$ 为无穷小.

注意:

(1)无穷小的确定与自变量的变化过程(趋向)有直接关系.如当 $x\to\infty$ 时,$\dfrac{1}{x}$ 是无穷小,而当 $x\to2$ 时,$\dfrac{1}{x}$ 不是无穷小.

(2)不要将无穷小与很小的数混淆,常数中只有0为无穷小.

定理1.4 在自变量的某一变化过程中,函数 $f(x)$ 具有极限 A 的充分必要条件是 $f(x)=A+\alpha(x)$,其中 $\alpha(x)$ 是自变量同一变化过程中的无穷小.即

$$\lim_{x\to?}f(x)=A\Leftrightarrow f(x)=A+\alpha(x).$$

无穷小的性质:

性质1 有限个无穷小的代数和仍然是无穷小.

性质2 有限个无穷小的乘积仍然是无穷小.

性质3 常数与无穷小的乘积仍然是无穷小.

性质4 有界函数与无穷小的乘积仍然是无穷小.

注意:

无穷多个无穷小的代数和未必是无穷小.例如,

(1) $\lim\limits_{n\to\infty}\left(\dfrac{1}{n^2}+\dfrac{2}{n^2}+\cdots+\dfrac{n}{n^2}\right)=\dfrac{1}{2}$;

(2) $\lim\limits_{n\to\infty}\left(\dfrac{1}{n^3}+\dfrac{2}{n^3}+\cdots+\dfrac{n}{n^3}\right)=0$;

(3) $\lim\limits_{n\to\infty}\left(\dfrac{1}{\sqrt{n^3}}+\dfrac{2}{\sqrt{n^3}}+\cdots+\dfrac{n}{\sqrt{n^3}}\right)=\infty$.

2. 无穷大

定义1.15 在自变量的某一变化过程中,绝对值无限增大的函数 $f(x)$,称为**无穷大量**,简称**无穷大**.记作 $\lim\limits_{x\to?}f(x)=\infty$.

说明:

无穷大虽然记作 $\lim\limits_{x\to?}f(x)=\infty$,但并不意味着 $f(x)$ 在这一变化过程中有极限,而是借此表明此时极限不存在的这一种特殊形态,同时为表达方便,也常说“函数的极限为无穷大”。

例如,当 $x\to0$ 时,$\left|\dfrac{1}{x}\right|$ 无限增大,则称 $x\to0$ 时,$\dfrac{1}{x}$ 为无穷大,记作 $\lim\limits_{x\to0}\dfrac{1}{x}=\infty$.

另外,绝对值的无限增大其实包含着正向($f(x)>0$)的无限增大与负向($f(x)<0$)的无限减小,为了

区分这两种形态，我们将其分别称为**正无穷大**与**负无穷大**，记作 $\lim\limits_{x\to ?} f(x) = +\infty$ 与 $\lim\limits_{x\to ?} f(x) = -\infty$.

例如，当 $x\to 0^-$ 时，$\frac{1}{x} < 0$ 且无限减小，则称 $x\to 0^-$ 时，$\frac{1}{x}$ 为负无穷大，记作 $\lim\limits_{x\to 0^-} \frac{1}{x} = -\infty$；当 $x\to 0^+$ 时，$\frac{1}{x} > 0$ 且无限增大，则称 $x\to 0^+$ 时，$\frac{1}{x}$ 为正无穷大，记作 $\lim\limits_{x\to 0^+} \frac{1}{x} = +\infty$.

注意：

(1)无穷大的确定也与自变量的变化过程(趋向)有直接关系；

(2)不要将无穷大与很大的数混淆，常数中没有无穷大.

3. 无穷小与无穷大的关系

定理 1.5 在自变量的某一变化过程中，若 $f(x)$ 是无穷大，则 $\frac{1}{f(x)}$ 是无穷小；反之，若 $f(x)$ 是无穷小，且 $f(x)\neq 0$，则 $\frac{1}{f(x)}$ 是无穷大.

习题 1-4

A 组

选择题：

(1)数列有界是数列收敛的(   ).

A. 必要条件　　B. 充分条件　　C. 充要条件　　D. 无关条件

(2)设函数 $f(x) = \frac{|x-1|}{x-1}$，则 $\lim\limits_{x\to 1} f(x)$ 是(   ).

A. 0　　B. 1　　C. -1　　D. 不存在

(3)下列极限存在的是(   ).

A. $\lim\limits_{x\to\infty} \frac{1}{x}$　　B. $\lim\limits_{x\to 0} \sin\frac{1}{x}$　　C. $\lim\limits_{x\to 0} e^{\frac{1}{x}}$　　D. $\lim\limits_{x\to 0} \frac{1}{2^x - 1}$

(4)下列变量在给定的变化过程中为无穷小的是(   ).

A. $2^x - 1 \quad (x\to 0)$　　B. $2^{-x} - 1 \quad (x\to 1)$

C. $\frac{1}{2x} \quad (x\to 0)$　　D. $\frac{1}{(x-1)^2} \quad (x\to 0)$

(5)当 $x\to 1$ 时，下列变量中为无穷大的是(   ).

A. $\frac{x^2-1}{x+1}$　　B. $\frac{x^2-1}{x-1}$　　C. $\frac{x+1}{x-1}$　　D. $2^{\frac{1}{x-1}}$

(6) $\lim\limits_{n\to\infty} \left(\frac{1-m}{10}\right)^n$ 的值是(   ).

A. 0　　B. 1　　C. ∞　　D. 由 m 的值决定

(7)要使 $\frac{1}{x-1}$ 为无穷大，变量 x 的变化趋势是(   ).

A. $x\to -1$　　B. $x\to 1$　　C. $x\to\infty$　　D. x 可任意变化

(8)下列极限不等于1的是(   ).

A. $\lim\limits_{n\to\infty}\left(1+\frac{1}{n}\right)$　　B. $\lim\limits_{n\to\infty}\left(1+\frac{1}{n^2}\right)$

C. $\lim\limits_{n\to\infty}(-1)^n$　　D. $\lim\limits_{n\to\infty}\left(1+\dfrac{(-1)^n}{n}\right)$

(9) 函数 $f(x)=x\sin x$ (　　).

A. 在 $(-\infty,+\infty)$ 内无界　　B. 在 $(-\infty,+\infty)$ 内有界

C. 当 $x\to\infty$ 时为无穷大　　D. 当 $x\to\infty$ 时极限存在

B 组

1. 已知函数 $f(x)=\dfrac{x^2-2x-3}{x+1}$，求 $\lim\limits_{x\to0}f(x)$，$\lim\limits_{x\to-1}f(x)$ 的值.

2. 求 $\lim\limits_{x\to\infty}2^{\frac{1}{x}}$ 的极限值.

3. 已知函数 $f(x)=\dfrac{1}{1+e^{\frac{1}{x}}}$，求 $\lim\limits_{x\to0^-}f(x)$，$\lim\limits_{x\to0^+}f(x)$ 的值.

4. 设 $f(x)=\begin{cases}3x+2 & x\leqslant0\\ x^2-2 & x>0\end{cases}$，求 $\lim\limits_{x\to0^+}f(x)$ 的值.

5. 函数 $f(x)=\dfrac{x+1}{x-1}$ 在什么条件下是无穷大？什么条件下是无穷小？为什么？

文化视角

极限思想的产生和发展

1. 极限思想的产生

所有科学的思想方法均是源自人们对于社会实践的体验以及总结，极限思想也不例外. 极限思想的产生可以追根溯源到古代，在我国，极限思想于春秋战国时期就已萌芽，然而纵观史料，极限思想被局限于哲学的领域，并没有被运用到数学当中去，于是应用极限的方法对数学问题进行研究就更是无从谈起. 一直到公元 3 世纪，我国魏晋时期的著名数学家刘徽对《九章算术》进行注释，并在其中创设出了“割圆术”. 刘徽的极限思想是这样表述的：“割之弥细，所失弥少，割之又割，以至于不可割，则与圆合体而无所失”. 因此，刘徽是在数学领域运用极限思想的第一人. 这种关于无限接近的思想正是后来极限概念得以建立的重要基础.

刘徽所创设的“割圆术”是对原始极限思想的一种有效运用. 在古希腊有着一种穷竭法，这其中也包含了极限的思想，但是希腊人对于极限是相当恐惧的，所以他们并不会明显地去求极限，而是依据归谬法这一间接的证明法完成对极限相关思想的论证. 直到 16 世纪荷兰的数学家斯泰文在对三角形的重心这一问题进行研究时对古希腊人的穷竭法做出改进，他思考问题所采用的是几何直观，并合理运用极限思想，撇开了对归谬法的运用. 因此，极限在斯泰文的研究之下演变成了一个实用的概念.

2. 极限思想的发展

微积分的建立对极限思想的深层次发展起到了一定程度的促进作用. 最初，莱布尼茨、牛顿建立微积分所依据的是无穷小这一概念，但是后面遭遇了逻辑难题，因而在他们研究的晚期，他们都对极限思想有一定程度的接受. 牛顿研究极限概念的基础是几何直观，所以他并不能成功求得严格的关于极限的表达.

正因为在当时没有对极限进行严格的定义，一部分人才会对微积分理论产生怀疑甚至是进行攻击. 在这些对微积分理论进行攻击的人当中，英国哲学家贝克莱的态度最为强烈，他甚至认为推导微积分是“分明的诡辩”. 这一事实充分证明，理清极限的概念，构建微积分严格的理论基础，不仅仅是数学本身所必需的，而且对于极限思想的发展也具备十分重要的意义.

3. 极限思想的完善

要想发展并完善极限思想，就离不开微积分理论的严格化. 在相当长的一段时期里，很多人都尝试着去

解决微积分的理论基础这一难题，但是取得的效果并不理想．这主要是因为数学的研究对象已经被扩大了，不仅包括常量，还有变量，而人们并不十分清楚变量数学所具备的特殊规律．与此同时，人们还没有完全理解常量数学和变量数学之间的异同，没有明确无限和有限之间的对立统一关系．这样一来，人们习惯使用的对常量数学进行处理的思想方法已经不能跟变量数学的新要求相适应，只采用旧的概念就无法说明“非零”跟“零”之间相互转化的辩证关系．

第一个运用极限思想对导数进行正确定义的人是捷克数学家波尔查诺，他的这一思想是有着具体的价值的，然而对于极限的本质问题波尔查诺依然没有清楚的表述．一直到 19 世纪，法国数学家柯西以前人的工作经验及成果为基础，对极限的概念以及它的理论进行了较为完整的论述，即：“当一个变量逐次所取的值无限趋于一个定值，最终使变量的值和该定值之差要多小就多小，这个定值就叫作所有其他值的极限值．特别地，当一个变量的数值（绝对值）无限地减小使之收敛到极限 0，就说这个变量成为无穷小．”柯西将无穷小看作一个变量，且这一变量的极限值是 0，这就使得关于对无穷小的“似零非零”的模糊认识进行了澄清．换句话说，就是指变量在变化的过程当中是趋近于零的，但它的值是非零，只是无限地与零接近．

柯西坚持研究，致力于将存在于极限概念当中的几何直观消除，以得出明确的极限的定义．然而，柯西的论述里还有诸如“要多小就多小”“无限趋近”等描述性的字词存在，所有依然没有完全消除物理以及几何直观的痕迹，没能够成功实现彻底的严密．

为了将极限概念当中存在的直观痕迹彻底排除，维尔斯特拉斯提出了静态的关于极限的定义，为微积分理论奠定了坚实的基础．所谓 $a_n = A$ 的含义就是如果对任何 $\varepsilon > 0$，总存在自然数 N，使得当 $n > N$ 时，不等式 $|a_n - A| < \varepsilon$ 恒成立．这个定义就是以不等式为依据，通过 N 跟 ε 之间的关系，具体地、定量地对两个“无限过程”之间的相互联系进行了刻画．所以我们知道这样的定义是相当严格的，能够作为进行科学论证的基础依据，至今仍在数学分析书籍中使用．在这个定义当中，仅仅涉及了数以及数的大小关系，此外只是给定、存在、任取等词语，已经不再求助于运动的直观，成功摆脱了“趋近”一词．

极限思想的产生过生是相当长久的，它的发展以及完善等依赖于多位数学家的刻苦研究，它对于微积分的影响很深远，为我们今天学习数学知识奠定了基础．

§1.5　极限的运算

前一节介绍了极限的概念，并用观察法求出了一些简单函数的极限．但对于较复杂的函数的极限就很难用观察法求得，因此，还需研究极限的运算．本节主要是建立极限的四则运算法则，并利用该法则求一些常见类型极限．

1.5.1　极限的四则运算法则

定理 1.6　设 $\lim\limits_{x\to ?} f(x) = A, \lim\limits_{x\to ?} g(x) = B$，则

(1) $\lim\limits_{x\to ?}[f(x) \pm g(x)] = \lim\limits_{x\to ?} f(x) \pm \lim\limits_{x\to ?} g(x) = A \pm B$；

(2) $\lim\limits_{x\to ?} f(x) \cdot g(x) = \lim\limits_{x\to ?} f(x) \cdot \lim\limits_{x\to ?} g(x) = A \cdot B$；

(3) $\lim\limits_{x\to ?} \dfrac{f(x)}{g(x)} = \dfrac{\lim\limits_{x\to ?} f(x)}{\lim\limits_{x\to ?} g(x)} = \dfrac{A}{B} \quad (B \neq 0)$.

推论 1　若 $\lim\limits_{x\to ?} f(x)$ 存在，C 为常数，则 $\lim\limits_{x\to ?} Cf(x) = C\lim\limits_{x\to ?} f(x)$.

推论 2　设函数 $f_1(x), f_2(x), \cdots, f_n(x)$ 当 $x \to ?$ 时的极限均存在，则有

$$\lim_{x\to ?}[f_1(x) \pm f_2(x) \pm \cdots \pm f_n(x)] = \lim_{x\to ?} f_1(x) \pm \lim_{x\to ?} f_2(x) \pm \cdots \pm \lim_{x\to ?} f_n(x),$$

$$\lim_{x\to ?}[f_1(x)\cdot f_2(x)\cdot\cdots\cdot f_n(x)]=\lim_{x\to ?}f_1(x)\cdot\lim_{x\to ?}f_2(x)\cdot\cdots\cdot\lim_{x\to ?}f_n(x).$$

注意:

该定理及推论给求极限带来了极大方便,但应注意,运用该定理的前提是被运算的各个变量的极限必须存在,并且在除法运算中,还要求分母的极限不为零.

例 1 求 $\lim\limits_{x\to 1}(x^2+8x-7)$.

解 $\lim\limits_{x\to 1}(x^2+8x-7)=\lim\limits_{x\to 1}x^2+\lim\limits_{x\to 1}8x-\lim\limits_{x\to 1}7$

$$=(\lim_{x\to 1}x)^2+8\lim_{x\to 1}x-\lim_{x\to 1}7=1^2+8\times 1-7=2.$$

例 2 求 $\lim\limits_{x\to 2}\dfrac{x^2-3x+2}{x^2-1}$.

解 因 $\lim\limits_{x\to 2}(x^2-1)=3\neq 0$,所以

$$\lim_{x\to 2}\frac{x^2-3x+2}{x^2-1}=\frac{\lim\limits_{x\to 2}(x^2-3x+2)}{\lim\limits_{x\to 2}(x^2-1)}=\frac{0}{3}=0.$$

例 3 求 $\lim\limits_{x\to -1}\dfrac{x^2-3x+2}{x^2-1}$.

解 因 $\lim\limits_{x\to -1}(x^2-1)=0$,但 $\lim\limits_{x\to -1}(x^2-3x+2)=6\neq 0$,故

$$\lim_{x\to -1}\frac{x^2-1}{x^2-3x+2}=\frac{0}{6}=0.$$

由无穷小与无穷大的关系,得

$$\lim_{x\to -1}\frac{x^2-3x+2}{x^2-1}=\infty.$$

例 4 求 $\lim\limits_{x\to 1}\dfrac{x^2-3x+2}{x^2-1}$.

解 当 $x\to 1$ 时,分子、分母的极限均为零,故此极限称为“$\dfrac{0}{0}$”型未定式,此时应先约去不为零的无穷小因子 $(x-1)$ 后再求极限.

$$\lim_{x\to 1}\frac{x^2-3x+2}{x^2-1}=\lim_{x\to 1}\frac{(x-1)(x-2)}{(x-1)(x+1)}=\lim_{x\to 1}\frac{x-2}{x+1}=-\frac{1}{2}.$$

例 5 求 $\lim\limits_{x\to\infty}\dfrac{x^2+3x-5}{2x^2+x+3}$.

解 因分子、分母的极限都是 ∞,故此极限称为“$\dfrac{\infty}{\infty}$”型未定式,此时应将分子、分母都除以 x^2 后再计算.

$$\lim_{x\to\infty}\frac{x^2+3x-5}{2x^2+x+3}=\lim_{x\to\infty}\frac{1+\dfrac{3}{x}-\dfrac{5}{x^2}}{2+\dfrac{1}{x}+\dfrac{3}{x^2}}=\frac{1}{2}.$$

例 6 求 $\lim\limits_{n\to\infty}\dfrac{2^{n+1}+3^{n+1}}{2^n+3^n}$.

解 $\lim\limits_{n\to\infty}\dfrac{2^{n+1}+3^{n+1}}{2^n+3^n}=\lim\limits_{n\to\infty}\dfrac{2\cdot\left(\dfrac{2}{3}\right)^n+3}{\left(\dfrac{2}{3}\right)^n+1}=3.$

例 7　求 $\lim\limits_{x\to\infty}\left(\dfrac{x^3}{2x^2-1}-\dfrac{x^2}{2x+1}\right)$.

视频 例7

解　因括号内减号前后两项的极限都是∞，故此极限称为"∞ − ∞"型未定式，此时需先变形再计算.

$$\lim_{x\to\infty}\left(\frac{x^3}{2x^2-1}-\frac{x^2}{2x+1}\right)=\lim_{x\to\infty}\frac{x^3+x^2}{(2x^2-1)(2x+1)}=\lim_{x\to\infty}\frac{1+\dfrac{1}{x}}{\left(2-\dfrac{1}{x^2}\right)\left(2+\dfrac{1}{x}\right)}=\frac{1}{4}.$$

例 8　$\lim\limits_{x\to+\infty}(\sqrt{x^2+x}-\sqrt{x^2+1})$.

解　此极限也为"∞ − ∞"型未定式，所以要先变形再计算.

$$\lim_{x\to+\infty}(\sqrt{x^2+x}-\sqrt{x^2+1})=\lim_{x\to+\infty}\frac{x-1}{\sqrt{x^2+x}+\sqrt{x^2+1}}$$

$$=\lim_{x\to+\infty}\frac{1-\dfrac{1}{x}}{\sqrt{1+\dfrac{1}{x}}+\sqrt{1+\dfrac{1}{x^2}}}=\frac{1}{2}.$$

注意：

"∞ − ∞"型未定式的计算思路是先变形为"$\dfrac{0}{0}$"或"$\dfrac{\infty}{\infty}$"再计算，其变形方法可分为两类：(1)分式 − 分式，由通分变形；(2)根式 − 根式，由分子有理化变形.

例 9　求 $\lim\limits_{n\to\infty}\left[\dfrac{1}{1\cdot 3}+\dfrac{1}{3\cdot 5}+\cdots+\dfrac{1}{(2n-1)\cdot(2n+1)}\right]$.

分析：该例是无穷多项之和求极限，故不能直接利用极限的四则运算法则，需先变形（求和）再求极限.

解　由于

$$\frac{1}{1\cdot 3}+\frac{1}{3\cdot 5}+\cdots+\frac{1}{(2n-1)\cdot(2n+1)}=\frac{1}{2}\left(1-\frac{1}{3}+\frac{1}{3}-\frac{1}{5}+\cdots+\frac{1}{2n-1}-\frac{1}{2n+1}\right)$$

$$=\frac{1}{2}\left(1-\frac{1}{2n+1}\right).$$

故

$$\lim_{n\to\infty}\left[\frac{1}{1\cdot 3}+\frac{1}{3\cdot 5}+\cdots+\frac{1}{(2n-1)\cdot(2n+1)}\right]=\lim_{n\to\infty}\frac{1}{2}\left(1-\frac{1}{2n+1}\right)$$

$$=\frac{1}{2}\lim_{n\to\infty}\left(1-\frac{1}{2n+1}\right)=\frac{1}{2}.$$

1.5.2　两个重要极限

1. 第一个重要极限

$$\lim_{x\to 0}\frac{\sin x}{x}=1$$

特征：(1)是"$\dfrac{0}{0}$"型极限；

(2)无论 x 趋于何值，只要 $\alpha(x)\to 0$，就有 $\lim\limits_{\alpha(x)\to 0}\dfrac{\sin\alpha(x)}{\alpha(x)}=1$.

例 10 求 $\lim\limits_{x\to 0}\dfrac{\tan 3x}{\sin 5x}$.

解 $\lim\limits_{x\to 0}\dfrac{\tan 3x}{\sin 5x}=\lim\limits_{x\to 0}\dfrac{\tan 3x}{3x}\cdot\dfrac{3}{5}\cdot\dfrac{5x}{\sin 5x}=\dfrac{3}{5}\lim\limits_{x\to 0}\dfrac{\tan 3x}{3x}\cdot\lim\limits_{x\to 0}\dfrac{5x}{\sin 5x}=\dfrac{3}{5}$.

例 11 求 $\lim\limits_{x\to 0}\dfrac{1-\cos x}{x^2}$.

解 $$\lim_{x\to 0}\frac{1-\cos x}{x^2}=\lim_{x\to 0}\frac{2\sin^2\frac{x}{2}}{x^2}=\lim_{x\to 0}\frac{1}{2}\cdot\left(\frac{\sin\frac{x}{2}}{\frac{x}{2}}\right)^2=\frac{1}{2}\lim_{\frac{x}{2}\to 0}\left(\frac{\sin\frac{x}{2}}{\frac{x}{2}}\right)^2=\frac{1}{2}\cdot 1=\frac{1}{2}.$$

例 12 求 $\lim\limits_{x\to 0}\dfrac{x-\sin 2x}{x+\sin 2x}$.

解 $$\lim_{x\to 0}\frac{x-\sin 2x}{x+\sin 2x}=\lim_{x\to 0}\frac{1-\frac{\sin 2x}{x}}{1+\frac{\sin 2x}{x}}=\lim_{x\to 0}\frac{1-2\cdot\frac{\sin 2x}{2x}}{1+2\cdot\frac{\sin 2x}{2x}}=\frac{1-2}{1+2}=-\frac{1}{3}.$$

例 13 求 $\lim\limits_{x\to\infty}x\cdot\sin\dfrac{1}{x}$.

解 $$\lim_{x\to\infty}x\cdot\sin\frac{1}{x}=\lim_{x\to\infty}\frac{\sin\frac{1}{x}}{\frac{1}{x}}=1.$$

> **注意:**
>
> 例 13 为“$0\cdot\infty$”型极限,变形为“$\dfrac{0}{0}$”或“$\dfrac{\infty}{\infty}$”型再计算.

2. 第二个重要极限

$$\lim_{x\to\infty}\left(1+\frac{1}{x}\right)^x=\mathrm{e},\quad \lim_{x\to 0}(1+x)^{\frac{1}{x}}=\mathrm{e},\quad \lim_{n\to\infty}\left(1+\frac{1}{n}\right)^n=\mathrm{e}.$$

特征:(1)是“1^∞”型极限;

(2)无论 x 趋于何值,只要 $\alpha(x)\to 0$, 就有 $\lim\limits_{\alpha(x)\to 0}[1+\alpha(x)]^{\frac{1}{\alpha(x)}}=\mathrm{e}$.

例 14 求极限:$\lim\limits_{x\to\infty}\left(1-\dfrac{1}{x}\right)^x$.

解 $$\lim_{x\to\infty}\left(1-\frac{1}{x}\right)^x=\lim_{x\to\infty}\left(1+\frac{1}{-x}\right)^{-x\cdot(-1)}\xlongequal{\text{令}-x=t}\lim_{t\to\infty}\frac{1}{\left(1+\frac{1}{t}\right)^t}=\frac{1}{\mathrm{e}}.$$

> **注意:**
>
> 该例的结果可以作为公式使用. 类似地还有
>
> $$\lim_{x\to 0}(1-x)^{\frac{1}{x}}=\frac{1}{\mathrm{e}},\quad \lim_{n\to\infty}\left(1-\frac{1}{n}\right)^n=\frac{1}{\mathrm{e}}.$$

例 15 求 $\lim\limits_{x\to\infty}\left(1+\dfrac{1}{x}\right)^{\frac{x}{2}}$ 的极限.

解 $$\lim_{x\to\infty}=\left(1+\frac{1}{x}\right)^{\frac{x}{2}}=\lim_{x\to\infty}\left[\left(1+\frac{1}{x}\right)^x\right]^{\frac{1}{2}}=\left[\lim_{x\to\infty}\left(1+\frac{1}{x}\right)^x\right]^{\frac{1}{2}}=\mathrm{e}^{\frac{1}{2}}.$$

例 16　求 $\lim\limits_{n\to\infty}\left(1-\frac{3}{n}\right)^{n+3}$ 的极限.

解　$\lim\limits_{n\to\infty}\left(1-\frac{3}{n}\right)^{n+3}=\lim\limits_{n\to\infty}\left(1-\frac{3}{n}\right)^{\frac{n}{3}\cdot 3}\cdot\left(1-\frac{3}{n}\right)^{3}=e^{-3}\cdot 1=e^{-3}$.

例 17　求 $\lim\limits_{x\to 0}\sqrt[x]{1-2x}$ 的极限.

解　$\lim\limits_{x\to 0}\sqrt[x]{1-2x}=\lim\limits_{x\to 0}(1-2x)^{\frac{1}{x}}=\lim\limits_{x\to 0}(1-2x)^{\frac{1}{2x}\cdot 2}=e^{-2}$.

例 18　求 $\lim\limits_{x\to\infty}\left(\frac{3+x}{2+x}\right)^{2x}$ 的极限.

解　$\lim\limits_{x\to\infty}\left(\frac{3+x}{2+x}\right)^{2x}=\lim\limits_{x\to\infty}\left(\frac{\frac{3}{x}+1}{\frac{2}{x}+1}\right)^{2x}=\lim\limits_{x\to\infty}\frac{\left(\frac{3}{x}+1\right)^{\frac{x}{3}\cdot 6}}{\left(\frac{2}{x}+1\right)^{\frac{x}{2}\cdot 4}}=\frac{e^6}{e^4}=e^2$.

习题 1-5

A 组

1. 计算下列极限：

(1) $\lim\limits_{x\to\sqrt{3}}\frac{x^2-3}{x^2+1}$;　　(2) $\lim\limits_{x\to\sqrt{3}}\frac{x^2+1}{x^2-3}$;

(3) $\lim\limits_{x\to -1}\frac{x^2-x-2}{x^2+3x+2}$;　　(4) $\lim\limits_{x\to 3}\frac{x^2-x-6}{x-3}$;

(5) $\lim\limits_{x\to\infty}\frac{(x-1)(x^2-3)}{2x^3+x-1}$;　　(6) $\lim\limits_{x\to\infty}\frac{x+5}{x^2-3}$;

(7) $\lim\limits_{n\to\infty}\frac{(n-1)^2}{n+1}$;　　(8) $\lim\limits_{x\to+\infty}\frac{\sqrt{1+x^2}+1}{x-1}$;

(9) $\lim\limits_{x\to -1}\left(\frac{1}{x+1}-\frac{1}{x^2-1}\right)$;　　(10) $\lim\limits_{n\to\infty}(\sqrt{n^2+n}-\sqrt{n^2-1})$.

2. 计算下列极限：

(1) $\lim\limits_{x\to\frac{\pi}{2}}\frac{\cos x}{x-\frac{\pi}{2}}$;　　(2) $\lim\limits_{x\to 3}\frac{\sin(x^2-x-6)}{x-3}$;

(3) $\lim\limits_{n\to\infty}2^n\sin\frac{x}{2^n}$;　　(4) $\lim\limits_{x\to\infty}\left(\frac{1+x}{x}\right)^{2x}$;

(5) $\lim\limits_{x\to\infty}\left(\frac{x}{x-1}\right)^{2x-7}$;　　(6) $\lim\limits_{x\to\infty}\left(\frac{2x+1}{2x-1}\right)^{x}$.

3. 若 $\lim\limits_{x\to\infty}\left(\frac{x^2+1}{x+1}-ax-b\right)=0$，求 a、b 的值.

B 组

选择题：

(1) 极限 $\lim\limits_{x\to 0}\frac{2^{\frac{1}{x}}+1}{2^{\frac{1}{x}}-1}$ 为（　　）.

A. 1　　B. −1　　C. ∞　　D. 不存在但不是 ∞

(2) $\lim_{n\to\infty}\frac{1+2+3+\cdots+n}{n^2}=$ (　　).

A. 0　　B. $\frac{1}{2}$　　C. 1　　D. 不存在

(3) $\lim_{x\to\infty}x\sin\frac{\pi}{x}=$ (　　).

A. 0　　B. 1　　C. π　　D. 不存在

(4) 下列等式中正确的是(　　).

A. $\lim_{x\to 0}\frac{\sin x^2}{x^2}=1$　　B. $\lim_{x\to 0}\frac{\sin e^x}{e^x}=1$

C. $\lim_{x\to 0}\frac{\sin(\cos x)}{\cos x}=1$　　D. $\lim_{x\to 0}\frac{\sin(\arccos x)}{\arccos x}=1$

(5) $\lim_{x\to 0}\left(x\sin\frac{1}{x}+\frac{1}{x}\sin x\right)=$ (　　).

A. 0　　B. 1　　C. 2　　D. 不存在

(6) 下列等式中正确的是(　　).

A. $\lim_{n\to\infty}\left(1+\frac{k}{n}\right)^{kn}=e^k$　　B. $\lim_{n\to\infty}\left(1+\frac{1}{kn}\right)^{kn}=e^k$

C. $\lim_{n\to\infty}\left(1-\frac{1}{n}\right)^{nk}=-e^k$　　D. $\lim_{n\to\infty}\left(1+\frac{1}{n}\right)^{kn}=e^k$

文化视角

无穷小与世界近代历史的发展进程(一)

1632 年 8 月 10 日,罗马宫殿里,五个教会人士严肃地讨论了一个看似简单的命题——无穷小(Infinitesimals,亦称不可分量)是否存在. 讨论的结果是,严令禁止无穷小的传播,永远不得传授乃至提及无穷小的概念.

但这究竟是为什么呢? 他们又是出于怎样的考虑,才会去禁止这样一个看似毫不相干的数学概念呢?

是的,站在我们现代人的角度来看,无穷小这个概念,只不过是数学大家族中普普通通的一员,没什么了不起的. 但在伽利略所处的 17 世纪,这一切可不是人们想象的那么简单——围绕着无穷小概念的那场世纪大争论(由此引出了重要的极限概念),甚至可以说是一场关乎现代世界面貌的史诗级战争.

古希腊与无穷小悖论

事实上,早在古希腊时期,无穷小量的概念就反复出现在哲人们的脑海中,久久挥之不去. 哲学家芝诺为此专门编写了四个悖论,并给它们分别起了一个有趣的名字. 比如,"阿喀琉斯追乌龟"证明,敏捷的阿喀琉斯永远追不上缓慢的乌龟,虽然他的速度要比乌龟快得多,但他必须首先达到两者距离的 1/2 位置,接下来是 1/4 位置,然后是 1/8 位置,依此类推,他将永远追不上乌龟. 然而,我们凭经验却认为,阿喀琉斯肯定会追上比他慢的乌龟,从而导致悖论. 惊人巧合的是,几乎在同一时期,中国先秦哲学家庄子在其《天下篇》中表达了如出一辙的思想:"一尺之棰,日取其半,万世不竭."

如果正视这些难题和悖论,人们将不得不承认数学与物理世界之间达到一种完美契合的梦想是站不住脚的. 无穷小在规模上,其数量与物理世界是不对应的,任何为实现两者的契合所作的努力最终都导致了矛盾和悖论. 尽管数学推理的自身条件是严格而正确的,但它还是不能告诉我们这个世界的真实面目. 在万物的核心似乎存在着一种神秘的东西,它能够逃脱最严格的数学推理,使得那些信仰理性有序和永恒不变的世界的人们惊恐不安,更令人不安的是它在社会和政治上的影响.

第一次"无穷小战争"与意大利的衰落

作为文艺复兴运动的起源地,意大利自中世纪中期以来一直领导着整个欧洲在各个领域的发明创造,包括政治、经济、艺术与科学. 因此,所有人都期待着意大利——这个在创造力和创新性方面无与伦比的国家,将再次引领数学乃至科学发展的新方向. 然而,令人意外的是,整个事件走向了完全相反的方向. 17 世纪初,无穷小量的支持者主要是"近代科学之父"伽利略和他的两位弟子:卡瓦列里和托里切利. 伽利略在接到卡瓦列里寄来的那封信之前,早已功成名就. 当时的伽利略,正处在他一生中权力与声誉的巅峰. 但是,卡瓦列里寄来的那封信,改变了这一切.

在信里,卡瓦列里提出了一个数学问题:假如我们给定一个具体的平面图形,并在其中画出一条直线,然后我们继续在这个平面图形当中,将所有能与第一条直线平行的直线全部画出来,那么,我们是否能将这些直线与这个平面图形等同起来呢? 这个问题看似简单,但它却直指无穷小问题的核心矛盾——我们可以在任何一个平面图形上画出无穷条直线,假如我们给每一条直线设定一个宽度,不管这个数值有多小,这无穷多条直线将会累积成一个无穷大的平面,而不是我们初始设定的那个具体的平面图形,但假如每条直线的宽度都是零,无穷多条直线的宽度也依然是零,也无法得到我们给定的平面图形.

随后,与卡瓦列里同时代的另一位年轻人——托里切利接过了伽利略的火炬,将无穷小的研究推到了卡瓦列里未曾企及的高度. 他在一篇发表于 1644 年的名为《关于抛物线的面积》的论文中,创造了一种全新的、被他自己命名为"不可分量法"的数学方法——这的确是一项了不起的发现,它为后来的数学家们开辟出一条全新的道路. 遗憾的是,伽利略早已在两年前就含恨离世了. 而托里切利自己也因为积劳成疾,在 1647 年去世. 这位天才的数学家,死去的时候年仅 39 岁,令人扼腕. 一个月后,他的师兄卡瓦列里也因病离世.

最后一位公开捍卫无穷小量学说的意大利数学家安杰利,在圣杰罗姆会于 1668 年被教皇突然解散后不再发声. 那个属于伽利略、卡瓦列里和托里切利的意大利天才辈出的数学黄金年代,在短短数年间烟消云散了. 至此,领导数学创新的重心悄然发生了偏移,它正在跨越阿尔卑斯山,向德国、法国、英国与瑞士发展. 正是在这些北方国家,卡瓦列里和托里切利的"不可分量法"将首先发展成"无穷小微积分"(infinitesimals calculus),然后又发展成了更广泛的数学研究领域——分析学. 意大利作为该学说的起源地,现在已经成了数学领域的一潭死水.

虽然这一次"无穷小战争"已经结束了,但如果是伽利略学派获胜的话,我们可以想象意大利将会朝着另一个方向发展. 伽利略的学术思想很可能仍处于当时数学与科学的最前沿,并很有可能在 18—19 世纪引领数学与科学取得辉煌胜利.

§1.6　无穷小的比较

1.6.1　等价无穷小的概念

根据无穷小的运算性质,两个无穷小的和、差、积仍是无穷小,但两个无穷小的商却会出现不同的情况. 例如,$x\to 0$ 时, $x, x^2, \sin x$ 都是无穷小,而

(1) $\lim\limits_{x\to 0}\dfrac{x^2}{x}=0$;　(2) $\lim\limits_{x\to 0}\dfrac{x}{x^2}=\infty$;　(3) $\lim\limits_{x\to 1}\dfrac{\sin x}{x}=1$.

从中可以看出各无穷小趋于 0 的快慢程度: x^2 比 x 快些, $\sin x$ 与 x 大致相同,即无穷小之比的极限不同,反映了无穷小趋向于零的快慢程度不同.

针对两个无穷小的商出现的不同情况，有如下定义：

1. 定义

定义 1.16 设 α 、β 是自变量同一变化过程中的两个无穷小，且 $\alpha \neq 0$.

(1)若 $\lim \dfrac{\beta}{\alpha} = 0$，则称 β 是比 α **高阶的无穷小**，相应地，称 α 是比 β **低阶的无穷小**，记作 $\beta = o(\alpha)$.

(2)若 $\lim \dfrac{\beta}{\alpha} = C$（ C 为非零常数），则称 β 与 α 是**同阶无穷小**.

特别的，若 $\lim \dfrac{\beta}{\alpha} = 1$，则称 β 与 α 是**等价无穷小**，记作 $\beta \sim \alpha$.

根据该定义及上述前三例的结果，可知，当 $x \to 0$ 时，x^2 是比 x 是高阶的无穷小，x 是比 x^2 低阶的无穷小，$\sin x$ 与 x 是等价无穷小.

2. 常用的等价无穷小

根据等价无穷小的定义，可以归纳出下列常用的等价无穷小：

当 $x \to 0$ 时

$\sin x \sim x$，　$\tan x \sim x$，　$\arcsin x \sim x$，

$\arctan x \sim x$，　$\ln(1+x) \sim x$，　$e^x - 1 \sim x$，

$1 - \cos x \sim \dfrac{1}{2}x^2$，　$a^x - 1 \sim x\ln a$，　$(1+x)^\alpha - 1 \sim \alpha x$.

下面证明几个常用的等价无穷小.

例 1 证明：当时 $x \to 0$，$\ln(1+x) \sim x$.

解 因为

$$\lim_{x\to 0}\frac{\ln(1+x)}{x} = \lim_{x\to 0}\ln(1+x)^{\frac{1}{x}},$$

令 $u = (1+x)^{\frac{1}{x}}$，则当 $x \to 0$ 时，$u \to e$，所以原式 $= 1$，即

$$\lim_{x\to 0}\frac{\ln(1+x)}{x} = 1,$$

所以

$$\ln(1+x) \sim x \quad (x \to 0).$$

例 2 证明：当 $x \to 0$，$e^x - 1 \sim x$.

解 令 $u = e^x - 1$，则 $x = \ln(1+u)$，且 $x \to 0$ 时，$u \to 0$，于是

$$\lim_{x\to 0}\frac{e^x - 1}{x} = \lim_{u\to 0}\frac{u}{\ln(1+u)} = 1,$$

即

$$e^x - 1 \sim x \quad (x \to 0).$$

注意：

在常用等价无穷小中，用任意一个无穷小量 $\alpha(x)$ 代替 x 后，等价关系仍然成立. 例如，当 $x \to 1$ 时，$\sin(x-1) \sim x-1$.

1.6.2 等价无穷小的替换

定理 1.7 设 $\alpha, \alpha', \beta, \beta'$ 是自变量同一变化过程中的无穷小，且 $\alpha \sim \alpha'$，$\beta \sim \beta'$，$\lim \dfrac{\beta'}{\alpha'}$ 存在或为无穷大，则

$$\lim \frac{\beta}{\alpha} = \lim \frac{\beta'}{\alpha'}.$$

视频

等价无穷小的替换

上述定理表明，在求两个无穷小之比的极限时，分子及分母均可用等价无穷小来替换，并且，如果用来替换的等价无穷小选用得当，可简化极限计算.

例 3　求 $\lim\limits_{x \to 0} \frac{\tan 2x}{\sin 5x}$ 的极限.

解　因为 $x \to 0$ 时，$\tan 2x \sim 2x$，$\sin 5x \sim 5x$，故

$$\lim_{x \to 0} \frac{\tan 2x}{\sin 5x} = \lim_{x \to 0} \frac{2x}{5x} = \frac{2}{5}.$$

例 4　求 $\lim\limits_{x \to 0} \frac{(1+x^2)^{1/3}-1}{\cos x - 1}$ 的极限.

解　因为 $x \to 0$ 时，$(1+x^2)^{1/3}-1 \sim \frac{1}{3}x^2$，$1-\cos x \sim \frac{1}{2}x^2$，故

$$\lim_{x \to 0} \frac{(1+x^2)^{1/3}-1}{\cos x - 1} = \lim_{x \to 0} \frac{\frac{1}{3}x^2}{-\frac{1}{2}x^2} = -\frac{2}{3}.$$

例 5　求 $\lim\limits_{x \to 0} \frac{1-\cos ax}{(2^x-1)\ln(1+x)}$ 的极限.

解　因为 $x \to 0$ 时，$1-\cos ax \sim \frac{1}{2}(ax)^2$，$2^x - 1 \sim x\ln 2$，$\ln(1+x) \sim x$，故

$$\lim_{x \to 0} \frac{1-\cos ax}{(2^x-1)\ln(1+x)} = \lim_{x \to 0} \frac{\frac{1}{2}(ax)^2}{x\ln 2 \cdot x} = \frac{a^2}{2\ln 2}.$$

例 6　求 $\lim\limits_{x \to 1} \frac{\sin\sin(x-1)}{\ln x}$ 的极限.

解　因为 $x \to 1$ 时，$\sin\sin(x-1) \sim \sin(x-1) \sim x-1$，$\ln x = \ln[1+(x-1)] \sim x-1$，

故
$$\lim_{x \to 1} \frac{\sin\sin(x-1)}{\ln x} = \lim_{x \to 1} \frac{x-1}{x-1} = 1.$$

例 7　求 $\lim\limits_{x \to 0} \frac{\tan x - \sin x}{\sin^3 x}$ 的极限.

解　$\lim\limits_{x \to 0} \frac{\tan x - \sin x}{\sin^3 x} = \lim\limits_{x \to 0} \frac{\tan x \cdot (1-\cos x)}{\sin^3 x}$.

$$= \lim_{x \to 0} \frac{1}{\cos x} \cdot \lim_{x \to 0} \frac{1-\cos x}{\sin^2 x} = 1 \cdot \lim_{x \to 0} \frac{\frac{1}{2}x^2}{x^2} = \frac{1}{2}.$$

注意：

例 7 如果按照下述做法

$$\lim_{x \to 0} \frac{\tan x - \sin x}{\sin^3 x} = \lim_{x \to 0} \frac{x - x}{x^3} = 0$$

是错误的. 因为，虽然 $\sin x \sim x$、$\tan x \sim x$，但 $\tan x - \sin x \sim 0$ 则不成立，因此，这里用 0 代替 $\tan x - \sin x$ 是错误的.

所以，当分子或分母为和式时，作等价无穷小替换要慎重.

习题 1-6

A 组

1. 选择题：

(1) 当 $x\to0$ 时，以下变量不是无穷小量的是(　　).

A. $x\sin x$　　B. $x\sin\frac{1}{x}$　　C. $\cos\frac{1}{x}$　　D. $x\cos\frac{1}{x}$

(2) 当 $x\to0$ 时，比 x 高阶的无穷小量是(　　).

A. $2x$　　B. $\frac{x}{2}$　　C. x^2　　D. $\sqrt{x}$

(3) 当 $x\to0$ 时，函数 $\ln(1-x)$ 是 x 的(　　)无穷小.

A. 高阶　　B. 低阶　　C. 同阶但不等价　　D. 等价

(4) 设 $\lim\limits_{x\to0}\frac{e^{2x}-1}{\sin ax}=3$，则 $a=$(　　).

A. $\frac{2}{3}$　　B. $\frac{3}{2}$　　C. 2　　D. 3

2. 利用等价无穷小替换，求下列极限.

(1) $\lim\limits_{x\to0}\frac{e^{5x}-1}{x}$；

(2) $\lim\limits_{x\to0}\frac{1-\cos ax}{\sin^2x}$；

(3) $\lim\limits_{x\to0}\frac{\cos3x-\cos2x}{\sqrt{1+x^2}-1}$；

(4) $\lim\limits_{x\to0}\frac{\ln(1-\sin x)}{x}$；

(5) $\lim\limits_{x\to0}\frac{(\sin x^3)\tan x}{1-\cos x^2}$.

B 组

1. 若 $x\to0$，$\sqrt{1+ax^2}-1$ 与 $\sin x^2$ 是等价无穷小，求 a 的值.

2. 证明：当 $x\to1$ 时，$\ln x\sim x-1$.

文化视角

无穷小与世界近代历史的发展进程(二)

第二次“无穷小战争”与英国的崛起

英国皇家学会于1660年成立，在之后的数百年间，它一直是世界上最权威的科学研究机构之一，历史上许多伟大的科学家，例如牛顿、拉瓦锡、富兰克林、巴贝奇、开尔文、达尔文、卢瑟福、爱因斯坦、霍金，都曾是皇家学会的会员．而这里，也将成为第二次“无穷小战争”的决胜之地．决战的双方已经登上了舞台，一方是白发苍苍的老者托马斯·霍布斯，曾写出《利维坦》这部政治学杰作，同时也是政治哲学家；另一方则是牛津大学的顶尖数学家约翰·沃利斯．针对霍布斯的数学方法，两人展开了一场长达数十年的斗争.

霍布斯与数学的邂逅可以算得上是一段奇遇．直到四十岁时，他才与数学结缘．据说，是因为他偶然在别人的书桌上看到了一本《几何原本》,因为无聊便拿起来随手翻阅. 这随意的一瞥,便为他打开了一扇新的大门. 从此,霍布斯开始钻研几何学,并以几何学的严谨和系统来构建自己的政治哲学,这正是他在《利维坦》中所使用的推理方法:人的本性会导致自然状态,从而导致内战,从而导致个人意志的屈从,从而导致利维坦.

两人争论的关键问题正是:霍布斯拒绝接受无穷小概念以及使用无穷小的数学方法. 他坚持认为,数学必须从第一原理开始,一步一步地进行演绎推理,最终得出更为复杂但同样具有确定性的真理. 在这个证明过程中,所有的几何对象都必须从简单图形开始进行构造,仅能利用简单而且不证自明的对点、线、面等的定义. 霍布斯相信,通过这种方式,可以构造出一个完全理性、绝对透明并且充分可知的世界. 在这样的世界中,将不会再有任何秘密可言,它的规则将像几何法则一样简单而绝对,正如政治秩序中的利维坦.

相反,沃利斯的数学并没有试图构建一个数学世界,而是去研究这个客观存在的世界. 沃利斯的世界是神秘的、有待发现的,无穷小的模糊性也是一个积极的特征,不能因为这种模糊性而抹杀它的存在. 前进的道路本就是要小心地、实验性地使用任何可能有效的方法,来揭开世界的奥秘. 任何试图构造一个完全理性的世界的企图,只会是一条死路. 同时,霍布斯视为混乱与冲突根源的异议(以及产生异议的线索)在沃利斯看来并不可怕,而恰恰为数学提供了另一种可能的选择. 沃利斯和皇家学会的其他成员认为,正是教条主义和不宽容导致了 17 世纪 40—50 年代的灾难.

1665 年,23 岁的牛顿受到沃利斯《无穷算术》的启发,发明了自己版本的无穷小数学. 在接下来的几十年里,牛顿的微积分,以及莱布尼茨的微积分,均得到了广泛流传. 此后,微积分转化为了大量的数学实践和众多的数学分支领域. 数学分析——这个以微积分为起点的新兴数学领域,成为 18 世纪数学的主要分支,并且成为该学科的主要支柱之一. 它使数学研究能够应用到几乎所有领域,从行星运动到琴弦振动,从蒸汽机到电动力学——几乎囊括了从古至今的物理学的各个领域. 这是一场伟大的数学革命,这场革命将改变未来的整个世界和人类历史.

就这样,历史像开了一个大大的玩笑:在意大利,教会战胜了伽利略学派;而在英国,则是沃利斯战胜了霍布斯. 如果请一位 17 世纪 30 年代的观察家来预测数学在两个国家的命运,他几乎会得出完全相反的预测结论. 意大利一直保持着杰出的数学传统,而英国在之前从来没有出现过任何一位著名的几何学家. 但是,真实的历史发展却出乎所有人的意料. 针对无穷小的"两次战争"之后,高等数学在意大利停止了发展步伐,而英国的数学迅速崛起,成为欧洲主要的具有数学传统的国家.

一个看似简单的数学概念——无穷小,就这样不可思议地引发和导致两个国家文明的盛衰转折,从而深刻影响了欧洲乃至世界近代历史的进程,并在很大程度上塑造了我们今天所生活的这个现代世界.

§1.7 函数的连续性

1.7.1 连续函数的概念

1. 函数增量

为描述函数的连续性,我们先引入函数增量的概念.

定义 1.17 设函数 $y=f(x)$ 在点 x_0 的某邻域内有定义,当自变量 x 在这个邻域内从初值 x_0 变到终值 x 时,终值与初值的差 $x-x_0$ 称为**自变量的增量**,记作 Δx, 即 $\Delta x = x-x_0$, 显然 Δx 可正可负;在自变量发生改变的同时,函数 y 相应地从 $f(x_0)$ 变到 $f(x)$, 即**函数** y 的**对应增量**为

$$\Delta y = f(x) - f(x_0) = f(x_0 + \Delta x) - f(x_0).$$

这个关系式的几何解释如图 1-7-1 和图 1-7-2 所示.

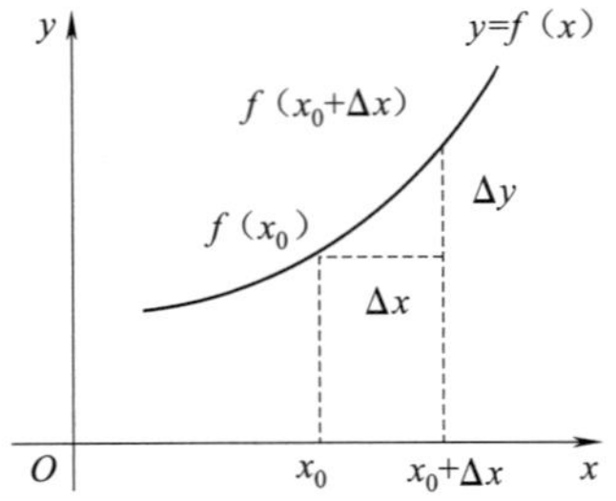

图 1-7-1

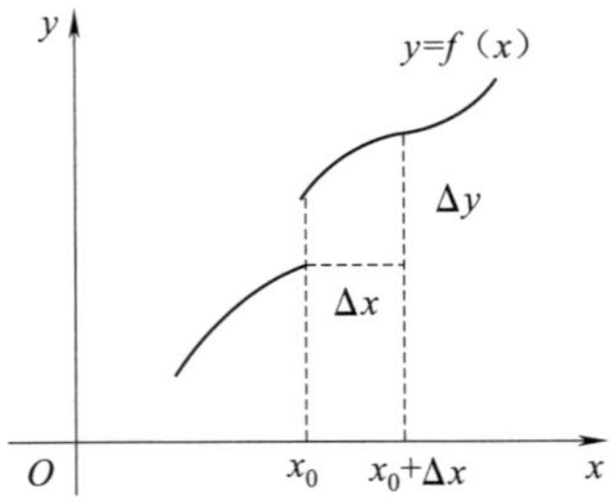

图 1-7-2

从几何上观察,若 x 在点 x_0 处取得微小增量 Δx 时,函数 y 的相应增量 Δy 也很微小,且 Δx 趋于零时,Δy 也趋于零,即 $\lim\limits_{\Delta x \to 0} \Delta y = 0$,则函数 $y = f(x)$ 在点 x_0 处是连续的(见图 1-7-1);相反,若 Δx 趋于零时,Δy 不趋于零,则函数 $y = f(x)$ 在点 x_0 处是不连续的(见图 1-7-2).

下面借助函数增量,引入函数连续的概念.

2. 函数在点 x_0 连续的概念

定义 1.18 设函数 $y = f(x)$ 在点 x_0 的某邻域内有定义,若

$$\lim_{\Delta x \to 0} \Delta y = \lim_{\Delta x \to 0} [f(x_0 + \Delta x) - f(x_0)] = 0,$$

则称**函数 $y = f(x)$ 在点 x_0 处连续**,x_0 称为 $f(x)$ 的**连续点**.

若令 $x = x_0 + \Delta x$,则 $\Delta x \to 0$ 就是 $x \to x_0$,又由于此时

$$\Delta y = f(x_0 + \Delta x) - f(x_0) = f(x) - f(x_0).$$

即

$$f(x) = f(x_0) + \Delta y.$$

可见 $\Delta y \to 0$ 就是 $f(x) \to f(x_0)$,因此函数 $y = f(x)$ 在点 x_0 处连续的定义又可叙述如下:

定义 1.19 设函数 $y = f(x)$ 在点 x_0 的某邻域内有定义,若

$$\lim_{x \to x_0} f(x) = f(x_0).$$

则称**函数 $y = f(x)$ 在点 x_0 处连续**.

即函数 $y = f(x)$ 在 x_0 处连续应同时满足下列三个条件:

(1)函数 $y = f(x)$ 在 x_0 点的邻域有定义;

(2)$\lim\limits_{x \to x_0} f(x)$ 存在;

(3)$\lim\limits_{x \to x_0} f(x) = f(x_0)$.

例 1 试证函数 $f(x) = \begin{cases} x\sin\dfrac{1}{x} & x \neq 0 \\ 0 & x = 0 \end{cases}$ 在 $x = 0$ 处连续.

证明 因为

$$\lim_{x \to 0} f(x) = \lim_{x \to 0} x\sin\frac{1}{x} = 0 = f(0),$$

所以,函数 $f(x)$ 在 $x = 0$ 处连续.

1.7.2 左、右连续

定义 1.20 若函数 $y = f(x)$ 在 $(x_0 - \delta, x_0]$ 内有定义,且 $\lim\limits_{x \to x_0^-} f(x) = f(x_0)$,则称函数 $y = f(x)$ 在点 x_0

处**左连续**；若函数 $y=f(x)$ 在 $[x_0,x_0+\delta)$ 内有定义，且 $\lim\limits_{x\to x_0^+}f(x)=f(x_0)$，则称函数 $y=f(x)$ 在点 x_0 处**右连续**.

定理 1.8　函数 $y=f(x)$ 在点 x_0 处连续的充分必要条件是函数 $y=f(x)$ 在点 x_0 处既左连续又右连续.

例 2　已知函数 $f(x)=\begin{cases}x^2+1 & x<0\\ 2x-b & x\geqslant 0\end{cases}$ 在 $x=0$ 处连续，求 b 的值.

解　$\lim\limits_{x\to 0^-}f(x)=\lim\limits_{x\to 0^-}(x^2+1)=1$，$\lim\limits_{x\to 0^+}f(x)=\lim\limits_{x\to 0^+}(2x-b)=-b$，

因为 $f(x)$ 在 $x=0$ 处连续，故

$$\lim_{x\to 0^-}f(x)=\lim_{x\to 0^+}f(x)=f(0)\text{，即 } b=-1.$$

1.7.3　函数的间断点

1. 间断点的定义

定义 1.21　由函数在某点连续的定义可知，设 $f(x)$ 在点 x_0 的某去心邻域内有定义，在此前提之下，若函数 $f(x)$ 有下列三种情形之一：

(1) 在 $x=x_0$ 处无定义；

(2) 虽在 $x=x_0$ 处有定义，但 $\lim\limits_{x\to x_0}f(x)$ 不存在；

(3) 虽在 $x=x_0$ 处有定义，且 $\lim\limits_{x\to x_0}f(x)$ 存在，但 $\lim\limits_{x\to x_0}f(x)\neq f(x_0)$，

则点 x_0 称为函数 $f(x)$ 的**不连续点**或**间断点**.

2. 间断点的分类

视频

间断点的分类

(1) **第一类间断点**：左、右极限均存在的间断点称为**第一类间断点**. 其中，左极限等于右极限(即极限存在)的间断点称为**可去间断点**；左极限不等于右极限的间断点称为**跳跃间断点**.

(2) **第二类间断点**：左、右极限至少有一个不存在的间断点称为**第二类间断点**. 常见的第二类间断点有无穷间断点和振荡间断点.

例 3　讨论函数 $f(x)=\dfrac{2^{\frac{1}{x}}-1}{2^{\frac{1}{x}}+1}$ 在 $x=0$ 处的连续性，若不连续，判断间断点的类型.

解　因为函数 $f(x)=\dfrac{2^{\frac{1}{x}}-1}{2^{\frac{1}{x}}+1}$ 在 $x=0$ 处无定义，故 $f(x)$ 在 $x=0$ 处不连续. 又因

$$f(0-0)=\lim_{x\to 0^-}\frac{2^{\frac{1}{x}}-1}{2^{\frac{1}{x}}+1}=-1,$$

$$f(0+0)=\lim_{x\to 0^+}\frac{2^{\frac{1}{x}}-1}{2^{\frac{1}{x}}+1}=\lim_{x\to 0^+}\frac{1-\left(\frac{1}{2}\right)^{\frac{1}{x}}}{1+\left(\frac{1}{2}\right)^{\frac{1}{x}}}=1,$$

$$f(0-0)\neq f(0+0),$$

所以 $x=0$ 是 $f(x)$ 的跳跃间断点.

1.7.4　连续函数在区间的连续性

在区间上每一点均连续的函数，叫作该区间上的**连续函数**，或者说函数在该区间上连续. 若函数 $f(x)$ 在

开区间 (a,b) 内连续,且在左端点 $x=a$ 处右连续,在右端点 $x=b$ 处左连续,则称函数 $f(x)$ 在闭区间 $[a,b]$ 上连续.

连续函数的图像是一条连续不间断的曲线. 因此,从图像上可见,基本初等函数在其定义域内是连续的.

1.7.5 连续函数的性质

1. 连续函数的和、差、积、商的连续性

由函数在某点连续的定义和极限的四则运算法则,立即可得下面的定理.

定理 1.9 若函数 $f(x)$,$g(x)$ 在点 x_0 处连续,则 $f(x)\pm g(x)$,$f(x)\cdot g(x)$,$\dfrac{f(x)}{g(x)}$(当 $g(x_0)\neq 0$ 时)在点 x_0 处也连续.

2. 复合函数的连续性

定理 1.10 若 $\lim\limits_{x\to x_0}\varphi(x)=a$,函数 $f(u)$ 在点 a 处连续,则有

$$\lim_{x\to x_0} f(\varphi(x))=f(a)=f(\lim_{x\to x_0}\varphi(x))$$

表明极限符号 lim 可以与连续函数的符号 f 交换次序.

定理 1.11 设函数 $u=\varphi(x)$ 在点 x_0 连续,且 $\varphi(x_0)=u_0$,而函数 $y=f(u)$ 在点 $u=u_0$ 连续,则复合函数 $f(\varphi(x))$ 在点 x_0 也连续.

3. 初等函数的连续性

基本初等函数在其定义域内是连续的,而初等函数是由基本初等函数经过有限次四则运算和有限次复合运算所构成的,故有:

定理 1.12 一切初等函数在其定义区间内都是连续的.

注意:

定理 1.12 中,定义区间是指包含在定义域内的区间. 初等函数仅在其定义区间内连续,在其定义域内不一定连续. 例如,函数

$$f(x)=\sqrt{\frac{x^2}{1+x}+4}$$

的定义域为 $\{-2\}\cup(-1,+\infty)$,因函数在点 $x=-2$ 的邻域内无定义,故在该点不连续,但函数在定义区间 $(-1,+\infty)$ 上连续.

根据定理 1.12,求初等函数在其定义区间内某点的极限时,只需求初等函数在该点的函数值,即 $\lim\limits_{x\to x_0} f(x)=f(x_0)$($x_0\in$ 定义区间).

例 4 求极限 $\lim\limits_{x\to a^-}\arcsin(\log_a x)$ $(a>1)$.

解 因为 $\arcsin(\log_a x)$ 是初等函数,且 $x=a$ 为它的定义区间内的一点,所以

$$\lim_{x\to a^-}\arcsin(\log_a x)=\arcsin(\log_a a)=\arcsin 1=\frac{\pi}{2}.$$

1.7.6 闭区间上连续函数的性质

前面已说明函数在闭区间上连续的概念,以下将以定理的形式介绍在闭区间上连续的函数的几个重要性质.

1. 最值定理与有界性

定义 1.22 对于在区间 I 上有定义的函数 $f(x)$，如果有 $x_0 \in I$，使得对于任一 $x \in I$ 都有

$$f(x) \leqslant f(x_0) \quad (\text{或} f(x) \geqslant f(x_0)),$$

则 $f(x_0)$ 是函数 $f(x)$ 在区间 I 上的**最大值**(或**最小值**).

定理 1.13(最值定理) 在闭区间上连续的函数一定有最大值和最小值.

定理表明:若函数 $f(x)$ 在闭区间 $[a,b]$ 上连续,则至少存在一点 $\xi_1 \in [a,b]$，使 $f(\xi_1)$ 是 $f(x)$ 在闭区间 $[a,b]$ 上的最小值;又至少存在一点 $\xi_2 \in [a,b]$，使 $f(\xi_2)$ 是 $f(x)$ 在闭区间 $[a,b]$ 上的最大值(见图 1-7-3).

定理 1.14 在闭区间上连续的函数一定有界.

2. 零点定理与介值定理

定义 1.23 若 x_0 使 $f(x_0) = 0$，则 x_0 称为函数 $f(x)$ 的**零点**.

定理 1.15(零点定理) 设函数 $f(x)$ 在闭区间 $[a,b]$ 上连续,且 $f(a)$ 与 $f(b)$ 异号(即 $f(a) \cdot f(b) < 0$)，则在开区间 (a,b) 内至少有函数 $f(x)$ 的一个零点,即至少存在一点 ξ ($a < \xi < b$),使 $f(\xi) = 0$.

从几何上看,定理 1.15 表示:若连续曲线弧 $y = f(x)$ 的两个端点位于 x 轴的不同侧,则这段曲线弧与 x 轴至少有一个交点(见图 1-7-4).

定理 1.16(介值定理) 设函数 $f(x)$ 在闭区间 $[a,b]$ 上连续,且在这区间的端点取不同的函数值

$$f(a) = A \quad \text{及} \quad f(b) = B,$$

则对于 A 与 B 之间的任意一个数 C，在开区间 (a,b) 内至少有一点 ξ ($a < \xi < b$),使 $f(\xi) = C$ ($a < \xi < b$).

定理 1.16 的几何意义是:连续曲线弧 $y = f(x)$ 与水平直线 $y = C$ 至少相交于一点(见图 1-7-5).

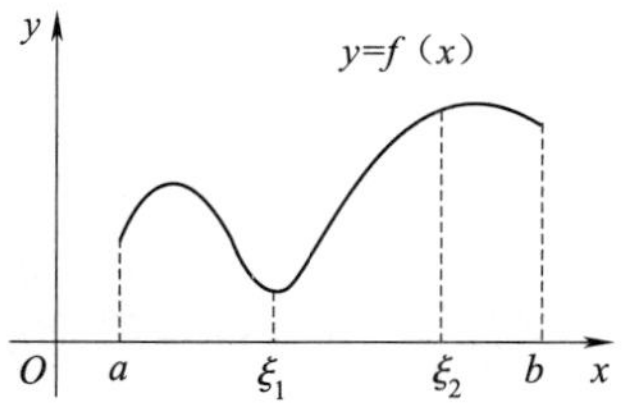

图 1-7-3

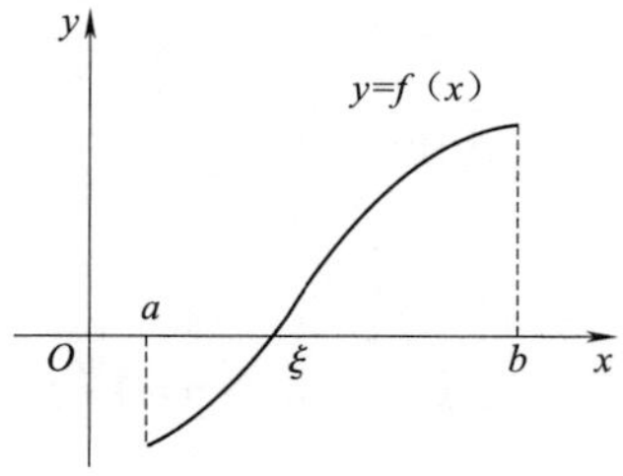

图 1-7-4

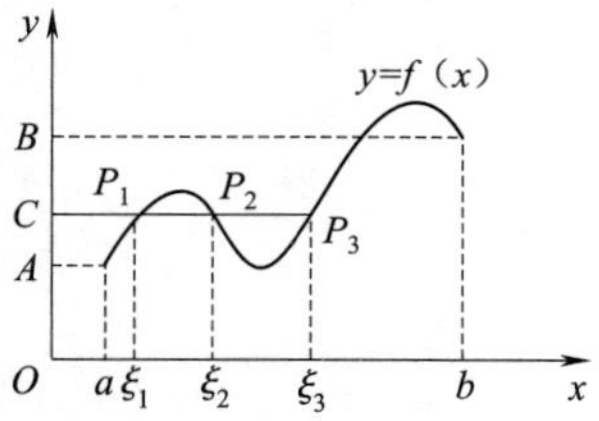

图 1-7-5

推论 在闭区间上连续的函数必取得介于最大值与最小值之间的任何值.

例 5 证明方程 $x^3 - 4x^2 = -1$ 在区间 $(0,1)$ 内至少有一个实根.

证明 设 $f(x) = x^3 - 4x^2 + 1$，该函数在闭区间 $[0,1]$ 上连续,且

$$f(0) = 1 > 0, \quad f(1) = -2 < 0.$$

根据零点定理,在 $(0,1)$ 内至少有一点 ξ，使得

$$f(\xi) = 0,$$

即

$$\xi^3 - 4\xi^2 + 1 = 0 \quad (0 < \xi < 1).$$

这个等式说明方程 $x^3 - 4x^2 = -1$ 在区间 $(0,1)$ 内至少有一个实根是 ξ.

例 6 设函数 $f(x)$ 在区间 $[a, b]$ 上连续，且 $f(a) < a, f(b) > b$，证明:存在 $\xi \in (a,b)$，使得 $f(\xi) = \xi$.

证明 构造辅助函数 $F(x) = f(x) - x$，由 $f(x)$ 在区间 $[a,b]$ 上连续,知 $F(x)$ 在区间 $[a,b]$ 上连续,且

$$F(a) = f(a) - a < 0, \quad F(b) = f(b) - b > 0,$$

由零点定理知,存在 $\xi \in (a,b)$，使 $F(\xi) = f(\xi) - \xi = 0$，即 $f(\xi) = \xi$.

习题 1-7

A 组

1. 填空题:

(1) 若函数 $f(x)$ 在 $x=x_0$ 处连续,则 $\lim\limits_{x\to x_0}f(x)=$ ______.

(2) 设 $f(x)$ 在点 $x=0$ 连续,且 $\lim\limits_{x\to 0^+}f(x)=2$,则 $f(0)=$ ______.

(3) 要使 $f(x)=\dfrac{\sqrt{1+x}-\sqrt{1-x}}{\sin x}$ 在 $x=0$ 处连续,则需补充定义值 $f(0)=$ ______.

(4) 设函数 $f(x)=\dfrac{x^2+x-2}{|x|(x-1)}$,则 $x=0$ 是 $f(x)$ 的______间断点,$x=1$ 是 $f(x)$ 的______间断点.

2. 证明 $f(x)=2x^2+1$ 在 $x=1$ 处连续.

3. 已知 $f(x)=\begin{cases}\dfrac{\ln(1+ax)}{x} & x\neq 0\\ 2 & x=0\end{cases}$ 在点 $x=0$ 处连续,求 a 的值.

B 组

1. 设 $f(x)$ 在 $x=1$ 处连续,且 $\lim\limits_{x\to 1}\dfrac{f(x)-2}{x-1}=1$,求 $f(1)$ 的值.

2. 已知函数 $f(x)=\begin{cases}a+x^2 & x<0\\ 1 & x=0\\ \ln(b+x+x^2) & x>0\end{cases}$ 在 $x=0$ 处连续,求 a、b 的值.

3. 讨论函数 $f(x)=\begin{cases}2^{\frac{1}{x}} & x<0\\ 0 & x=0\\ \arctan\dfrac{1}{x} & x>0\end{cases}$ 在点 $x=0$ 处的连续性,若不连续,判断间断点的类型.

4. 证明方程 $x\ln x=1$ 至少有一个根介于 1 和 e 之间.

文化视角

十大建筑中的数学之美

1. 赵州桥——圆弧

河北省赵县的赵州桥(见图 1-7-6)只用单孔石拱跨越洨河,由于没有桥墩,既增加了排水功能,又方便舟船往来,石拱的跨度为 37.7 m,连南北桥堍(桥两头靠近平地处),总长 50.82 m. 采取这样巨型跨度,在当时是一个空前的创举. 石拱跨度很大,但拱矢(石拱两脚连线至拱顶的高度)只有 7.23 m. 拱矢和跨度的比例大约是 1∶5. 可见桥高比拱弧的半径要小得多,整个桥身只是圆弧的一段. 这样的拱称为“坦拱”.

2. 湖南长沙龙王港中国结大桥——莫比乌斯带和“中国结”

Next 建筑事务所(见图 1-7-7)为湖南长沙龙王港设计的人行桥梁以莫比乌斯带为原型,大桥还融入了中国结元素. 其独特的莫比乌斯带(中国结)造型为坚固的桥梁注入柔美气质,如缎带般优美柔和的人行桥,仿佛舞者的水袖掠过梅溪湖. 设计采用多种工艺,行人可在不同高度选取路线过桥. 其实此桥设计不只是杂糅中国结和莫比乌斯带,行人在行走路线的选择中,也在向著名的七桥问题致敬.

3. 北京凤凰国际传媒中心——莫比乌斯环

凤凰国际传媒中心(见图1-7-8)采用的是钢结构体系,设计和施工难度都比较大.它运用的是现代先进的参数化非线性设计,打破了传统的思维,不是通过画图,而是借助设计师的经验和数字技术协同工作,运用编程来完成大楼的设计和施工的.凤凰国际传媒中心钢结构工程是一个技术创新型工程,在"莫比乌斯环"内,每一个钢结构构件弯曲的方向、弧度以及长度都是不一样的,而这所有的不一样,成就了这座雄伟的、独一无二的建筑.

图　1-7-6

图　1-7-7

图　1-7-8

4. 山西太原双塔——数列

太原双塔(见图1-7-9)利用数列和堆叠技术解决建筑曲线的复杂性问题。古人在没有3D打印、参数化软件的条件下,居然能创造出如此丰富的曲线形态,其中一个非常重要的数学基础就是数列.我们通过数列来模拟出建筑的曲线,虽然东西方都有这种思想,但是我们的建筑形式和材料、结构、工艺,让两个文明走向了完全不同的建筑风格.

5. 广州电视塔——单页双曲面

广州电视塔(见图1-7-10)的外形是典型的单页双曲面,即直纹面.单页双曲面的每条母线都是直线,通俗来说,虽然看上去广州塔外边是光滑的曲线,中间细两头宽,但是事实上每一根柱子自下而上都是直的,所以广州塔是一堆笔直的柱子斜着搭起来的.

6. 上海东方明珠塔——黄金分割比

图1-7-11所示是上海东方明珠塔,事实上此建筑的几何组成上是十分单调的,完整的圆形或球形也因为在画面中过于抢眼而常常被避讳.但是设计师在这个建筑中多处运用了黄金分割的比例,使其协调美观.

图　1-7-9

图　1-7-10

图　1-7-11

7. 广州大剧院——曲面细分

自福特汽车开始,我们就进入了量化生产的大工业时代,量化的生产可以降低成本,而定做总是昂贵的.现代的一些建筑师喜欢做曲面的建筑,为了降低成本,通常的做法往往是化曲为直,用种类有限而数量巨大的多边形来拼合出外表皮.这是蕴含着极其复杂的算法的,通常是各大曲面设计所的核心机密,算法好坏的一个评判标准是表皮的流畅程度. 广州大剧院(见图 1-7-12)宛如两块被珠江水冲刷过的灵石,奇特的外形充满奇思妙想. 全球顶级声学大师为广州大剧院精心打造的声学系统,达到世界一流水平,使其传递出近乎完美的视听效果,获得全球建筑界及艺术家的极高评价.

8. 慕尼黑奥运会场馆——极小曲面

在数学中,极小曲面是指平均曲率为零的曲面,例如满足某些约束条件的面积最小的曲面. 物理学中,由最小化面积而得到的极小曲面的实例可以是沾了肥皂液后吹出的肥皂泡. 肥皂泡的极薄的表面薄膜称为皂液膜,这是满足周边空气条件和肥皂泡吹制器形状的表面积最小的表面. 弗雷·奥托为 1972 年德国慕尼黑夏季奥运会设计的主要场馆屋顶(见图 1-7-13)正是由极小曲面的概念设计而来.

图 1-7-12

图 1-7-13

9. 胡夫金字塔——圆周率、勾股定理

埃及大金字塔(见图 1-7-14)高 146.6 m,它的 10 亿倍正好等于地球到太阳的距离. 塔底周长 920 m,如果把塔底周长除以 2 倍的塔高那就接近于圆周率. 胡夫大金字塔的塔心正好是地球上各大陆的引力中心;通过塔底的中心的子午线,正好把地球上海洋和陆地分成相等的两半;把正方形的塔底的两条对角线延长,正好可以把尼罗河三角洲夹在里面.

在胡夫大金字塔中最神秘的还是塔中的墓室,它的长、宽、高之比恰好是 3∶4∶5,体现了勾股定理的数值.

10. 泰姬陵——对称

印度的泰姬陵建筑(见图 1-7-15)是完美的对称. 从远处看泰姬陵园区的大门,你会发现,河道、水渠、建筑物,木板小道,树木种植的位置、品种、高度,乃至那小道上砖块构成的纹路都沿着中轴线完全对称. 园区之外的集市中商铺的位置,以及亚穆纳河对岸的月影花园都遵循着这个规律完全对称. 进入建筑物中,一切仍然对称.

图 1-7-14

图 1-7-15

综合测试1

一、填空题

1. 将函数 $y=\sqrt{1+u^2}$, $u=\sin v$, $v=\log_2 x$ 表示成 x 的函数：________.

2. 基本初等函数中，在其定义域内单调有界的函数有________.

3. 函数 $y=e^{\sin(1-x)}$ 是由________复合而成.

4. 函数 $f(x)=\arcsin(x^2-x-1)+\sqrt{\lg x}$ 的定义域是________.

5. 已知 $\lim\limits_{x\to 1}\dfrac{x^2+bx+6}{1-x}=5$，则 $b=$________.

6. 求下列极限：

(1) $\lim\limits_{x\to\infty}x\sin\dfrac{5}{x}=$________；

(2) $\lim\limits_{x\to\infty}x\ln\dfrac{x+1}{x}=$________；

(3) $\lim\limits_{x\to 0}(1+x)^{\frac{4}{x}}=$________；

(4) $\lim\limits_{n\to\infty}\dfrac{1+\dfrac{1}{2}+\dfrac{1}{4}+\cdots+\dfrac{1}{2^n}}{1+\dfrac{1}{3}+\dfrac{1}{9}+\cdots+\dfrac{1}{3^n}}=$________.

7. 设 $f(x)$ 在点 $x=0$ 连续，且 $\lim\limits_{x\to 0^+}f(x)=2$，则 $f(0)=$________.

8. 设 $f(x)=\begin{cases}\dfrac{\ln(1+ax)}{x} & x\neq 0\\ 2 & x=0\end{cases}$ 在点 $x=0$ 处连续，则 $a=$________.

9. 若 $f(x,y)=\dfrac{x-2y}{2x-y}$，则 $f(2,1)=$________，$f(3,-1)=$________.

二、选择题

1. $\lim\limits_{n\to\infty}\dfrac{\sqrt{3n-1}-\sqrt[3]{8n^3+1}}{\sqrt{n}-n}=($　　$)$.

A. 0　　B. 2　　C. $\sqrt{3}$　　D. ∞

2. 设 $f(x)=\dfrac{1-x}{1+x}$，$g(x)=1-\sqrt[3]{x}$，则当 $x\to 1$ 时，(　　).

A. $f(x)$ 与 $g(x)$ 为等价无穷小
B. $f(x)$ 为 $g(x)$ 的高阶无穷小
C. $f(x)$ 为 $g(x)$ 的低阶无穷小
D. $f(x)$ 与 $g(x)$ 为同阶无穷小，但不等价

3. 设函数 $f(x)=\begin{cases}e^{\frac{1}{x}} & x\neq 0\\ 1 & x=0\end{cases}$，则 $x=0$ 是(　　).

A. 连续点　　B. 可去间断点　　C. 跳跃间断点　　D. 第二类间断点

4. 设有方程 $x^3-4x^2+1=0$，则下列说法正确的是(　　).

A. 仅在 $(-1,0)$ 内有实根
B. 仅在 $(0,1)$ 内有实根
C. 在 $(-1,0)$ 及 $(0,1)$ 内均有实根
D. 在 $(-1,0)$ 及 $(0,1)$ 内均无实根

5. 极限 $\lim\limits_{x\to+0}\dfrac{\sqrt{x+\sqrt{x+\sqrt{x}}}}{\sqrt{2x+1}}$ 为（　　）.

A. $\dfrac{1}{2}$　　B. $\dfrac{\sqrt{2}}{2}$　　C. $\sqrt{2}$　　D. ∞

6. 下列函数 $f(x)$ 与 $g(x)$，相同的是（　　）.

A. $f(x)=x-1, g(x)=\sqrt{(x-1)^2}$

B. $f(x)=\ln(x^2-1), g(x)=\ln(x-1)+\ln(x+1)$

C. $f(x)=\cos(\arccos x), g(x)=x$

D. $f(x)=e^{-\frac{1}{2}\ln x}, g(x)=\dfrac{1}{\sqrt{x}}$

7. $f(x)$ 在 $x=x_0$ 处有定义是 $\lim\limits_{x\to x_0}f(x)$ 存在的（　　）.

A. 必要条件　　B. 充分条件　　C. 充要条件　　D. 无关条件

8. 使函数 $y=\dfrac{(x-1)\sqrt{x+1}}{x^3-1}$ 为无穷小量的 x 的变化趋势是（　　）.

A. $x\to0$　　B. $x\to1$　　C. $x\to-1$　　D. $x\to+\infty$

三、解答题

1. 计算 $\lim\limits_{x\to1}\dfrac{\sqrt{x}-1}{x^2-1}$.

2. 计算 $\lim\limits_{n\to\infty}(\sqrt{n^2-n}-n)$.

3. 计算 $\lim\limits_{x\to1}\left(\dfrac{2}{x^2-1}-\dfrac{1}{x-1}\right)$.

4. 计算 $\lim\limits_{x\to0}\dfrac{1-\cos x}{x\sin x}$.

5. 计算 $\lim\limits_{x\to0}\dfrac{2^{2x}-1}{\ln(1+3x)}$.

6. 研究函数 $f(x)=\begin{cases}\dfrac{1}{1+e^{1/x}} & x\neq0\\ 0 & x=0\end{cases}$ 在 $x=0$ 处的左右连续性及连续性.

7. 若 $\lim\limits_{x\to\pi}f(x)$ 存在，且 $f(x)=\dfrac{\sin x}{x-\pi}+2\lim\limits_{x\to\pi}f(x)$，求 $\lim\limits_{x\to\pi}f(x)$.

8. 已知 $f(x)=\begin{cases}\dfrac{1}{x}\sin x+a & x<0\\ b & x=0\\ x\sin\dfrac{1}{x} & x>0\end{cases}$，（$a,b$ 为常数），问 a,b 为何值时，$f(x)$ 在 $x=0$ 处连续.

9. 证明方程 $x=\sin x+2$ 至少有一个不超过 3 的正实根.

基 础 模 块

第 2 章　导数与微分

导数与微分都是建立在函数极限基础之上的,在自然科学的许多领域中,当研究运动的各种形式时,都需要从数量上研究函数相对于自变量的变化快慢程度,如物体运动的速度、非恒定电流的电流强度、线密度、化学反应速度以及生物繁殖率等,而当物体沿曲线运动时,还需要考虑速度的方向,即曲线的切线问题.所有这些在数量关系上都归结为函数的变化率,即导数.而微分则与导数密切相关,它指明当自变量有微小变化时,函数大致变化多少.

因此,本章将利用极限的思想介绍导数与微分,首先从实际问题入手,引入导数的概念,并介绍一系列基本初等函数的求导公式和运算法则,从而系统地解决初等函数的求导问题,同时介绍隐函数及由参数方程所确定的函数的求导、微分及其应用.

§2.1　导数的概念

2.1.1　导数诞生的背景

在实际生活生产中,在研究变量的变化时我们经常会遇到求一个变量相对于另一个变量的变化快慢问题,即函数的变化率问题.我们看看下面的引例.

视频　引例

引例(高铁做变速直线运动的瞬时速度)　中国高铁是世界瞩目的“国家名片”,我们为中国高铁而自豪.假设高铁做变速直线运动时,设定其运动方程为 $s = s(t)$,求高铁在 t_0 时刻的瞬时速度 $v(t_0)$.

解　时间从 t_0 变化到 $t = t_0 + \Delta t$ 时,在 Δt 的时间间隔内,高铁的路程增量为 $\Delta s = s(t_0 + \Delta t) - s(t_0)$,平均速度为 $\bar{v} = \dfrac{\Delta s}{\Delta t} = \dfrac{s(t_0 + \Delta t) - s(t_0)}{\Delta t}$.因为 Δt 越小,$\bar{v}$ 就越接近于 $v(t_0)$,因此极限 $\lim\limits_{\Delta t \to 0} \dfrac{\Delta s}{\Delta t}$ 即为高铁在 t_0 时刻的瞬时速度 $v(t_0)$,即

$$v(t_0) = \lim_{\Delta t \to 0} \bar{v} = \lim_{\Delta t \to 0} \frac{\Delta s}{\Delta t} = \lim_{\Delta t \to 0} \frac{s(t_0 + \Delta t) - s(t_0)}{\Delta t}. \tag{2-1-1}$$

上述问题的实际含义是“函数增量与自变量增量的比值”的极限,两增量均为无穷小量,这就是下面要介绍的函数的导数问题.

2.1.2　导数的定义

1. 函数在一点处的导数与导函数

定义 2.1　设函数 $y = f(x)$ 在点 x_0 的某个邻域内有定义,当自变量 x 在 x_0 处取得增量 Δx(点 $x_0 + \Delta x$ 仍在该邻域内)时,相应地函数 y 取得增量

$$\Delta y = f(x_0 + \Delta x) - f(x_0),$$

若极限 $\lim\limits_{\Delta x \to 0} \dfrac{\Delta y}{\Delta x}$ 存在,则称函数 $y = f(x)$ 在点 x_0 处**可导**,并称此极限值为函数 $y = f(x)$ 在点 x_0 处的导数,记为 $f'(x_0)$,即

$$f'(x_0) = \lim_{\Delta x \to 0} \frac{\Delta y}{\Delta x} = \lim_{\Delta x \to 0} \frac{f(x_0 + \Delta x) - f(x_0)}{\Delta x}, \tag{2-1-2}$$

也可记为 $y'\big|_{x=x_0}$，$\dfrac{dy}{dx}\Big|_{x=x_0}$ 或 $\dfrac{df(x)}{dx}\Big|_{x=x_0}$.

在导数的定义中，若令 $x_0+\Delta x=x$，则 $\Delta x\to 0$ 相当于 $x\to x_0$，此时函数增量

$$\Delta y=f(x)-f(x_0),$$

相应地导数定义式就具有形式

$$f'(x_0)=\lim_{x\to x_0}\frac{f(x)-f(x_0)}{x-x_0}. \tag{2-1-3}$$

注意：

(1) 函数增量与自变量增量的比值 $\dfrac{\Delta y}{\Delta x}$ 是函数 y 在以 x_0 和 $x_0+\Delta x$ 为端点的区间上的平均变化率，导数 $y'\big|_{x=x_0}$ 则是函数 y 在点 x_0 处的**瞬时变化率**，它反映了函数随自变量变化而变化的快慢程度.（参照引例）

(2) 若极限 $\lim\limits_{\Delta x\to 0}\dfrac{\Delta y}{\Delta x}$ 不存在，则称函数 $y=f(x)$ 在点 x_0 处不可导.

若函数 $y=f(x)$ 在开区间 I 内每一点都可导，就说函数 $y=f(x)$ 在开区间 I 内可导. 这时，函数 $y=f(x)$ 对于每一个 $x\in I$，都有一个确定的导数值与之对应，这就构成了 x 的一个新函数，这个新的函数称为函数 $y=f(x)$ 的导函数，记为 $f'(x)$，y'，$\dfrac{dy}{dx}$ 或 $\dfrac{df(x)}{dx}$.

在(2-1-2)式中，把 x_0 换成 x，即得 $y=f(x)$ 的导函数的定义式：

$$f'(x)=\lim_{\Delta x\to 0}\frac{\Delta y}{\Delta x}=\lim_{\Delta x\to 0}\frac{f(x+\Delta x)-f(x)}{\Delta x}. \tag{2-1-4}$$

注意：

在(2-1-4)式中，虽然 x 可以取开区间 I 内的任何数值，但在极限过程中，x 是常量，Δx 才是变量.

显然，函数 $y=f(x)$ 在点 x_0 处的导数 $f'(x_0)$ 就是导函数 $f'(x)$ 在点 $x=x_0$ 处的函数值，即

$$f'(x_0)=f'(x)\big|_{x=x_0}$$

导函数 $f'(x)$ 简称导数，而 $f'(x_0)$ 是 $f(x)$ 在点 x_0 处的导数或导函数在 x_0 处的值.

2. 导数的几何意义

由导数定义知
$$f'(x)=\lim_{\Delta x\to 0}\frac{\Delta y}{\Delta x}$$

因此，我们先看增量之比 $\dfrac{\Delta y}{\Delta x}$ 在函数 $y=f(x)$ 图像上的几何意义.

如图 2-1-1 所示，设自变量在点 x 处取得增量 Δx，则函数 $y=f(x)$ 相应的取得增量

$$\Delta y=f(x+\Delta x)-f(x)$$

在曲线上取两点 $M(x,y)$ 和 $N(x+\Delta x,y+\Delta y)$，可以看出，$\dfrac{\Delta y}{\Delta x}$ 就是割线 MN 的斜率，即

$$\frac{\Delta y}{\Delta x}=\tan\varphi$$

其中 φ 是割线 MN 的倾斜角.

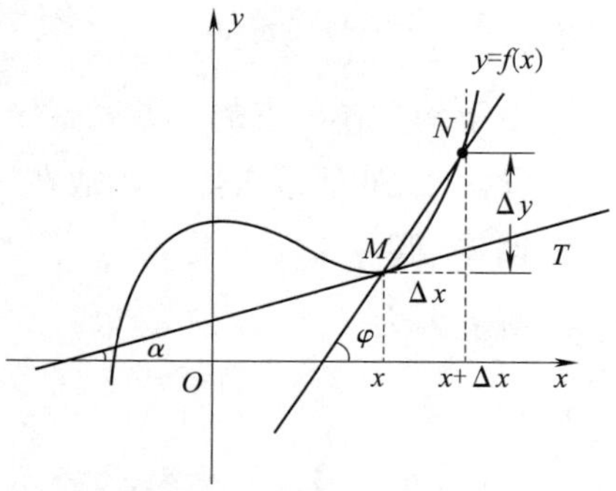

图　2-1-1

当 Δx 越来越小时，点 N 就沿着曲线趋向点 M，割线 MN 就绕着点 M 转动. 当 $\Delta x\to 0$ 时，点 N 就无限趋近于点 M，割线 MN 就无限趋近于它的极限位置 MT，直线 MT 就称为曲

线在 M 点的**切线**. 显然,切线的倾斜角 α 是割线的倾斜角 φ 的极限,切线的斜率 $\tan\alpha$ 是割线的斜率 $\tan\varphi = \frac{\Delta y}{\Delta x}$ 的极限,即

$$\tan\alpha = \lim_{\varphi\to\alpha}\tan\varphi = \lim_{\Delta x\to 0}\frac{\Delta y}{\Delta x}.$$

由此,函数 $y = f(x)$ 在点 x 处的导数 $f'(x)$ 的几何意义是曲线 $y = f(x)$ 在点 $M(x,y)$ 处的切线的斜率,即 $f'(x) = \tan\alpha$, 其中 α 是切线的倾斜角.

于是,由直线的点斜式方程,曲线 $y = f(x)$ 在给定点 $M_0(x_0,y_0)$ 处的切线方程为

$$y - y_0 = f'(x_0)(x - x_0).$$

注意:

函数 $y=f(x)$ 在 x_0 处切线的斜率就是该点处的导数值.

3. 求导数举例

下面根据导函数的定义式求一些基本初等函数的导数,从而得一些导数基本公式.

例 1 求常数函数 $f(x) = C$ (C 为常数)的导数.

解 $f'(x) = \lim\limits_{\Delta x\to 0}\frac{f(x+\Delta x)-f(x)}{\Delta x} = \lim\limits_{\Delta x\to 0}\frac{C-C}{\Delta x} = 0$, 即 $C' = 0$.

例 2 求幂函数 $f(x) = x^{\alpha}$ ($\alpha\in\mathbf{R}$)的导数.

解
$$\begin{aligned} f'(x) &= \lim_{\Delta x\to 0}\frac{f(x+\Delta x)-f(x)}{\Delta x} \\ &= \lim_{\Delta x\to 0}\frac{(x+\Delta x)^{\alpha}-x^{\alpha}}{\Delta x} = x^{\alpha}\lim_{\Delta x\to 0}\frac{\left(1+\frac{\Delta x}{x}\right)^{\alpha}-1}{\Delta x} \\ &= x^{\alpha}\lim_{\Delta x\to 0}\frac{\alpha\cdot\frac{\Delta x}{x}}{\Delta x}\left(\text{当 }\Delta x\to 0\text{ 时, }\left(1+\frac{\Delta x}{x}\right)^{\alpha}-1\sim\alpha\cdot\frac{\Delta x}{x}\right) \\ &= \alpha x^{\alpha-1}. \end{aligned}$$

即 $(x^{\alpha})' = \alpha x^{\alpha-1}$.

类似地,我们还可以用定义式求出以下导数公式.

(1) $(a^x)' = a^x\cdot\ln a$; (2) $(\mathrm{e}^x)' = \mathrm{e}^x$;

(3) $(\log_a|x|)' = \frac{1}{x\ln a}$; (4) $(\ln|x|)' = \frac{1}{x}$;

(5) $(\sin x)' = \cos x$; (6) $(\cos x)' = -\sin x$.

由于函数在一点的导数就是导函数在该点的函数值,所以要计算函数在某点的导数,一般先求出该函数的导函数,然后再求出导函数在该点的函数值即可.

例 3 设 $y = x^2$, 求 $y'|_{x=1}$.

解 因为 $y' = 2x$, 故 $y'|_{x=1} = 2x|_{x=1} = 2$.

注意:

利用导数的几何意义,可以求出已知曲线 $f(x)$ 在 (x_0,y_0) 处的切线方程和法线方程.

例 4 求抛物线 $y = x^3$ 在点 $(1,1)$ 处的切线方程与法线方程.

解 要求抛物线 $y = x^3$ 在点 $(1,1)$ 处的切线方程与法线方程,先确定其切线斜率,即 $f(x) = x^3$ 在点 $(1,1)$ 处的导数,

$$y'|_{x=1}=(x^3)'|_{x=1}=3x^2|_{x=1}=3,$$

所以抛物线 $y=x^3$ 在点 $(1,1)$ 处的切线斜率为 3.

把切线斜率与坐标点代入点斜式方程 $\quad y-1=3(x-1),$

即切线方程为 $\quad y=3x-2,$

同理法线方程为 $\quad y=-\dfrac{1}{3}x+\dfrac{4}{3}.$

4. 左、右导数(单侧导数)

根据函数 $f(x)$ 在点 x_0 处的导数的定义,导数

$$f'(x_0)=\lim_{\Delta x\to 0}\frac{\Delta y}{\Delta x}$$

是一个极限,而极限存在的充分必要条件是左、右极限均存在且相等,因此 $f'(x_0)$ 存在即 $f(x)$ 在点 x_0 处可导的充分必要条件是左、右极限 $\lim\limits_{\Delta x\to 0^-}\dfrac{\Delta y}{\Delta x}$ 及 $\lim\limits_{\Delta x\to 0^+}\dfrac{\Delta y}{\Delta x}$ 都存在且相等. 这两个极限分别称为函数 $f(x)$ 在点 x_0 处的**左导数**和**右导数**(左导数和右导数统称为**单侧导数**),记作 $f'_-(x_0)$ 及 $f'_+(x_0)$ 即

$$f'_-(x_0)=\lim_{\Delta x\to 0^-}\frac{\Delta y}{\Delta x}=\lim_{\Delta x\to 0^-}\frac{f(x_0+\Delta x)-f(x_0)}{\Delta x}=\lim_{x\to x_0^-}\frac{f(x)-f(x_0)}{x-x_0},$$

$$f'_+(x_0)=\lim_{\Delta x\to 0^+}\frac{\Delta y}{\Delta x}=\lim_{\Delta x\to 0^+}\frac{f(x_0+\Delta x)-f(x_0)}{\Delta x}=\lim_{x\to x_0^+}\frac{f(x)-f(x_0)}{x-x_0}.$$

定理 2.1(导数存在定理)　函数 $y=f(x)$ 在点 x_0 处可导的充分必要条件是:函数 $y=f(x)$ 在点 x_0 处的左、右导数均存在且相等.

例 5　如图 2-1-2 所示,讨论绝对值函数 $f(x)=|x|=\begin{cases}x & x\geqslant 0\\ -x & x<0\end{cases}$ 在点 $x=0$ 处的连续性与可导性.

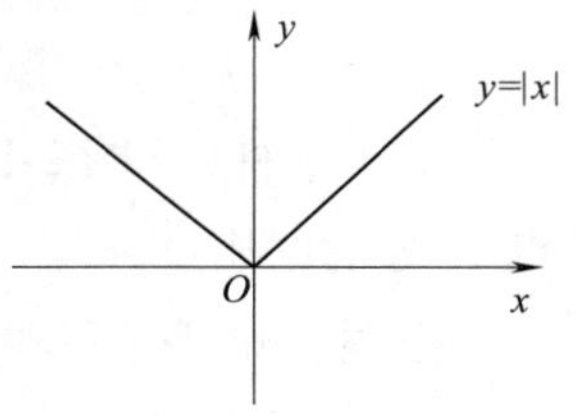

图　2-1-2

解　因为 $\lim\limits_{x\to 0^-}f(x)=\lim\limits_{x\to 0^-}|x|=\lim\limits_{x\to 0^-}(-x)=0,\lim\limits_{x\to 0^+}f(x)=\lim\limits_{x\to 0^+}|x|=\lim\limits_{x\to 0^+}x=0,f(0)=0,$

即 $f(0-0)=f(0+0)=f(0)$, 故该函数在 $x=0$ 处连续,又

$$f'_-(0)=\lim_{x\to 0^-}\frac{f(x)-f(0)}{x-0}=\lim_{x\to 0^-}\frac{-x}{x}=-1,$$

$$f'_+(0)=\lim_{x\to 0^+}\frac{f(x)-f(0)}{x-0}=\lim_{x\to 0^+}\frac{x}{x}=1,$$

即 $f'_-(0)\neq f'_+(0)$, 所以该函数在 $x=0$ 处不可导.

该函数 $x=0$ 处我们称之为**尖点**.

2.1.3　函数的可导性与连续性的关系

定理 2.2　若函数 $y=f(x)$ 在点 x 处可导,那么它在该点处一定连续,但反之不一定成立.

由例 5 可知,连续不一定可导,下面证明可导一定连续:

证明　设函数 $f(x)$ 在点 x 处可导,即 $\lim\limits_{\Delta x\to 0}\dfrac{\Delta y}{\Delta x}$ 存在,所以

$$\lim_{\Delta x\to 0}\Delta y=\lim_{\Delta x\to 0}\frac{\Delta y}{\Delta x}\cdot\Delta x=\lim_{\Delta x\to 0}\frac{\Delta y}{\Delta x}\cdot\lim_{\Delta x\to 0}\Delta x=0,$$

即函数 $f(x)$ 在点 x 处连续.

视频
例6

例 6　设 $f(x)=\begin{cases}a\cos x+b\sin x & x<0\\ e^x-1 & x\geqslant 0\end{cases}$ 在 $x=0$ 处可导,求 a,b.

解 因$f(x)$在$x=0$处可导,由可导与连续的关系,$f(x)$在$x=0$处亦连续,故有

$$f(0-0)=f(0+0)=f(0) \quad 及 \quad f'_-(0)=f'_+(0)$$

成立,而

$$f(0-0)=\lim_{x\to 0^-}f(x)=\lim_{x\to 0^-}(a\cos x+b\sin x)=a,$$

$$f(0+0)=\lim_{x\to 0^+}f(x)=\lim_{x\to 0^+}(e^x-1)=0,\quad f(0)=e^0-1=0,$$

因而有$a=0$,又

$$f'_-(0)=\lim_{x\to 0^-}\frac{f(x)-f(0)}{x-0}=\lim_{x\to 0^-}\frac{a\cos x+b\sin x}{x}=\lim_{x\to 0^-}\frac{b\sin x}{x}=b,$$

$$f'_+(0)=\lim_{x\to 0^+}\frac{f(x)-f(0)}{x-0}=\lim_{x\to 0^+}\frac{e^x-1}{x}=1,\ 故\ b=1.$$

2.1.4 导数的物理意义

导数在物理学中有着广泛的应用,如之前说过的物体变速直线运动的瞬时速度、电流强度模型等.下面再举几个现实中需要利用导数的模型.

应用解析

案例 1 (**细杆的线密度模型**)设一根质量非均匀分布的细杆放在x轴上,在$[0,x]$上的质量m是x的函数$m=m(x)$,求杆上点x_0处的线密度.

解 如果细杆质量分布是均匀的,长度为Δx的一段的质量为Δm,那么它的线密度为

$$\rho=\frac{质量}{长度}=\frac{\Delta m}{\Delta x}.$$

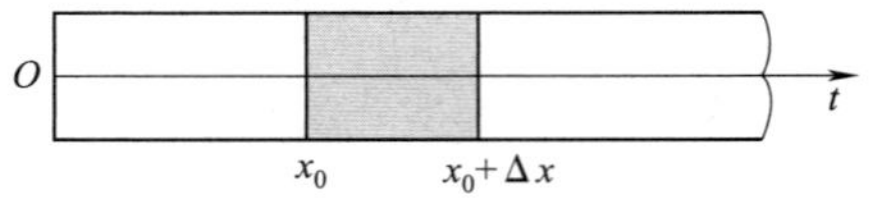

图 2-1-3

如果细杆(见图 2-1-3)是非均匀的,就不能直接用上面的公式求点x_0处的线密度.

由题意知,区间$[0,x_0]$对应的一段细杆的质量$m=m(x_0)$,区间$[0,x_0+\Delta x]$对应的一段细杆的质量$m=m(x_0+\Delta x)$,于是在Δx这段长度内,细杆的质量为

$$\Delta m=m(x_0+\Delta x)-m(x_0),$$

平均线密度为

$$\bar{\rho}=\frac{\Delta m}{\Delta x}=\frac{m(x_0+\Delta x)-m(x_0)}{\Delta x}.$$

当$|\Delta x|$很小时,平均线密度$\bar{\rho}$可作为细杆在点x_0处的线密度的近似值,$|\Delta x|$越小近似的程度越好,我们令$\Delta x\to 0$,细杆的平均线密度$\bar{\rho}$的极限(如果极限存在)就称为细杆在点x_0处的线密度,即

$$\rho(x_0)=\lim_{\Delta x\to 0}\frac{m(x_0+\Delta x)-m(x_0)}{\Delta x}=\left.\frac{dm}{dx}\right|_{x=x_0}=m'(x_0).$$

案例 2 (**化学反应速度模型**)在化学反应中某种物质的浓度N和时间t的关系为$N=N(t)$,求在时刻t该物质的瞬时反应速度.

解 当时间从t变到$t+\Delta t$时,浓度的增量为

$$\Delta N=N(t+\Delta t)-N(t).$$

此时,浓度函数的平均变化率为

$$\frac{\Delta N}{\Delta t}=\frac{N(t+\Delta t)-N(t)}{\Delta t}.$$

令$\Delta t\to 0$,则该物质在时刻t的瞬时反应速度为

$$N'(t)=\lim_{\Delta t\to 0}\frac{\Delta N}{\Delta t}=\lim_{\Delta t\to 0}\frac{N(t+\Delta t)-N(t)}{\Delta t}.$$

关于变化率模型的例子有很多,如比热容、角速度、生物繁殖率等,在这里就不再一一列举了.

习题 2-1

A 组

1. 填空题:

(1) 设 $f(x)$ 在点 $x=0$ 处可导,且 $f(0)=0$, 则 $\lim\limits_{x\to 0}\dfrac{f(x)}{x}=$ ________.

(2) 若 $f(x)=\begin{cases} e^{ax} & x\leqslant 0 \\ b(1-x^2) & x>0 \end{cases}$ 处处有导数,则 $a=$ ________, $b=$ ________.

(3) 设 $\phi(x)=f(x)\sin 2x$, 其中 $f(x)$ 在 $x=0$ 处连续,但不可导,则 $\phi(x)$ 在 $x=0$ 处的导数 $\phi'(0)=$ ________.

(4) 曲线 $y=x-\dfrac{1}{x}$ 上的切线斜率等于 $\dfrac{5}{4}$ 的点是________.

2. 选择题:

(1) $f(x)=\begin{cases} 2x\sin\dfrac{1}{x} & x\neq 0 \\ 0 & x=0 \end{cases}$ 在点 $x=0$ 处(　　).

A. 极限不存在　　B. 极限存在但不连续　　C. 连续但不可导　　D. 可导

(2) 设函数 $f(x)$ 可导,则 $\lim\limits_{h\to 0}\dfrac{f(x-2h)-f(x)}{h}=$ (　　).

A. $f'(x)$　　B. $-f'(x)$　　C. $2f'(x)$　　D. $-2f'(x)$

(3) 若 $f(x)$ 为奇函数,且 $f'(0)$ 存在,则 $x=0$ 是函数 $F(x)=\dfrac{f(x)}{x}$ 的(　　).

A. 可去间断点　　B. 跳跃间断点　　C. 第二类间断点　　D. 连续点

(4) 设 $f(x)=x|x|$, 则 $f'(0)$ 是(　　).

A. 1　　B. 0　　C. -1　　D. 不存在

(5) 曲线 $y=\dfrac{\pi}{2}+\sin x$ 在 $x=0$ 处的切线倾斜角为(　　).

A. $\dfrac{\pi}{2}$　　B. $\dfrac{\pi}{4}$　　C. 0　　D. 1

(6) 若直线 $y=3x+a$ 与曲线 $y=x^2+5x+4$ 相切,则 $a=$ (　　).

A. 2　　B. -2　　C. 3　　D. -3

(7) 设 $f(x)$ 在 x_0 处不连续,则(　　).

A. $f'(x_0)$ 必存在　　B. $f'(x_0)$ 必不存在

C. $\lim\limits_{x\to x_0}f(x)$ 必存在　　D. $\lim\limits_{x\to x_0}f(x)$ 必不存在

3. 求函数 $f(x)=\begin{cases} \sin x & x<0 \\ x & x\geqslant 0 \end{cases}$ 在 $x=0$ 处的导数.

4. 设 $f(x)$ 为偶函数,且 $f'(0)$ 存在,证明 $f'(0)=0$.

5. 设 $\varphi(x)$ 在 $x=a$ 处连续, $f(x)=(x^2-a^2)\varphi(x)$, 求 $f'(a)$.

6. 讨论 $f(x)=\begin{cases}x^2\sin\dfrac{1}{x} & x\neq 0\\ 0 & x=0\end{cases}$ 在 $x=0$ 处的连续性与可导性.

B 组

1. 设函数 $f(x)=\begin{cases}a & x<0\\ x^2+1 & 0\leqslant x<1\end{cases}$，问 a 取何值时，$f(x)$ 在 $x=0$ 处可导.

2. 求曲线 $y=2x-x^2$ 上与 x 轴平行的切线方程.

3. 求等边双曲线 $y=\dfrac{1}{x}$ 在点 $\left(\dfrac{1}{2},2\right)$ 处的切线的斜率，并写出在该点处的切线方程和法线方程.

4. (**交流电的电流强度**)电流强度是指电流的大小，即单位时间内通过导线横截面的电荷量. 在交流电路中，电流随着时间的变化而变化，设在时间 t 内，通过导线横截面的电荷量为 $Q(t)$，求导线内 t_0 时刻的瞬时电流 $I(t_0)$.

文化视角

微积分的发展史(一)
——早期萌芽时期

微积分真正成为一门数学学科，是在 17 世纪，然而在此之前微积分已经一步一步地跟随人类历史的脚步缓慢发展着，着眼于微积分的整个发展历史，可将其分为四个时期：早期萌芽时期、建立成型时期、成熟完善时期、现代发展时期.

1. 古西方萌芽时期

公元前 7 世纪，泰勒斯(见图 2-1-4)对图形的面积、体积与长度的研究就含有早期微积分的思想，尽管不是很明显，公元前 3 世纪，阿基米德利用穷竭法推算出了抛物线弓形、螺线、圆的面积以及椭球体、抛物面体等各种复杂几何体的表面积和体积的公式，其穷竭法类似于现在微积分中的求极限，此外，他还计算出 π 的近似值，阿基米德对于微积分的发展起到了一定的引导作用.

2. 古中国萌芽时期

三国后期的刘徽(见图 2-1-5)发明了著名的“割圆术”，即把圆周用内接或外切正多边形穷竭的一种求圆周长及面积的方法，“割之弥细，所失弥少，割之又割，以至于不可割，则与圆周合体而无所失矣.”不断地增加正多边形的边数，进而使多边形更加接近圆的面积，在我国数学史上算是伟大创举.

另外，南朝时期杰出的祖氏父子更将圆周率计算到小数点后七位数，他们的精神值得我们学习，此外，祖暅之提出了祖暅原理：“幂势即同，则积不容异”，即界于两个平行平面之间的两个几何体，被任一平行于这两个平面的平面所截，如果两个截面的面积相等，则这两个几何体的体积相等，比欧洲的卡瓦列利原理早 10 个世纪，祖暅之利用牟合方盖(车合方盖与其内切球的体积比为 4∶π)计算出了球的体积，纠正了刘徽的《九章算术注》中错误的球体积公式.

图 2-1-4

图 2-1-5

§2.2 初等函数的求导法则

显然,对于一些复杂的初等函数,利用导数的定义求其导数是比较麻烦的、困难的,而本节将要介绍求导数的基本法则以及前一节中尚未讨论过的几个基本初等函数的导数公式.借助这些法则和基本初等函数的导数公式,就能比较方便地求出常见的初等函数的导数.

2.2.1 函数的和、差、积、商的求导法则

定理 2.3 设函数 $u = u(x)$ 、$v = v(x)$ 在点 x 处可导,则它们的和、差、积、商(分母不为零)在点 x 处均可导,且有以下求导法则:

(1)和、差的求导法则:$(u \pm v)' = u' \pm v'$;

(2)积的求导法则:$(uv)' = u'v + uv'$;

(3)商的求导法则:$\left(\dfrac{u}{v}\right)' = \dfrac{u'v - uv'}{v^2}$(其中 $v \neq 0$).

推论 2.1 上述法则(1)(2)均可推广到有限多个可导函数运算的情形,且有以下求导法则:

(1)函数线性组合的求导法则:$(\alpha u + \beta v)' = \alpha u' + \beta v'$($\alpha,\beta$ 均为常数);

(2)有限个函数和的求导法则:$(u \pm v \pm w)' = u' \pm v' \pm w'$;

(3)三个函数乘积的求导法则:$(uvw)' = u'vw + uv'w + uvw'$.

推论 2.2 (常数提取性)$(Cu)' = Cu'$(C 为常数).

推论 2.3 (函数的倒数求导)$\left(\dfrac{1}{v}\right)' = -\dfrac{v'}{v^2}$.

例 1 设 $f(x) = x^3 + 4\cos x - \sin\dfrac{\pi}{12}$, 求 $f'(x)$ 及 $f'\left(\dfrac{\pi}{2}\right)$.

解 $f'(x) = 3x^2 - 4\sin x, f'\left(\dfrac{\pi}{2}\right) = 3 \times \left(\dfrac{\pi}{2}\right)^2 - 4\sin\dfrac{\pi}{2} = \dfrac{3}{4}\pi^2 - 4$.

例 2 设 $y = x\ln x$, 求 y'.

解 $y' = x'\ln x + x(\ln x)' = \ln x + x \cdot \dfrac{1}{x} = \ln x + 1$.

例 3 设 $f(x) = \tan x$, 求 $f'(x)$.

解
$$f'(x) = (\tan x)' = \left(\frac{\sin x}{\cos x}\right)' = \frac{\cos x(\sin x)' - (\cos x)'\sin x}{\cos^2 x}$$
$$= \frac{\cos^2 x + \sin^2 x}{\cos^2 x} = \frac{1}{\cos^2 x} = \sec^2 x.$$

即 $(\tan x)' = \sec^2 x$, 这就是正切函数的导数公式.

类似地,可求得余切函数的导数公式:$(\cot x)' = -\csc^2 x$.

例 4 设 $y = \sec x$, 求 y'.

解 $y' = (\sec x)' = \left(\dfrac{1}{\cos x}\right)' = -\dfrac{(\cos x)'}{\cos^2 x} = \dfrac{\sin x}{\cos^2 x} = \sec x\tan x$,

即 $(\sec x)' = \sec x\tan x$, 这就是正割函数的导数公式.

类似地,可求得余割函数的导数公式

$$(\csc x)' = -\csc x\cot x.$$

2.2.2 反函数求导

定理2.4(反函数的求导法则) 若函数 $y=f(x)$ 在某区间内单调、可导,且 $f'(x)\neq 0$,则其反函数 $x=\varphi(y)$ 在对应区间内也可导,且反函数的导数与原函数的导数是互为倒数关系,即

$$\varphi'(y)=\frac{1}{f'(x)}.$$

例5 求反三角函数 $y=\arcsin x\ (-1<x<1)$ 的导数.

解 $y=\arcsin x$ 在 $(-1,1)$ 内单调、可导,其反函数为 $x=\sin y, y\in\left(-\frac{\pi}{2},\frac{\pi}{2}\right)$.

由反函数的求导法则,有 $(\arcsin x)'=\frac{1}{(\sin y)'}=\frac{1}{\cos y}=\frac{1}{\sqrt{1-\sin^2 y}}$,即

$$(\arcsin x)'=\frac{1}{\sqrt{1-x^2}}.$$

以此类推,也可以得到其他反三角函数的求导公式:

$(\arcsin x)'=\frac{1}{\sqrt{1-x^2}}$; $(\arccos x)'=-\frac{1}{\sqrt{1-x^2}}$;

$(\arctan x)'=\frac{1}{1+x^2}$; $(\text{arccot}\, x)'=-\frac{1}{1+x^2}$.

2.2.3 复合函数的求导法则

定理2.5(复合函数的求导法则) 若函数 $u=\varphi(x)$ 在点 x 处可导,而 $y=f(u)$ 在点 $u=\varphi(x)$ 处可导,则复合函数 $y=f[\varphi(x)]$ 在点 x 处可导,且其导数为

$$\frac{dy}{dx}=f'(u)\cdot\varphi'(x)\quad 或\quad \frac{dy}{dx}=\frac{dy}{du}\cdot\frac{du}{dx}\quad 或\quad y'_x=y'_u\cdot u'_x.$$

注意:

(1)复合函数的求导法则可叙述为:复合函数的导数等于复合函数对中间变量的导数乘以中间变量对自变量的导数.这一法则又称为“链式法则”.

(2)复合函数的求导法则可以推广到多个中间变量的情形.例如(以两个中间变量为例),设 $y=f(u)$, $u=\varphi(v)$, $v=\psi(x)$,则复合函数 $y=f(\varphi(\psi(x)))$ 的导数为

$$\frac{dy}{dx}=\frac{dy}{du}\cdot\frac{du}{dv}\cdot\frac{dv}{dx}$$

(对于多重复合函数求导,读者在对函数求导之前要确定导数最终需要导在哪个变量上,只要仍旧导在中间变量上就需要用链式法则继续求导.)

例6 设 $y=\ln\sin x$,求 y'.

解 $y=\ln\sin x$ 可以看作由 $y=\ln u$ 和 $u=\sin x$ 复合而成,因此

$$\frac{dy}{dx}=\frac{dy}{du}\cdot\frac{du}{dx}=\frac{1}{u}\cdot\cos x=\frac{\cos x}{\sin x}=\cot x.$$

例7 设 $y=\sin^2 2x$,求 y'.

解 $y=\sin^2 2x$ 可以看作由 $y=u^2$、$u=\sin v$ 和 $v=2x$ 复合而成,因此

$$\frac{dy}{dx}=\frac{dy}{du}\cdot\frac{du}{dv}\cdot\frac{dv}{dx}=2u\cdot\cos v\cdot 2=4\sin 2x\cos 2x=2\sin 4x.$$

例8 设 $y=\arctan\sqrt{x^2-1}$,求 y'.

解　$y' = (\arctan\sqrt{x^2-1})' = \dfrac{1}{1+(\sqrt{x^2-1})^2}\cdot(\sqrt{x^2-1})'$

$$= \frac{1}{x^2}\cdot\frac{1}{2\sqrt{x^2-1}}\cdot(x^2-1)' = \frac{1}{x^2}\cdot\frac{1}{2\sqrt{x^2-1}}\cdot 2x = \frac{1}{x\sqrt{x^2-1}}.$$

注意：

从以上三例可以看出，应用复合函数的求导法则时，重要的是要分清复合函数的复合层次，在求导过程中始终要明确所求的导数是哪一个变量对哪一个变量（不管是中间变量还是自变量）的导数，最终导在目标变量上为止．从外向内，逐层求导，不能遗漏，也不能重复．

例 9　设 $y = \ln|x|$，求 y'.

解　当 $x > 0$ 时，$y = \ln x, y' = \dfrac{1}{x}$；

当 $x < 0$ 时，$y = \ln(-x), y' = \dfrac{1}{-x}\cdot(-x)' = \dfrac{1}{x}$.

综上，有

$$(\ln|x|)' = \frac{1}{x}.$$

与例 9 类似，也应有 $(\log_a|x|)' = \dfrac{1}{x\ln a}$.

例 10　设 $y = f(\ln x)$，其中 f 可导，求 $\dfrac{dy}{dx}$.

解　函数 $y = f(\ln x)$ 是由 $y = f(u)$ 和 $u = \ln x$ 复合而成，故

$$\frac{dy}{dx} = \frac{dy}{du}\cdot\frac{du}{dx} = f'(u)\cdot\frac{1}{x} = \frac{1}{x}f'(\ln x).$$

若不写出中间变量，该题的解题过程如下：

$$y' = [f(\ln x)]' = f'(\ln x)\cdot(\ln x)' = \frac{1}{x}f'(\ln x).$$

注意：

$[f(\ln x)]'$ 与 $f'(\ln x)$ 是不同的．

2.2.4　导数基本公式

本节和上一节我们推导了基本初等函数的求导公式，讨论了基本求导法则，这些公式在初等函数的求导运算中起着重要作用，必须熟练地掌握它们．为了便于查阅，下面把这些基本求导公式归纳如下：

导数基本公式

(1) $(C)' = 0$（C 为常数）；　(2) $(x^\alpha)' = \alpha x^{\alpha-1}$；

(3) $(a^x)' = a^x\cdot\ln a$；　(4) $(e^x)' = e^x$；

(5) $(\log_a|x|)' = \dfrac{1}{x\ln a}$；　(6) $(\ln|x|)' = \dfrac{1}{x}$；

(7) $(\sin x)' = \cos x$；　(8) $(\cos x)' = -\sin x$；

(9) $(\tan x)' = \sec^2 x$；　(10) $(\cot x)' = -\csc^2 x$；

(11) $(\sec x)' = \sec x\tan x$；　(12) $(\csc x)' = -\csc x\cot x$；

(13) $(\arcsin x)' = \dfrac{1}{\sqrt{1-x^2}}$；　(14) $(\arccos x)' = -\dfrac{1}{\sqrt{1-x^2}}$；

(15) $(\arctan x)' = \dfrac{1}{1+x^2}$;　　　　(16) $(\operatorname{arccot} x)' = -\dfrac{1}{1+x^2}$.

初等函数的求导只是对以上公式和法则的综合利用,并没有什么新的方法.

例 11　$y = \sin(x\ln x)$,求 y'.

解　$y = \cos(x\ln x)\cdot(x\ln x)' = cos(x\ln x)[x'\ln x + x(\ln x)']$

$= \cos(x\ln x)(\ln x + 1)$.

视频

例12

例 12　$y = \ln(x + \sqrt{1+x^2})$,求 y'.

解　$y' = \dfrac{1}{x+\sqrt{1+x^2}}\cdot(x+\sqrt{1+x^2})' = \dfrac{1}{x+\sqrt{1+x^2}}\cdot[1+(\sqrt{1+x^2})']$

$= \dfrac{1}{x+\sqrt{1+x^2}}\cdot\left(1+\dfrac{x}{\sqrt{1+x^2}}\right) = \dfrac{1}{\sqrt{1+x^2}}$.

应用解析

案例 1(交流电流问题)　在时间 t 内,通过某导线横截面的电荷量为 $Q(t) = 10\sin\left(\dfrac{5}{\pi}t + \dfrac{\pi}{3}\right)$,求通过该导线横截面的电流 $I(t)$ 关于时间 t 的函数关系.

解　由引例可知,通过导线横截面的电流为

$$I(t) = Q'(t) = \left[10\sin\left(\frac{5}{\pi}t + \frac{\pi}{3}\right)\right]'.$$

而 $Q(t) = 10\sin\left(\dfrac{5}{\pi}t + \dfrac{\pi}{3}\right)$ 是由 $Q = 10\sin u$ 和 $u = \dfrac{5}{\pi}t + \dfrac{\pi}{3}$ 复合而成的,所以由链式法则有

$$I(t) = (10\sin u)'\left(\frac{5}{\pi}t + \frac{\pi}{3}\right)' = 10\cos u\cdot\frac{5}{\pi} = \frac{50}{\pi}\cos\left(\frac{5}{\pi}t + \frac{\pi}{3}\right).$$

案例 2(钢梁长度变化率)　设某钢梁长度 L(单位:cm)取决于气温 H(单位:℃),而气温 H 取决于时间 t(单位:h).已知气温每升高 1 ℃,钢梁的长度增加 0.02 cm,而每隔 1 h,气温上升 0.3 ℃,试计算钢梁长度关于时间的增加速率.

解　已知长度对温度的变化率为 $\dfrac{\mathrm{d}L}{\mathrm{d}H} = 0.02$ cm/℃.

气温对时间的变化率为 $\dfrac{\mathrm{d}H}{\mathrm{d}t} = 0.3$ ℃/h.

长度对时间的变化率为 $\dfrac{\mathrm{d}L}{\mathrm{d}t} = \dfrac{\mathrm{d}L}{\mathrm{d}H}\times\dfrac{\mathrm{d}H}{\mathrm{d}t} = 0.02\times0.3 = 0.006$ cm/h.

所以钢梁长度关于时间的增长率为 0.006 cm/h.

案例 3(汽车的销售)　在大众汽车的某 4S 店内,2021 款高尔夫 8 高配版的销售量 Q(单位:台)取决于其销售单价 p(单位:万元),并且有 $Q = f(p)$,已知 $f(17.8) = 180$,$f'(17.8) = -5$. 请根据以上信息,回答下列问题.

(1)从所给已知条件中,你能获得关于这款汽车销售情况的哪些信息?

(2)若汽车的销售总收入为 $R = pQ$,求 $\left.\dfrac{\mathrm{d}R}{\mathrm{d}p}\right|_{p=17.8}$.

(3)当单价为 17.8 万元时,要使该款汽车的总收入增加,应提高价格还是降低价格?

解　(1)由 $f(17.8) = 180$ 可知,这款高尔夫 8 的单价为 17.8 万元时,其销售量为 180 台,再由 $f'(17.8) = -5$ 可以看出,当汽车单价为 17.8 万元时,价格再上涨 1 万元,销售量将减少 5 台.

(2)因为 $R' = \frac{dR}{dp} = [pf(p)]' = p'f(p) + pf'(p) = f(p) + pf'(p)$，所以有

$$\left.\frac{dR}{dp}\right|_{p=17.8} = f(17.8) + 17.8 \times f'(17.8) = 180 - 17.8 \times 5 = 91.$$

(3)从第(2)问的结果 $\left.\frac{dR}{dp}\right|_{p=17.8} = 91$ 可以看出，若价格再上涨 1 万元，总收入将增加 91 万元，因此提高价格才能使该款高尔夫 8 的总收入增加.

2.2.5　高阶导数的求导法则

定义 2.2　由导数的定义，如果函数 $f(x)$ 的导数 $f'(x)$ 在点 x 处可导，即

$$(f'(x))' = \lim_{\Delta x \to 0} \frac{f'(x+\Delta x) - f'(x)}{\Delta x}$$

存在，则称 $(f'(x))'$ 为函数 $f(x)$ 在点 x 处的**二阶导数**，记为

$$f''(x), y'', \frac{d^2y}{dx^2} \quad 或 \quad \frac{d^2f(x)}{dx^2}.$$

类似地，二阶导数的导数称为 $f(x)$ 的**三阶导数**，三阶导数的导数称为 $f(x)$ 的**四阶导数**，……，一般地，$f(x)$ 的 $(n-1)$ 阶导数的导数称为 $f(x)$ 的 **n 阶导数**，分别记为

$$f'''(x), f^{(4)}(x), \cdots, f^{(n)}(x);$$

或

$$y''', y^{(4)}, \cdots, y^{(n)}; \frac{d^3y}{dx^3}, \frac{d^4y}{dx^4}, \cdots, \frac{d^ny}{dx^n}; \frac{d^3f(x)}{dx^3}, \frac{d^4f(x)}{dx^4}, \cdots, \frac{d^nf(x)}{dx^n}.$$

注意：

(1)二阶和二阶以上的导数统称为高阶导数，$f'(x)$ 称为 $f(x)$ 的一阶导数.

(2)若函数 $f(x)$ 具有 n 阶导数，那么函数 $f(x)$ 在点 x 的某一邻域内必定具有一切低于 n 阶的导数.

例 13　$y = x^n$ (n 为正整数)，求 $y^{(k)}$.

解　$y' = nx^{n-1}, y'' = n(n-1)x^{n-2}, y''' = n(n-1)(n-2)x^{n-3}, \cdots$，

一般地，可得

$$y^{(k)} = n(n-1)(n-2)\cdots(n-k+1)x^{n-k} \ (0 < k < n),$$

即 $$(x^n)^{(k)} = \begin{cases} n(n-1)(n-2)\cdots(n-k+1)x^{n-k} & 0 < k < n \\ n! & k = n \\ 0 & k > n \end{cases} \quad (0 < k < n)$$

例 14　$y = \sin x$，求 $y^{(n)}$.

解　$\frac{dy}{dx} = \cos x = \sin\left(x + \frac{\pi}{2}\right), \frac{d^2y}{dx^2} = \cos\left(x + \frac{\pi}{2}\right) = \sin\left(x + 2 \cdot \frac{\pi}{2}\right)$，

$$\frac{d^3y}{dx^3} = \cos\left(x + 2 \cdot \frac{\pi}{2}\right) = \sin\left(x + 3 \cdot \frac{\pi}{2}\right),$$

$$\frac{d^4y}{dx^4} = \cos\left(x + 3 \cdot \frac{\pi}{2}\right) = \sin\left(x + 4 \cdot \frac{\pi}{2}\right), \cdots,$$

一般地，可得

$$\frac{d^ny}{dx^n} = \sin\left(x + \frac{n\pi}{2}\right),$$

即 $$(\sin x)^{(n)} = \sin\left(x + \frac{n\pi}{2}\right),$$

类似地,可得

$$(\cos x)^{(n)} = \cos\left(x + \frac{n\pi}{2}\right).$$

2.2.6 二阶导数的力学意义

物体做变速直线运动,其瞬时速度 $v(t)$ 就是路程函数 $s = s(t)$ 对时间 t 的导数,即

$$v(t) = s'(t)$$

根据物理学知识,速度函数 $v(t)$ 对于时间 t 的变化率就是加速度 $a(t)$, 即 $a(t)$ 是 $v(t)$ 对于时间 t 的导数 $a(t) = v'(t) = [s'(t)]'$. 于是,变速直线运动的**加速度**就是路程函数 $s(t)$ 对 t 的二阶导数,即

$$a(t) = s''(t)$$

应用解析

案例 4(汽车运行的速度和加速度) 通过对汽车刹车性能的测试,发现汽车刹车后行驶的路程 $s(t)$ (单位:m)与行驶时间 t (单位:s)满足关系 $s(t) = 18.5t - 0.5t^3$, 求汽车在 $t = 3$ s 时的速度 $v(3)$ 和加速度 $a(3)$.

解 由 $v(t) = s'(t), a(t) = v'(t) = s''(t)$, 得汽车刹车后的速度为

$$v(t) = (18.5t - 0.5t^3)' = 18.5 - 1.5t^2,$$

汽车刹车后的加速度为

$$a(t) = v'(t) = (18.5 - 1.5t^2)' = -3t,$$

将 $t = 3$ s 代入 $v(t)$、$a(t)$, 得汽车在 $t = 3$ s 时的速度和加速度分别为

$$v(3) = (18.5 - 1.5t^2)\big|_{t=3} = 5(\text{m/s}), a(3) = (-3t)\big|_{t=3} = -9(\text{m/s}^2).$$

习题 2-2

A 组

1. 选择题:

(1) 设 $f(x) = \arctan x$, 则 $\lim\limits_{\Delta x \to 0} \dfrac{f(1 + \Delta x) - f(1)}{\Delta x} = ($ $)$.

A. 1　　B. -1　　C. $\frac{1}{2}$　　D. $-\frac{1}{2}$

(2) 下列函数中,($) = -\dfrac{1}{x}$.

A. $\ln(-x)$　　B. $\ln\frac{1}{x}$　　C. $\ln\frac{1}{x^2}$　　D. $\ln(\ln x)$

(3) 设 $f(x + 2) = e^x$, 则 $f'(1) = ($ $)$.

A. e^{-1}　　B. e^3　　C. e　　D. $e - 2$

(4) 设 $f(x) = a_0 + a_1x + a_2x^2 + \cdots + a_nx^n$, 则 $[f(0)]' = ($ $), f'(0) = ($ $)$.

A. a_0　　B. a_1　　C. na_n　　D. 0

(5) 下列函数中导数不等于 $\frac{1}{2}\sin 2x$ 的是( ).

A. $\frac{1}{2}\sin^2 x$　　B. $\frac{1}{4}\cos 2x$　　C. $-\frac{1}{2}\cos^2 x$　　D. $1 - \frac{1}{4}\cos 2x$

(6) 设 $f(x)$ 可导, $f'(1)=2$, 且 $y=f(1+x)-f(1-x)$, 则 $\left.\dfrac{\mathrm{d}y}{\mathrm{d}x}\right|_{x=0}=($　　$)$.

A. 2　　B. 3　　C. 4　　D. 0

(7) 设 $f(x)$ 为可导的奇函数, 且 $f'(1)=2$, 则 $f'(-1)=($　　$)$.

A. $\dfrac{1}{2}$　　B. $-\dfrac{1}{2}$　　C. 2　　D. -2

(8) 设 $f(x)=\sin x$, 则 $f^{(7)}(0)=($　　$)$.

A. -1　　B. 0　　C. 1　　D. $\cos x$

2. 求下列函数的导数:

(1) $y=-2x^2\sqrt{x}+3\sqrt[3]{x^2}-\dfrac{1}{x}$;

(2) $y=10^x+x^{10}+\lg x+\cos x+\sin\dfrac{\pi}{3}$;

(3) $y=\mathrm{e}^x(\sin x+\cos x)$;

(4) $y=x^2(2x-\sqrt{x}+1)$;

(5) $y=\dfrac{x\sqrt{x}}{\sqrt[3]{x}}$;

(6) $y=\dfrac{x^3+2x\sqrt{x}-2}{x^2}$.

3. 求下列函数的导数:

(1) $y=\arctan(\mathrm{e}^x)$;

(2) $y=\sqrt{a^2-x^2}$ (a 为常数);

(3) $y=\left(\arcsin\dfrac{x}{2}\right)^2$;

(4) $y=\ln\ln\ln x$;

(5) $y=\arctan\dfrac{x+1}{x-1}$;

(6) $y=\ln(\mathrm{e}^x+\sqrt{1+\mathrm{e}^{2x}})$;

(7) $y=\mathrm{e}^{-\frac{x}{2}}\cos 3x$;

(8) $y=x\arcsin\dfrac{x}{2}+\sqrt{4-x^2}$.

4. 求下列函数的二阶导数:

(1) $y=2x^2+\ln x$;

(2) $y=\tan x$;

(3) $y=\cos(\ln x)$;

(4) $y=\dfrac{1}{x-1}$.

5. 已知 $[f(x^2)]'=\dfrac{1}{x}$, 求 $f'(1)$.

B 组

1. 试求曲线 $y=\mathrm{e}^{-x}\sqrt[3]{x+1}$ 在点(0,1)处的切线方程和法线方程.

2. 设 $y=\mathrm{e}^x+\mathrm{e}^{-x}$, 求 y''.

3. 设 $g'(x)$ 连续, 且 $f(x)=(x-a)^2g(x)$, 求 $f''(a)$.

4. 已知 $y=x\ln x$, 求 $y^{(10)}$.

文化视角

微积分的发展史(二)

——建立成型时期

1. 17 世纪上半叶

这一时期,几乎所有的科学大师都致力于解决速率、极值、切线、面积问题,特别是描述运动与变化的无限小算法,并且在相当短的时间内取得了极大发展.

天文学家开普勒(见图 2-2-1)发现行星运动三大定律,并利用无穷小求和的思想,求得曲边形的面积及旋转体的体积,意大利数学家卡瓦列利于同时期发现卡瓦列利原理(祖暅原理),利用不可分量方法证明了幂函数定积分公式,此外,卡瓦列利还证明了吉尔丁定理(一个平面图形绕某一轴旋转所得立体图形体积等于该平面图形的重心所形成的圆的周长与平面图形面积的乘积),对于微积分雏形的形成影响深远.

此外解析几何创始人——法国数学家笛卡儿的代数方法对于微积分的发展起了极大的推动作用,法国大数学家费马在求曲线的切线及函数的极值方面贡献巨大,其中就有关于数学分析的费马定理:设函数 $f(x)$ 是在某一区间 X 内定义的,并且在这区间的内点 c 取最大(最小)值.若在这一点处存在着有限导数 $f'(c)$,则必须有 $f'(c)=0$.

图 2-2-1

2. 17 世纪下半叶

英国科学家牛顿(见图 2-2-2)开始关于微积分的研究,他受了沃利斯的《无穷算术》的启发,第一次把代数学扩展到分析学,1665 年牛顿发明正流数术(微分),次年又发明反流数术,之后将流数术总结在一起,并写出了《流数简述》,这标志着微积分的诞生,接着,牛顿研究变量流动生成法,认为变量是由点、线或面的连续运动产生的,因此,他把变量称为流量,把变量的变化率称为流数,在牛顿创立微积分后期,否定了以前自己认为的变量是无穷小元素的静止集合,不再强调数学量是由不可分割的最小单元构成,而认为它是由几何元素经过连续运动生成的,不再认为流数是两个实无限小量的比,而是初生量的最初比或消失量的最后比,这就从原先的实无限小量观点进到量的无限分割过程,即潜无限观点.

同一时期,德国数学家莱布尼茨(见图 2-2-3)也独立创立了微积分学,他于 1684 年发表第一篇微分论文,定义了微分概念,采用了微分符号 dx,dy. 1686 年他又发表了积分论文,讨论了微分与积分,使用了积分符号 $\int$,符号的发明使得微积分的表达更加简便,此外,他还发现了求高级导数的莱布尼茨公式,以及牛顿-莱布尼茨公式,将微分与积分运算联系在一起,他在微积分方面的贡献与牛顿旗鼓相当.

图 2-2-2

图 2-2-3

§2.3 隐函数及由参数方程所确定函数的求导

2.3.1 隐函数的求导法

定义 2.3 若变量 x,y 之间的函数关系是由一个方程 $F(x,y)=0$ 所确定的,则称 y 是 x 的**隐函数**,相应地,把直接用含有自变量的代数式表示的函数 $y=f(x)$ 称为**显函数**.

有的隐函数可通过变形化为显函数,我们把隐函数化为显函数的过程称为**隐函数的显化**,例如,隐函数 $x^2+y^3-2=0$ 可显化为 $y=\sqrt[3]{2-x^2}$.

对于隐函数的求导,我们可将隐函数 $F(x,y)=0$ 显化为 $y=f(x)$ 再求导,但并非所有隐函数都能显化,如 $e^{xy}=x+y$ 就不能显化.下面介绍隐函数求导的一般方法——直接求导法,这种方法不管隐函数能否显化,都能直接由方程算出它所确定的隐函数的导数.

直接求导法的具体步骤为：

(1)将方程 $F(x,y)=0$ 两边同时对自变量 x 求导，遇到 y 时，把 y 看成 x 的函数 $y=f(x)$，利用复合函数的求导法则，先对 y 求导，再乘以 y 对 x 的导数 y'，得到一个含有 y' 的方程.

(2)整理后，从方程里解出 y' 即可.

下面通过具体例子来说明这种方法.

例 1　求由方程 $e^{xy}=x+y$ 确定的隐函数 y 的导数 $\frac{dy}{dx}$.

解　假设由方程 $F(x,y)=0$ 所确定的函数为 $y=y(x)$，则把它代回方程 $F(x,y)=0$ 中，得到恒等式

$$F(x,y(x))\equiv 0$$

然后利用复合函数求导法则，在上式两边同时对自变量 x 求导，再解出所求导数 $\frac{dy}{dx}$ 即可.

方程两边同时对自变量 x 求导，得

$$e^{xy}(xy)'=1+y'$$

即

$$e^{xy}(y+xy')=1+y'$$

从中解出 y'，得

$$y'=\frac{dy}{dx}=\frac{1-ye^{xy}}{xe^{xy}-1}$$

注意：

(1)方程两边同时对自变量求导时，要明确 y 是关于 x 的函数，应按复合函数求导法则求导.

(2)在该例的结果中，分式中的 y 仍是由原方程 $e^{xy}=x+y$ 确定的隐函数，因此若对其求二阶导数，应对其一阶导数按隐函数求导法再求导.

例 2　求由方程 $xy+\ln y=1$ 所确定的函数 $y=f(x)$ 在点(1,1)处的切线方程.

解　方程两边同时求导，得

$$y+xy'+\frac{1}{y}y'=0,$$

即

$$\left(x+\frac{1}{y}\right)y'=-y.$$

当 $x+\frac{1}{y}\neq 0$ 时，解得

$$y'=-\frac{y}{x+\frac{1}{y}}=-\frac{y^2}{xy+1}.$$

再由导数的几何意义，知在点(1,1)处的切线斜率为

$$\left.\frac{dy}{dx}\right|_{\substack{x=1\\y=1}}=-\left.\frac{y^2}{xy+1}\right|_{\substack{x=1\\y=1}}=-\frac{1}{2}.$$

故所求的切线方程为

$$y-1=-\frac{1}{2}(x-1),$$

即

$$x+2y-3=0.$$

视频

例3

例 3　求由方程 $x-y+\frac{1}{2}\sin y=0$ 所确定的隐函数 y 的二阶导数 $\frac{d^2y}{dx^2}$.

解　方程两边同时对 x 求导，得

$$1 - y' + \frac{1}{2}\cos y \cdot y' = 0,$$

即
$$y' = \frac{2}{2 - \cos y}.$$

上式两边再对 x 求导,得

$$\frac{\mathrm{d}^2 y}{\mathrm{d}x^2} = \frac{-2\sin y \cdot y'}{(2 - \cos y)^2} = \frac{-4\sin y}{(2 - \cos y)^3}.$$

2.3.2 对数求导法

我们也可以利用隐函数求导的方法对幂指函数求导.

形如 $y = u(x)^{v(x)}$ 的函数称为**幂指函数**.直接使用前面介绍的求导法则不能求出幂指函数的导数,对于这类函数,可以先在函数两边取自然对数,然后在等式两边同时对自变量 x 求导,最后解出所求导数.我们把这种方法称为**对数求导法**.

一般地,设 $y = u(x)^{v(x)}$ ($u(x) > 0$),在函数两边取自然对数,得

$$\ln y = v(x)\ln u(x).$$

上式两边同时对自变量 x 求导,得

$$\frac{1}{y}y' = v'(x)\ln u(x) + \frac{v(x)u'(x)}{u(x)},$$

从而
$$y' = u(x)^{v(x)}\left[v'(x)\ln u(x) + \frac{v(x)u'(x)}{u(x)}\right].$$

例 4 设 $y = (\tan x)^x$, 求 y'.

解 两边取自然对数,得

$$\ln y = x\ln\tan x = x(\ln\sin x - \ln\cos x),$$

上式两边同时对 x 求导,得

$$\frac{1}{y}y' = x(\ln\sin x - \ln\cos x)' + (\ln\sin x - \ln\cos x)x'$$

$$= x\frac{\cos x}{\sin x} + x\frac{\sin x}{\cos x} + (\ln\sin x - \ln\cos x),$$

所以

$$y' = \frac{\mathrm{d}y}{\mathrm{d}x} = y\left(x\cot x + x\tan x + \ln\frac{\sin x}{\cos x}\right) = (\tan x)^x(x\cot x + x\tan x + \ln\tan x).$$

注意:

求幂指函数 $y = u(x)^{v(x)}$ $(u(x) > 0)$ 的导数,除用对数求导法外,还可通过把其恒等变形为

$$y = u(x)^{v(x)} = \mathrm{e}^{v(x)\ln u(x)}$$

然后按复合函数的求导法则求导,但同样要明确 y 是关于 x 的函数.

此外,对数求导法还常用来求由乘、除、乘方、开方运算所得的函数的导数.

视频

例5

例 5 设 $y = \sqrt[3]{\dfrac{(x+1)^2}{(x-1)(x+2)}}$, 求 y'.

解 两边取自然对数,得

$$\ln y = \frac{1}{3}[2\ln(x+1) - \ln(x-1) - \ln(x+2)].$$

上式两边同时对 x 求导,得

$$\frac{y'}{y}=\frac{1}{3}\left(\frac{2}{x+1}-\frac{1}{x-1}-\frac{1}{x+2}\right),$$

所以

$$y'=\frac{1}{3}y\left(\frac{2}{x+1}-\frac{1}{x-1}-\frac{1}{x+2}\right)=\frac{1}{3}\sqrt[3]{\frac{(x+1)^2}{(x-1)(x-2)}}\left(\frac{2}{x+1}-\frac{1}{x-1}-\frac{1}{x+2}\right).$$

2.3.3　由参数方程所确定的函数的求导法

在中学解析几何中我们已经学过参数方程,它的一般形式为

$$\begin{cases}x=\varphi(t)\\ y=\psi(t)\end{cases},\text{其中 } t\in I \text{ 为参变量} \tag{2-3-1}$$

一般来说,这个方程确定了 y 与 x 之间的函数关系,并且它们是通过参变量 t 联系起来的,我们称此函数关系所表示的函数为**由参数方程所确定的函数**.

事实上,设参数方程式(2-3-1)确定了函数 $y=y(x)$,且 $\varphi(t)$、$\psi(t)$ 均可导,$\varphi'(t)\neq 0$,分别对参数方程式(2-3-1)的两个方程求导,得

$$\frac{\mathrm{d}x}{\mathrm{d}t}=\varphi'(t),\quad \frac{\mathrm{d}y}{\mathrm{d}t}=\psi'(t),$$

则

$$\frac{\mathrm{d}y}{\mathrm{d}x}=\frac{\mathrm{d}y}{\mathrm{d}t}\cdot\frac{\mathrm{d}t}{\mathrm{d}x}=\frac{\frac{\mathrm{d}y}{\mathrm{d}t}}{\frac{\mathrm{d}x}{\mathrm{d}t}}=\frac{\psi'(t)}{\varphi'(t)}. \tag{2-3-2}$$

式(2-3-2)即为由参数方程所确定的函数的求导公式.

注意:

若参数方程式(2-3-1)确定了 x 是 y 的函数 $x=x(y)$,则 $\frac{\mathrm{d}x}{\mathrm{d}y}=\frac{\mathrm{d}x}{\mathrm{d}t}\cdot\frac{\mathrm{d}t}{\mathrm{d}y}=\frac{\frac{\mathrm{d}x}{\mathrm{d}t}}{\frac{\mathrm{d}y}{\mathrm{d}t}}=\frac{\varphi'(t)}{\psi'(t)}$. 这表明,对参数方程所确定的函数求导时,先分别求 x' 和 y',然后相除即可.

例 6　求曲线 $\begin{cases}x=t\mathrm{e}^{-t}+1\\ y=(2t-t^2)\mathrm{e}^{-t}\end{cases}$ 在 $t=0$ 对应点处的切线方程.

解　与 $t=0$ 对应的曲线上的点为(1,0),因为

$$\frac{\mathrm{d}x}{\mathrm{d}t}=\mathrm{e}^{-t}+t(-\mathrm{e}^{-t})=\mathrm{e}^{-t}(1-t),$$

$$\frac{\mathrm{d}y}{\mathrm{d}t}=(2-2t)\mathrm{e}^{-t}+(2t-t^2)(-\mathrm{e}^{-t})=\mathrm{e}^{-t}(t^2-4t+2),$$

所以

$$\frac{\mathrm{d}y}{\mathrm{d}x}=\frac{\frac{\mathrm{d}y}{\mathrm{d}t}}{\frac{\mathrm{d}x}{\mathrm{d}t}}=\frac{\mathrm{e}^{-t}(t^2-4t+2)}{\mathrm{e}^{-t}(1-t)}=\frac{t^2-4t+2}{1-t}.$$

曲线在点(1,0)处的切线斜率为

$$\left.\frac{\mathrm{d}y}{\mathrm{d}x}\right|_{t=0}=\left.\frac{t^2-4t+2}{1-t}\right|_{t=0}=2,$$

故所求的切线方程为

$$y-0=2(x-1),\text{ 即 } 2x-y-2=0.$$

应用解析

案例1(炮弹的运行方向) 如图2-3-1所示,在不计空气阻力的情况下,炮弹以初速度 v_0、发射角 α 射出,其运行轨道可由方程

$$\begin{cases} x = v_0 t\cos\alpha \\ y = v_0 t\sin\alpha - \dfrac{1}{2}gt^2 \end{cases}$$

表示,其中时间 t 为参数,求炮弹的运行方向.

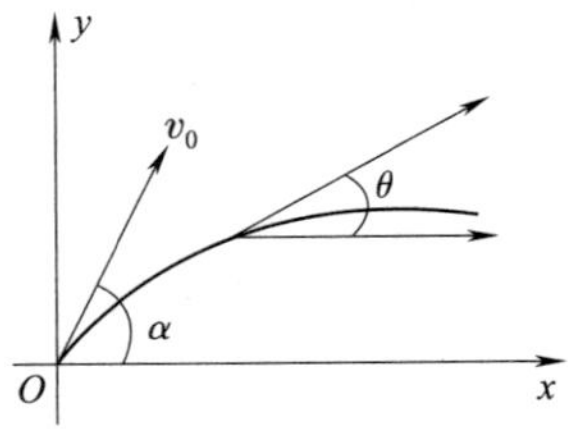

图 2-3-1

解 设炮弹运行轨道上任意一点处切线的倾斜角为 θ,则 θ 刻画的正是炮弹的运行方向.由炮弹运行轨道的参数方程可知

$$\frac{dy}{dx} = \frac{\frac{dy}{dt}}{\frac{dx}{dt}} = \frac{\left(v_0 t\sin\alpha - \frac{1}{2}gt^2\right)'}{(v_0 t\cos\alpha)'} = \frac{v_0\sin\alpha - gt}{v_0\cos\alpha},$$

即
$$\tan\theta = \frac{v_0\sin\alpha - gt}{v_0\cos\alpha}.$$

因此炮弹的运行方向为

$$\theta = \arctan\left(\frac{v_0\sin\alpha - gt}{v_0\cos\alpha}\right).$$

习题 2-3

A 组

1. 选择题:

(1)设 $x = e^y$,则 $\left.\dfrac{dy}{dx}\right|_{y=1} = ($　　$)$.

A. e^{-1}　　B. e　　C. xe　　D. xe^{-1}

(2)设 $\ln y = x^2$,则 $\left.\dfrac{dy}{dx}\right|_{x=1} = ($　　$)$.

A. $2y$　　B. $2e$　　C. 2　　D. $-2e$

(3)设 $f(x) = \left(1+\dfrac{1}{x}\right)^x$,则 $f'\left(\dfrac{1}{2}\right) = ($　　$)$.

A. $\left(\ln 5 - \dfrac{2}{3}\right)\sqrt{5}$　　B. $\left(\ln 3 - \dfrac{2}{3}\right)\sqrt{3}$　　C. $\left(\ln 2 - \dfrac{2}{3}\right)\sqrt{2}$　　D. $\left(\ln 3 - \dfrac{2}{5}\right)\sqrt{5}$

2. 求由下列方程所确定的隐函数 y 的导数:

(1) $y^2 - 2xy + 9 = 0$;　　(2) $xy = e^{x+y}$;

(3) $y = 1 - xe^y$;　　(4) $y\sin x - \cos(x-y) = 0$;

(5) $xy = \ln(x+y)$;　　(6) $x^2 = \sin y$.

3. 用对数求导法求下列函数的导数:

(1) $y = x^{\sin x}(x>0)$;　　(2) $y = \left(\dfrac{x}{1+x}\right)^x$;

(3) $y = \dfrac{(x+1)\sqrt[3]{x-1}}{(x+4)^2 e^x}$;　　(4) $y = \dfrac{\sqrt{x+2}\,(3-x)^4}{(x+1)^5}$.

4. 求由下列参数方程所确定函数的导数:

(1) $\begin{cases} x = t^2 + 1 \\ y = t^3 + t \end{cases}$;　　(2) $\begin{cases} x = e^t \sin t \\ y = e^t \cos t \end{cases}$.

B 组

1. 由方程 $xy - \sin \pi y^2 = 0$ 确定的隐函数 $y = y(x)$ 的导数 $\frac{dy}{dx}$,并求 $\left.\frac{dy}{dx}\right|_{\substack{x=0 \\ y=1}}$.

2. 求由方程 $xy - e^x + e^y = 0$ 所确定的隐函数 y 的导数 $\frac{d^2y}{dx^2}$,并求 $\left.\frac{d^2y}{dx^2}\right|_{x=0}$.

3. 求星形线 $x^{\frac{2}{3}} + y^{\frac{2}{3}} = 2^{\frac{2}{3}}$ 在点 $\left(\frac{\sqrt{2}}{2}, \frac{\sqrt{2}}{2}\right)$ 处的切线方程.

4. 已知椭圆方程为 $\begin{cases} x = a\cos t \\ y = b\sin t \end{cases}$ $(0 \leqslant t \leqslant 2\pi)$,求以下问题:

(1) 椭圆在任意一点处的切线斜率;

(2) 椭圆在 $t = \frac{\pi}{4}$ 处的切线方程.

文化视角

微积分的发展史(三)

——成熟完善时期

1. 第二次数学危机的开始

微积分学在牛顿与莱布尼茨的时代逐渐建立成型,但是任何新的数学理论的建立,在起初都是会引起一部分人的极力质疑,微积分学也是如此.由于早期微积分学建立的不严谨性,许多不安分子就找漏洞攻击微积分学,其中最著名的是英国主教贝克莱针对求导过程中的无穷小(Δx 既是 0,又不是 0)展开对微积分学的进攻,由此第二次数学危机便拉开了序幕.

2. 第二次数学危机的解决

危机出现之后,许多数学家意识到了微积分学的理论严谨性,陆续的出现大批杰出的科学家.在危机前期,捷克数学家布尔查诺对于函数性质作了细致研究,首次给出了连续性和导数的恰当的定义,对序列和级数的收敛性提出了正确的概念,并且提出了著名的布尔查诺——柯西收敛原理(整序变量 X_n 有有限极限的充要条件是:对于每一个 $\varepsilon > 0$ 总存在着序号 N,使当 $n > N$ 及 $n' > N$ 时,便能成立不等式 $|X_n - X_n{'}| < \varepsilon$).

图 2-3-2

之后的大数学家柯西(见图 2-3-2)建立了接近现代形式的极限,把无穷小定义为趋近于 0 的变量,从而结束了百年的争论,并定义了函数的连续性、导数、连续函数的积分和级数的收敛性(与布尔查诺同期进行).柯西在微积分学(数学分析)的贡献是巨大的:柯西中值定理、柯西不等式、柯西收敛准则、柯西公式、柯西积分判别法等.另外阿贝尔指出要严格限制滥用级数展开及求和,狄利克雷给出了函数的现代定义.

在危机后期,数学家魏尔斯特拉斯提出了病态函数(处处连续但处处不可微的函数),后续又有人发现了处处不连续但处处可积的函数,使人们重新认识了连续与可微可积的关系,他在连续闭区间内提出了第一、第二定理,并引进了极限的 $\varepsilon \sim \delta$ 定义,基本上实现了分析的算术化,使分析从几何直观的极限中得到了"解放",从而驱散了 17 ~ 18 世纪笼罩在微积分外面的神秘云雾.在此基础上,黎曼于 1854 年、达布于 1875 年对有界函数建立了严密的积分理论,19 世纪后半叶,戴金德等人建立了严格的实数理论.

3. 第三次数学危机的结果

19 世纪末,英国数学家罗素利用两个种类的集合推理给出了著名的罗素悖论(可查罗素悖论的推理).由于严格的极限理论的建立,数学上的第一次、第二次危机已经解决,但极限理论是以实数理论为基础的,而实数理论又是以集合论为基础的,现在集合论又出现了罗素悖论,因而形成了数学史上更大的危机.从此,数学家们就开始为这场危机寻找解决的办法,其中之一是把集合论建立在一组公理之上,以回避悖论.首先进行这个工作的是德国数学家策梅罗,他提出七条公理,建立了一种不会产生悖论的集合论,又经过德国的另一位数学家弗兰克尔的改进,形成了一个无矛盾的集合论公理系统.即所谓 *ZF* 公理系统.这场数学危机到此缓和下来.数学危机给数学发展带来了新的动力.在这场危机中集合论得到较快的发展,数学基础的进步更快,数理逻辑也更加成熟.

至此,数学分析(包含整个微积分学)的理论和方法完全建立在牢固的基础上,基本上形成了一个完整的体系,也为 20 世纪的现代分析铺平了道路.

§2.4 微分及其应用

在许多实际问题中,当自变量有微小变化时,函数也会有相应的微小变化,如金属镀膜,温度计的变化,雾霾的指数,金属因温度产生的热胀冷缩,等等,生活中处处存在着微小变化量的计算,那么怎样计算这些微小的变化量呢?

若求函数 $y=f(x)$ 的微小改变量

$$\Delta y=f(x+\Delta x)-f(x).$$

我们发现函数 $f(x)$ 越复杂,差值 Δy 越不易求出其值.所以分析后得出一个想法是:我们设法将 Δy 表示成 Δx 的线性函数,即线性化,从而把复杂问题化为简单问题.微分就是实现这种线性化的一种数学模型.

视频
引例

引例 (金属薄片面积增量的近似值)金属除了受冷,在生产生活中受热现象很常见,如图 2-4-1 所示,有一块正方形金属薄片由于温度的上升而产生膨胀,其边长由 x 变为 $x+\Delta x$,求此时薄片面积的增量.

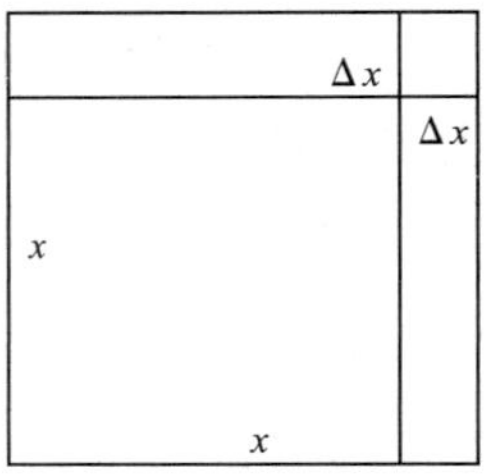

图 2-4-1

解 设此薄片的边长为 x,则面积为 $S=x^2$,当边长由 x 变化到 $x+\Delta x$ 时,面积 S 的相应增量为

$$\Delta S=(x+\Delta x)^2-x^2=2x\Delta x+(\Delta x)^2$$

当 $\Delta x\to 0$ 时,$(\Delta x)^2$ 可忽略不计,则有 $\Delta S\approx 2x\Delta x$,而我们发现 $S'(x)=2x$,所以 $\Delta S\approx S'(x)\Delta x$.这个结论具有一般性,也就是我们下面要介绍的函数的微分问题.

2.4.1 函数的微分

1. 微分的定义

定义 2.4 设函数 $y=f(x)$ 在点 x_0 处有导数 $f'(x_0)$,则称 $f'(x_0)\Delta x$ 为函数 $y=f(x)$ 在点 x_0 处的微分,记作 $\mathrm{d}y|_{x=x_0}$,即

$$\mathrm{d}y|_{x=x_0}=f'(x_0)\Delta x.$$

此时,也称函数 $y=f(x)$ 在点 x_0 处**可微**.

函数 $y=f(x)$ 在任意一点 x 处的微分,称为**函数的微分**,记作 $\mathrm{d}y$.

例 1 求函数 $y=x^3$ 在 $\forall x$ 点处的微分.

解　若自变量 x 在点 x 处有增量 Δx，则对应的函数增量为

$$\Delta y = (x+\Delta x)^3 - x^3 = 3x^2\Delta x + (3x+\Delta x)\cdot(\Delta x)^2.$$

其中 $3x^2$ 显然与 Δx 无关，而当 $\Delta x \to 0$ 时，$(3x+\Delta x)\cdot(\Delta x)^2 = o(\Delta x)$，由微分定义得

$$\mathrm{d}y = 3x^2\Delta x.$$

2. 函数可微的条件

从引例与例 1 的结果不难猜测微分与导数的关系，事实上，关于微分有如下定理.

定理 2.6　函数 $f(x)$ 可微的充分必要条件是 $f(x)$ 可导，且函数的微分等于函数的导数与自变量的增量的乘积，即

$$\mathrm{d}y = f'(x)\Delta x.$$

式中，若设 $y = x$，则有 $\mathrm{d}x = \Delta x$，通常把自变量 x 的增量 Δx 称为**自变量的微分**，记作 $\mathrm{d}x$，即自变量的微分等于自变量的增量，于是函数 $y = f(x)$ 的微分又可以记作

$$\mathrm{d}y = f'(x)\mathrm{d}x,$$

从而有

$$\frac{\mathrm{d}y}{\mathrm{d}x} = f'(x),$$

即，函数的微分与自变量的微分的商等于函数的导数. 因此，导数又称为**微商**.

微分和导数虽有着密切的联系，但它们也有区别，导数描述的是某点处的变化率，而微分则近似于某点处的函数增量，即 $\mathrm{d}y \approx \Delta y$. 我们把求导和求微分的方法统称为**微分法**.

例 2　求函数 $y = x^2 + 3x + 5$ 在 $x = 1, \Delta x = 0.001$ 时的微分 $\mathrm{d}y$ 和函数增量 Δy.

解　根据微分表达式，有

$$\mathrm{d}y = (x^2+3x+5)'\mathrm{d}x = (2x+3)\mathrm{d}x,$$

当 $x = 1, \mathrm{d}x = \Delta x = 0.001$ 时，有

$$\mathrm{d}y\big|_{x=1} = (2\times 1+3)\times 0.001 = 0.005.$$

函数增量为

$$\begin{aligned}\Delta y &= [(x+\Delta x)^2 + 3(x+\Delta x)+5] - (x^2+3x+5)\\ &= [(1+0.001)^2 - 3\times(1+0.001)+5] - (1^2+3\times 1+5) = 0.005\,001.\end{aligned}$$

2.4.2　微分公式与微分运算

从微分表达式 $\mathrm{d}y = f'(x)\mathrm{d}x$ 可以看出，计算函数的微分，可归结为计算函数的导数. 由函数的导数公式和导数的运算法则，我们可得到函数的微分公式和微分的运算法则.

1. 微分公式

(1) $\mathrm{d}(C) = 0$　(C 为常数)；

(2) $\mathrm{d}(x^\alpha) = \alpha x^{\alpha-1}\mathrm{d}x$；

(3) $\mathrm{d}(a^x) = a^x\ln a\,\mathrm{d}x$；

(4) $\mathrm{d}(\mathrm{e}^x) = \mathrm{e}^x\mathrm{d}x$；

(5) $\mathrm{d}(\log_a|x|) = \dfrac{1}{x\ln a}\mathrm{d}x$；

(6) $\mathrm{d}(\ln|x|) = \dfrac{1}{x}\mathrm{d}x$；

(7) $\mathrm{d}(\sin x) = \cos x\,\mathrm{d}x$；

(8) $\mathrm{d}(\cos x) = -\sin x\,\mathrm{d}x$；

(9) $\mathrm{d}(\tan x) = \sec^2 x\,\mathrm{d}x$；

(10) $\mathrm{d}(\cot x) = -\csc^2 x\,\mathrm{d}x$；

(11) $\mathrm{d}(\sec x) = \sec x\tan x\,\mathrm{d}x$；

(12) $\mathrm{d}(\csc x) = -\csc x\cot x\,\mathrm{d}x$；

(13) $\mathrm{d}(\arcsin x) = \dfrac{1}{\sqrt{1-x^2}}\mathrm{d}x$；

(14) $\mathrm{d}(\arccos x) = -\dfrac{1}{\sqrt{1-x^2}}\mathrm{d}x$；

(15) $\mathrm{d}(\arctan x) = \dfrac{1}{1+x^2}\mathrm{d}x$；

(16) $\mathrm{d}(\mathrm{arccot}\,x) = -\dfrac{1}{1+x^2}\mathrm{d}x$.

2. 微分的四则运算法则

定理 2.7 设函数 $u=u(x),v=v(x)$ 均为可微函数,则有:

(1)和差的微分法则:$\mathrm{d}(u\pm v)=\mathrm{d}u\pm\mathrm{d}v$;

(2)积的微分法则:$\mathrm{d}(uv)=v\mathrm{d}u+u\mathrm{d}v,\mathrm{d}(Cu)=C\mathrm{d}u$;

(3)商的微分法则:$\mathrm{d}\left(\dfrac{u}{v}\right)=\dfrac{v\mathrm{d}u-u\mathrm{d}v}{v^2},\mathrm{d}\left(\dfrac{1}{v}\right)=-\dfrac{\mathrm{d}v}{v^2}$.

3. 复合函数的微分法则

设 $y=f(u)$ 及 $u=\varphi(x)$ 均可导,则复合函数 $y=f(\varphi(x))$ 的微分为

$$\mathrm{d}y=f'[\varphi(x)]\mathrm{d}x=f'(u)\varphi'(x)\mathrm{d}x.$$

而 $\mathrm{d}u=\varphi'(x)\mathrm{d}x$, 故复合函数 $y=f[\varphi(x)]$ 的微分公式也可以写成

$$\mathrm{d}y=f'(u)\mathrm{d}u.$$

由此可见,无论 u 是自变量还是中间变量,微分形式 $\mathrm{d}y=f'(u)\mathrm{d}u$ 保持不变. 这一性质称为**微分形式不变性**.

例 3 求函数 $y=\mathrm{e}^{\cos x}$ 的微分.

解 把 $\cos x$ 看成中间变量 u,则

$$\mathrm{d}y=\mathrm{d}\mathrm{e}^u=(\mathrm{e}^u)'\mathrm{d}u=\mathrm{e}^u\mathrm{d}u=\mathrm{e}^{\cos x}\mathrm{d}\cos x=\mathrm{e}^{\cos x}\cdot(-\sin x)\mathrm{d}x=-\mathrm{e}^{\cos x}\sin x\mathrm{d}x.$$

例 4 求函数 $y=\ln(1+\mathrm{e}^{x^2})$ 的微分.

解 $\mathrm{d}y=\dfrac{1}{1+\mathrm{e}^{x^2}}\mathrm{d}(1+\mathrm{e}^{x^2})=\dfrac{\mathrm{e}^{x^2}}{1+\mathrm{e}^{x^2}}\mathrm{d}(x^2)=\dfrac{2x\mathrm{e}^{x^2}}{1+\mathrm{e}^{x^2}}\mathrm{d}x.$

视频 例5

例 5 求函数 $y=\mathrm{e}^{1-3x}\cos 2x$ 的微分.

解
$$\begin{aligned}\mathrm{d}y&=\mathrm{e}^{1-3x}\mathrm{d}(\cos 2x)+\cos 2x\mathrm{d}(\mathrm{e}^{1-3x})\\&=\mathrm{e}^{1-3x}(-\sin 2x)\mathrm{d}(2x)+\mathrm{e}^{1-3x}\cos 2x\mathrm{d}(1-3x)\\&=\mathrm{e}^{1-3x}(-\sin 2x)2\mathrm{d}x+\mathrm{e}^{1-3x}\cos 2x(-3\mathrm{d}x)\\&=-\mathrm{e}^{1-3x}(2\sin 2x+3\cos 2x)\mathrm{d}x.\end{aligned}$$

注意:

求函数的微分,也可以先求出函数的导数再乘以 $\mathrm{d}x$.

2.4.3 微分在近似计算中的应用

由前面介绍的微分的相关知识,我们知道函数 $y=f(x)$ 在点 x_0 处可微,则有 $\Delta y\approx \mathrm{d}y$,

即
$$\Delta y=f(x_0+\Delta x)-f(x_0)\approx f'(x_0)\Delta x \tag{2-4-1}$$

或
$$f(x_0+\Delta x)\approx f(x_0)+f'(x_0)\Delta x. \tag{2-4-2}$$

在 式(2-4-2)中令 $x=x_0+\Delta x$, 则式(2-4-2)可以改写为

$$f(x)\approx f(x_0)+f'(x_0)(x-x_0) \tag{2-4-3}$$

式(2-4-1)可用于计算函数增量的近似值,而式(2-4-2)、式(2-4-3)可用于计算函数的近似值.

例 5 (**近似值问题**)求 $\sqrt[3]{1.02}$ 的近似值.

解 令函数 $f(x)=\sqrt[3]{x}$, 将 $x_0=1$ 看作初值,则自变量的增量为

$$\Delta x=1.02-1=0.02.$$

根据式(3),有 $\sqrt[3]{1.02}\approx f(1)+f'(1)\Delta x=1+\dfrac{1}{3}\times 0.02\approx 1.006\,7$, 即 $\sqrt[3]{1.02}$ 的近似值为1.006 7.

注意：

利用微分计算近似值时，有两个关键，一是确定函数，二是确定自变量的初值.

应用解析

案例 1（金属球镀铜）　为了提高金属球面的光洁度，只需要在其表面上镀一层铜. 某工厂要将一批半径为 1 cm 的钢球表面镀上一层厚度为 0.001 cm 的铜质镀膜，已知铜的密度为 $\rho = 8.9$ g/cm，求每只钢球所消耗的铜量 M.

解　因为钢球消耗的铜量实际就是球体积的增加量乘以铜的密度，而球体的增加量的近似值就是当球体半径增加 0.001 cm 时球体的微分值.

由球体积的公式 $V = \frac{4}{3}\pi r^3$，有

$$V'(r_0) = \left(\frac{4}{3}\pi r^3\right)'\bigg|_{r=r_0} = 4\pi r_0^2.$$

体积在 $r_0 = 1, \Delta r = 0.001$ 时的微分为

$$dV\big|_{r_0=1} = V'(r_0)\Delta r = 4\pi r_0^2 \Delta r = 4\pi \times 1 \times 0.001 = 0.012\ 566,$$

$$\Delta V \approx dV = 0.012\ 566.$$

故每只钢球所消耗的铜量

$$M = \Delta V \rho \approx 0.012\ 566 \times 8.9 = 0.111\ 8(\text{g}).$$

同学们，在生产生活中还有哪些地方需要用到计算金属镀膜的质量呢？

案例 2（电压改变量）　如图 2-4-2 所示，设有一负载的电阻 $R = 25\ \Omega$，若负载的功率 P 从 400 W 增加到 401 W，则此时负载两端电压 U 大约改变多少？

解　由电学知识可知，负载的功率 $P = \frac{U^2}{R}$，即

$$U = \sqrt{RP} = 5\sqrt{P}. \tag{2-4-4}$$

负载两端电压 U 的改变量就是当 P 在 $P_0 = 400$ W 处取得改变量.

$\Delta P = 1$ W 时 $U = 5\sqrt{P}$ 的改变量 ΔU. 由式(2-4-4)有

$$\Delta U \approx (5\sqrt{P})'\big|_{P=P_0} \cdot \Delta P = \frac{5}{2\sqrt{P}}\bigg|_{P=400} \times 1 = 0.125(\text{V}),$$

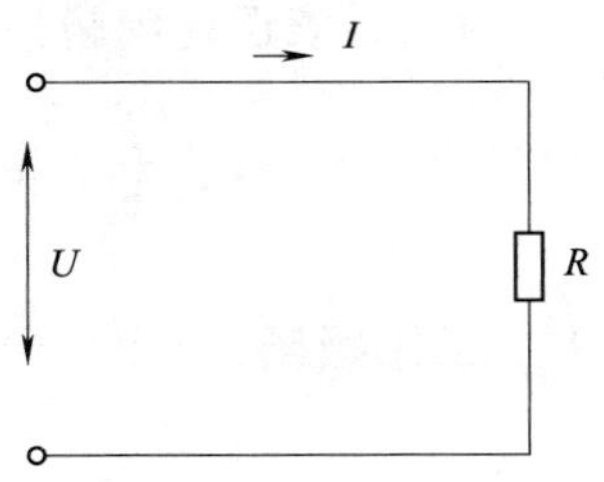

图　2-4-2

即负载两端电压的改变量为 0.125 V.

习题 2-4

A 组

1. 填空题：

(1) d(____________) $= 2x\mathrm{d}x$.

(2) d(____________) $= \frac{1}{\sqrt{x}}\mathrm{d}x$.

2. 选择题：

(1) 设 $y = f(x)$ 在点 x_0 可微，且 $\lim\limits_{x\to 0}\frac{f(x_0) - f(x_0 + 2x)}{6x} = 3$，则 $\mathrm{d}y\big|_{x=x_0} =$ (　　).

A. $-9\mathrm{d}x$　　B. $8\mathrm{d}x$　　C. $-3\mathrm{d}x$　　D. $2\mathrm{d}x$

(2) $\mathrm{d}(\ln\sin 2x) =$ ________ $\mathrm{d}(2x)$.

A. $\sin 2x$　　B. $\cos 2x$　　C. $\cot 2x$　　D. $\tan 2x$

(3) $\mathrm{d}($ ________ $) = \mathrm{e}^{\sqrt{x}}\mathrm{d}(\sqrt{x})$.

A. $\mathrm{e}^{\sqrt{x}}$　　B. $\mathrm{e}^{\sqrt{x}}+C$　　C. $\mathrm{e}^{2\sqrt{x}}$　　D. $2\mathrm{e}^{\sqrt{x}}$

3. 求下列函数的微分 $\mathrm{d}y$：

(1) $y = \dfrac{1}{x} + \sqrt[3]{x}$；　　(2) $y = x\sin 3x$；

(3) $y = \sqrt{x - \sqrt{x}}$；　　(4) $y = \dfrac{\mathrm{e}^{2x}}{x^2}$；

(5) $y = \dfrac{x}{\sqrt{x^2+1}}$；　　(6) $y = \arcsin\sqrt{1-x^2}$.

B 组

1. 求下列函数值的近似值：

(1) $\arctan 1.01$；　　(2) $\sin 29°$.

2. (**电流函数**)电路中某点处的电流 I 是通过该点处的电量 Q 关于时间 t 的瞬时变化率. 如果一电路中的电量为 $Q(t) = t^3 + t$, 试回答下列问题：

(1)电流函数是什么？

(2) $t = 2$ s 时的电流是多少？

(3)什么时候电流为 28 A？

3. (**金属圆管的截面面积**)一金属圆管的外半径为 10 cm，当管壁厚为 0.04 cm 时，利用微分求金属圆管截面面积的近似值.

4. (**钟表误差问题**)一个机械挂钟钟摆的周期为 1 s，冬季摆长因热胀冷缩而缩短了 0.01 cm，已知单摆周期为 $T = 2\pi\sqrt{\dfrac{l}{g}}$，其中 l 是摆长，$g = 980\ \mathrm{cm/s^2}$，问挂钟每天大约快或慢多少？

文化视角

微分几何之父陈省身

陈省身(见图 2-4-3)是 20 世纪重要的微分几何学家，被誉为“微分几何之父”. 早在 20 世纪 40 年代，陈省身结合微分几何与拓扑学的方法，完成了两项划时代的重要工作：高斯-博内-陈定理和 Hermitian 流形的示性类理论，为大范围微分几何提供了不可缺少的工具. 这些概念和工具，已远远超过微分几何与拓扑学的范围，成为整个现代数学中的重要组成部分.

图 2-4-3

他曾先后任教于西南联合大学、芝加哥大学和加州大学伯克利分校，是南开数学研究所的创始所长. 培养了包括廖山涛、吴文俊、丘成桐、郑绍远、李伟光等在内的著名数学家.

研究数学，是陈省身一生的追求，让中国成为 21 世纪的数学大国，是陈省身由来已久的梦想. 陈省身把主要精力奉献给了中国的现代数学事业. 他运用自己在国际数学界的崇高威望，大力推动中国数学现代化的进程，于 1980 年初启动了三项影响巨大的“数学工程”. 这三项“数学工程”是：每年一度在中国举办“微分方程和微分几何国际会议”；举办“暑期数学研究生教学中心”；选拔中国数学研究生参加“陈省身项目”赴国外攻读博士学位. 此外，他还以高龄之身走上讲台，给青年人系统讲解微分几何课程. 到了 80 年代后期,中国已涌现出一批微分几何的少壮人才.

经过艰苦的努力,南开数学所于 1985 年正式挂牌成立. 宣布陈省身为所长,胡国定为副所长. 当时的中国数学,还处在恢复和发展的起步阶段. 陈省身认为,南开数学所要办成开放的数学所,使得南开的数学活动能够为全国服务. 因此,吴大任根据陈省身的建议,归纳提出南开数学所的办所宗旨是:立足南开,面向全国,放眼世界.

报效祖国,着眼于中国本土的数学发展,用陈先生自己的话说就是:为数学所我要鞠躬尽瘁,死而后已. 这是他的肺腑之言,也是他多年来的行动. 陈先生把他获得沃尔夫数学奖的 5 万美元全数交给了数学所. 1987 年 3 月 17 日,在给胡国定的信中说:我的遗嘱,会有一笔钱给南开数学所. 1988 年,陈省身到美国休斯敦授课和研究,所得酬金两万美元也捐给了数学所,还捐了汽车 5 辆. 到了 21 世纪,他为南开数学所设立了上百万美元的基金,其中半数是他自己多年的积蓄. 至于图书、杂志以及其他的零星捐助,已无法精确统计. 他自己说,除了儿子伯龙、女儿陈璞之外,南开数学所是我的第三个孩子.

陈省身先生是"当今最伟大的数学家",被国际数学界尊为"微分几何之父". 生前为南开大学教授、中科院外籍院士、美国科学院院士、英国皇家学会名誉会员、美国国家数学研究所和南开数学研究所名誉所长. 他是有史以来唯一获得世界数学界最高荣誉"沃尔夫奖"的华人.

2004 年 11 月 2 日,经国际天文学联合会下属的小天体命名委员会讨论通过,国际小行星中心正式发布第 52733 号《小行星公报》通知国际社会,将一颗永久编号为 1998CS2 号的小行星命名为"陈省身星",以表彰他对全人类的贡献.

老骥伏枥,志在千里. 陈省身在 80 岁时曾这样写道:我的生涯正在走向终点,唯一的问题是还要做什么. 答案很简单:我将继续做数学.

综合测试 2

一、填空题

1. 设 $f(x)$ 在点 x_0 可导,则 $\lim\limits_{\Delta x\to 0}\dfrac{f(x_0-2\Delta x)-f(x_0)}{\Delta x}=$ ________.

2. 若函数 $y=f(x)$ 在 $x=0$ 处有定义,且 $f(0)=0, f'(0)=1$, 则 $\lim\limits_{x\to 0}\dfrac{f(x)}{x}=$ ________.

3. 曲线 $y=x^2$ 上点________处的切线平行于直线 $y=x$.

4. 曲线 $y=ax^2+b$ 上点 $(1,2)$ 处的切线斜率为 1,则 $a=$ ________, $b=$ ________.

5. 设 $y=f(x)$, 则 $(x^2y)'_x=$ ________, $(e^y)'_x=$ ________.

6. 已知函数 $y=f(x)$ 的图像在点 $(3,f(3))$ 处的切线倾斜角为 $\dfrac{2\pi}{3}$, 则 $f'(3)=$ ________.

7. 设 $f(x)=2^x$, 则 $f^{(4)}(0)=$ ________.

8. 设 $y\ln x=x\ln y$ 确定函数 $y=y(x)$, 则 $dy=$ ________.

9. 已知 $y=f(u)$ 是可微函数,则 $df(e^{\sqrt{x}})=$ ________ $d\sqrt{x}$.

10. 若连续函数 $y=f(x)$ 在点 x_0 处可导,且 $|\Delta x|$ 很小, $f'(x_0)\neq 0$, 则 $f(x_0+\Delta x)-f(x_0)\approx$ ________.

二、选择题

1. 设函数 $f(x)=\begin{cases}x^2+1 & -1<x\leqslant 0\\ 1 & 0<x\leqslant 2\end{cases}$, 则 $f(x)$ 在点 $x=0$ 处(　　).

A. 极限不存在　　B. 极限存在但不连续

C. 连续但不可导　　D. 可导

2. 设 $y=f(x)$ 在点 x_0 可微，且 $\lim\limits_{h\to 0}\dfrac{h}{f(x_0-2h)-f(x_0)}=\dfrac{1}{4}$，则 $\mathrm{d}y|_{x=x_0}=($　　$)$.

A. $-4\mathrm{d}x$　　B. $4\mathrm{d}x$　　C. $-2\mathrm{d}x$　　D. $2\mathrm{d}x$

3. 设 $f(x)=\begin{cases}\dfrac{x^3}{3} & x\leqslant 1\\ x^2 & x>1\end{cases}$，则 $f(x)$ 在 $x=1$ 处(　　).

A. 左导数存在，但右导数不存在　　B. 左、右导数都存在

C. 左、右导数都不存在　　D. 左导数不存在，但右导数存在

4. 设 $f(x)=x\ln 2x$ 在 x_0 处可导，且 $f'(x_0)=2$，则 $f(x_0)=($　　$)$.

A. 1　　B. $\dfrac{\mathrm{e}}{2}$　　C. $\dfrac{2}{\mathrm{e}}$　　D. e^2

5. 下列导函数 $f'(x)$ 中正确的是(　　).

A. $(\tan 2x)'=\sec^2 2x$　　B. $(a^x)'=xa^{x-1}$

C. $\left(\cos\dfrac{1}{x}\right)'=\dfrac{1}{x^2}\sin\dfrac{1}{x}$　　D. $(\cot\sqrt{x})'=-\dfrac{1}{x+1}$

6. 已知 $f(x)=\sin(ax^2)$，则 $f'(a)=($　　$)$.

A. $\cos ax^2$　　B. $2a^2\cos a^3$　　C. $a^2\cos ax^2$　　D. $a^2\cos a^3$

7. 设 $f(x)=\mathrm{e}^{3x}$，则 $f''(0)=($　　$)$.

A. 1　　B. 3　　C. 9　　D. 9e

8. 设曲线方程 $x=1-t^2, y=t-t^2$，则它在 $t=1$ 处的切线的斜率为(　　).

A. $\dfrac{1}{4}$　　B. $\dfrac{1}{3}$　　C. $\dfrac{1}{2}$　　D. 1

9. 若 $x=1$，而 $\Delta x=0.1$，对于 $y=x^2$，Δy 与 $\mathrm{d}y$ 之差是(　　).

A. 1　　B. 0.1　　C. 0.01　　D. 0.001

10. 若函数 $y=\arctan(2\sqrt{x})$，由微分形式的不变性，下列(　　)是正确的.

① $\mathrm{d}\arctan(2\sqrt{x})=\dfrac{1}{1+(2\sqrt{x})^2}\mathrm{d}(2\sqrt{x})$；　　② $\mathrm{d}\arctan(2\sqrt{x})=\dfrac{2}{1+(2\sqrt{x})^2}\mathrm{d}(\sqrt{x})$；

③ $\mathrm{d}\arctan(2\sqrt{x})=\dfrac{1}{1+(2\sqrt{x})^2}\mathrm{d}(x)$；　　④ $\mathrm{d}\arctan(2\sqrt{x})=\dfrac{1}{(1+(2\sqrt{x})^2)\sqrt{x}}\mathrm{d}(x)$.

A. ①③④　　B. ①②④　　C. ①②③　　D. ②③④

三、计算题

1. 设 $y=\sqrt{1+\ln^2 x}$，求 y'.

2. 设 $y=(\arctan\sqrt{x^2-1})^2$，求 y'.

3. 设 $y=\dfrac{x}{\sqrt{1-x^2}}$，求 y''.

4. 设 $y=(1+x^2)\arctan x$，求 y''.

5. 求曲线 $\mathrm{e}^y+xy=\mathrm{e}$ 在点(0,1)处的切线方程及法线方程.

6. 求 $y=\ln(\sin\sqrt{x})$ 的微分 $\mathrm{d}y$.

7. 求 $y=\ln(x-\sqrt{x^2-1})$ 的微分 $\mathrm{d}y$.

8. 求由方程 $y = \tan(x + y)$ 确定的函数 $y = y(x)$ 的导数 $\frac{dy}{dx}$.

9. 用对数求导法求函数 $y = x^{x^2}$ 的导数.

10. 设 $f(x) = \lim\limits_{t\to\infty} x\left(1 + \frac{1}{t}\right)^{2xt}$，求 $f'(x)$.

11. 求曲线 $\begin{cases} x = t + \cos 2t \\ y = t + \sin 2t \end{cases}$，在 $t = \frac{\pi}{4}$ 对应点处的切线方程.

12. 设一沿直线运动的某物体的运动方程为 $s = t + e^{-at}$（a 是常数），求物体在 $t = \frac{1}{2a}$ 时的速度和加速度.

13. 一个半径为 10 cm 的球，半径增加 0.2 cm，则球的体积约增加多少？

14. 导数有着广泛的实际应用，利用导数可以解决生活或所学专业中的哪些实际问题，请同学们思考并举例说明.

第 3 章　导数的应用

本章将利用导数研究函数的特性,如单调性与极值、凹凸性与拐点等,并利用这些性质,解决生活、生产中的最值问题. 在此之前,我们先介绍微分中值定理和洛必达法则,微分中值定理是导数应用的理论基础;而洛必达法则是以微分中值定理为理论基础,利用导数处理未定式极限的一种重要方法.

§3.1　微分中值定理和洛必达法则

3.1.1　微分中值定理

定理 3.1(罗尔中值定理)　若函数 $f(x)$ 满足:

(1)在闭区间 $[a,b]$ 上连续;

(2)在开区间 (a,b) 内可导;

(3)在区间端点处的函数值相等,即 $f(a) = f(b)$, 则在开区间 (a,b) 内至少存在一点 ξ, 使得 $f'(\xi) = 0$,如图 3-1-1 所示.

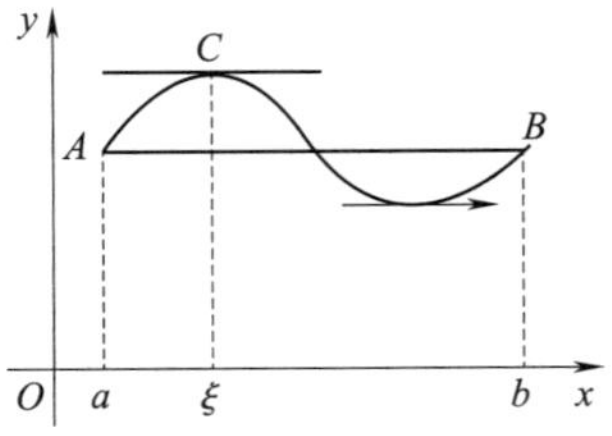

图　3-1-1

注意:

导数为零的点称为函数的驻点(或稳定点).

罗尔中值定理的三个条件缺一不可,但对于条件 $f(a) = f(b)$, 很多函数不易满足,若去掉这个条件,结论会发生什么变化呢? 拉格朗日中值定理给出了答案.

视频
拉格朗日中值定理

定理 3.2(拉格朗日中值定理)　若函数 $f(x)$ 满足:

(1)在闭区间 $[a,b]$ 上连续;

(2)在开区间 (a,b) 内可导,

则在开区间 (a,b) 内至少存在一点 ξ, 使得

$$f(b) - f(a) = f'(\xi)(b-a) \quad 或 \quad f'(\xi) = \frac{f(b)-f(a)}{b-a}.$$

从 $f'(\xi) = \dfrac{f(b)-f(a)}{b-a}$ 式可见,拉格朗日中值定理的几何意义是:在曲线 $y = f(x)$ 上至少存在一点 C, 使得曲线 $y = f(x)$ 在该点的切线平行于弦 AB, 如图 3-1-2 所示.

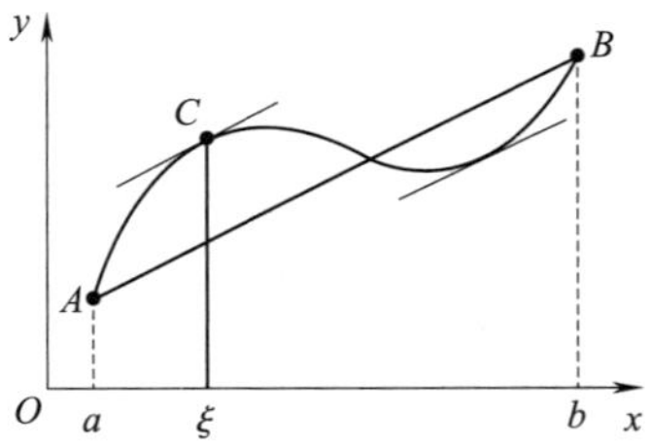

图　3-1-2

注意:

罗尔定理与拉格朗日中值定理有相同的几何意义.

显然,在拉格朗日中值定理中,若 $f(a) = f(b)$, 则 $f'(\xi) = 0$, 因此,罗尔中值定理是拉格朗日中值定理的特例. 从图形上可以直观地看出,将罗尔中值定理的图形“旋转”一个角度后便得到拉格朗日中值定理的图形.

推论 1　若函数 $f(x)$ 在区间 I 上的导数恒为零,则 $f(x)$ 在区间 I 上是一个常数.

推论 2　若函数 $f(x)$ 与 $g(x)$ 在区间 I 上恒有 $f'(x) = g'(x)$, 则在区间 I 上

$$f(x) = g(x) + C_0 \quad (C_0 为某个常数)$$

定理 3.3(柯西中值定理)　若函数 $f(x)$ 与 $g(x)$ 满足:

(1)在闭区间 $[a,b]$ 上连续;

(2)在开区间 (a,b) 内可导;

(3)对任一 $x \in (a,b)$, $g'(x) \neq 0$,

则在开区间 (a,b) 内至少存在一点 ξ, 使得

$$\frac{f(b)-f(a)}{g(b)-g(a)}=\frac{f'(\xi)}{g'(\xi)}.$$

很显然,若取 $g(x)=x$, 则柯西中值定理就成为拉格朗日中值定理了,这说明拉格朗日中值定理是柯西中值定理的特例.

罗尔中值定理、拉格朗日中值定理和柯西中值定理统称为**微分中值定理**,它们给出了函数及其导数之间的关系,从而为我们利用导数研究函数的特性提供了理论基础.

例 1　证明方程 $5x^4-4x+1=0$ 在 $(0,1)$ 内至少有一个实根.

证明　构造函数 $f(x)=x^5-2x^2+x+a$, 因为该函数在 $[0,1]$ 上连续,在 $(0,1)$ 内可导,又

$$f(0)=f(1)=a,$$

即 $f(x)$ 满足罗尔中值定理的条件,所以至少存在一点 $\xi \in (0,1)$, 使得 $f'(\xi)=0$, 则

$$5\xi^4-4\xi+1=0.$$

这说明 $x=\xi$ 是方程 $5x^4-4x+1=0$ 的一个实根,证明成立.

3.1.2　洛必达法则

求解未定式时,我们可采用第 1 章介绍的方法,但它们也有局限性,下面我们介绍一种更通用的求极限的方法——洛必达法则.

定理 3.4(洛必达法则)　设函数 $f(x)$, $g(x)$ 满足:

(1)在 x_0 的某去心邻域内均可导,且 $g'(x)\neq 0$;

(2) $\lim\limits_{\substack{x\to x_0\\(x\to\infty)}} f(x)=\lim\limits_{\substack{x\to x_0\\(x\to\infty)}} g(x)=0$ 或 ∞. $\left(\text{即} \lim\limits_{\substack{x\to x_0\\(x\to\infty)}}\dfrac{f(x)}{g(x)}\text{为}\dfrac{0}{0}\text{或}\dfrac{\infty}{\infty}\text{型}\right)$;

(3) $\lim\limits_{\substack{x\to x_0\\(x\to\infty)}}\dfrac{f'(x)}{g'(x)}=A$ (A 为有限数或 ∞),

则

$$\lim_{\substack{x\to x_0\\(x\to\infty)}}\frac{f(x)}{g(x)}=\lim_{\substack{x\to x_0\\(x\to\infty)}}\frac{f'(x)}{g'(x)}.$$

注意:

洛必达法则的条件是充分的,并非必要的,当条件不满足时,仅表明洛必达法则失效,并不意味着 $\lim\dfrac{f(x)}{g(x)}$ 不存在.

例如,极限 $\lim\limits_{x\to\infty}\dfrac{x+\sin x}{x-\sin x}$ 属于 $\dfrac{\infty}{\infty}$ 型未定式,但分子分母分别求导后,将变为 $\lim\limits_{x\to\infty}\dfrac{1+\cos x}{1-\cos x}$, 该极限式的极限不存在(振荡),故洛必达法则失效,但原极限是存在的,可用以下方法求得:

$$\lim_{x\to\infty}\frac{x+\sin x}{x-\sin x}=\lim_{x\to\infty}\frac{1+\dfrac{1}{x}\sin x}{1-\dfrac{1}{x}\sin x}=1.$$

例 2　计算极限 $\lim\limits_{x\to 0}\dfrac{a^x-b^x}{\ln(1+x)}$　$(a,b>0$ 且 $a,b\neq 1)$.

解 $\lim\limits_{x\to 0}\dfrac{a^x-b^x}{\ln(1+x)}=\lim\limits_{x\to 0}\dfrac{(a^x-b^x)'}{[\ln(1+x)]'}=\lim\limits_{x\to 0}\dfrac{a^x\ln a-b^x\ln b}{\dfrac{1}{1+x}}=\ln a-\ln b=\ln\dfrac{a}{b}.$

例 3 $\lim\limits_{x\to+\infty}\dfrac{\dfrac{\pi}{2}-\arctan x}{\dfrac{1}{x}}.$

解 $\lim\limits_{x\to+\infty}\dfrac{\dfrac{\pi}{2}-\arctan x}{\dfrac{1}{x}}=\lim\limits_{x\to+\infty}\dfrac{\left(\dfrac{\pi}{2}-\arctan x\right)'}{\left(\dfrac{1}{x}\right)'}=\lim\limits_{x\to+\infty}\dfrac{-\dfrac{1}{1+x^2}}{-\dfrac{1}{x^2}}=\lim\limits_{x\to+\infty}\dfrac{x^2}{1+x^2}=1.$

例 4 计算极限 $\lim\limits_{x\to 0}\dfrac{x-\sin x}{\tan(x^3)}$.

解 由于 $x\to 0$ 时，$\tan(x^3)\sim x^3$，$1-\cos x\sim\dfrac{1}{2}x^2$，可先用等价无穷小替换，再用洛必达法则.

$$\lim_{x\to 0}\frac{x-\sin x}{\tan x^3}=\lim_{x\to 0}\frac{x-\sin x}{x^3}=\lim_{x\to 0}\frac{1-\cos x}{3x^2}=\lim_{x\to 0}\frac{\frac{1}{2}x^2}{3x^2}=\frac{1}{6}.$$

注意：

（1）例 4 的方法二启示我们，洛必达法则求 $\dfrac{0}{0}$ 型极限时，是可以结合等价无穷小替换的，应先使用等价无穷小替换，以使运算尽量简捷.

（2）每次使用洛必达求极限时，均应检查是否为 $\dfrac{0}{0}$ 型或 $\dfrac{\infty}{\infty}$ 型，若不是，则不能使用.

视频

例5

其他尚有一些未定式极限：$0\cdot\infty$ 型，$\infty-\infty$ 型，0^0，1^∞，∞^0 型，均可化为 $\dfrac{0}{0}$ 型或 $\dfrac{\infty}{\infty}$ 型.

例 5 求 $\lim\limits_{x\to 1}(1-x)\tan\dfrac{\pi}{2}x$.

解 $\lim\limits_{x\to 1}(1-x)\tan\dfrac{\pi}{2}x=\lim\limits_{x\to 1}\dfrac{1-x}{\cot\dfrac{\pi}{2}x}=\lim\limits_{x\to 1}\dfrac{-1}{-\dfrac{\pi}{2}\csc^2\dfrac{\pi}{2}x}=\dfrac{2}{\pi}.$

注意：

例 5 的极限为 $0\cdot\infty$ 型，究竟是化为 $\dfrac{0}{0}$ 型还是 $\dfrac{\infty}{\infty}$ 型，要视具体情况而定，一般地，以化完之后求导简单为准.

例 6 求 $\lim\limits_{x\to 0}\left(\dfrac{1}{x}-\dfrac{1}{\sin x}\right)$.

解 $\lim\limits_{x\to 0}\dfrac{\sin x-x}{x\sin x}=\lim\limits_{x\to 0}\dfrac{\sin x-x}{x^2}=\lim\limits_{x\to 0}\dfrac{\cos x-1}{2x}=\lim\limits_{x\to 0}\dfrac{-\dfrac{1}{2}x^2}{2x}=-\dfrac{1}{4}\lim\limits_{x\to 0}x=0.$

例 7 求 $\lim\limits_{x\to 0^+}x^{\tan x}$（$0^0$ 型）.

解 由于 $\lim\limits_{x\to 0^+}x^{\tan x}=\lim\limits_{x\to 0^+}\mathrm{e}^{\tan x\cdot\ln x}=\mathrm{e}^{\lim\limits_{x\to 0^+}\tan x\cdot\ln x}$，

而
$$\lim_{x\to 0^+}\tan x\ln x=\lim_{x\to 0^+}\frac{\ln x}{\cot x}=\lim_{x\to 0^+}\frac{\frac{1}{x}}{-\csc^2 x}$$

$$= \lim_{x\to0^+}\frac{-\sin^2 x}{x} = -\lim_{x\to0^+}\frac{\sin x}{x}\cdot\sin x = 0,$$

故

$$\lim_{x\to0^+}x^{\tan x} = e^0 = 1.$$

例 8　求 $\lim_{x\to0}(\cos x)^{\frac{1}{x^2}}$（$1^\infty$）.

解　$\lim_{x\to0}(\cos x)^{\frac{1}{x^2}} = \lim_{x\to0}e^{\frac{1}{x^2}\ln\cos x} = e^{\lim_{x\to0}\frac{\ln\cos x}{x^2}} = e^{\lim_{x\to0}\frac{-\tan x}{2x}} = e^{-\frac{1}{2}}$.

3.1.3　洛必达法则的应用

应用解析

案例 1（病毒传染速率）　假设某病毒爆发 t 天后，感染的人数 X 满足式子 $X = 100\,000t(1-e^{-\frac{5\,000}{t}})$，若不加以控制，将有多少人被感染病毒？

解　在这个式子中，显然时间 t 作为自变量，人数随着时间的变化而变化，当不对病毒加以控制时，那么我们可以把变量 $t\to+\infty$ 看待，得到以下极限式

$$\lim_{t\to+\infty}X = \lim_{t\to+\infty}100\,000t(1-e^{-\frac{5\,000}{t}}) = 100\,000\lim_{t\to+\infty}\left(\frac{1-e^{-\frac{5\,000}{t}}}{\frac{1}{t}}\right).$$

可以看出上式为 $\frac{0}{0}$ 型，由洛必达法则：

$$\lim_{t\to+\infty}X = 100\,000\lim_{t\to+\infty}\frac{-\frac{5\,000}{t^2}e^{-\frac{5\,000}{t}}}{-\frac{1}{t^2}} = 500\,000\,000.$$

从以上数据我们可以看到，如果不对该病毒加以控制的话，最终会造成 5 亿人感染病毒，并且这只是一块区域，如果让病毒传染到其他区域（如某国家），那么还会对该区域造成同样的伤害，所以对于极易传染类型的病毒我们的态度应该是严防死守，决不对一例病例放任不管.

案例 2（巨石下落的速度）　质量为 m 的巨石从静止开始下落（考虑空气阻力），在时间 t 后它的速度为 $v = \frac{mg}{c}(1-e^{-\frac{c}{m}t})(t>0)$，其中 g 为重力加速度，c 为常数. 问：若该巨石的质量无限增大，则它下落的速度将接近于多少？说明其实际意义.

解　巨石的质量无限增大，即质量 $m\to+\infty$，此时，速度的极限为

$$\lim_{m\to+\infty}v = \frac{g}{c}\lim_{m\to+\infty}\frac{1-e^{-\frac{c}{m}t}}{\frac{1}{m}} = \frac{g}{c}\lim_{m\to+\infty}\frac{-\frac{ct}{m^2}e^{-\frac{c}{m}t}}{-\frac{1}{m^2}} = \frac{g}{c}\lim_{m\to+\infty}cte^{-\frac{c}{m}t} = gt.$$

以上说明巨石的质量无限增大时，它下落的速度将无限接近于无阻力时自由落体的下落速度，即空气阻力对巨石将不再起作用.（注意此极限式中的变量为 m）

习题 3-1

A 组

1. 填空题：

(1) 函数 $y=\ln(x+1)$ 在区间 $[0,1]$ 上满足拉格朗日中值定理条件的 $\xi =$ ________.

(2)设$f(x)=x(x+1)(2x+1)(3x-1)$,则在区间$(-1,1)$内,方程$f'(x)=0$有________个实根.

(3)设函数$f(x)=x+ax^2+bx^3$在区间$[-2,2]$上满足罗尔定理的全部条件,且$x=1$是其满足罗尔中值定理的中值,则$a=$________,$b=$________.

2.选择题:

(1)下列函数中,在$[-1,1]$上满足罗尔中值定理所有条件的是(　　).

A. e^x　　B. $\ln(2x+3)$　　C. $1-x^2$　　D. $\dfrac{1}{1-x^2}$

(2)设函数$f(x)$在$[a,b]$上连续,在(a,b)内可导,$f(a)=f(b)$,则曲线$y=f(x)$在(a,b)内平行于x轴的切线(　　).

A.仅有一条　　B.至少有一条　　C.不一定存在　　D.不存在

(3)极限$\lim\limits_{x\to0}\dfrac{x^2\sin\frac{1}{x}}{\sin x}=$(　　).

A.0　　B.1　　C. ∞　　D.不存在但不是∞

(4)下列极限问题中能直接使用洛必达法则的是(　　).

A. $\lim\limits_{x\to0^+}\dfrac{e^{-\frac{1}{x}}}{x}$　　B. $\lim\limits_{x\to1}\dfrac{1-x}{\sin(1-x^2)}$

C. $\lim\limits_{x\to\infty}\dfrac{x-\sin x}{x\sin x}$　　D. $\lim\limits_{x\to+\infty}x\left(\dfrac{\pi}{2}-\arctan x\right)$

3.求下列极限:

(1) $\lim\limits_{x\to1}\dfrac{x^3-3x+2}{x^3-x^2-x+1}$;　　(2) $\lim\limits_{x\to0}\dfrac{e^x-e^{-x}-2x}{x-\sin x}$;

(3) $\lim\limits_{x\to0}\dfrac{\tan x-x}{x^2\tan x}$;　　(4) $\lim\limits_{x\to\frac{\pi}{2}}\dfrac{\ln\sin x}{(\pi-2x)^2}$;

(5) $\lim\limits_{x\to0^+}\dfrac{\ln\tan7x}{\ln\tan2x}$;　　(6) $\lim\limits_{x\to\frac{\pi}{2}^+}\dfrac{\ln\left(x-\frac{\pi}{2}\right)}{\tan x}$.

B组

1.求下列极限:

(1) $\lim\limits_{x\to\infty}x\left(e^{\frac{1}{x}}-1\right)$;　　(2) $\lim\limits_{x\to1}\tan\dfrac{\pi}{2}x\ln(2-x)$;

(3) $\lim\limits_{x\to0}\left(\dfrac{1}{x}-\dfrac{1}{e^x-1}\right)$;　　(4) $\lim\limits_{x\to0}\left[\dfrac{1}{\ln(1+x)}-\dfrac{1}{x}\right]$;

(5) $\lim\limits_{x\to0^+}(\cot x)^{\frac{1}{\ln x}}$;　　(6) $\lim\limits_{x\to0^+}(\cos\sqrt{x})^{\frac{\pi}{x}}$.

2.证明方程$4x^3+3x^2-6x+1=0$在$(0,1)$内至少有一个实根.

文化视角

微分学中诞生的“鸡尾酒疗法”

提起鸡尾酒疗法,就不得不提起何大一.祖籍江西省新余市的何大一,9岁时,父亲何步基赴美国谋生.12岁时,何大一移民美国加利福尼亚州洛杉矶市,与父亲团聚.

1974年,何大一以第一名的成绩获得加州理工学院物理学优等荣誉学士学位.1978年,获得哈佛大学医学院医学博士学位.哈佛毕业后的何博士矢志不移地投身医学事业,先后任职于麻省总医院、哈佛医学院、纽约大学医学院等著名医疗机构.在临床一线,他不单成为一位出色的医师,并同时活跃在世界医学前沿研究的舞台.

1981 年,何大一接触到最早发现的一批艾滋病病例.这次和艾滋病毒的狭路相逢,让当时还年轻的何医生成为世界上最早认识到艾滋病是由病毒引起的科学家之一,同时,他还是首先阐明艾滋病病毒复制多样性的科学家之一.

在微分学的帮助下何大一始创了“鸡尾酒疗法”.

1996 年何大一和同事艾伦·佩雷尔森利用微分学为这种指数式衰减建模,并从中提取出其惊人的效果.在为蛋白酶抑制剂的效果建模后,何大一和佩雷尔森对他们的方程进行了修正,以便描述在施用药物前病毒载量的情况.他们认为方程会变成:

$$\frac{\mathrm{d}V}{\mathrm{d}t} = P - cV$$

在这个方程中,他们用 V 表示病毒浓度;t 表示施用蛋白酶抑制剂后经过的时间;比例常数 c 是清除率,它衡量的是身体清除病毒的速度有多快;P 指在未受抑制的情况下新病毒颗粒的产生速度,它是当时的另一个重要的未知量.何大一和佩雷尔森利用上面这个简单的方程,估算出一个极其重要的数字,那就是免疫系统每天清除的病毒颗粒数量为 10 亿个,而在此之前人们没有办法测量它.佩雷尔森运用数学方法对这个问题进行了定量估计.结果表明,HIV 能够同时发生必要的三重突变以逃避三联疗法的概率大约是千万分之一.

通过这个重要的数据,何大一创造了鸡尾酒疗法。鸡尾酒是将几种不同风格的酒调在一起,品尝起来别有一番感受.何大一教授将他的这种治疗方法形象地命名为“鸡尾酒”疗法与此有相似含意:就是同时使用 3 ~4 种药物,每一种药物针对艾滋病毒繁殖周期中的不同环节,从而达到抑制或杀灭艾滋病毒,治愈艾滋病的目的.

1996 年,何大一被《时代杂志》评选为当年的风云人物,《时代》周刊对何大一的评价是:人类对抗艾滋病扭转乾坤的真正英雄.这句话是《时代周刊》向何大一的致敬.

2017 年,艾伦·佩雷尔森获得了美国物理学会的马克斯·德尔布吕克奖.目前,他仍在利用微积分和微分方程进行病毒动态分析.

§3.2　函数的特性

日常生活中我们经常会遇到各类曲线图,如股票交易,地区人口统计等,那么其波峰和波谷位置处在微分学中分别代表什么?本节我们将利用导数来研究函数的单调性、极值、凹凸性与拐点,并介绍函数图形的描绘方法.

3.2.1　函数的单调性

为利用导数研究函数的单调性,首先来看图 3-2-1.图 3-2-1(a) 中函数 $y = f(x)$ 的图像在 (a,b) 内是单调递增的,故曲线 $y = f(x)$ 在区间 (a,b) 内除个别点外切线的斜率为正,即 $f'(x) > 0$;而图 3-2-1(b) 中函数 $y = f(x)$ 的图像在 (a,b) 内是单调递减的,故曲线 $y = f(x)$ 在区间 (a,b) 内除个别点外,切线的斜率为负,即 $f'(x) < 0$.由此可见函数的单调性与导数的符号有着密切的联系.

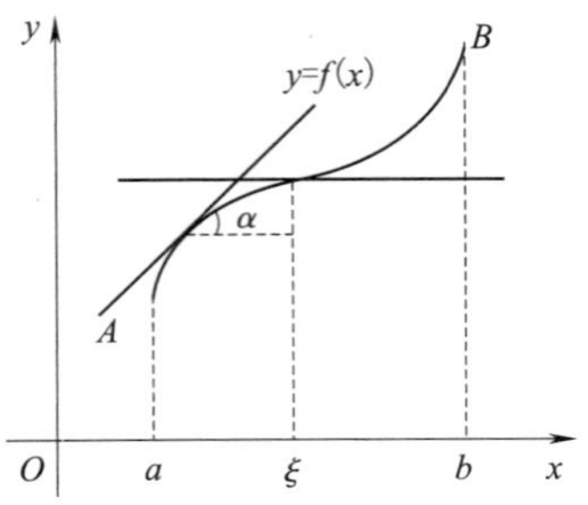

(a)

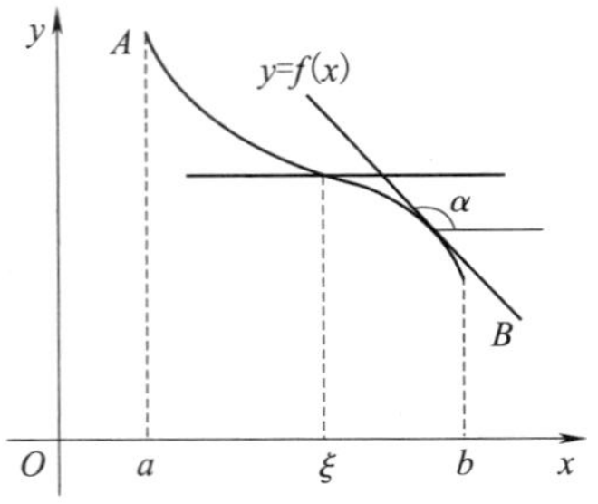

(b)

图 3-2-1

定理 3.5(函数单调性判定定理) 设函数 $y = f(x)$ 在 I 内可导,若在 I 内:

(1) $f'(x) > 0$,则函数 $y = f(x)$ 在 I 上单调增加;

(2) $f'(x) < 0$,则函数 $y = f(x)$ 在 I 上单调减少.

注意:

导数在区间内个别点处的值为零并不影响函数在整个区间上的单调性. 例如,函数 $y = x^3$ 在 $x = 0$ 处的导数值为零,但在定义域 $(-\infty, +\infty)$ 内是单调增加的.

定义 3.1 若 $f'(x_0) = 0$,则称 x_0 为 $f(x)$ 的驻点(或稳定点、临界点).

定义 3.2 若函数 $y = f(x)$ 在定义域的某个区间内是单调递增(减)的,则称该区间为函数的单调增(减)区间,单调增区间和单调减区间统称为单调区间.

例 1 讨论函数 $y = x^2$ 的单调性.

解 该函数的定义域为 $(-\infty, +\infty)$,又 $y' = 2x$

因为在 $(-\infty, 0)$ 内 $y' < 0$,所以该函数在 $(-\infty, 0)$ 内单调减少;而在 $(0, +\infty)$ 内 $y' > 0$,所以该函数在 $(0, +\infty)$ 内单调增加.

例 2 讨论函数 $y = \sqrt[3]{x^2}$ 的单调性.

解 该函数的定义域为 $(-\infty, +\infty)$,当 $x \neq 0$ 时,该函数的导数为 $y' = \dfrac{2}{3\sqrt[3]{x}}$;当 $x = 0$ 时,函数的导数不存在. 在 $(-\infty, 0)$ 内 $y' < 0$,所以函数 $y = \sqrt[3]{x^2}$ 在 $(-\infty, 0)$ 内单调减少;而在 $(0, +\infty)$ 内 $y' > 0$,所以函数 $y = \sqrt[3]{x^2}$ 在 $(0, +\infty)$ 内单调增加.

注意:

在例 1 中,$x = 0$ 是函数 $y = x^2$ 的单调增减区间的分界点,而在该点处 $y' = 0$,即 $x = 0$ 是函数 $y = x^2$ 的驻点. 在例 2 中,$x = 0$ 是函数 $y = \sqrt[3]{x^2}$ 的单调增减区间的分界点,而在该点处导数不存在.

确定函数单调性的一般步骤如下:

(1)确定函数 $f(x)$ 的定义域.

(2)求出使 $f'(x) = 0$ 和 $f'(x)$ 不存在的点,并以这些点为分界点,将定义域划分成若干个子区间.

(3)确定 $f'(x)$ 在各个子区间的符号(正或负),从而确定 $f(x)$ 的单调性.

例 3 设在时间 t 时,地球的石油总蕴藏量(包括未被发现的)为 P,并假设没有新的石油产生,那么 $\dfrac{dP}{dt}$ 的符号是正还是负?

解 地球的石油蕴藏量 P 因人类的不断开发利用而逐渐减少,说 $P(t)$ 是单调递减的函数,由定理 3.5 可知,有

$$P'(t)=\frac{\mathrm{d}P}{\mathrm{d}t}<0.$$

例 4　讨论函数 $f(x)=(x-1)x^{\frac{2}{3}}$ 的单调性.

解　该函数的定义域为 $(-\infty,+\infty)$,

$$f'(x)=x^{\frac{2}{3}}+\frac{2}{3}(x-1)x^{-\frac{1}{3}}=\frac{5x-2}{3\sqrt[3]{x}}.$$

令 $f'(x)=0$ 得驻点 $x=\frac{2}{5}$,此外,$x=0$ 为该函数的不可导点.点 $x=\frac{2}{5}$ 及 $x=0$ 将定义区间分成三个子区间:$(-\infty,0)$、$\left(0,\frac{2}{5}\right)$、$\frac{2}{5},+\infty$.列表讨论在各子区间上导数的符号,从而确定函数的单调性:

x	$(-\infty,0)$	$\left(0,\frac{2}{5}\right)$	$\left(\frac{2}{5},+\infty\right)$
$f'(x)$	+	−	+
$f(x)$	↗	↘	↗

从上表可见,函数 $f(x)=(x-1)x^{\frac{2}{3}}$ 在区间 $(-\infty,0)$ 和 $\left(\frac{2}{5},+\infty\right)$ 上是单调增加的,在区间 $\left(0,\frac{2}{5}\right)$ 上是单调减少的.

3.2.2　函数的极值

定义 3.3　设函数 $f(x)$ 在点 x_0 的某邻域 $U(x_0)$ 内有定义,如果对于去心邻域 $\mathring{U}(x_0)$ 内的任一 x,有

$$f(x)<f(x_0)\quad(\text{或}f(x)>f(x_0)),$$

则称 $f(x_0)$ 是函数 $f(x)$ 的一个**极大值(或极小值)**,而 x_0 点称为函数 $f(x)$ 的**极大值点(或极小值点)**.

极大值与极小值统称为函数的极值,极大值点和极小值点统称为函数的**极值点**.

如图 3-2-2 所示,$f(x_1)$、$f(x_4)$ 为极小值,x_1、x_4 为极小值点,$f(x_2)$、$f(x_5)$ 为极大值,x_2、x_5 为极大值点.

注意:

(1)极值是局部性概念,它是函数在某个区间上的最值,而不是整个函数的最值;

(2)一个函数在某区间上的极值点可能有多个,且极大值不一定大于极小值;

(3)极值只能在区间内取得,不能在区间端点取得;

(4)极值点只能是驻点或不可导点,我们称这些点为**可能极值点**.

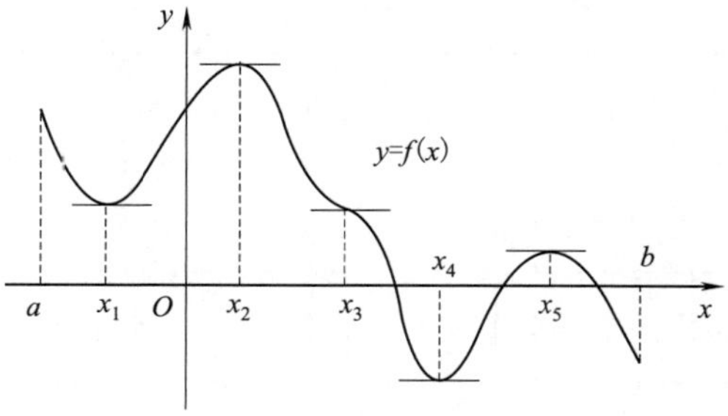

图　3-2-2

定理 3.6(必要条件) 设函数 $f(x)$ 在点 x_0 可导,且在 x_0 处取得极值,则 $f'(x_0)=0$.

注意:

定理 3.6 表明,可导函数的极值点必定是它的驻点,但反过来,函数的驻点却不一定是极值点(如 $y=x^3$ 的 $x=0$ 点),它只是可能的极值点. 此外,函数在它的导数不存在的点处也可能取得极值(如例 2,$y=\sqrt[3]{x^2}$ 在 $x=0$ 处不可导,但函数在该点取得极小值).

定理 3.7(第一充分条件) 设函数 $f(x)$ 在 x_0 处连续,且在 x_0 的某去心邻域 $\mathring{U}(x_0)$ 内可导,若

(1)在点 x_0 的左邻域内,$f'(x)>0$,在点 x_0 的右邻域内,$f'(x)<0$,则 $f(x)$ 在 x_0 处取得极大值;

(2)在点 x_0 的左邻域内,$f'(x)<0$,在点 x_0 的右邻域内,$f'(x)>0$,则 $f(x)$ 在 x_0 处取得极小值;

(3)在点 x_0 的邻域内,$f'(x)$ 不变号,则 $f(x)$ 在 x_0 处没有极值.

证明 (1)由题设条件,函数 $f(x)$ 在点 x_0 的左邻域内单调增加,在点 x_0 的右邻域内单调减少,且 $f(x)$ 在 x_0 处连续,故由极值定义可知,$f(x)$ 在 x_0 处取得极大值(见图 3-2-3(a)). 同理可证(2)(见图 3-2-3(b))、(3)(见图 3-2-3(c)、(d)).

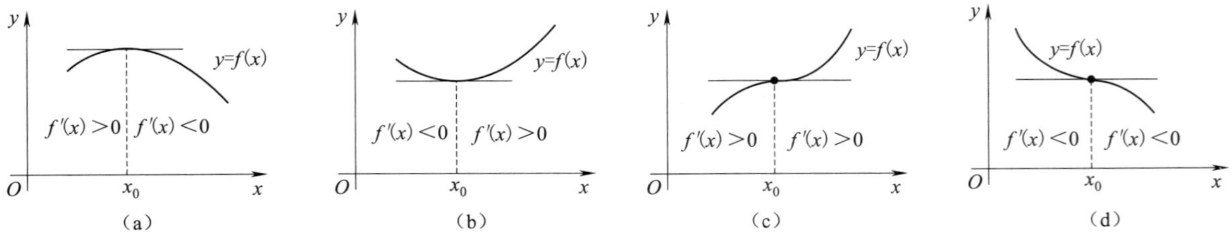

图 3-2-3

根据上面的内容,若函数 $f(x)$ 在所讨论的区间内连续,除个别点外处处可导,那么就可按下列步骤来求 $f(x)$ 在该区间内的极值点和极值:

(1) 确定函数 $f(x)$ 的定义域,并求其导数 $f'(x)$;

(2) 求出 $f(x)$ 的全部驻点与不可导点;

(3) 讨论 $f'(x)$ 在驻点和不可导点左、右两侧邻近符号变化的情况,确定函数的极值点;

(4) 求出各极值点的函数值,就得到函数 $f(x)$ 的全部极值.

例 5 求例 4 中函数 $f(x)=(x-1)x^{\frac{2}{3}}$ 的极值.

解 由例 4 可知,不可导点 $x=0$ 为该函数的极大值点,极大值为 $f(0)=0$;驻点 $x=\frac{2}{5}$ 是函数的极小值点,极小值为 $f\left(\frac{2}{5}\right)=-\frac{3}{5}\sqrt[3]{\frac{4}{25}}$.

将例 4 表格加以补充,即可得到本题表格:

x	$(-\infty,0)$	0	$\left(0,\frac{2}{5}\right)$	$\frac{2}{5}$	$\left(\frac{2}{5},+\infty\right)$
$f'(x)$	+	不存在	−	0	+
$f(x)$	↗	极大值 $f(0)=0$	↘	极小值 $f\left(\frac{2}{5}\right)=-\frac{3}{5}\sqrt[3]{\frac{4}{25}}$	↗

定理 3.8(第二充分条件) 设函数 $f(x)$ 在 x_0 处具有二阶导数且 $f'(x_0)=0$,$f''(x_0)\neq 0$,则

(1)当 $f''(x_0)<0$,函数在 x_0 处取得极大值;

(2)当 $f''(x_0) > 0$，函数在 x_0 处取得极小值。

例 6　求函数 $f(x) = (x^2 - 1)^3 + 1$ 的极值.

解　该函数的定义域为 $(-\infty, +\infty)$，求其导数为

$$f'(x) = 6x(x^2 - 1)^2.$$

令 $f'(x) = 0$，求得驻点 $x_1 = -1, x_2 = 0, x_3 = 1$，又

$$f''(x) = 6(x^2 - 1)(5x^2 - 1).$$

因 $f''(0) = 6 > 0$，故 $f(x)$ 在 $x = 0$ 处取得极小值，极小值为 $f(0) = 0$；因 $f''(-1) = f''(1) = 0$，故用定理 3.8 无法判别，改用定理 3.7，请读者自行考察 $f(x)$ 在驻点 $x_1 = -1, x_3 = 1$ 处的极值情况.

3.2.3　函数的凹凸性与拐点

要准确描述函数的性态，仅判断函数的单调性和极值还远远不够，例如，函数 $y = x^3$ 与 $y = \sqrt[3]{x}$ 在区间 $(0,1)$ 上都是单调递增的，但它们的弯曲方向明显不同，这就体现为函数(曲线)的凹凸性不同.

定义 3.4　设函数 $y = f(x)$ 在 $[a,b]$ 上连续，且在 (a,b) 内可导，则在 (a,b) 内，

(1)若曲线 $y = f(x)$ 上任一点处的切线都位于曲线的下方，则称该曲线为**凹曲线**，称该区间为**凹区间**；

(2)若曲线 $y = f(x)$ 上任一点处的切线都位于曲线的上方，则称该曲线为**凸曲线**，称该区间为**凸区间**；

(3)凹区间和凸区间的分界点称为函数(曲线)的**拐点**.

如图 3-2-4(a) 所示，(a,c) 为凹区间，(c,b) 为凸区间，点 $C(c,f(c))$ 为拐点.

如图 3-2-4(b) 所示为凹曲线，从图中可以看出该曲线的切线斜率随着 x 的增大而增大，说明 $f'(x)$ 是单调递增的，则 $f''(x) > 0$，而凸曲线(见图 3-2-4(c))的情况则相反，因此有如下定理.

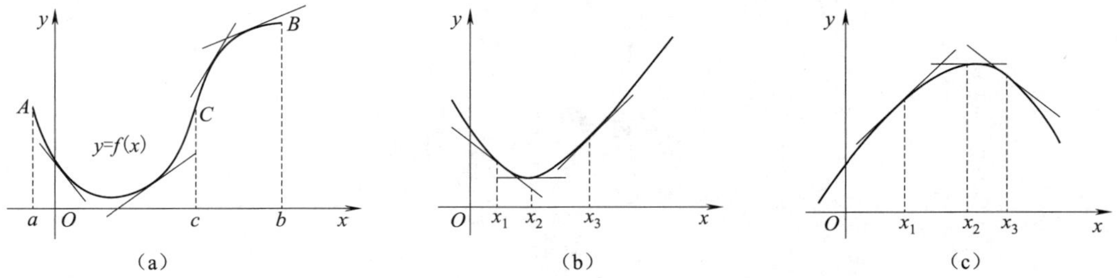

图　3-2-4

视频

凹凸性判定定理

定理 3.9　设函数 $f(x)$ 在 I 内具有一阶和二阶导数，若在 I 内

(1) $f''(x) > 0$，则曲线 $f(x)$ 在 I 上的图形是凹的；

(2) $f''(x) < 0$，则曲线 $f(x)$ 在 I 上的图形是凸的.

注意：

函数 $y = f(x)$ 的二阶导数不存在的点也有可能是拐点.

求连续函数 $y = f(x)$ 的凹凸区间和拐点的一般步骤，具体如下：

(1)确定连续函数 $y = f(x)$ 的定义域.

(2)求二阶导数 $f''(x)$，并求使 $f''(x) = 0$ 和 $f''(x)$ 不存在的点.

(3)利用这些点划分函数定义域，并列表分区间讨论 $f''(x)$ 的符号.

(4)确定凹凸区间和拐点 $(x_0, f(x_0))$.

例 7　求曲线 $y = (x-2)^{\frac{5}{3}} - \frac{5}{9}x^2$ 的凹凸区间和拐点.

解　函数的定义域为 $(-\infty, +\infty)$

$$y' = \frac{5}{3}(x-2)^{\frac{2}{3}} - \frac{10}{9}x,\quad y'' = \frac{10}{9}(x-2)^{-\frac{1}{3}} - \frac{10}{9} = \frac{10}{9}\cdot\frac{1-\sqrt[3]{x-2}}{\sqrt[3]{x-2}}.$$

令 $y''=0$ 得 $x=3$，又在 $x=2$ 处函数的二阶导数不存在.

列表讨论 y'' 的符号，从而确定曲线的凹凸性和拐点：

x	$(-\infty,2)$	2	$(2,3)$	3	$(3,+\infty)$
y''	$-$	不存在	$+$	0	$-$
y	⌢	拐点 $\left(2,-\frac{20}{9}\right)$	⌣	拐点 $(3,-4)$	⌢

综上，曲线的凹区间为$(2,3)$，凸区间为$(-\infty,2)$及$(3,+\infty)$，拐点为$\left(2,-\frac{20}{9}\right)$和$(3,-4)$.

注意上表中“⌢”及“⌣”分别表示曲线的凸和凹.

应用解析

案例 1（股票走势分析） 如图 3-2-5 所示为某股票在一天内价格随时间变化的曲线图，$P(t)$ 表示该股票在时刻 t 的价格，请分析该股票的价格走势，并判定 $P'(t)$ 和 $P''(t)$ 的符号.

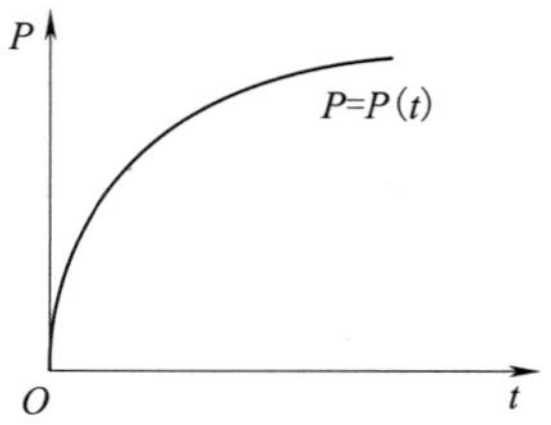

图 3-2-5

解 曲线是单调递增的，又是凸的，说明股票价格在上升，但上升的速度越来越慢，因此有

$$P'(t)>0,\quad P''(t)<0.$$

习题 3-2

A 组

1. 选择题：

(1) 函数 $f(x)=2x+3\sqrt[3]{x^2}$ (　　).

A. 只有极大值

B. 只有极小值

C. 在 $x=-1$ 处取极大值，在 $x=0$ 处取极小值

D. 在 $x=-1$ 处取极小值，在 $x=0$ 处取极大值

(2) $f'(x_0)=0$，$f''(x_0)>0$ 是函数 $f(x)$ 在点 $x=x_0$ 处有极值的(　　).

A. 必要条件　　B. 充分条件　　C. 充要条件　　D. 无关条件

(3) 函数 $y=f(x)$ 在点 $x=x_0$ 处取得极大值，则必有(　　).

A. $f'(x_0)=0$　　B. $f''(x_0)<0$

C. $f'(x_0)=0$ 且 $f''(x_0)<0$　　D. $f'(x_0)=0$ 或不存在

(4) 设 $f(x)=(x-1)^{\frac{2}{3}}$，则点 $x=1$ 是 $f(x)$ 的(　　).

A. 间断点　　B. 可导点　　C. 驻点　　D. 极值点

(5) 设 $x=1$ 是 $f(x)=\dfrac{1}{x^2+bx+2}$ 的驻点，则 $b=$ (　　).

A. -2　　B. 2　　C. $\frac{1}{2}$　　D. $-\frac{1}{2}$

(6) 设函数 $f(x)$ 在 $[0,1]$ 上可导,且 $f'(x)>0, f(0)<0, f(1)>0$,则 $f(x)$ 在 $(0,1)$ 内(　　).

A. 至少有两个零点　　B. 有且仅有一个零点

C. 没有零点　　D. 零点个数不能确定

(7) 下列曲线 $y=f(x)$ 在定义域内凹的是(　　).

A. $y=e^{-x}$　　B. $y=\ln(1+x^2)$　　C. $y=x^2-x^3$　　D. $y=\sin x$

(8) 曲线 $y=e^{-x^2}$ (　　).

A. 无拐点　　B. 有一个拐点　　C. 有两个拐点　　D. 有三个拐点

2. 确定下列函数的单调区间并求其极值:

(1) $f(x)=2x^3-9x^2+12x-3$;　　(2) $f(x)=x^4-2x^2-5$;

(3) $f(x)=x-\frac{3}{2}x^{2/3}$;　　(4) $f(x)=2x^2-\ln x$;

(5) $f(x)=x+\sqrt{1-x}$;　　(6) $f(x)=\sqrt[3]{(2x-a)(a-x)^2}\ (a>0)$.

3. 求下列函数图形的拐点和凹凸区间:

(1) $y=3x^4-4x^3+1$;　　(2) $y=a^2-\sqrt[3]{x-b}$;

(3) $y=\ln(1+x^2)$;　　(4) $y=x^3-5x^2+3x+5$;

(5) $y=xe^{-x}$;　　(6) $y=(x+1)^4+e^x$.

4. 证明不等式: $e^x>1+x\ (x>0)$.

B 组

1. 证明方程 $x^3-3x^2-9x+1=0$ 在 $(0,1)$ 内有唯一的实根.

2. 一个容器中的水量 Q 随着时间 t 的增加而增加,但增加量越来越少,试确定 Q 关于时间 t 的一阶导数的符号.

3. 某工程建筑公司承包了一段公路的建设任务,建设周期至少为3年,如果这一公路的建设有两个可供选择的方案模型,即模型1: $L_1(t)=\frac{3t}{t+1}$;模型2: $L_2(t)=\frac{t^2}{t+1}+2$,其中 $L_1(t)$, $L_2(t)$ 表示利润(单位:百万元), t 为时间(单位:年).问哪种方案模型最优?

4. 某病人在心脏收缩的一个周期内血压 P(单位:mmHg)的数学模型为 $P=\frac{25t^2+123}{t^2+1}$,其中 t(单位:s)表示血液从心脏流出的时间.问:病人在心脏收缩的一个周期内,血压是单调递增还是单调递减的?

文化视角

自然极值中的最速降线

想象一个小球,仅受重力,从点 A 出发沿着一条没有摩擦的斜坡滚至点 B. 怎样设计这条斜坡,才能让小球在最短的时间到达点 B?,如图 3-2-6 所示.

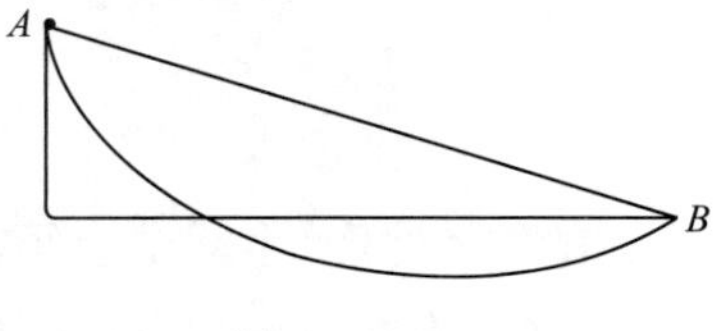

图 3-2-6

这个在数学史上被称为"最速降线"的知名自然极值问题,最早是由著名的意大利科学家伽利略于1630年提出来的.他在研究后认为最速降线应该是圆弧,但可惜的是这个答案并不是正确的.时间又过了60多年,1696年6月,来自瑞士巴塞尔的约翰·伯努利在《教师学报》上又重新提出这个问题,并向全欧洲的数学家提出公开挑战.这个别出心裁却又十分容易理解的问题吸引了当时全欧洲的数学家,而最后给出了正确解答的人也都是数学史上赫赫有名的巨人.这也让这次挑战成了数学史上最激动人心的一场公开挑战.

人们当然会首先想到连接 AB 的直线. 但伯努利对试图采用这一过于简单化的方法提出了警告:“……不要草率地做出判断,虽然直线 AB 的确是连接 A、B 两点的最短路线,但它却不是所用时间最短的路线. 而曲线 AMB 则是几何学家所熟知的一条曲线. 如果在年底之前(指 1696 年)还没有其他人能够发现这一曲线,我将公布这条曲线.”

在约翰·伯努利发出挑战后的半年里,他收到的唯一一份答案来自《教师学报》的主编,他的老师莱布尼茨. 在莱布尼茨的要求下,他将接收答案的最后期限推迟到 1697 年的复活节,以便有更多的数学家能参与到这场挑战中来.

直线有可能不是最短时间的路径,因为小球从静止开始滚下来,最初应该让路径陡一些,使小球获得较大的加速度和速度. 这个问题的难点在于求出一条曲线,实际就是求一个满足给出条件的未知函数,这在以前是前所未有的,有可能开创一个新的学科领域. 于是数学家们具有极大兴趣,纷纷展开研究.

1697 年的复活节很快就到了,约翰·伯努利一共收到了五份正确答案. 这五份答案分别来自他自己、他的教师莱布尼茨、他的哥哥雅各布·伯努利、他的学生洛必达和一位来自英国的匿名数学家. 最后这份答案虽然没有署名,但显然出自赫赫有名的牛顿之手. 虽然五人的解法各不一样,但他们的答案全都一样——最速降线就是摆线.

所谓摆线(cycloid),就是当圆沿一条直线运动时,圆周上一定点所形成的轨迹(见图 3-2-7). 其实当时的数学家对这种曲线并不陌生,帕斯卡和惠更斯都曾研究过这一重要的曲线. 但大部人都没有想到,这条线同时也是人们苦苦追寻的最速降线.

而我们大家对摆线也不陌生. 还记得小时候玩过的那种能够画出各种漂亮曲线的玩具吗? 画出的这些曲线也都是摆线,如图 3-2-8 所示.

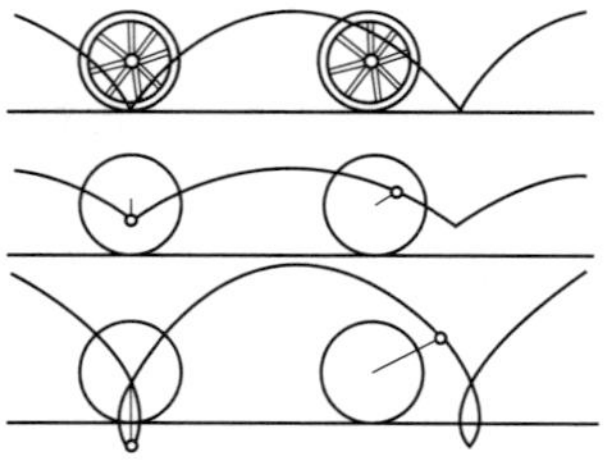

图 3-2-7

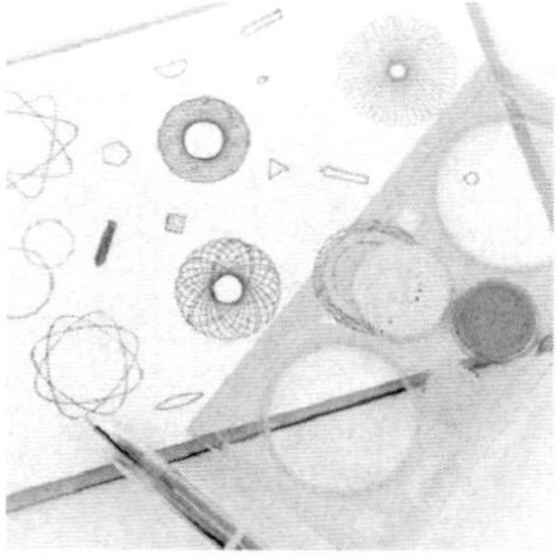

图 3-2-8

抛开数学问题,我们可以从最速降线问题中找到对人生的启示,比如从一点出发,要达到目标,直接过去却往往不是最快的方法,反而是曲线救国式地绕一下必然更快. 这固然对,但到底该怎么绕、绕多少,也是我们今后做人做事时需要思考的问题,但是无论你选择如何去做,我们都应该抱有一点信念,就是“不忘初心”.

§3.3 函数最值的应用

在实际生产、生活中会经常遇到用料最省、效率最高、成本最低、利润最大等问题,这都是数学中的函数最值问题,本节我们将讨论利用导数求解函数最值的方法及函数最值的应用.

随着燃油费的不断上涨,汽车油耗问题已成为人们关注的焦点,降低油耗通常有两种方法:控制汽车行驶速度和改进汽车发动机性能,我们可以根据实际情况来调整最佳行驶方案.

案例 1(货车的最佳行驶速度) 小王想租用一辆载重为 5 t 的货车将一批物资从哈尔滨运往七台河,为节省高速公路费，他安排司机走旧公路. 设货车以 x km/h($40 < x < 65$) 的速度行驶，每升柴油可供货车行驶 $\frac{400}{x}$ km，已知柴油的价格为 5.6 元 /L，小王支付给司机的劳务费为 30 元 /h，哈尔滨到七台河的路程为 350 km，如果使运输费用最低，则货车的行驶速度 x 应为多少？

若设运输费用为 y 元，则上述问题可转化为"当 x 为多少时，y 最小"，这就是典型的"函数最值问题".

函数的最值与极值显然不是一个概念，那么怎样求最值呢？下面就来介绍函数最值的求解方法.

3.3.1 闭区间上连续函数的最值

由定理在闭区间 $[a,b]$ 上连续的函数 $f(x)$ 在该区间上一定存在最大值和最小值可知，最值只能在极值点、区间端点或不可导点处取得，因此可用如下步骤来求解函数的最值.

(1) 求出 $f(x)$ 在 (a,b) 内的所有驻点和不可导点；

(2) 计算 $f(x)$ 在各驻点、不可导点和区间端点处的函数值；

(3) 比较上述各函数值，其中最大的为函数的最大值，最小的为函数的最小值.

例 1 求函数 $f(x) = 3x^4 - 16x^3 + 30x^2 - 24x + 4$ 在区间 $[0,3]$ 上的最大值和最小值.

解 $f'(x) = 12x^3 - 48x^2 + 60x - 24 = 12(x-1)^2(x-2)$，令 $f'(x) = 0$ 得驻点 $x_1 = 1, x_2 = 2$，分别计算 $f(0) = 4, f(1) = -3, f(2) = -4, f(3) = 13$.

比较得，最大值 $f(3) = 13$，最小值 $f(2) = -4$.

视频

例1

3.3.2 最值在实际问题中的应用

在实际问题中遇到求最值时，往往需要先建立函数关系，确定自变量的取值范围，再进行求解，若函数有唯一驻点 x_0，而最值又确实存在，则该驻点对应的极值即为最值.

应用解析

下面我们来求解**案例 1** 提出的问题.

解 设货车的行速度为 x km/h，运输费用为 y 元，y 由支付给司机的劳务费和燃油费两部分构成，因此有

$$y = \frac{350}{x} \times 30 + 350 \div \frac{400}{x} \times 5.6 \quad (40 < x < 65).$$

对 y 求一阶导数和二阶导数，即

$$y' = -\frac{10\,500}{x^2} + 4.9, \quad y'' = \frac{21\,000}{x^3}.$$

令 $y' = 0$，求得唯一驻点为

$$x \approx 46.29.$$

又 $y''(46.29) = \frac{21\,000}{x^3} > 0$，说明 $x \approx 46.29$ 是函数的极小值点，且它是规定速度范围内的唯一驻点，所以 $x \approx 46.29$ 为最小值点. 因此，当货车以 46.29 km/h(实际操作可在 45 ~ 50 km/h) 的速度行驶时，小王需要支付的运输费用最低.

案例 2(发动机的最大效率) 某汽车厂家在测试新开发的汽车发动机的效率时，发现汽车发动机的效率 p (单位:%) 与汽车速度 v(单位:km/h) 的函数关系为 $p = 0.768v - 0.000\,04v^3$. 问：当汽车速度为多少时，可使汽车发动机的效率达到最大？

解 求 p 关于 v 的一阶导数和二阶导数，即

$$p' = 0.768 - 0.000\,12v^2, \quad p'' = -0.000\,24v.$$

令 $p' = 0$，求得唯一驻点为

$$v = 80.$$

又 $p''(80) < 0$，说明 $v = 80$ 是极大值点. 因此，当汽车速度为 80 km/h 时，可使汽车发动机的效率达到最大.

案例 3(费用最省问题) 如图 3-3-1 所示，设加工厂 A 到铁路线的垂直距离为 20 km，垂足为 B，铁路线上距离 B 地 100 km 处有一原料供应站 C，现要在 BC 之间的某处 D 点修建一个车站，再修一条由车站 D 到工厂 A 的公路. 问：D 选在何处，可使从 C 运货到 A 所需的费用最省？(已知 1 km 的铁路运费与公路运费之比为 3∶5.)

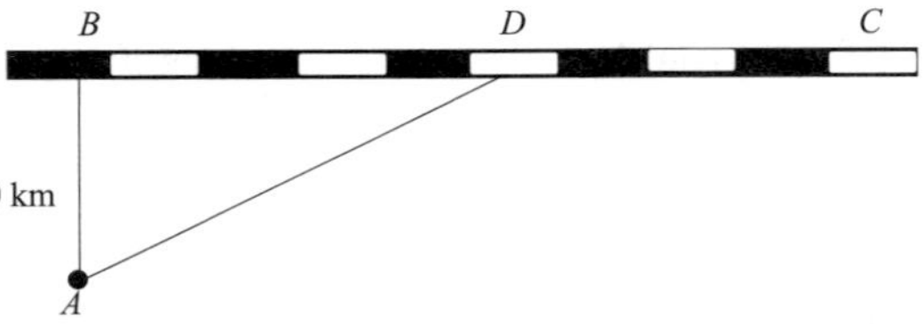

图 3-3-1

解 设车站 D 选在距离 B 地 x km 处，即 $DB = x$，则 $DC = 100 - x$；设 1 km 的铁路运费与公路运费分别为 $3k$ 元和 $5k$ 元(k 为任意正常数)；设从 C 运货到 A 所需的费用为 y 元，则依据题意有

$$y = 3k(100 - x) + 5k\sqrt{400 + x^2} \quad (0 \leqslant x \leqslant 100),$$

费用最省问题归结为当自变量 x 在[0,100]内取值时，求函数 y 的最小值. 先求 y 的一阶导数，即

$$y' = k\left(\frac{5x}{\sqrt{400 + x^2}}\right) - 3.$$

令 $y' = 0$，求得唯一驻点为

$$x = 15.$$

计算端点函数值和极值，即

$$y\big|_{x=0} = 400k, \quad y\big|_{x=15} = 380k, \quad y\big|_{x=100} = 100\sqrt{26}k.$$

因此，函数的最小值为 $y\big|_{x=15} = 380k$，即当车站 D 选在距离 B 地 15 km 时，可使从 C 运货到 A 所需的费用最省.

案例 4(电阻的最大电功率) 图 3-3-2 所示为一个闭合电路，电源的电动势为 E，内电阻为 r，外电阻为 R，其中 E 与 r 已知，问：电阻 R 等于多少时，可使 R 的电功率达到最大？

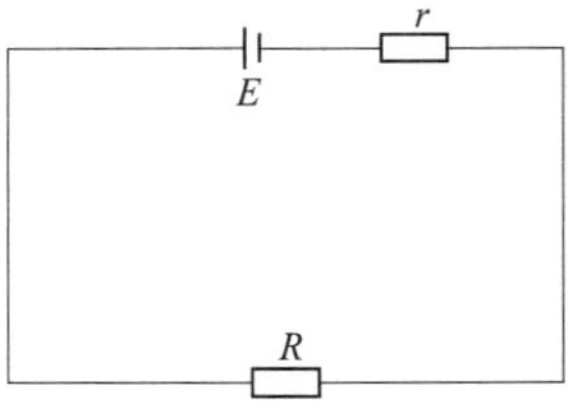

图 3-3-2

解 由欧姆定律可得 $I = \dfrac{E}{R + r}$，且 R 的电功率为

$$P = I^2R = \frac{E^2R}{(R + r)^2} \quad (R \geqslant 0),$$

求 P 对 R 的导数，即

$$P' = \frac{E^2(r - R)}{(R + r)^3}.$$

令 $P' = 0$，求得唯一驻点为 $R = r$，即当 $R = r$ 时，可使 R 的电功率达到最大，在电学中称这种情况为**阻抗匹配**.

案例 5(易拉罐的设计) 如图 3-3-3 所示，把 330 mL 铝质易拉罐视为圆柱体，则其底面半径 x 与高 y 之比是 1∶2，你知道这是为什么吗？请用数学知识解释其中的原理.

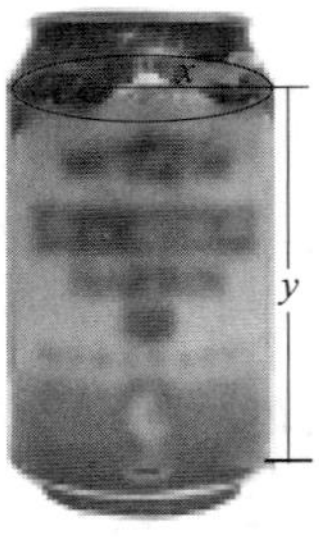

图 3-3-3

解　(1)建立目标函数. 易拉罐容积为

$$V = \pi x^2 y,$$

设表面积为 S, 则

$$S = 2\pi x^2 + 2\pi xy.$$

因为 V 为常数,所以,

$$y = \frac{V}{\pi x^2},$$

由此可得目标函数 ——易拉罐表面积的表达式

$$S(x) = 2\pi x^2 + \frac{2\pi xV}{\pi x^2} = 2\pi x^2 + \frac{2V}{x}, x > 0.$$

(2)求 $S(x)$ 的最小值.

因为 $S'(x) = 4\pi x - \frac{2V}{x^2}$, 令 $S'(x) = 0$ 得可能的极值点 $x = \sqrt[3]{\frac{V}{2\pi}}$,且唯一, $S''\left(\sqrt[3]{\frac{V}{2\pi}}\right) > 0$, 所以 $S(x)$ 在 $x = \sqrt[3]{\frac{V}{2\pi}}$ 处取得最小值.

(3)求底半径与高之比.

由 $y = \frac{V}{\pi x^2}$ 和 $x = \sqrt[3]{\frac{V}{2\pi}}$ 可得

$$y = \frac{V}{\pi\left(\sqrt[3]{\frac{V}{2\pi}}\right)^2} = \sqrt[3]{\frac{V}{2\pi}} \cdot 2 = 2x.$$

因此,当底半径与高之比为 $\frac{1}{2}$ 时,易拉罐的表面积最小(**此时用料最省**).

习题 3-3

A 组

1. 填空题:

(1) 函数 $y = x + \sqrt{1-x}$ 在$[-3,1]$上的最大值点 $x =$ ________.

(2) 函数 $y = \ln(x^2+1)$ 在区间$[-1,2]$上的最大值为________,最小值为________.

2. 求下列函数在给定区间上的最大值和最小值:

(1) $y = 2x^3 + 3x^2 - 12x + 14, x \in [-3,4]$;

(2) $y = x + 2\sqrt{x}, x \in [0,4]$;

(3) $y = x^4 - 2x^2 + 5, x \in [-2,2]$.

B 组

1. (**石油管道的铺设**)要铺设一个石油管道,需将石油从炼油厂输送到石油灌装点,炼油厂附近有条宽为 2.5 km 的河,石油灌装点在炼油厂的对岸沿河下游 10 km 处. 已知在水中铺设管道的费用为 6 万元/km,在河边铺设管道的费用为 4 万元/km. 问:怎样铺设管道,才能使总铺设费用最低? (提示:在河边找一点 P)

2. (**横梁的最大承载能力**)如图 3-3-4 所示,在建筑工地上,工人要把截面直径为 d 的圆木加工成矩形木料,用作水平横梁,问怎样加工才能使横梁的承载能力最大?

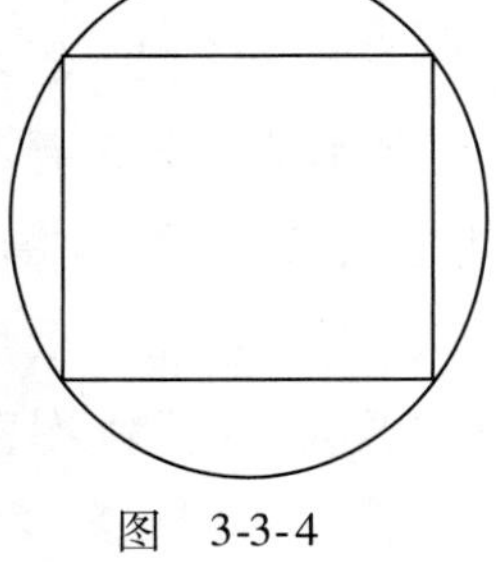

图　3-3-4

(提示:横梁的承载能力与横梁的抗弯截面系数 $\omega = \frac{1}{6}bh^2$ 成正比,其中 b,h 分别为横梁的底宽和高.)

3.(**最大利润**)某快餐店汉堡的价格与每月的需求量(单位:个)的关系为 $p(x) = \frac{60\ 000 - x}{20\ 000}$,成本函数为 $C(x) = 5\ 000 + 0.56x\ (0 \leqslant x \leqslant 50\ 000)$,其中 x 表示需求量(产量).问:产量为多少时,快餐店可以获得最大利润?

4.(**最佳行驶速度**)人在雨中行走的速度不同,淋雨量便会不同,设淋雨量 y 是人行走速度 v(单位:m/s)的函数,其函数关系为 $y = v^3 - 6v^2 + 9v + 4$.问:行走速度为多少时,可使淋雨量达到最小?

文化视角

生物学中的最值问题

假设,生命的本质最终是体现在数学规律的构成上,那么没有数学显然就不能真正和彻底地揭示出生命的本质.我们来看两个生物学的最值问题.

第一个问题在18世纪初被提出,法国学者马拉尔蒂曾经测量过蜂房(见图3-3-5)的尺寸,得到一个有趣的发现,那就是六角形窝洞的六个角都有一致的规律:钝角等于109°28′,锐角等于70°32′.

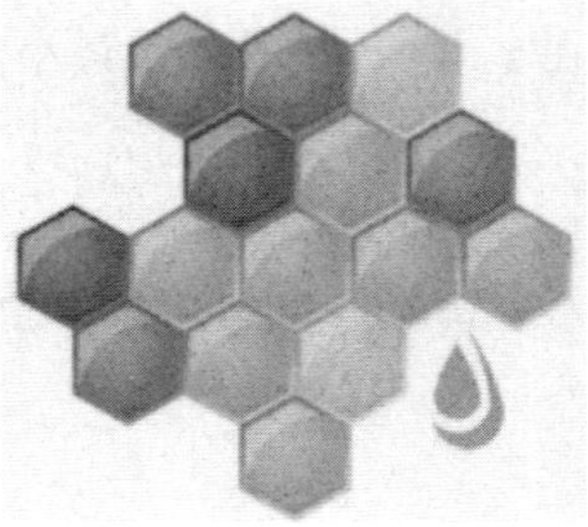

图 3-3-5

难道这是偶然现象吗?法国物理学家列奥缪拉由此得到一个启示:蜂房的形状是不是为了使材料最节省而容积最大呢?(数学的提法应当是:同样大的容积,建筑用材最省;或同样多的建筑材料,造成最大容积的容器)列奥缪拉去请教当时巴黎科学院院士、瑞士数学家克尼格.他计算的结果使人们非常震惊,因为根据他的理论计算,要消耗最少的材料,制成最大的菱形容器,其角度应该是109°26′和70°34′,这与蜂窝的角度仅差2′.后来,苏格兰数学家马克劳林又重新计算了一次,得出的结果竟和蜂房的角度完全一样.后来发现,原来是克尼格计算时所用的对数表印错了.

小小蜜蜂在人类有史以前已经解决的问题,竟要18世纪的数学家用高等数学才能解决.诚如进化论创始人达尔文所说:"巢房的精巧构造十分符合需要,如果一个人看到巢房而不倍加赞扬,那他一定是个糊涂虫."

另一个近代的例子是关于分子生物学的.DNA(见图3-3-6)和蛋白质是两类最重要的生物大分子,它们通常都是由众多的基本元件(核苷酸及氨基酸)相互联结而成的长链分子.但是,它们的空间形状并非一条平直的线条,而是一个规则的"螺旋管",尽管在20世纪中叶人们就发现了DNA双螺旋和蛋白质α螺旋结构,但迄今为止,人们还是难以解释,为什么大自然要选择"螺旋形"作为这些生物大分子的结构基础.

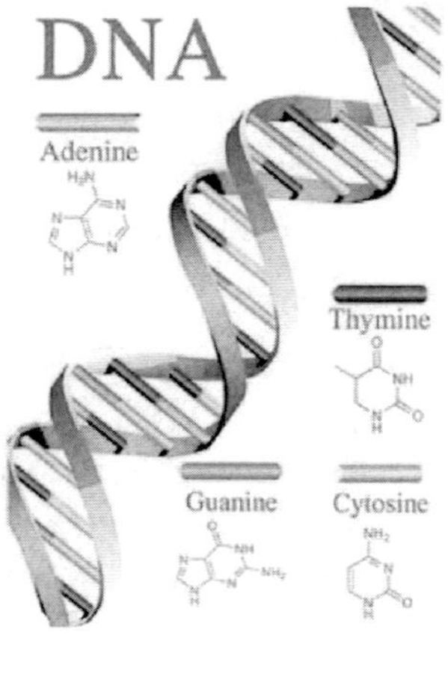

图 3-3-6

不久前,美国和意大利的一组科学家,利用离散几何的方法研究了致密线条的"最大包装"问题.得到的答案是:在一个体积一定的容器里,能够容纳的最大线条的形状是螺旋形,研究者们意识到,"天然形成的蛋白质正是这样的几何形状",显然,我们由此能够窥见生命选择了螺旋形作为其空间结构基础的数学原因:在最小空间内容纳最长的分子,凡是熟悉分子生物学和细胞生物学的人都知道,生物大分子的包装是生命的一个必然过程,作为遗传物质载体的DNA,其线性长度远远大于容纳它的细胞核的直径.例如构成一条人染色体的DNA的长度是其细胞核的数千倍.因此通常都要对DNA链进行多次的折叠和包扎,使长约5厘米的DNA双螺旋链变成约5微米的致密的染色体.由此我们可以认为,生命是遵循"最大包装"的数学原理来构造自己的生物大分子.

§ *3.4　曲线的曲率

2021 年 10 月 16 日我国神州十三号载人飞船发射成功，是中国空间站关键技术验证阶段的最后一次任务，为中国建造“天宫”打下重要基石. 飞船在对接过程中连续 10 次变轨，完成全自主对接，北斗导航功不可没，而在变轨节点处就会涉及曲率的问题. 在数学领域中，我们把描述曲线弯曲程度的量称为曲线的曲率.

3.4.1　曲率的相关概念及计算

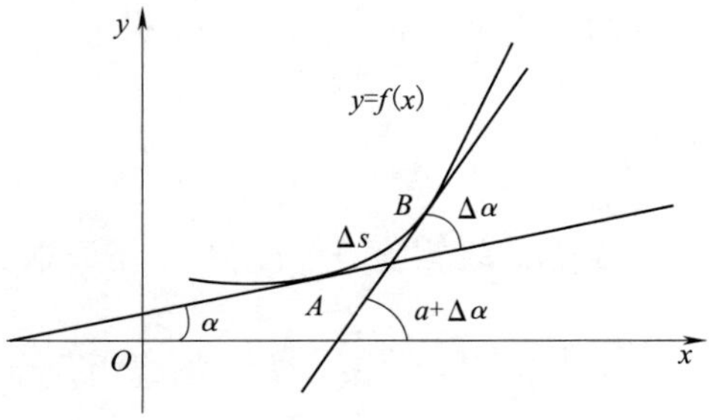

图　3-4-1

定义 3.5　如图 3-4-1 所示，设 A,B 是曲线 $y=f(x)$ 上的两点，弧$\overset{\frown}{AB}$的长度为 $|\Delta s|$，曲线 $y=f(x)$ 在点 A 处的切线倾斜角为 α，在点 B 处的切线倾斜角为 $\alpha+\Delta\alpha$. 当点 A 沿曲线 $y=f(x)$ 运动到点 B 时，曲线的切线也随之转动，且切线转过的角度为 $\Delta\alpha$，我们用 $\left|\frac{\Delta\alpha}{\Delta s}\right|$ 来表示弧$\overset{\frown}{AB}$的平均曲率，它描述的是单位弧长上切线转角的弧度数.

当 $\Delta s\to 0$（即 $B\to A$）时，极限

$$\lim_{\Delta s\to 0}\left|\frac{\Delta\alpha}{\Delta s}\right|=\left|\frac{\mathrm{d}\alpha}{\mathrm{d}s}\right|$$

称为曲线 $y=f(x)$ 在点 A 处的曲率，记作 k，即

$$k=\lim_{\Delta s\to 0}\left|\frac{\Delta\alpha}{\Delta s}\right|=\left|\frac{\mathrm{d}\alpha}{\mathrm{d}s}\right|.$$

曲率反映了曲线弯曲的程度，在实际问题中，如何计算曲率呢？下面我们先来讨论曲线的弧微分公式，进而推导出曲线的曲率计算公式.

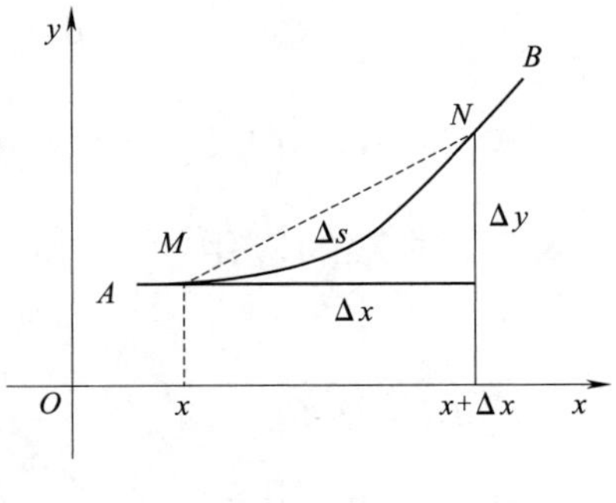

图　3-4-2

如图 3-4-2 所示，当 $\Delta x\to 0$ 时，弧$\overset{\frown}{MN}$无限趋向于弦 MN，因此弧长的微分可表示为

$$\mathrm{d}s=\sqrt{(\mathrm{d}x)^2+(\mathrm{d}y)^2},$$

即

$$\mathrm{d}s=\sqrt{1+\left(\frac{\mathrm{d}y}{\mathrm{d}x}\right)^2}\,\mathrm{d}x\quad 或\quad \mathrm{d}s=\sqrt{1+y'^2}\,\mathrm{d}x \tag{3-4-1}$$

式(3-4-1)就是**弧微分公式**.

同时，还可以推导出公式

$$k=\frac{|y''|}{(1+y'^2)^{\frac{3}{2}}}. \tag{3-4-2}$$

式(3-4-2)就是曲线的**曲率计算公式**.

例 1　求半径为 R 的圆上任一点 (x,y) 处的曲率.

解　设圆的方程为 $x^2+y^2=R^2$，则 $y=\pm\sqrt{R^2-x^2}$，且

$$y'=\frac{\mp x}{\sqrt{R^2-x^2}},\quad y''=\frac{\mp R^2}{(R^2-x^2)^{\frac{3}{2}}},$$

将上述两式代入式(3-4-2)有

$$k = \frac{|y''|}{(1+y'^2)^{\frac{3}{2}}} = \frac{1}{R}.$$

上式说明圆上任一点处的曲率均为 $k = \frac{1}{R}$，且半径越大，曲率越小.

注意：

若将直线看成一个半径为无穷大的圆，则直线的曲率为 0.

例 2 求抛物线 $y = ax^2 + bx + c$ 上曲率最大处的点的坐标.

解 由 $y = ax^2 + bx + c$，得 $y' = 2ax + b, y'' = 2a$，将其代入式(3-4-2)有

$$k = \frac{|2a|}{(1+(2ax+b)^2)^{\frac{3}{2}}} = \frac{1}{R}.$$

要使 k 取得最大值，只需分母取最小值，即 $x = -\frac{b}{2a}$. 于是，抛物线上曲率最大处的点的坐标为 $\left(-\frac{b}{2a}, \frac{4ac-b^2}{4a}\right)$，该点为抛物线的顶点，此处弯曲程度也最大.

3.4.2 曲率圆和曲率半径

曲率虽能描述曲线的弯曲程度，但不能给人一种直观的形象，下面我们借助圆来直观地表示曲率.

定义 3.6 如图 3-4-3 所示，若一个圆 C 和一条曲线 $y = f(x)$ 在点 M 处有相同的切线、相同的凹向和相同的曲率，则称圆 C 为线 $y = f(x)$ 在点 M 处的**曲率圆**，曲率圆的圆心 C 称为曲线 $y = f(x)$ 在点 M 处的**曲率中心**，它位于曲线 $y = f(x)$ 在点 M 处的法线上，曲率圆的半径 R 称为曲线 $y = f(x)$ 在点 M 处的**曲率半径**.

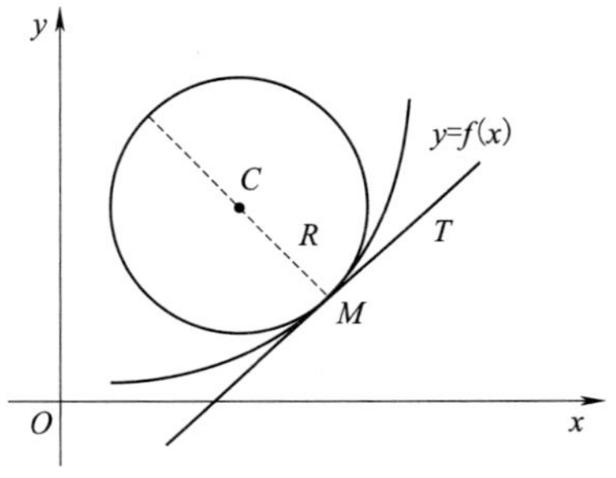

图 3-4-3

由前面知识可知，曲线 $y = f(x)$ 在点 M 处的曲率为 $k = \frac{1}{R}$，即

$$R = \frac{(1+y'^2)^{\frac{3}{2}}}{|y''|}. \tag{3-4-3}$$

式(3-4-3)为曲线 $y = f(x)$ 在给定点处的**曲率半径计算公式**.

3.4.3 曲率的应用

应用解析

案例 1(砂轮的最大直径) 如图 3-4-4 所示，设一个工件内表面的截线为抛物线 $y = 0.4x^2$，现要用砂轮磨削工件内表面. 问：用直径为多大的砂轮比较合适？

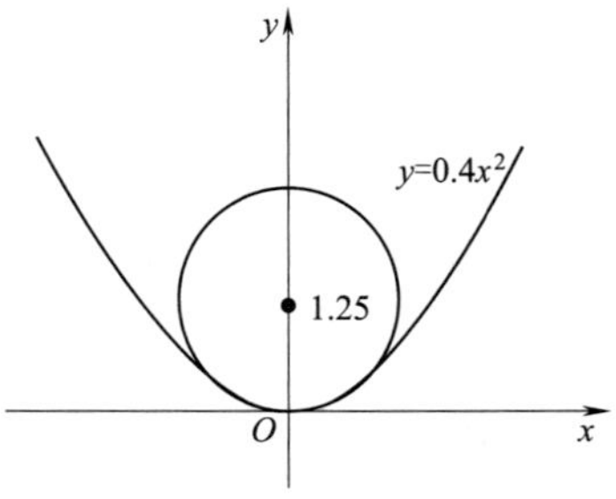

图 3-4-4

解 为了避免工件被磨削太多，但又保证砂轮与工件内表面充分接触，则砂轮半径应不大于抛物线上各点处曲率半径的最小值. 因为抛物线上顶点处的曲率半径最小，所以砂轮半径应不大于抛物线上顶点(0,0)处的曲率半径.

因为 $y' = 0.8x, y'' = 0.8$，所以有

$$y'|_{x=0} = 0, \quad y''|_{x=0} = 0.8.$$

于是，抛物线上顶点处的曲率半径为

$$R=\frac{|(1+0^2)^{\frac{3}{2}}|}{0.8}=1.25,$$

即选用的砂轮半径不得超过 1.25 个单位长，直径不能超过 2.5 个单位长.

注意：

对于一般的工件内表面，也有类似的结论，即选用的砂轮半径应不超过工件内表面的截线上各点处曲率半径的最小值.

案例 2（直梁弯曲） 如图 3-4-5 所示，一个长度为 l 的直梁，搁置在支柱上，受均匀荷载 q 作用会发生微小弯曲变形. 选择直梁的左端点为坐标原点建立直角坐标系，x 轴沿直梁的轴线向右，y 轴垂直直梁向下，这时由材料力学的原理可知直梁的挠曲线方程为 $y=\frac{q}{24EI}(l^3x-2lx^3+x^4)$，其中 EI 为正常数，试找出该直梁弯曲变形的最大位置.

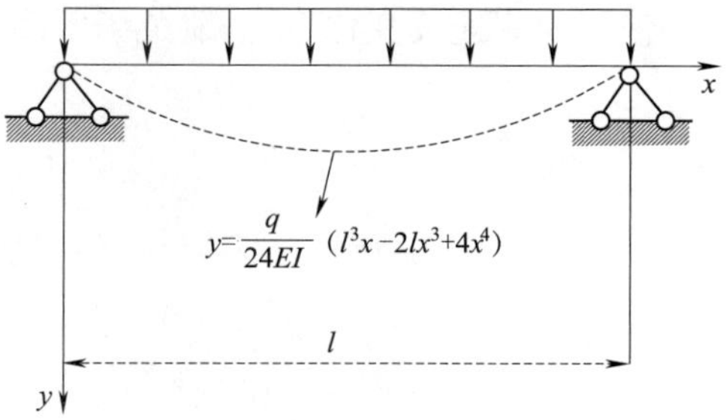

图　3-4-5

解 找出直梁弯曲变形的最大位置，即求直梁挠曲线的最大曲率，由已知的挠曲线方程可知

$$y'=\frac{q}{24EI}(l^3-6lx^2+4x^3),\quad y''=\frac{q}{24EI}(-12lx+12x^2).$$

在工程结构中，考虑直梁的微小弯曲变形时，通常认为直梁的弯曲程度非常小，此时直梁偏离平衡位置的角度很小，挠曲线的切线与 x 轴的夹角也很小，即 $y'=\tan\alpha\approx 0$，因此，往往将式(3-4-2)中的 y'^2 略去，即得

$$k\approx|y''|. \tag{3-4-4}$$

将 $y''=\frac{q}{24EI}(-12lx+12x^2)$ 代入式(3-4-4)，得挠曲线的曲率为

$$k\approx|y''|=\left|\frac{q}{24EI}(-12lx+12x^2)\right|,$$

当 $x=\frac{l}{2}$ 时，$k_{\max}=\frac{ql^2}{8EI}$，当 $x=0$ 和 $x=l$ 时，$k_{\min}=0$.

上述计算结果表明，直梁的中间位置弯曲程度最大，两端几乎不弯曲，因此在施工设计时，要对中间位置进行加固.

案例 3（缓冲曲线） 铁轨从直道进入圆弧弯道，会因接头处曲率突增而引发安全事故，为使列车平稳行驶，往往在直道和圆弧弯道之间衔接一条“**缓冲曲线**”，使得曲率连续变化. 在工程设计中，通常用三次抛物线 $y=\frac{x^3}{6RL}$ 作为缓冲曲线，其中 L,R 分别表示缓冲曲线的长度和圆弧弯道的半径，且 $\frac{L}{R}$ 很小. 请利用曲率的有关知识解释为什么要在直道和圆弧弯道之间衔接缓冲曲线 $y=\frac{x^3}{6RL}$.

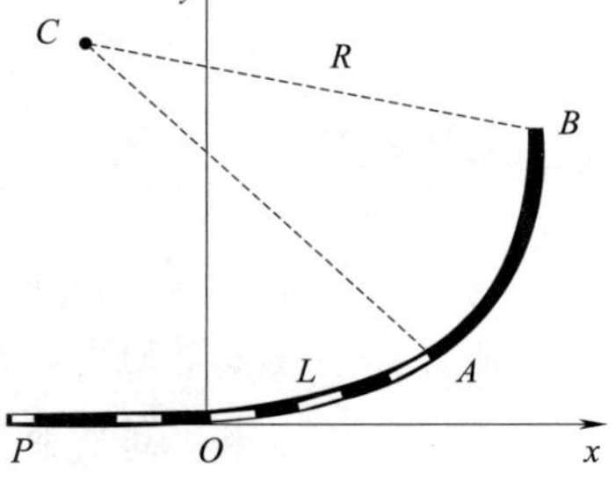

图　3-4-6

解 如图 3-4-6 所示，建立直角坐标系，其中 PO 为直道，$\overset{\frown}{OA}$ 为缓冲曲线，$\overset{\frown}{AB}$ 是圆弧弯道，点 A 的坐标为 (x_0,y_0)，为了求缓冲曲线 $\overset{\frown}{OA}$ 上每一点处的曲率，先求函数 $y=\frac{x^3}{6RL}$ 的一阶导数、二阶导数，即

$$y'=\frac{x^2}{2RL},\quad y''=\frac{x}{RL}.$$

因为 $\frac{L}{R}$ 很小,因此 $L\approx x_0$, $y'\approx 0$, 所以缓冲曲线的曲率为

$$k\approx |y''| = \left|\frac{x}{RL}\right|.$$

上式说明随着 x 由 0 增大到 x_0, 曲率由 0 连续增大到 $\frac{1}{R}$, 即直道 PO 的终点 O 处的曲率为 $k(O)\approx |y''|_{x=0}| = 0$, 圆弧弯道 $\widehat{AB}$ 的始点 A 处的曲率为 $k(A)\approx |y''|_{x=x_0}| = \frac{1}{R}$. 直道和圆弧弯道之间衔接的缓冲曲线,使得曲率连续变化,从而避免了因曲率突增而引发的交通事故.

习题 3-4

A 组

1. 求下列曲线的弧微分:

(1) $y = 3x^3 + 2x$; (2) $y = \sin x - \cos^3 x$.

2. 求下列各曲线在给定点处的曲率和曲率半径.

(1) $y = 2x + 3$, 点 $(1,1)$; (2) $y = \ln(x+2)$, 点 $(0,0)$;

(3) $xy = 1$, 点 $(1,1)$; (4) $y = \sin x$, 点 $\left(\frac{\pi}{4},\frac{\sqrt{2}}{2}\right)$.

3. 在区间 $(0,\pi)$ 内,求曲线 $y = \sin x$ 上曲率最大的点.

B 组

1. (**车对桥的压力**)如图 3-4-7 所示,汽车连同载重共 5 t,在抛物线型的拱桥上行驶,速度为21.6 km/h,桥的跨度为 10 m,桥的矢高为 0.25 m,求汽车越过桥顶时对桥的压力.

2. (**挠曲线的曲率**)有一个长度为 l 的悬臂直梁,一端固定在墙内,另一端自由. 如图 3-4-8 所示,当自由端有力 p 作用时,直梁发生微小的弯曲. 建立如图所示的直角坐标系,直梁挠曲线的方程为 $y = \frac{p}{EI}\left(\frac{1}{2}lx^2 - \frac{1}{6}x^3\right)$, 其中 EI 为正常数,试求该直梁挠曲线在 $x = 0$, $x = \frac{l}{2}$, $x = l$ 处的曲率.

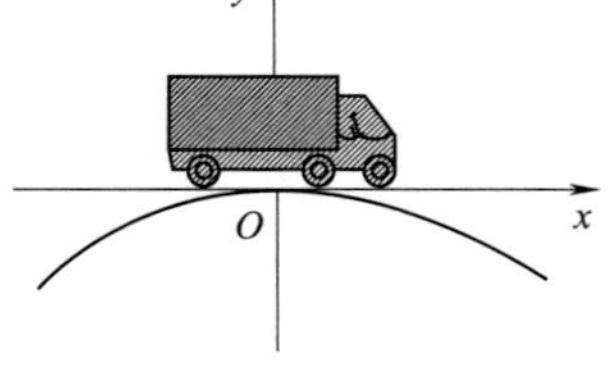

图 3-4-7

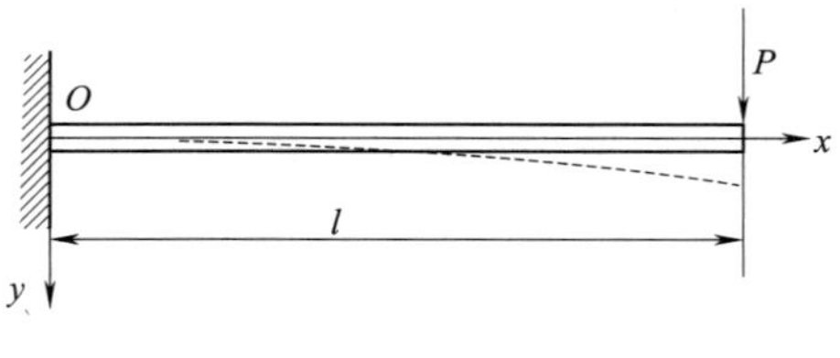

图 3-4-8

文化视角

绝妙的高斯曲率

曲面论中最重要的内蕴几何量. 设曲面在 P 点处的两个主曲率为 k_1, k_2, 它们的乘积 $k = k_1 \cdot k_2$ 称为曲面于该点的总曲率或高斯曲率. 它反映了曲面的一般弯曲程度. 高斯曲率 k 的绝对值有明显的几何意义. 设 $\Delta\delta$ 是曲面上包含 P 点的一小片曲面(其面积仍用 $\Delta\delta$ 表示),把 $\Delta\delta$ 上的每点的单位法向量 n 平移到 E^3 的原点 O 处,那么 n 的终点的轨迹是 以 O 为中心的单位球面 S^2 上的一块区域 $\Delta\delta^*$. 这个对应称为高斯映射. 曲

面在 P 点邻近弯曲程度可用 $\Delta\delta^*$（其面积仍用 $\Delta\delta^*$ 表示）与 $\Delta\delta$ 的面积比刻画.

绝妙定理与广义相对论：在 1827 年，有“数学王子”美誉的伟大数学家高斯在研究曲面时，摆脱外在空间依赖性，直接研究曲面的距离与弯曲程度——曲率，他证明：只要不破坏曲面的结构，曲面的曲率就是一个不变的量. 高斯将这个结果命名为“绝妙定理”. 1854 年，高斯的得意门生黎曼将高斯研究的曲面推广到三维、四维乃至于任意维的弯曲空间. 黎曼病逝后，他推广得到的几何学几乎无人问津，只有少数几个数学家补充了一些细节，这其中就有数学家格罗斯曼.

格罗斯曼是爱因斯坦在苏黎世联邦理工学院的同班同学，他告诉爱因斯坦，弯曲时空所需要的数学工具都准备好了，现在需要的就是把四维空间改为四维时空，然后将这些数学工具应用到新理论上面. 1913 年，爱因斯坦与格罗斯曼合作发表了一篇论文. 此后两年，爱因斯坦独立前进，于 1915 年底成功构建出自己的新理论，这个理论就是广义相对论. 从而使经典物理学成为一个完美的科学体系.

综合测试 3

一、填空题

1. 如果函数 $f(x)$ 在 $[a,b]$ 上可导，则在 (a,b) 内至少存在一点 ξ，使 $f'(\xi)=$ ________.

2. $\lim\limits_{x\to+\infty}\dfrac{\ln\left(1+\dfrac{1}{x}\right)}{\arctan x}=$ ________.

3. 函数 $y=2x^3+3x^2-12x-1$ 的单调减少区间是________.

4. 函数 $y=\sin x-x$ 在定义域内单调________.

5. 若函数 $y=f(x)$ 在 (a,b) 可导，则曲线 $f(x)$ 在 (a,b) 内取凹的充要条件是________.

6. 曲线 $y=x+x^{\frac{5}{3}}$ 的凹区间是________.

二、选择题

1. 下列函数中，当 $x\in[-1,1]$ 时，满足罗尔定理的有（　　）.

A. $y=x^3$　　B. $y=\ln|x|$　　C. $y=x^2$　　D. $y=\dfrac{1}{1-x^2}$

2. 设 $\lim\limits_{x\to a}f(x)=\lim\limits_{x\to a}g(x)=0$，且在点 a 的某邻域中（点 a 可除外），$f'(x)$ 与 $g'(x)$ 都存在且 $g'(x)\neq0$，则 $\lim\limits_{x\to a}\dfrac{f(x)}{g(x)}$ 存在是 $\lim\limits_{x\to a}\dfrac{f'(x)}{g'(x)}$ 存在的（　　）.

A. 充分条件　　B. 必要条件
C. 充要条件　　D. 既非充分也非必要条件

3. 设 $f'(x)=(x-1)(2x+1)$，$x\in(-\infty,+\infty)$ 则在 $\left(\dfrac{1}{2},1\right)$ 内 $f(x)$（　　）.

A. 单调增加，曲线 $f(x)$ 为凹的　　B. 单调减少，曲线 $f(x)$ 为凹的
C. 单调增加，曲线 $f(x)$ 为凸的　　D. 单调减少，曲线 $f(x)$ 为凸的

4. 下列函数是单调函数的是（　　）.

A. $y=\ln(1+x^2)$　　B. $y=xe^x$　　C. $y=\ln|x|$　　D. $y=x+\sin x$

5. 下列（　　）是函数 $y=x-\ln(1+x)$ 的单调减少区间.

A. $(-1,+\infty)$　　B. $(-1,0)$　　C. $(0,+\infty)$　　D. $(-\infty,-1)$

6. 下列结论正确的是（　　）.

A. 可导函数的极值点必是此函数的驻点

B. 可导函数的极值点必是此函数的最值点

C. 若 x_0 是函数 $f(x)$ 的极值点，则必有 $f'(x_0)=0$

D. 若 $f'(x_0)=0$，则 x_0 一定是函数 $f(x)$ 的极值点

7. 关于函数 $y=x^3$ 以下说法正确的是(　　).

A. 存在极值点　　B. 存在最值点

C. 存在驻点　　D. 在定义域内单调递减

8. 关于最值下列说法正确的是(　　).

A. 最值点必在极值点中取得

B. 最值点处的导数值为 0

C. 最值点在极值点与两个端点处的函数值中取得

D. 最大值肯定是极大值点

三、计算题

1. 证明方程 $x^5+x-1=0$ 只有一个正根.

2. 求极限 $\lim\limits_{x\to 0}\dfrac{3x-\sin 3x}{(1-\cos x)\ln(1+2x)}$.

3. 求极限：$\lim\limits_{x\to 0^+}x^{\sin x}$.

4. 求极限：$\lim\limits_{x\to 1}\left(\dfrac{2}{x^2-1}-\dfrac{1}{x-1}\right)$.

5. 已知 $y=2x^3-x^4$，试讨论其单调性，并求其极值.

6. 求曲线 $y=x^3(1-x)$ 的凹凸区间和拐点.

7. 求函数 $y=x^4-2x^2+5$ 在区间 $[-2,2]$ 上的最值.

8. 有一个半径为 R 的圆形广场，在广场中心的上方设置一灯. 问灯设多高能使广场周围的环道最亮(见右图)？已知当灯高为 x 时，照明度 $y=\dfrac{k\cos\alpha}{x^2+R^2}$，其中 k 为比例系数.

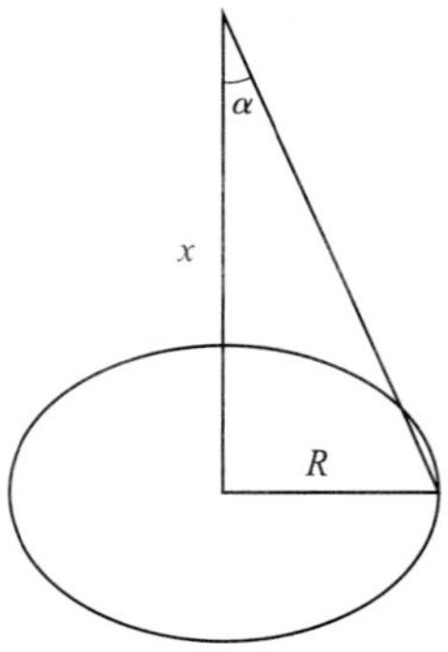

第 8 题图

9. 某房地产公司有 50 套公寓要出租，当租金定为每月 180 元时，公寓会全部租出去；当租金每月增加 10 元时，就有一套公寓租不出去. 而租出去的每套房子每月需花费 20 元的整修维护费. 试问房租定为多少可获得最大收入？

10.（容积问题）设有一块边长为 a 的正方形铁皮，在每个角截去同样大小的正方形，问截去正方形的边长多大，才能使剩下的铁皮折成的无盖方盒容积最大？

第 4 章　不定积分

我们已经学习了一元函数的微分学，掌握了由已知函数求其他导函数的方法. 但在许多实际问题中，常常需要解决相反的问题，即已知一个函数的导函数，求出这个函数. 这种由导数或微分求原来函数的逆运算称为不定积分.

§4.1　不定积分的概念与性质

引例：已知曲线 $y = f(x)$ 上任意点处的切线斜率为横坐标的 2 倍，求该曲线的方程.

分析：由题意可抽象为已知：$f'(x) = 2x$，求 $f(x)$.

4.1.1　原函数

定义 4.1　设函数 $f(x)$ 在区间 I 上有定义，如果存在函数 $F(x)$，使得对于区间 I 内的每一点都满足

$$F'(x) = f(x) \quad \text{或} \quad dF(x) = f(x)dx,$$

则称函数 $F(x)$ 是已知函数 $f(x)$ 在区间 I 上的一个原函数.

例 1　因为在 $(-\infty, +\infty)$ 内，有 $(x^2)' = 2x$，所以 x^2 是 $2x$ 在 $(-\infty, +\infty)$ 内的一个原函数，同理 $x^2+1, x^2-\sqrt{3}, x^2+C$（其中 C 为任意常数）都是 $2x$ 在 $(-\infty, +\infty)$ 内的原函数.

显然如果一个函数存在原函数，那么原函数是不唯一的，并且有无穷多个. 那么，什么样的函数一定有原函数呢？

定理 4.1（原函数存在定理）　如果函数 $f(x)$ 在区间 I 上连续，则 $f(x)$ 在区间 I 上一定存在原函数，即**连续函数一定有原函数**.

注意：

由于初等函数在其定义区间内均连续，故初等函数在其定义区间内均存在原函数.

同时，由拉格朗日中值定理的推论可知：如果 $F(x)$ 和 $G(x)$ 都是 $f(x)$ 的原函数，则他们相差一个常数，即 $G(x) = F(x) + C$. 因此，则 $f(x)$ 的所有原函数可以表示为 $F(x) + C$（C 为任意常数）.

4.1.2　不定积分

定义 4.2　若 $F(x)$ 是 $f(x)$ 在区间 I 上的一个原函数，则将函数 $f(x)$ 的所有原函数，称为 $f(x)$ 的**不定积分**，记为 $\int f(x)dx$，即 $\int f(x)dx = F(x) + C$，其中符号 $\int$ 称为积分号，$f(x)$ 称为被积函数，$f(x)dx$ 称为被积表达式，x 称为积分变量，C 称为积分常数.

由定义 4.2 知，求函数 $f(x)$ 的不定积分，就是先求 $f(x)$ 的一个原函数，再加上任意常数.

例 2　求函数 $f(x) = 2x$ 的不定积分：$\int 2xdx$.

解　因为 $(x^2)' = 2x$，所以 $\int 2xdx = x^2 + C$

例 3　求函数 $f(x) = \dfrac{1}{x}$ 的不定积分：$\int \dfrac{1}{x}dx$.

解　因为当 $x > 0$ 时，$(\ln x)' = \dfrac{1}{x}$，所以 $\int \dfrac{1}{x}dx = \ln x + C, (x > 0)$.

当 $x<0$ 时，$[\ln(-x)]'=\frac{1}{x}$，所以 $\int\frac{1}{x}dx=\ln(-x)+C,(x<0)$.

所以
$$\int\frac{1}{x}dx=\ln|x|+C.$$

4.1.3 不定积分的几何意义

在几何上，$f(x)$ 的不定积分对应一组平行曲线 $F(x)+C$，这组曲线称为 $f(x)$ 的一簇积分曲线，其中每一条积分曲线在 x 点的斜率为 $f(x)$，如图 4-1-1 所示.

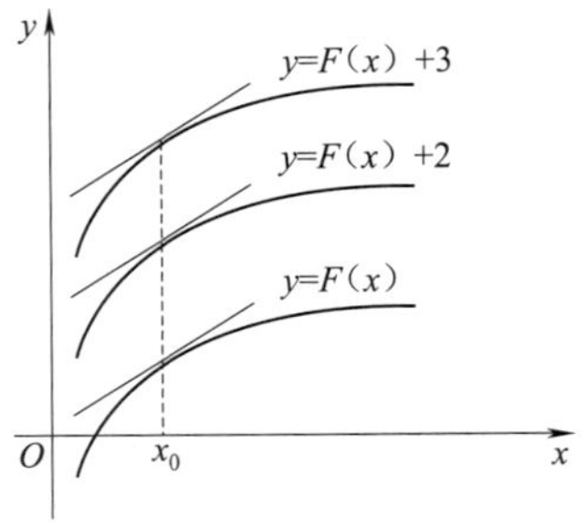

图 4-1-1

例 4 已知曲线 $y=f(x)$ 任意点处的切线斜率为横坐标的 2 倍，且经过点 (1,3)，求该曲线的方程.

解 由题意知
$$f'(x)=2x,$$
则
$$f(x)=\int 2x dx=x^2+C,$$
将 $x=1,y=3$ 代入，得 $C=2$.

所以该曲线方程为 $y=x^2+2$.

4.1.4 不定积分的性质

性质 1 求不定积分与求导数或微分互为逆运算.

(1) $\frac{d}{dx}\left[\int f(x)dx\right]=f(x)$ 或 $d\left[\int f(x)dx\right]=f(x)dx$.

(2) $\int F'(x)dx=F(x)+C$ 或 $\int dF(x)=F(x)+C$.

由此可见，微分运算(以记号 d 表示)与积分运算(以记号 $\int$ 表示)是互逆的. 两个运算连在一起，$d\int$ 完全抵消，$\int d$ 抵消后相差一个常数.

性质 2 两个函数的代数和(或差)的积分等于函数积分的和或差.
$$\int[f(x)\pm g(x)]dx=\int f(x)dx\pm\int g(x)dx$$
该性质可推广到有限个函数代数和的情形，但不能适用于两个函数的乘积(或商)，请思考为什么?

性质 3 不为 0 的常数因子可以移到积分号前.
$$\int kf(x)dx=k\int f(x)dx \quad (k\neq 0).$$
性质 2 和性质 3 统称为不定积分的线性运算法则.

4.1.5 基本积分表

由性质 1 知求不定积分是求导数或微分的逆运算，那么从导数(或微分)的基本公式可得到相应的基本积分公式：

(1) $\int dx=x+C$；

(2) $\int x^\alpha dx=\frac{1}{\alpha+1}x^{\alpha+1}+C\ (\alpha\neq-1)$；

(3) $\int\frac{1}{x}dx=\ln|x|+C$；

(4) $\int a^x \mathrm{d}x = \dfrac{a^x}{\ln a} + C$，当 $a = \mathrm{e}$ 时 $\int \mathrm{e}^x \mathrm{d}x = \mathrm{e}^x + C$;

(5) $\int \cos x \mathrm{d}x = \sin x + C$;

(6) $\int \sin x \mathrm{d}x = -\cos x + C$;

(7) $\int \sec^2 x \mathrm{d}x = \tan x + C$;

(8) $\int \csc^2 x \mathrm{d}x = -\cot x + C$;

(9) $\int \sec x \tan x \mathrm{d}x = \sec x + C$;

(10) $\int \csc x \cot x \mathrm{d}x = -\csc x + C$;

(11) $\int \dfrac{\mathrm{d}x}{\sqrt{1 - x^2}} = \arcsin x + C = -\arccos x + C$;

(12) $\int \dfrac{\mathrm{d}x}{1 + x^2} = \arctan x + C = -\mathrm{arccot}\, x + C$.

以上 12 个公式是求不定积分的基础，请熟记.

4.1.6　直接积分法

利用不定积分的运算性质和基本积分公式，直接求出不定积分的方法，称为直接积分法.

例 5　求 $\int (3x^2 + \mathrm{e}^x - \cos x)\mathrm{d}x$.

解　利用直接积分法，

$$\begin{aligned}\int (3x^2 + \mathrm{e}^x - \cos x)\mathrm{d}x &= 3\int x^2 \mathrm{d}x + \int \mathrm{e}^x \mathrm{d}x - \int \cos x \mathrm{d}x \\ &= 3\left(\frac{1}{3}x^3 + C_1\right) + (\mathrm{e}^x + C_2) - (\sin x + C_3) \\ &= x^3 + \mathrm{e}^x - \sin x + (3C_1 + C_2 - C_3) \\ &= x^3 + \mathrm{e}^x - \sin x + C.\end{aligned}$$

注意：

每个积分号都含有一个任意常数，但由于这些任意常数的代数和仍是任意常数，故只要总地写出一个任意常数 C 即可.

例 6　求 $\int \sqrt{x}\left(1 - \dfrac{1}{x}\right)\mathrm{d}x$.

解　$\int \sqrt{x}\left(1 - \dfrac{1}{x}\right)\mathrm{d}x = \int \left(\sqrt{x} - \dfrac{1}{\sqrt{x}}\right)\mathrm{d}x = \dfrac{2}{3}x^{\frac{3}{2}} - 2\sqrt{x} + C = \dfrac{2}{3}x\sqrt{x} - 2\sqrt{x} + C$.

例 7　求 $\int \dfrac{1 + x + x^2}{x(1 + x^2)}\mathrm{d}x$.

解　$\int \dfrac{1 + x + x^2}{x(1 + x^2)}\mathrm{d}x = \int \dfrac{(1 + x^2) + x}{x(1 + x^2)}\mathrm{d}x = \int \left(\dfrac{1}{x} + \dfrac{1}{1 + x^2}\right)\mathrm{d}x = \ln|x| + \arctan x + C$.

视频

例7、例8

例 8　求 $\int \dfrac{1}{x^2(1 + x^2)}\mathrm{d}x$.

解　$\int \dfrac{1}{x^2(1 + x^2)}\mathrm{d}x = \int \dfrac{1 + x^2 - x^2}{x^2(1 + x^2)}\mathrm{d}x = \int \left(\dfrac{1}{x^2} - \dfrac{1}{1 + x^2}\right)\mathrm{d}x = -\dfrac{1}{x} - \arctan x + C$.

例 9 求 $\int \tan^2 x \mathrm{d}x$.

解 $\int \tan^2 x \mathrm{d}x = \int (\sec^2 x - 1)\mathrm{d}x = \tan x - x + C.$

例 10 求 $\int \sin^2 \dfrac{x}{2}\mathrm{d}x$.

解 $\int \sin^2 \dfrac{x}{2}\mathrm{d}x = \int \dfrac{1-\cos x}{2}\mathrm{d}x = \dfrac{1}{2}\int (1-\cos x)\mathrm{d}x = \dfrac{1}{2}(x - \sin x) + C.$

例 11 求 $\int \dfrac{\mathrm{d}x}{\sin^2 x \cos^2 x}$.

解
$$\int \frac{\mathrm{d}x}{\sin^2 x \cos^2 x} = \int \frac{\sin^2 x + \cos^2 x}{\sin^2 x \cos^2 x}\mathrm{d}x = \int \left(\frac{1}{\cos^2 x} + \frac{1}{\sin^2 x}\right)\mathrm{d}x$$
$$= \int (\sec^2 x + \csc^2 x)\mathrm{d}x = \tan x - \cot x + C.$$

注意:

需要用直接积分法计算的积分式对被积函数进行恒等变形,在分子上加一项、减一项是常用的技巧,如例 8;此外,三角函数的有关公式,如平方关系也常用到,如例 9、例 11.

应用解析

案例(列车制动) 列车进站前需减速行驶,若列车减速后的速度为 $v(t) = 1 - \dfrac{1}{3}t$(单位:km/min,列车减速行驶的运动函数为 $S = S(t)$,且 $t=0$ 时 $S=0$,问列车应在离站台多远的地方开始减速?

解 因为速度与路程的关系
$$v(t) = s'(t),$$
所以
$$s(t) = \int v(t)\mathrm{d}t = \int \left(1 - \frac{1}{3}t\right)\mathrm{d}t = t - \frac{1}{6}t^2 + C.$$
将 $s(0) = 0$,代入得 $C = 0$,

则
$$s(t) = t - \frac{1}{6}t^2.$$
又由
$$v(t) = 1 - \frac{1}{3}t = 0,$$
可解得 $t = 3$ min,即从减速至停下需要 3 min.

于是由 $s(3) = 1.5$ km. 可得列车应在离站台 1.5 km 的地方开始减速.

习题 4-1

A 组

1. 填空题

(1) 已知 $\int f(x)\mathrm{d}x = \sin^2 x + C$,则 $f(x) =$ ________.

(2) 已知 $\left[\int f(x)\mathrm{d}x\right]' = \ln x$,则 $f(x) =$ ________.

(3) $\int d\ln(x-1) =$ ________.

2. 选择题

(1) 设 $f(x)$ 为连续函数，则 $\left[\int f(x)dx\right]' =$（　　）.

A. $f(x)+C$　　B. $f(x)$　　C. $f(x)dx$　　D. $f'(x)$

(2) 若 $F(x)$ 是 $f(x)$ 的一个原函数，C 为不等于 0 也不等 1 的其他任意常数，则（　　）也必是 $f(x)$ 的原函数.

A. $CF(x)$　　B. $F(Cx)$　　C. $F\left(\frac{x}{C}\right)$　　D. $F(x)+C$

(3) 下列函数中，是同一函数的原函数的是（　　）.

A. $\frac{1}{2}\sin^2 x$ 与 $\frac{1}{4}\cos 2x$　　B. $\frac{1}{2}\sin^2 x$ 与 $-\frac{1}{4}\cos 2x$

C. $\ln|\ln x|$ 与 $2\ln x$　　D. $\tan^2\frac{x}{2}$ 与 $\csc^2\frac{x}{2}$

(4) 已知曲线 $y=f(x)$ 在点 (x,y) 的切线斜率为 $\frac{1}{x^2}$，且过点(1,1)，则此曲线方程是（　　）.

A. $\frac{1}{x}$　　B. $\frac{1}{x}+2$　　C. $-\frac{1}{x}$　　D. $-\frac{1}{x}+2$

(5) 下列不定积分中不正确的是（　　）.

A. $\int \tan x dx = \sec^2 x + C$　　B. $\int \frac{1}{x}dx = \ln|3x| + C$

C. $\int \frac{1}{\sqrt{1-x^2}}dx = -\arccos x + C$　　D. $\int \frac{1}{1+x^2}dx = -\operatorname{arccot} x + C$

3. 求下列不定积分：

(1) $\int \sqrt{x\sqrt{x\sqrt{x}}}\,dx$；　　(2) $\int \sqrt{x}(x-3)dx$；

(3) $\int \frac{(x^2-3)(x+1)}{x^2}dx$；　　(4) $\int \frac{(2x-1)(\sqrt{x}+1)}{\sqrt{x}}dx$；

(5) $\int \frac{x^2}{1+x^2}dx$；　　(6) $\int \frac{1+x}{1+\sqrt[3]{x}}dx$；

(7) $\int \frac{e^{2x}-1}{e^x+1}dx$；　　(8) $\int \cos^2\frac{x}{2}dx$；

(9) $\int \cot^2 x dx$；　　(10) $\int \frac{\sin^2 x}{1+\cos 2x}dx$.

B组

1. 已知某积分曲线的切线斜率为 $k=\frac{1}{4}x, x\in(-\infty,+\infty)$，

(1) 求积分曲线组；

(2) 求通过点 $\left(2,\frac{5}{2}\right)$ 的积分曲线.

2. (冰的厚度函数) 池塘结冰的速度为 $\frac{dy}{dt}=k\sqrt{t}$，其中 y 是自结冰起到 t 时刻的冰的厚度，y 的单位为 cm，t 的单位为 h，k 是正常数，求 y 关于 t 的函数.

文化视角

微积分的创始人到底是谁？

牛顿和莱布尼茨对微积分都作出了巨大贡献，但两人中到底谁才是微积分的创始人呢？

关于这个问题，历史上曾出现过一场围绕微积分成果归属和优先权的激烈争论. 这场争论从牛顿和莱布尼茨还在世时就开始了，直到他们去世还未停止，一直持续了100多年的时间，英国和欧洲大陆各国不少科学家都曾卷入这场旷世持久、尖锐而复杂的论战中.

争论的主要原因：1687年以前，牛顿没有发表过微积分方面的任何工作，但他从1665年到1687年把研究结果通知了他的朋友. 特别地，1669年他把他的短文《分析学》给了他的老师巴罗，后者把它送给了John Collins. 莱布尼茨于1672年访问巴黎，1673年访问伦敦，并和一些与牛顿工作的人通信，直到1684年才发表微积分的著作. 于是就出现莱布尼茨是否知道牛顿工作详情的问题?

争论使数学家分成两派. 一派是英国数学家，包括数学家泰勒和麦克劳林等，他们捍卫牛顿，认为莱布尼茨剽窃了牛顿的成果；另一派是欧洲大陆数学家，尤其是Bernoulli兄弟，支持莱布尼茨.

首先，牛顿和莱布尼茨对微积分的研究方法和途径是不同的.

牛顿研究微积分着重于从运动学来考虑，他在1671年写了《流数法和无穷级数》，这本书直到1736年才出版，它在这本书里指出，量变是由点、线、面的连续运动产生的，否定了以前自己认为的变量是无穷小元素的静止集合. 他把连续变量称为流动量，把这些流动量的导数称为流数. 牛顿在流数术中所提出的中心问题是：已知连续运动的路径，求给定时刻的速度(微分法)；已知运动的速度，求给定时间内经过的路程(积分法).

莱布尼茨研究微积分却是侧重于几何学来考虑的. 他在1684年发表了现在世界认为是最早的微积分文献，这篇文章有一个很长而且很古怪的名字《一种求极大极小和切线的新方法，它也适用于分式和无理量，以及这种新方法的奇妙类型的计算》. 就是这样一篇说理也颇含糊的文章，却有划时代的意义. 它已含有现代的微分符号和基本微分法则. 莱布尼茨主要是在研究曲线的切线和面积的问题上，运用分析学方法引进微积分要领的.

牛顿在微积分的应用上更多地结合了运动学，造诣精深；但莱布尼茨的表达形式简洁、准确，胜过牛顿. 在对微积分具体内容的研究上，牛顿先有导数概念，后有积分概念；莱布尼茨则先有求积概念，后有导数概念.

其次，牛顿与莱布尼茨的学风也迥然不同.

作为科学家的牛顿，治学严谨. 他迟迟不发表微积分著作《流数术》的原因，很可能是因为他没有找到合理的逻辑基础，也可能是“害怕别人反对的心理”所致. 但作为哲学家的莱布尼茨比较大胆，富于想象、勇于推广，结果造成创作年代上牛顿先于莱布尼茨10年，而在发表的时间上，莱布尼茨却早于牛顿3年.

虽然牛顿和莱布尼茨研究微积分的方法各异，但殊途同归. 各自独立地完成了创建微积分的盛业，光荣应由他们两人共享.

这场争论是数学发展史上不可磨灭的一页，它的重要性不在于谁胜谁负的问题，而是使数学家分成英国和欧洲大陆两派，争论双方在争论期间停止学术交流，不仅影响了数学的正常发展，也波及自然科学领域，以致发展到英德两国之间的政治摩擦. 自尊心很强的英国民族抱住牛顿的概念和记号不放，拒绝使用更为合理的莱布尼茨的微积分符号和技巧，致使英国在数学发展上大大落后于欧洲大陆. 一场旷日持久的争论变成了科学史上的前车之鉴.

§4.2　换元积分法

引例:美丽的冰城常年积雪,滑冰场完全靠自然结冰,结冰的速度由

$$\frac{dy}{dt} = k\sqrt{t+1} \quad (k \geqslant 0 \text{ 为常数})$$

确定,其中 y 是从结冰起到 t 时刻冰的厚度,求结冰厚度 y 关于时间 t 的函数.

分析:已知 $\frac{dy}{dt}$, 求 y 关于 t 的函数,这就是不定积分问题,根据不定积分定义,可知

$$y = \int k\sqrt{t+1}\,dt.$$

但这个计算由于被积函数是复合函数(多层函数),无法用直接积分法完成.

引例说明,能用直接积分法计算的不定积分是有限的,因此我们还要进一步研究求不定积分的方法. 下面我们介绍一种常用的不定积分方法:换元积分法.

换元积分法的基本思想是:通过**变量代换**的方式改变积分变量,进而求出原函数,再换回原来的变量. 根据变量代换的不同分为第一类换元积分法和第二类换元积分法.

4.2.1　第一类换元积分法(凑微分法)

观察不定积分 $\int \cos 5x\,dx$, 发现被积函数是由 $y = \cos u$ 和 $u = 5x$ 构成的复合函数,所以不能直接套用积分公式 $\int \cos x\,dx$. 但可以做如下的操作:

$$\int \cos 5x\,dx = \frac{1}{5}\int \cos 5x\,d5x = \frac{1}{5}\int \cos u\,du = \frac{1}{5}\sin u + C = \frac{1}{5}\sin 5x + C.$$

通过复合函数的微分法可验证,结果是正确的. 那这种积分方法是否具有一般性呢? 答案是肯定的,这就是第一类换元积分法.

定理 4.2(第一类换元积分法)　设 $f(u)$ 具有原函数 $F(u)$, $u = \varphi(x)$ 可导,则有换元积分公式

$$\int f(\varphi(x))\varphi'(x)\,dx = F(\varphi(x)) + C$$

由定理可见,应用第一类换元积分法进行计算时,关键是被积函数能对应为 $f(\varphi(x))\varphi'(x)$ (复合函数的导数)的结构,同时 $\int f(u)\,du$ 为基本积分公式或易求解,从而求出不定积分. 其计算过程为

$$\int g(x)\,dx \xlongequal[(1)]{\text{恒等变形}} \int f(\varphi(x))\varphi'(x)\,dx \xlongequal[(2)\text{ 凑微分}]{\varphi'(x)dx = d\varphi(x)}$$

$$\int f(\varphi(x))\,d\varphi(x) \xlongequal[(3)\text{ 换元}]{\varphi(x) = u} \int f(u)\,du \xlongequal[(4)\text{ 积分}]{}$$

$$F(u) + C \xlongequal[(5)\text{ 回代}]{u = \varphi(x)} F(\varphi(x)) + C$$

衡量上述步骤,我们发现其中第(2)步凑微分,即将 $\varphi'(x)\,dx$ 转化为 $d\varphi(x)$ 是整个解题过程的关键,起到了最重要的作用,所以第一类换元积分法又称作"凑微分法".

例 1　$\int (2x+3)^{99}\,dx.$

解　被积函数 $(2x+3)^{99}$ 是由 $y = u^{99}$, $u = 2x+3$ 复合而成的复合函数,

因为 $dx = \frac{1}{2}d(2x+3)$,

所以 $$\int(2x+3)^{99}dx \xlongequal{\text{凑微分}} \frac{1}{2}\int(2x+3)^{99}d(2x+3) \xlongequal{\text{换元}} \frac{1}{2}\int u^{99}du$$

$$\xlongequal{\text{积分}} \frac{1}{200}u^{100}+C$$

$$\xlongequal{\text{回代}} \frac{1}{200}(2x+3)^{99}+C.$$

例 2 求不定积分 $\int 2xe^{x^2}dx$.

解 被积函数中 e^{x^2} 是一个复合函数:由 $y=e^u,u=x^2$ 复合而成,

因为 $$2xdx=dx^2,$$

所以

$$\int 2xe^{x^2}dx \xlongequal{\text{凑微分}} \int e^{x^2}d\,x^2 \xlongequal[x^2=u]{\text{换元}} \int e^u du \xlongequal{\text{积分}} e^u+C \xlongequal{\text{回代}} e^{x^2}+C.$$

注意:

第一类换元积分法(凑微分法)重在凑微分,所以此种方法运用熟练后,可以省略换元的步骤,直接写结果即可。

如例 2 省略换元的步骤,可直接写为

$$\int 2xe^{x^2}dx=\int e^{x^2}dx^2=e^{x^2}+C.$$

为了更好地运用凑微分法,下面列举一些常用的凑微分公式:

(1) $x^{\alpha}dx=\frac{1}{\alpha+1}dx^{\alpha+1}=\frac{1}{a}\cdot\frac{1}{\alpha+1}d(ax^{\alpha+1}+b)$, $(\alpha\neq-1)$.

① $dx=\frac{1}{a}d(ax+b)$;

② $xdx=\frac{1}{2}dx^2=\frac{1}{2a}d(ax^2+b)$;

③ $x^2dx=\frac{1}{3}dx^3=\frac{1}{3a}d(ax^3+b)$;

④ $\frac{1}{\sqrt{x}}dx=2d\sqrt{x}=\frac{2}{a}d(a\sqrt{x}+b)$;

⑤ $\frac{1}{x^2}dx=-d\frac{1}{x}=-\frac{1}{a}d\left(\frac{a}{x}+b\right)$.

(2) $\frac{1}{x}dx=d\ln x=\frac{1}{a}d(b+a\ln x)$.

(3) $e^xdx=de^x=\frac{1}{a}d(ae^x+b)$.

(4) $\sin xdx=-d\cos x=-\frac{1}{a}d(a\cdot\cos x+b)$.

(5) $\cos xdx=d\sin x=\frac{1}{a}d(a\cdot\sin x+b)$.

(6) $\sec^2xdx=d\tan x=\frac{1}{a}d(a\cdot\tan x+b)$.

(7) $\csc^2xdx=-d\cot x=-\frac{1}{a}d(a\cdot\cot x+b)$.

(8) $\sec x\tan xdx=d\sec x=\frac{1}{a}d(a\cdot\sec x+b)$.

(9) $\csc x\cot x\mathrm{d}x = -\mathrm{d}\csc x = -\dfrac{1}{a}\mathrm{d}(a\cdot\csc x + b)$.

(10) $\dfrac{1}{\sqrt{1-x^2}}\mathrm{d}x = \mathrm{d}\arcsin x = \dfrac{1}{a}\mathrm{d}(a\cdot\arcsin x + b)$.

(11) $\dfrac{1}{1+x^2}\mathrm{d}x = \mathrm{d}\arctan x = \dfrac{1}{a}\mathrm{d}(a\cdot\arctan x + b)$.

注意：

有了凑微分法，对于本节引例提出的积分 $\int k\sqrt{t+1}\,\mathrm{d}t$，$(k\geqslant 0)$，可做如下求解：

解：因为 $\mathrm{d}t=\mathrm{d}(t+1)$，

所以
$$\int k\sqrt{t+1}\,\mathrm{d}t = k\int\sqrt{t+1}\,\mathrm{d}(t+1).$$

令 $t+1=u$，则
$$\text{原式} = k\int\sqrt{u}\,\mathrm{d}u = \frac{3}{2}ku^{\frac{3}{2}} + C.$$

回代 $u=t+1$，于是
$$\text{原式} = \frac{3}{2}k(t+1)^{\frac{3}{2}} + C,$$

或简写为
$$\int k\sqrt{t+1}\,\mathrm{d}t = k\int(t+1)^{\frac{1}{2}}\mathrm{d}(t+1) = \frac{3}{2}k(t+1)^{\frac{3}{2}} + C.$$

为了熟练掌握凑微分法，下面我们再看几道例题：

视频 例3、例4、例5

例 3　求 $\int\dfrac{1}{x^2-a^2}\mathrm{d}x\quad(a>0)$；

解
$$\int\frac{1}{x^2-a^2}\mathrm{d}x = \frac{1}{2a}\int\left(\frac{1}{x-a}-\frac{1}{x+a}\right)\mathrm{d}x$$
$$= \frac{1}{2a}\left[\int\frac{1}{x-a}\mathrm{d}(x-a) - \int\frac{1}{x+a}\mathrm{d}(x+a)\right]$$
$$= \frac{1}{2a}[\ln|x-a| - \ln|x+a|] + C = \frac{1}{2a}\ln\left|\frac{x-a}{x+a}\right| + C,$$

即
$$\int\frac{1}{x^2-a^2}\mathrm{d}x = \frac{1}{2a}\ln\left|\frac{x-a}{x+a}\right| + C\quad(a>0).$$

例 4　求 $\int\dfrac{1}{a^2+x^2}\mathrm{d}x\quad(a>0)$.

解
$$\int\frac{1}{a^2+x^2}\mathrm{d}x = \frac{1}{a^2}\int\frac{1}{1+\left(\frac{x}{a}\right)^2}\mathrm{d}x = \frac{1}{a}\int\frac{1}{1+\left(\frac{x}{a}\right)^2}\mathrm{d}\left(\frac{x}{a}\right) = \frac{1}{a}\arctan\frac{x}{a} + C$$

即
$$\int\frac{1}{a^2+x^2}\mathrm{d}x = \frac{1}{a}\arctan\frac{x}{a} + C\quad(a>0).$$

例 5　求 $\int\dfrac{\mathrm{d}x}{\sqrt{a^2-x^2}}$，$(a>0)$.

解
$$\int\frac{\mathrm{d}x}{\sqrt{a^2-x^2}} = \frac{1}{a}\int\frac{\mathrm{d}x}{\sqrt{1-\left(\frac{x}{a}\right)^2}} = \int\frac{1}{\sqrt{1-\left(\frac{x}{a}\right)^2}}\mathrm{d}\left(\frac{x}{a}\right) = \arcsin\frac{x}{a} + C.$$

即
$$\int\frac{\mathrm{d}x}{\sqrt{a^2-x^2}} = \arcsin\frac{x}{a} + C\quad(a>0).$$

例 6 求 $\int \frac{1}{x^2-4x-5}\mathrm{d}x$.

解 $\int \frac{1}{x^2-4x-5}\mathrm{d}x = \int \frac{1}{(x+1)(x-5)}\mathrm{d}x$

$$= \frac{1}{6}\int\left(\frac{1}{x-5}-\frac{1}{x+1}\right)\mathrm{d}x = \frac{1}{6}\ln\left|\frac{x-5}{x+1}\right| + C$$

例 7 求 $\int \frac{1}{x^2-8x+25}\mathrm{d}x$.

解 $\int \frac{1}{x^2-8x+25}\mathrm{d}x = \int \frac{\mathrm{d}(x-4)}{(x-4)^2+3^2} = \frac{1}{3}\arctan\frac{x-4}{3} + C.$

例 8 求 $\int \frac{\mathrm{d}x}{\sqrt{3+2x-x^2}}$.

解 $\int \frac{\mathrm{d}x}{\sqrt{3+2x-x^2}} = \int \frac{\mathrm{d}(x-1)}{\sqrt{2^2-(x-1)^2}} = \arcsin\frac{x-1}{2} + C.$

例 9 求 $\int \frac{x+2}{x^2+2x+2}\mathrm{d}x$

解 $\int \frac{x+2}{x^2+2x+2}\mathrm{d}x = \int \frac{\frac{1}{2}(2x+2)+1}{x^2+2x+2}\mathrm{d}x$

$$= \frac{1}{2}\int \frac{(x^2+2x+2)'\mathrm{d}x}{x^2+2x+2} + \int \frac{1}{1+(x+1)^2}\mathrm{d}(x+1)$$

$$= \frac{1}{2}\ln(x^2+2x+2) + \arctan(x+1) + C.$$

注意：

例 6 ~ 例 9 各不定积分均为简单的有理函数的积分。一般地，此类积分有如下规律：

(1)若分子为常数，分母可分解因式，就用拆项法，如例 6；

(2)若分子为常数，分母为二次式，且不能分解因式，则将分母配成平方和，用公式 $\int \frac{1}{a^2+x^2}\mathrm{d}x = \frac{1}{a}\arctan\frac{x}{a} + C$，如例 7；

(3)若分子为一次式，分母为二次式，则将分子分成两部分：一部分是分母的导数，另一部分是常数，如例 9.

例 10 求 $\int \frac{\cos\frac{1}{x}}{x^2}\mathrm{d}x$.

解 $\int \frac{\cos\frac{1}{x}}{x^2}\mathrm{d}x = -\int\cos\frac{1}{x}\mathrm{d}\left(\frac{1}{x}\right) = -\sin\frac{1}{x} + C.$

例 11 求 $\int \frac{\mathrm{e}^x}{1+\mathrm{e}^{2x}}\mathrm{d}x$.

解 $\int \frac{\mathrm{e}^x}{1+\mathrm{e}^{2x}}\mathrm{d}x = \int \frac{1}{1+(\mathrm{e}^x)^2}\mathrm{d}(\mathrm{e}^x) = \arctan\mathrm{e}^x + C.$

例 12 求 $\int \frac{1}{1+\mathrm{e}^x}\mathrm{d}x$.

解 $\int\frac{1}{1+e^x}dx=\int\frac{1+e^x-e^x}{1+e^x}dx=\int\left(1-\frac{e^x}{1+e^x}\right)dx$

$$=x-\int\frac{1}{1+e^x}d(1+e^x)=x-\ln(1+e^x)+C.$$

例 13 求 $\int\frac{\ln x}{x}dx$.

解 $\int\frac{\ln x}{x}dx=\int\ln x d(\ln x)=\frac{1}{2}\ln^2x+C.$

例 14 求 $\int\tan x dx$.

解 $\int\tan x dx=\int\frac{\sin x}{\cos x}dx=-\int\frac{1}{\cos x}d(\cos x)=-\ln|\cos x|+C,$

即

$$\int\tan x dx=-\ln|\cos x|+C.$$

用同样的方法，可得

$$\int\cot x dx=\ln|\sin x|+C.$$

例 15 求 $\int\sec x dx$.

解 $\int\sec x dx=\int\frac{\sec x(\sec x+\tan x)}{\sec x+\tan x}dx=\int\frac{\sec x\tan x+\sec^2x}{\sec x+\tan x}dx$

$$=\int\frac{1}{\sec x+\tan x}d(\sec x+\tan x)=\ln|\sec x+\tan x|+C,$$

即

$$\int\sec x dx=\ln|\sec x+\tan x|+C.$$

用同样的方法，可得

$$\int\csc x dx=\ln|\csc x-\cot x|+C.$$

例 16 求 $\int\sin^2x dx$.

解 $\int\sin^2x dx=\int\frac{1-\cos 2x}{2}dx=\frac{1}{2}\left(\int dx-\int\cos 2x dx\right)$

$$=\frac{1}{2}\left[x-\frac{1}{2}\int\cos 2x d(2x)\right]=\frac{1}{2}x-\frac{1}{4}\sin 2x+C.$$

例 17 求 $\int\sin^2x\cdot\cos^5x dx$.

解 $\int\sin^2x\cdot\cos^5x dx=\int\sin^2x\cdot\cos^4x\cdot\cos x dx$

$$=\int\sin^2x(1-\sin^2x)^2d(\sin x)$$

$$=\int(\sin^2x-2\sin^4x+\sin^6x)d(\sin x)$$

$$=\frac{1}{3}\sin^3x-\frac{2}{5}\sin^5x+\frac{1}{7}\sin^7x+C.$$

例 18 求 $\int\tan^9x\cdot\sec^4x dx$.

解 $\int\tan^9x\cdot\sec^4x dx=\int\tan^9x\cdot\sec^2x d(\tan x)=\int\tan^9x\cdot(1+\tan^2x)d(\tan x)$

$$=\frac{1}{10}\tan^{10}x+\frac{1}{12}\tan^{12}x+C.$$

例 19 求 $\int\tan^3x\cdot\sec^5x\mathrm{d}x$.

解 $\int\tan^3x\cdot\sec^5x\mathrm{d}x=\int\tan^2x\cdot\sec^4x\mathrm{d}(\sec x)=\int(\sec^2x-1)\cdot\sec^4x\mathrm{d}(\sec x)$

$$=\frac{1}{7}\sec^7x-\frac{1}{5}\sec^5x+C.$$

以上各例,让我们认识到凑微分公式在求不定积分中所起的作用.像复合函数的微分法在微分学中一样,凑微分公式在积分学中也经常用到,而且如何凑出需要的微分式,没有一般规律可循.读者要想掌握此方法,除了熟悉一些典型的例子外,还要做较多的练习才行.

4.2.2 第二类换元积分法

第一类换元积分法是将一个难以求出的不定积分 $\int f(\psi(x))\psi'(x)\mathrm{d}x$,通过凑微分－换元化为容易求出的积分 $\int f(u)\mathrm{d}u$;但还常常会遇见相反的情况,即不容易化为 $\int f(u)\mathrm{d}u$,或化为 $\int f(u)\mathrm{d}u$ 后不容易求解,这时,我们可以转换思路:先选择适当的函数 $x=\psi(t)$ 对原积分进行换元,换元后的积分 $\int f(\psi(t))\psi'(t)\mathrm{d}t$ 易求出;再将求出的结果用 $x=\psi(t)$ 的反函数 $t=\psi^{-1}(x)$ 代回去,为了保证这个反函数存在而且是可导的,这里要求 $x=\psi(t)$ 是单调的、可导的即可.这种有别于第一类换元法的积分方法,称为第二类换元积分法.

定理 4.3(第二类换元积分法) 设函数 $x=\psi(t)$ 是单调的可导函数,且 $\psi'(t)\neq0$,又函数 $\int f(\psi(t))\psi'(t)\mathrm{d}t$ 具有原函数,则有换元积分公式

$$\int f(x)\mathrm{d}x=\left[\int f(\psi(t))\psi'(t)\mathrm{d}t\right]_{t=\psi^{-1}(x)}.$$

由定理可见,应用第二类换元积分法进行计算时,关键是选取恰当的函数 $x=\psi(t)$ 进行换元,以保证换元后的 $\left[\int f(\psi(t))\psi'(t)\mathrm{d}t\right]_{t=\psi^{-1}(x)}$ 易求解,从而求出不定积分.其计算过程为

$$\int f(x)\mathrm{d}x\xlongequal[\text{换元}]{\text{令 }x=\psi(t)}\int f(\psi(t))\psi'(t)\mathrm{d}t=F(t)+C\xlongequal[\text{回代}]{t=\psi^{-1}(x)}F(\psi^{-1}(x))+C.$$

下面针对被积函数的结构不同,将第二类换元积分法分两种情况应用:简单根式代换和三角代换.

1.简单根式代换

例 20 求 $\int\frac{\mathrm{d}x}{1+\sqrt{x}}$.

分析 这个积分难点在 $\sqrt{x}$,于是我们应该想到通过换元去根号,进而突破难点完成计算.

解 设 $\sqrt{x}=t$,则 $x=t^2$,$\mathrm{d}x=2t\mathrm{d}t$,

于是 $$\int\frac{\mathrm{d}x}{1+\sqrt{x}}=\int\frac{2t}{1+t}\mathrm{d}t=2\int\frac{1+t-1}{1+t}\mathrm{d}t$$

$$=2\int\left(1-\frac{1}{1+t}\right)\mathrm{d}t=2[t-\ln(1+t)]+C\quad(\text{注意到 }t=\sqrt{x}>0)$$

$$\xlongequal[t=\sqrt{x}]{\text{回代}}2[\sqrt{x}-\ln(1+\sqrt{x})]+C.$$

例 21 求 $\int\frac{1}{\sqrt{\mathrm{e}^x-1}}\mathrm{d}x$.

解　令 $\sqrt{e^x-1}=t$，则 $x=\ln(t^2+1)$，$dx=\frac{2t}{t^2+1}dt$，

于是
$$\int \frac{1}{\sqrt{e^x-1}}dx=\int \frac{1}{t}\cdot\frac{2t}{t^2+1}dt=2\int\frac{1}{t^2+1}dt=2\arctan t+C$$
$$\xlongequal[t=\sqrt{e^x-1}]{\text{回代}}2\arctan\sqrt{e^x-1}+C.$$

注意：

例 20、例 21 中不定积分的被积函数均为无理函数，首先要将其有理化才能积分. 从各例解答可见，有理化的方法就是设根式等于新变量 t.

2. 三角代换

例 22　求 $\int\sqrt{a^2-x^2}dx \quad (a>0)$.

分析　被积函数为 $\sqrt{a^2-x^2}$，显然用简单根式代换法无法实现有理化，但我们可以利用三角公式 $\sin^2 t+\cos^2 t=1$ 进行换元－去根号－积分，即三角代换法.

解　令 $x=a\sin t$，$-\frac{\pi}{2}\leqslant t\leqslant\frac{\pi}{2}$，则
$$dx=a\cos t dt,\qquad \sqrt{a^2-x^2}=a\sqrt{1-\sin^2 t}=a\cos t,$$
于是有
$$\int\sqrt{a^2-x^2}dx=a^2\int\cos^2 t dt=\frac{a^2}{2}\int(1+\cos 2t)dt$$
$$=\frac{a^2}{2}\left(t+\frac{1}{2}\sin 2t\right)+C=\frac{a^2}{2}(t+\sin t\cos t)+C.$$
回代：由于 $x=a\sin t$，$-\frac{\pi}{2}\leqslant t\leqslant\frac{\pi}{2}$，所以，
$$\sin t=\frac{x}{a},\ t=\arcsin\frac{x}{a},\ \cos t=\sqrt{1-\sin^2 t}=\sqrt{1-\left(\frac{x}{a}\right)^2}=\frac{\sqrt{a^2-x^2}}{a},$$
于是所求积分为
$$\int\sqrt{a^2-x^2}dx=\frac{a^2}{2}(t+\sin t\cos t)+C=\frac{a^2}{2}\left(\arcsin\frac{x}{a}+\frac{x}{a}\cdot\frac{\sqrt{a^2-x^2}}{a}\right)+C$$
$$=\frac{a^2}{2}\arcsin\frac{x}{a}+\frac{x}{2}\sqrt{a^2-x^2}+C.$$

我们发现上面这个回代过程较为复杂，为了简化这一过程可以借助于**作辅助三角形**的方法：根据 $\sin t=\frac{x}{a}$ 作辅助三角形（见图 4-2-1），然后由这个三角形可以直接表示出关于 t 的任一个三角函数，如 $\cos t=\frac{\sqrt{a^2-x^2}}{x}$ 等.

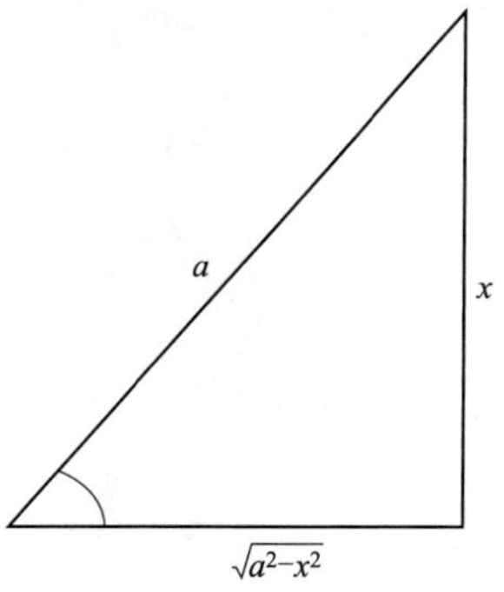

图　4-2-1

例 23　求 $\int\frac{dx}{\sqrt{x^2+a^2}} \quad (a>0)$.

分析　与上题类似，可利用三角公式 $1+\tan^2 t=\sec^2 t$ 进行三角代换，去根号再积分.

解　令 $x=a\tan t$，$-\frac{\pi}{2}<t<\frac{\pi}{2}$，则
$$dx=a\sec^2 t dt,\ \sqrt{x^2+a^2}=a\sqrt{\tan^2 t+1}=a\sec t,$$

于是有

$$\int \frac{\mathrm{d}x}{\sqrt{x^2+a^2}} = \int \frac{a\sec^2 t}{a\sec t}\mathrm{d}t = \int \sec t\mathrm{d}t = \ln|\sec t+\tan t| + C_1.$$

根据 $\tan t = \frac{x}{a}$ 作辅助三角形(见图 4-2-2),则 $\sec t = \frac{\sqrt{x^2+a^2}}{a}$,

于是所求积分为

$$\int \frac{\mathrm{d}x}{\sqrt{x^2+a^2}} = \ln|\sec t+\tan t| + C_1 = \ln\left(\frac{x}{a}+\frac{\sqrt{x^2+a^2}}{a}\right)+C_1$$

$$= \ln(x+\sqrt{x^2+a^2}) + C_1 - \ln a = \ln(x+\sqrt{x^2+a^2}) + C,$$

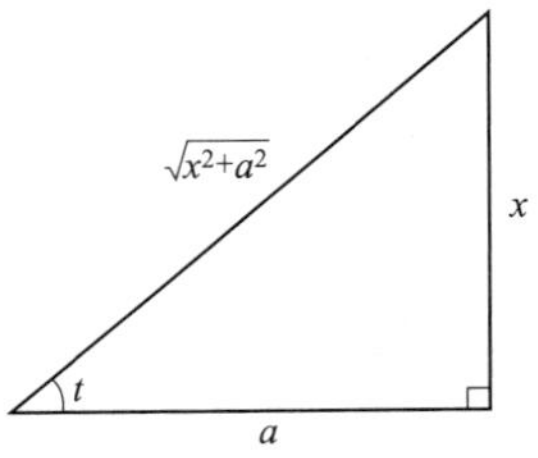

图 4-2-2

其中,$C = C_1 - \ln a$.

例 24 求 $\int \frac{\mathrm{d}x}{\sqrt{x^2-a^2}} \quad (a>0)$.

分析 与前两例类似,可利用三角公式 $\sec^2 t - 1 = \tan^2 t$ 进行三角代换. 同时,本题还需注意到被积函数的定义域是 $x>a$ 和 $x<-a$ 两个区间,我们在两个区间内分别求不定积分.

解 当 $x>a$ 时,令 $x = a\sec t, 0<t<\frac{\pi}{2}$, 则 $\sqrt{x^2-a^2} = a\tan t, \mathrm{d}x = a\sec t\tan t\mathrm{d}t$ 于是有

$$\int \frac{\mathrm{d}x}{\sqrt{x^2-a^2}} = \int \frac{a\sec t\tan t}{a\tan t}\mathrm{d}t = \int \sec t\mathrm{d}t = \ln|\sec t+\tan t| + C_1.$$

由于 $x = a\sec t, 0<t<\frac{\pi}{2}$, 所以

$$\sec t = \frac{x}{a}, \quad \tan t = \sqrt{\sec^2 t - 1} = \sqrt{\left(\frac{x}{a}\right)^2 - 1} = \frac{\sqrt{x^2-a^2}}{a},$$

因此

$$\int \frac{\mathrm{d}x}{\sqrt{x^2-a^2}} = \ln|\sec t+\tan t| + C_1 = \ln\left(\frac{x}{a}+\frac{\sqrt{x^2-a^2}}{a}\right)+C_1$$

$$= \ln(x+\sqrt{x^2-a^2}) + C_1 - \ln a = \ln(x+\sqrt{x^2-a^2}) + C.$$

其中,$C = C_1 - \ln a$.

当 $x<-a$ 时,令 $x=-u$, 那么 $u>a$. 由 $x>a$ 时的结果,有

$$\int \frac{\mathrm{d}x}{\sqrt{x^2-a^2}} = -\int \frac{\mathrm{d}x}{\sqrt{u^2-a^2}} = -\ln(u+\sqrt{u^2-a^2}) + C$$

$$= -\ln(-x+\sqrt{x^2-a^2}) + C$$

$$= \ln\frac{-x-\sqrt{x^2-a^2}}{a^2} + C$$

$$= \ln(-x-\sqrt{x^2-a^2}) + C_1,$$

其中,$C_1 = C - 2\ln a$.

把 $x>a$ 和 $x<-a$ 两种情况的结果合起来,可写作

$$\int \frac{\mathrm{d}x}{\sqrt{x^2-a^2}} = \ln|x+\sqrt{x^2-a^2}| + C.$$

把本例(2)、(3)的结果统一起来,可写作

$$\int \frac{\mathrm{d}x}{\sqrt{x^2\pm a^2}} = \ln|x+\sqrt{x^2\pm a^2}| + C.$$

注意：

从上面的三个例子可以看出：当不定积分的被积函数中含有$\sqrt{a^2-x^2}$，$\sqrt{x^2+a^2}$，$\sqrt{x^2-a^2}$时要用三角代换法，具体为

(1)含有$\sqrt{a^2-x^2}$，可令$x=a\sin t$或$x=a\cos t$；

(2)含有$\sqrt{x^2+a^2}$，可令$x=a\tan t$或$x=a\cot t$；

(3)含有$\sqrt{x^2-a^2}$，可令$x=a\sec t$或$x=a\csc t$.

此外，三角代换不但能帮助我们消去根式，而且也适用于一些有理式的积分(见例20).

例25　计算不定积分$\int\frac{\mathrm{d}x}{(x^2+a^2)^2}$ ($a>0$).

解　令$x=a\tan t$，$-\frac{\pi}{2}<t<\frac{\pi}{2}$，则

$$\mathrm{d}x=a\sec^2t\mathrm{d}t,(x^2+a^2)^2=a^4(\tan^2x+1)^2=a^4\sec^4x,$$

于是

$$\int\frac{\mathrm{d}x}{(x^2+a^2)^2}=\int\frac{a\sec^2t\mathrm{d}t}{a^4\sec^4t}=\frac{1}{a^3}\int\cos^2t\mathrm{d}t=\frac{1}{2a^3}(t+\sin t\cos t)+C.$$

根据$x=a\tan t$作辅助三角形(见图4-2-3)，得

$$\sin t\cos t=\frac{x}{\sqrt{x^2+a^2}}\cdot\frac{a}{\sqrt{x^2+a^2}}=\frac{ax}{x^2+a^2}.$$

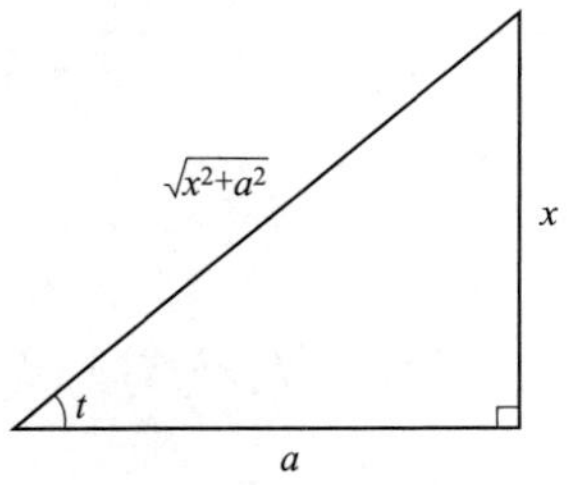

图　4-2-3

从而

$$\int\frac{\mathrm{d}x}{(x^2+a^2)^2}=\frac{1}{2a^3}(t+\sin t\cos t)+C$$
$$=\frac{1}{2a^3}\arctan\frac{x}{a}+\frac{x}{2a^2(x^2+a^2)}+C.$$

4.2.3　积分表续

本节的一些例题中的积分是以后经常会遇到的，所以它们通常也可当作公式使用.这样，常用的积分公式除了本章第一节给出的基本积分表外，再添加下面几个(其中常数$a>0$)：

(13) $\int\frac{1}{x^2-a^2}\mathrm{d}x=\frac{1}{2a}\ln\left|\frac{x-a}{x+a}\right|+C$；

(14) $\int\frac{1}{a^2+x^2}\mathrm{d}x=\frac{1}{a}\arctan\frac{x}{a}+C$；

(15) $\int\frac{\mathrm{d}x}{\sqrt{a^2-x^2}}=\arcsin\frac{x}{a}+C$；

(16) $\int\tan x\mathrm{d}x=-\ln|\cos x|+C$；

(17) $\int\cot x\mathrm{d}x=\ln|\sin x|+C$；

(18) $\int\sec x\mathrm{d}x=\ln|\sec x+\tan x|+C$；

(19) $\int\csc x\mathrm{d}x=\ln|\csc x-\cot x|+C$；

(20) $\int\frac{\mathrm{d}x}{\sqrt{x^2\pm a^2}}=\ln|x+\sqrt{x^2\pm a^2}|+C$.

例26　求$\int\frac{\mathrm{d}x}{\sqrt{4x^2+9}}$.

解　$\int\frac{\mathrm{d}x}{\sqrt{4x^2+9}}=\int\frac{\mathrm{d}x}{\sqrt{(2x)^2+3^2}}=\frac{1}{2}\int\frac{\mathrm{d}(2x)}{\sqrt{(2x)^2+3^2}}=\frac{1}{2}\ln(2x+\sqrt{4x^2+9})+C.$

习题 4-2

A 组

1. 填空题：

(1) $dx = $ ________ $d(ax)$；

(2) $xdx = $ ________ $d(2x^2+1)$；

(3) $e^{2x}dx = $ ________ $d(e^{2x})$；

(4) $\frac{1}{x}dx = $ ________ $d(3-5\ln x)$；

(5) $\cos\frac{3}{2}xdx = $ ________ $d(\sin\frac{3}{2}x)$；

(6) $\frac{1}{\sqrt{1-x^2}}dx = $ ________ $d(3-4\arcsin x)$；

(7) $\int f'(3x+2)dx = $ ________；

(8) 若 $\int f(x)dx = \cos x + C$，则 $\int xf(x^2)dx = $ ________；

(9) 若 $\int f(x)dx = F(x) + C$，则 $\int e^x f(e^x)dx = $ ________；

(10) $\int f(x)f'(x)dx = $ ________.

2. 选择题：

(1) 设 $f(x)$ 是连续函数，且 $\int f(x)dx = F(x) + C$，则下列各式正确的是(　　).

A. $\int f(x^2)xdx = F(x^2) + C$　　B. $\int f(3x+2)dx = F(3x+2) + C$

C. $\int f(e^x)e^x dx = F(e^x) + C$　　D. $\int f(\ln 2x)\frac{dx}{2x} = F(\ln 2x) + C$

(2) 若 $f(x) = e^{-x}$，则 $\int \frac{f'(\ln x)}{x}dx = $(　　).

A. $\frac{1}{x} + C$　　B. $-\frac{1}{x} + C$

C. $\ln x + C$　　D. $-\ln x + C$

(3) 设 $f'(x)$ 连续，则(　　).

A. $\int f'(2x)dx = \frac{1}{2}f(2x) + C$　　B. $\int f'(2x)dx = f(2x) + C$

C. $\int f'(2x)dx = f(x) + C$　　D. $\left[\int f(2x)dx\right]' = 2f(2x)$

3. 求下列不定积分：

(1) $\int \frac{1}{3+2x}dx$；　　(2) $\int \sin 2xdx$；

(3) $\int x\sqrt{1-x^2}dx$；　　(4) $\int \frac{\sin\sqrt{x}}{\sqrt{x}}dx$；

(5) $\int \frac{dx}{x^2-x-6}$;　　(6) $\int \frac{dx}{x^2+4x+6}$;

(7) $\int \frac{dx}{\sqrt{1-2x-x^2}}$;　　(8) $\int \frac{x+3}{x^2+2x+10}dx$;

(9) $\int \frac{1}{1+e^{2x}}dx$;　　(10) $\int \sin^2 x\cos^3 x dx$;

(11) $\int \tan^5 x\cdot\sec^3 x dx$;　　(12) $\int \tan^{10} x\cdot\sec^2 x dx$.

4. 求下列不定积分:

(1) $\int \frac{\sqrt{x-1}}{x}dx$;　　(2) $\int \frac{dx}{1+\sqrt[3]{x+2}}$;

(3) $\int \frac{dx}{\sqrt{(x^2+1)^3}}$;　　(4) $\int \frac{x^2}{\sqrt{a^2-x^2}}dx \quad (a>0)$.

B 组

求下列不定积分:

(1) $\int \frac{x dx}{x^4-1}$;　　(2) $\int \frac{1-x^7}{x(1+x^7)}dx$;

(3) $\int \frac{\ln x}{x\sqrt{1+\ln^2 x}}dx$;　　(4) $\int \frac{1}{\sqrt{2x+3}+\sqrt{2x-1}}dx$;

(5) $\int \frac{1}{1+\sin x}dx$;　　(6) $\int \frac{dx}{(1+\sqrt[3]{x})\sqrt{x}}$;

(7) $\int \frac{\cos x}{\sqrt{2+\cos 2x}}dx$;　　(8) $\int \frac{x^3+4}{x^2\sqrt{4-x^2}}dx$.

文化视角

牛顿到底有多牛?

牛顿(Isaac Newton,1643—1727)伟大的物理学家、天文学家和数学家,经典力学体系的奠基人.

牛顿出生于一个重要的年份——1642年,英国资产阶级革命大爆发的那年,所以牛顿生下来的时候,天下并不太平.

而且,牛顿在那一代大科学家中的身世算是最一般的.和牛顿同时代的几位科学巨匠,如化学科学的开山鼻祖波义耳的父亲是一位伯爵,是当时英国最富有的几个人之一.他在豪宅中给儿子建造了3个实验室,波义耳就整天在自己家里研究沸腾、凝固、膨胀、气体这些,波义耳定律就是这么诞生的.再比如,英国的天文学家哈雷,就是后来以他的名字命名哈雷彗星的那个人,他家里也很富有.他父亲是做肥皂生意的商人,有足够的资金供他搞学问.相比之下,同时代的牛顿就可怜得多了.牛顿出生在英格兰林肯郡的一个村庄,父母是地地道道的农民.牛顿的父亲在他出生前3个月就去世了.而且,他出生的时候只有3斤重,家人都觉得不一定能养活.万万没想到,牛顿居然活到了85岁,健康且高寿.

牛顿经历了母亲改嫁,从小被寄养在外婆家,中途辍学,但他成年后很争气,上了剑桥大学.那时候,牛顿是靠给同学打工、吃别人的剩饭把大学念下来的.

牛顿一生的转折点发生在他回到老家以后,1665—1667年的18个月里.当时,伦敦爆发了瘟疫,牛顿回家避难.请注意这个年份——1666年,这是世界科学史上第一个奇迹之年.因为牛顿在老家避难的这段时间,在他母亲的农场里,几乎做出了他一生所有重要的科学贡献.

1669 年,他回到剑桥大学之后,很快就当上了教授,成为剑桥大学最年轻的终身教授,而且一干就是 30 年. 1703 年,他又当了英国皇家学会的会长.

虽然他不是贵族,但他是第一个以科学家的身份拿到爵士头衔的人,也是第一个获得国葬的自然科学家. 他出殡时,成千上万的市民为他送行,抬棺椁的是两位公爵、三位伯爵和一位大法官. 今天,我们在英国伦敦的威斯敏斯特大教堂里,还能看到牛顿的墓,就在教堂的正中间,把整个教堂一分为二. 那个位置比很多国王的都要好,可见英国人多以牛顿为荣.

在牛顿的葬礼中,送行的人群中有一个人叫伏尔泰. 我们都知道,他是法国的大文豪、启蒙思想家. 伏尔泰当时很感动,感慨道:"走进威斯敏斯特教堂,人们所瞻仰的不是君王们的陵寝,而是国家为感谢那些为国增光的最伟大的人物建立的纪念碑. 这便是英国人民对于才能的尊敬."

参加完牛顿的葬礼,伏尔泰就在伦敦游逛,然后找到牛顿的一个外甥女凯瑟琳,采访牛顿一生的事迹. 凯瑟琳跟他讲了一个著名的故事,就是牛顿在老家的时候,被树上的一个苹果打到头,然后就想出了万有引力定律. 伏尔泰回到法国就开始写文章,他的文笔很好,所以这个故事就迅速传遍了欧洲,还进入了我们的教科书里.

§4.3 分部积分法

通过换元积分法的学习,我们发现通过换元改变积分变量的方式可以为积分的求解找到方向,但有时还会遇到改变积分变量后的被积函数不是新的积分变量的函数(即不定积分无法写为 $\int f(v)\mathrm{d}v$ 形式),而出现形如 $\int u\mathrm{d}v$ (其中 u 与 v 为两个不同类型的函数)的结构,为了求解这类积分问题,下面我们学习分部积分法.

4.3.1 分部积分公式

设函数 $u = u(x)$, $v = v(x)$ 均具有连续导数,由乘积的微分法则

$$\mathrm{d}(uv) = v\mathrm{d}u + u\mathrm{d}v,$$

移项,得

$$u\mathrm{d}v = \mathrm{d}(uv) - v\mathrm{d}u,$$

上式两边求不定积分,得

$$\int u\mathrm{d}v = \int \mathrm{d}(uv) - \int v\mathrm{d}u,$$

即

$$\int u\mathrm{d}v = uv - \int v\mathrm{d}u. \tag{4-3-1}$$

式(4-3-1)称为分部积分公式,用该公式求积分的方法称为**分部积分法**.

分部积分法求不定积分一般步骤为:

$$\int f(x)\mathrm{d}x \xlongequal{\text{选 } u \text{ 凑 } \mathrm{d}v} \int u\mathrm{d}v \xlongequal{\text{分部积分}} uv - \int v\mathrm{d}u \xlongequal{\text{化新积分为 } x \text{ 型}} uv - \int v\,u'\mathrm{d}x.$$

最后问题归结到新积分 $\int v\,u'\mathrm{d}x$，所以一般情况下只有新积分 $\int v\,u'\mathrm{d}x$ 比原积分 $\int f(x)\,\mathrm{d}x$ 更易解，我们的分部积分才有意义.

由于分部积分公式是由微分法中的乘积的求导法则推导而得，因此它主要用于被积函数是两个不同类型的函数乘积的积分问题. 下面我们通过例子来说明分部积分公式的应用.

4.3.2　典型例题

例 1　求 $\int x\cos x\mathrm{d}x$.

正解　设 $x = u$，则 $\cos x\mathrm{d}x = \mathrm{d}\sin x = \mathrm{d}v$，于是

$$\begin{aligned}\int x\cos x\mathrm{d}x &= \int x\mathrm{d}\sin x\\ &= x\sin x - \int \sin x\mathrm{d}x\\ &= x\sin x + \cos x + C.\end{aligned}$$

错解　设 $\cos x = u$，则 $x\mathrm{d}x = \mathrm{d}\dfrac{x^2}{2} = \mathrm{d}v$，

$$\begin{aligned}\int x\cos x\mathrm{d}x &= \int \cos x\mathrm{d}\frac{x^2}{2}\\ &= \frac{1}{2}x^2\cos x - \frac{1}{2}\int x^2\mathrm{d}\cos x\\ &= \frac{1}{2}x^2\cos x + \frac{1}{2}\int x^2\sin x\mathrm{d}x.\end{aligned}$$

注意：

比较上述两个解题过程，我们发现错解错在 u 的选择，使得应用分部积分公式交换 u 与 v 位置得到的新积分 $\int x^2\sin x\mathrm{d}x$ 比原积分还复杂，由此说明，运用好分部积分法的关键是正确的选择 u。一般选 u 时需考虑两点：

(1) v 要容易求出；

(2) 新积分要比原积分简单.

例 2　求 $\int x^2\mathrm{e}^{-x}\mathrm{d}x$.

解　$\int x^2\mathrm{e}^{-x}\mathrm{d}x \xlongequal{\text{凑微分}} -\int x^2\mathrm{d}(\mathrm{e}^{-x}) \xlongequal{u,v\text{交换}} -x^2\mathrm{e}^{-x} + 2\int x\mathrm{e}^{-x}\mathrm{d}x$

$$= -x^2\mathrm{e}^{-x} - 2\int x\mathrm{d}(\mathrm{e}^{-x}) = -x^2\mathrm{e}^{-x} - 2x\mathrm{e}^{-x} + 2\int \mathrm{e}^{-x}\mathrm{d}x$$

$$= -x^2\mathrm{e}^{-x} - 2x\mathrm{e}^{-x} - 2\mathrm{e}^{-x} + C = -\mathrm{e}^{-x}(x^2 + 2x + 2) + C.$$

例 3　求 $\int \dfrac{\ln x}{\sqrt{x}}\mathrm{d}x$.

解　$\int \dfrac{\ln x}{\sqrt{x}}\mathrm{d}x \xlongequal{\text{凑微分}} 2\int \ln x\mathrm{d}(\sqrt{x}) \xlongequal{u,v\text{交换}} 2\sqrt{x}\ln x - 2\int \sqrt{x}\mathrm{d}(\ln x)$

$$= 2\sqrt{x}\ln x - 2\int \sqrt{x}\cdot\frac{1}{x}\mathrm{d}x = 2\sqrt{x}\ln x - 2\int \frac{1}{\sqrt{x}}\mathrm{d}x$$

$$= 2\sqrt{x}\ln x - 4\sqrt{x} + C.$$

例 4 求 $\int x\arctan x\mathrm{d}x$.

解 $\int x\arctan x\mathrm{d}x \xlongequal{\text{选 } u \text{ 凑 } \mathrm{d}v} \frac{1}{2}\int \arctan x\mathrm{d}(x^2)$

$$\xlongequal{\text{分部积分}} \frac{1}{2}x^2\arctan x - \frac{1}{2}\int x^2\mathrm{d}(\arctan x)$$

$$= \frac{1}{2}x^2\arctan x - \frac{1}{2}\int \frac{x^2}{1+x^2}\mathrm{d}x$$

$$= \frac{1}{2}x^2\arctan x - \frac{1}{2}\int \left(1 - \frac{1}{1+x^2}\right)\mathrm{d}x$$

$$= \frac{1}{2}x^2\arctan x - \frac{1}{2}(x - \arctan x) + C.$$

注意:

从以上几个例子可见:

(1)若被积函数是幂函数(指数为正整数)与指数函数或正(余)弦函数的乘积,可设幂函数为 u,而将其余部分凑微分进入微分号,使得应用分部积分公式后,幂函数的幂次降低一次.

(2)若被积函数是幂函数与对数函数或反三角函数的乘积,可设对数函数或反三角函数为 u,而将幂函数凑微分进入微分号,使得应用分部积分公式后,对数函数或反三角函数消失.

例 5 求 $\int \mathrm{e}^{2x}\sin 3x\mathrm{d}x$.

解 $\int \mathrm{e}^{2x}\sin 3x\mathrm{d}x = \frac{1}{2}\int \sin 3x\mathrm{d}(\mathrm{e}^{2x}) = \frac{1}{2}\mathrm{e}^{2x}\sin 3x - \frac{1}{2}\int \mathrm{e}^{2x}\mathrm{d}(\sin 3x)$

$$= \frac{1}{2}\mathrm{e}^{2x}\sin 3x - \frac{3}{2}\int \mathrm{e}^{2x}\cos 3x\mathrm{d}x$$

$$= \frac{1}{2}\mathrm{e}^{2x}\sin 3x - \frac{3}{4}\int \cos 3x\mathrm{d}(\mathrm{e}^{2x})$$

$$= \frac{1}{2}\mathrm{e}^{2x}\sin 3x - \frac{3}{4}\mathrm{e}^{2x}\cos 3x + \frac{3}{4}\int \mathrm{e}^{2x}\mathrm{d}(\cos 3x)$$

$$= \frac{1}{2}\mathrm{e}^{2x}\sin 3x - \frac{3}{4}\mathrm{e}^{2x}\cos 3x - \frac{9}{4}\int \mathrm{e}^{2x}\sin 3x\mathrm{d}x.$$

等式右端出现了原积分,把等式看作以原积分为未知量的方程,解此方程,得

$$\int \mathrm{e}^{2x}\sin 3x\mathrm{d}x = \frac{1}{13}\mathrm{e}^{2x}(2\sin 3x - 3\cos 3x) + C.$$

注意:

本例经过两次分部积分后出现原积分,这并不是一种巧合,这是在分部积分法应用过程经常会出现的现象,切记,积分过程中出现原积分应该把积分看作未知量,把等式看作方程,解方程即可.

例 6 求 $\int \arctan x\mathrm{d}x$.

解 $\int \arctan x\mathrm{d}x = x\arctan x - \int x\mathrm{d}(\arctan x)$

$$= x\arctan x - \int \frac{x}{1+x^2}\mathrm{d}x$$

$$= x\arctan x - \frac{1}{2}\int \frac{1}{1+x^2}\mathrm{d}(1+x^2)$$

$$= x\arctan x - \frac{1}{2}\ln(1 + x^2) + C.$$

注意:

本例说明被积函数为一个独立的函数时,也可以用分部积分法,只需把被积函数看作 u,把微分号 d 后的 x 看作 v 即可.

例 7　求 $\int e^{\sqrt{x}} dx$.

视频

例7

解　令 $\sqrt{x} = t$,则 $x = t^2$,$dx = 2tdt$,

于是
$$\int e^{\sqrt{x}} dx = \int e^t 2tdt = 2\int td(e^t) = 2te^t - 2\int e^t dt = 2e^t(t-1) + C$$

$$\xlongequal[t=\sqrt{x}]{\text{回代}} 2e^{\sqrt{x}}(\sqrt{x} - 1) + C.$$

注意:

有些不定积分需要换元积分法和分部积分法综合使用.

例 8　求 $\int xf''(x)dx$.

解　$\int xf''(x)dx = \int xdf'(x)$

$$= xf'(x) - \int f'(x)dx$$

$$= xf'(x) - f(x) + C.$$

注意:

含有抽象函数的积分计算时,虽然看不到具体函数关系,但是一些基本关系要牢记如 $f''(x) = [f'(x)]'$.

习题 4-3

A 组

1. 求下列不定积分

(1) $\int x^2 \sin x dx$;　　(2) $\int x\tan^2 x dx$;

(3) $\int xe^{-x} dx$;　　(4) $\int x\ln x dx$;

(5) $\int x\ln(1 + x^4) dx$;　　(6) $\int x^2 \arccos x dx$;

(7) $\int \cos\sqrt{x} dx$;　　(8) $\int \ln(1 + \sqrt{x}) dx$.

2. 设 $\frac{\ln x}{x}$ 为 $f(x)$ 的一个原函数,求 $\int xf'(x)dx$.

B 组

求下列不定积分:

(1) $\int \frac{\arcsin\sqrt{x}}{\sqrt{1-x}}dx$;　　(2) $\int \frac{\ln\sin x}{\cos^2 x}dx$;

(3) $\int \frac{x\cos x}{\sin^3 x}dx$;　　(4) $\int \frac{xe^{\arctan x}}{(1+x^2)^{3/2}}dx$.

文化视角

莱布尼茨

——博学多才的数学符号大师

戈特弗里德·威廉·莱布尼茨(Gottfried Wilhelm Leibniz,1646 年 7 月 1 日—1716 年 11 月 14 日),德国哲学家、数学家,历史上少见的通才,被誉为 17 世纪的亚里士多德.

莱布尼茨在数学史和哲学史上都占有重要地位.在数学上,由于他独立创建了微积分,并精心设计了非常巧妙而简洁的微积分符号,从而使他以伟大数学家的称号闻名于世.莱布尼茨对微积分的研究始于 31 岁,那时他在巴黎任外交官,有幸结识数学家、物理学家惠更斯等人.在名师指导下系统研究了数学著作,1673 年他在伦敦结识了巴罗和牛顿等名流.从此,他以非凡的理解力和创造力进入了数学前沿阵地.

莱布尼茨在从事数学研究的过程中,深受他的哲学思想的支配.他的著名哲学观点是单子论,认为单子是"自然的真正原子……事物的元素",是客观的、能动的、不可分割的精神实体.莱布尼兹也发现了微分和积分是一对互逆的运算,并建立了沟通微分与积分内在联系的微积分基本定理,从而使原本各自独立的微分学和积分学成为统一的微积分学的整体.

莱布尼茨是数学史上最伟大的符号学者之一,堪称符号大师.他曾说:"要发明,就要挑选恰当的符号,要做到这一点,就要用含义简明的少量符号来表达和比较忠实地描绘事物的内在本质,从而最大限度地减少人的思维劳动."正像印度和阿拉伯数学促进算术和代数发展一样,莱布尼茨所创造的这些数学符号对微积分的发展起了很大的促进作用.欧洲大陆的数学得以迅速发展,莱布尼茨的巧妙符号功不可没.他创设的数学符号很多,如商"a/b",比"$a:b$",相似"$\backsim$",全等"$\cong$",并"$\cup$",交"$\cap$"以及函数和行列式等等.这些符号都是他智慧的结晶,如一直保留到当今教材中的积分号$\int$,就是在其积分法论文中第一次给出的.求曲线所围面积积分概念,把积分看作是无穷小的和,并引入积分符号$\int$,它是把拉丁文"Summa"的字头 S 拉长,多么巧妙的设计呀!

莱布尼茨的科研成果大部分出自青年时代,随着这些成果的广泛传播,荣誉纷至沓来,他也变得越来越保守.到了晚年,他在科学方面已无所作为.莱布尼茨生命中的最后 7 年,是在别人带给他和牛顿关于微积分发明权的争论中痛苦地度过的.1761 年 11 月 14 日,莱布尼茨默默地离开人世.

§*4.4 积分表的使用

本章前几节我们学习了不定积分的概念及其计算方法,由此可以看出,积分的计算要比导数的计算来得灵活、复杂.为了使用方便,往往把常用的积分公式汇集成表,称为积分表(见本书附录 C).积分表是按照被积函数的类型来排列的,求积分时可根据被积函数的类型直接地或经过简单的变形后,在表内查得所需的结果.

1.在积分表中直接查询

例 1　查表求$\int \frac{x dx}{(3x+4)^2}$.

解　被积函数中含有 $ax+b$，在积分表(一)类中，查到公式 7

$$\int \frac{x}{(ax+b)^2}\mathrm{d}x = \frac{1}{a^2}\left(\ln|ax+b| + \frac{b}{ax+b}\right) + C.$$

现在 $a=3,b=4$，于是

$$\int \frac{x\mathrm{d}x}{(3x+4)^2} = \frac{1}{9}\left(\ln|3x+4| + \frac{4}{3x+4}\right) + C.$$

例 2　查表求 $\int \frac{\mathrm{d}x}{5+4\sin x}$.

解　被积函数含有 $a+b\sin x$ 因式，在积分表(十一)中查得公式 103 或 104，因为

$$a=5,b=4,a^2>b^2,$$

所以用公式 103，得

$$\begin{aligned}\int \frac{\mathrm{d}x}{5+4\sin x} &= \frac{2}{5}\sqrt{\frac{5^2}{5^2-4^2}}\arctan\left[\sqrt{\frac{5^2}{5^2-4^2}}\tan\left(\frac{x}{2}+\frac{4}{5}\right)\right] + C \\ &= \frac{2}{3}\arctan\left[\frac{5}{3}\left(\tan\frac{x}{2}+\frac{4}{5}\right)\right] + C.\end{aligned}$$

2. 先进行变量代换，再查表

例 3　查表求 $\int \frac{\mathrm{d}x}{x^2\sqrt{9x^2+4}}$.

解　该积分在积分表中不能直接查到，要进行变量代换，令 $3x=t$，则 $x=\frac{1}{3}t$，$\mathrm{d}x=\frac{1}{3}\mathrm{d}t$

于是有

$$\int \frac{\mathrm{d}x}{x^2\sqrt{9x^2+4}} = \int \frac{1}{\frac{t^2}{9}\sqrt{t^2+4}}\cdot\frac{1}{3}\mathrm{d}t = 3\int \frac{\mathrm{d}t}{t^2\sqrt{t^2+2^2}}.$$

上式右端积分的被积函数中含有 $\sqrt{t^2+2^2}$，在积分表(六)中查到公式 38，当 $a=2$ 时，得

$$\int \frac{\mathrm{d}t}{t^2\sqrt{t^2+2^2}} = -\frac{\sqrt{t^2+4}}{4t} + C = -\frac{\sqrt{9x^2+4}}{12x} + C,$$

代入原积分中，得

$$\int \frac{\mathrm{d}x}{x^2\sqrt{9x^2+4}} = 3\int \frac{\mathrm{d}t}{t^2\sqrt{t^2+2^2}} = -\frac{\sqrt{9x^2+4}}{4x} + C.$$

3. 用递推公式

例 4　查表求 $\int \sin^4 x\mathrm{d}x$.

解　积分表(十一)类中查到公式 95

$$\int \sin^n x\mathrm{d}x = -\frac{\sin^{n-1}x\cos x}{n} + \frac{n-1}{n}\int \sin^{n-2}x\mathrm{d}x,$$

现在 $n=4$，于是

$$\int \sin^4 x\mathrm{d}x = -\frac{\sin^3 x\cos x}{4} + \frac{3}{4}\int \sin^2 x\mathrm{d}x.$$

对积分 $\int \sin^2 x\mathrm{d}x$ 用公式 93，得

$$\int \sin^2 x\mathrm{d}x = \frac{x}{2} - \frac{1}{4}\sin 2x + C.$$

从而原积分为

$$\int \sin^4 x\mathrm{d}x = -\frac{\sin^3 x\cos x}{4} + \frac{3}{4}\left(\frac{x}{2} - \frac{1}{4}\sin 2x\right) + C.$$

一般来说,查积分表可以节省计算积分的时间,但是,只有掌握了前面学过的基本积分方法才能灵活地使用积分表,而且对一些比较简单的积分,应用基本积分方法来计算比查表更快些.

在本章结束之前还需指出:初等函数在其定义区间内的原函数(即不定积分)一定存在,但不定积分存在与否与不定积分能否用初等函数表示出来不是一回事.事实上有许多初等函数的不定积分无法用初等函数表示出来,如

$$\int \frac{\sin x}{x}\mathrm{d}x,\quad \int \mathrm{e}^{-x^2}\mathrm{d}x,\quad \int \frac{1}{\ln x}\mathrm{d}x$$

等就都不能用初等函数表示出来.

文化视角

全家都是数学家——伯努利家族

我们今天要讲的伯努利家族连续3代一共出了8位数学家(见图4-4-1).

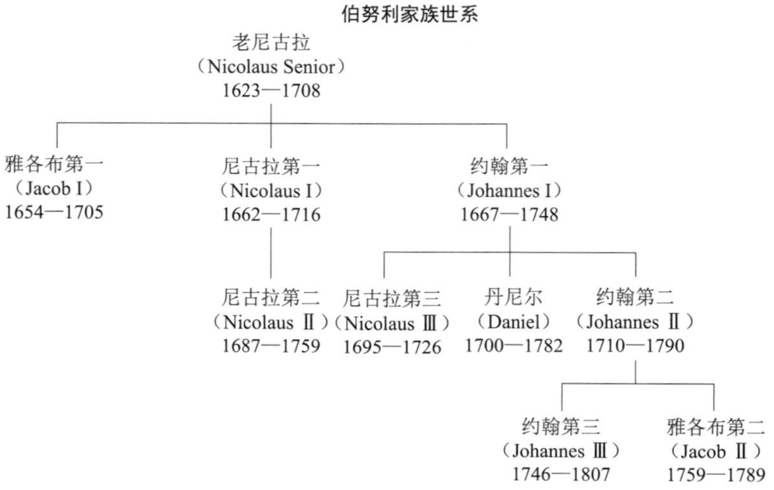

图 4-4-1

故事要从16世纪开始讲起,当时伯努利家族还住在安特卫普,但是由于宗教迫害,在1583年他们逃离了比利时,先是在法兰克福短暂停留了一段时间,然后来到瑞士,最终在巴塞尔定居了.伯努利家族的奠基人和巴塞尔当地的一个古老的家族联姻,成了一个大商人.我们从世系图中的老尼古拉开始说起,老尼古拉也是一个大商人,攒下了颇为丰厚的家底.他的儿子雅各布第一是他们家族中第一个从事数学工作的人.他的数学几乎是无师自通的.1676年,他结识了莱布尼茨、惠更斯等著名科学家,从此与莱布尼茨一直保持经常的通信联系,互相探讨微积分的有关问题.后来雅各布第一担任巴塞尔大学数学教授,教授实验物理和数学,直至去世.

雅各布第一(见图4-4-2)在概率论、微分方程、无穷级数求和、变分方法、解析几何等方面均有很大建树.许多数学成果与他的名字相联系.例如"悬链线问题""曲率半径公式""伯努利双纽线""伯努利微分方程""等周问题""伯努利数""伯努利大数定理"等.雅各布第一对数学最重大的贡献是概率论,写成巨著《猜度术》.1694年他指出拉伸试验中伸长量与拉伸力的m次幂成比例,m由实验确定.甚至在他去世那年,他还

研究了细杆在轴向力作用下的弹性曲线问题.

雅各布第一痴心于研究对数螺线,他发现,对数螺线经过各种变换后仍然是对数螺线:如它的渐屈线和渐伸线是对数螺线,自极点至切线的垂足的轨迹,以极点为发光点经对数螺线反射后得到的反射线,以及与所有这些反射线相切的曲线(回光线)都是对数螺线.他惊叹这种曲线的神奇,竟在遗嘱里要求将对数螺线刻在自己的墓碑上,并附以颂词"纵然变化,依然故我",用以象征死后永生不朽.然而很遗憾的是为他制作墓碑的石匠刻错了,在他的墓碑上刻的是阿基米德螺线(见图4-4-3).

图 4-4-2

图 4-4-3

雅各布第一的弟弟约翰第一,跟他的哥哥一样,约翰第一一开始也不是从事数学的,他是一个医生.在他18岁取得硕士学位后,发现这不是自己想要的生活,于是开始研究数学,并于28岁时担任了数学教授.约翰第一比他的哥哥还多产,他的大量论文涉及曲线的求长、曲面的求积、等周问题和微分方程.指数运算也是他发明的.例如解决悬链线问题,提出洛必达法则、最速降线和测地线问题,给出求积分的变量替换法,研究弦振动问题,出版《积分学数学讲义》等.值得一提的是,1696年约翰第一以公开信的方式,向全欧数学家提出了著名的'最速降线问题',从而引发了欧洲数学界的一场论战,论战的结果产生了一个新的数学分支——变分法.因此,约翰第一是公认的变分法奠基人.

约翰第一的另一大功绩是培养了一大批出色的数学家,其中包括18世纪最著名的数学家欧拉、瑞士数学家克莱姆、法国数学家洛必达,以及他自己的儿子丹尼尔和侄子尼古拉第二等.

其实他们两个的兄弟尼古拉第一在数学上造诣也颇深,并且尼古拉第一也是一开始选错职业,后来才改成的研究数学.

在伯努利家族的第三代中,丹尼尔无疑是青出于蓝的那一个,他的贡献集中在微分方程、概率和数学物理,被誉之为数学物理方程的开拓者和奠基人.著名的流体动力学定理"伯努利定理"就是他提出的,没有他,就没有现在的飞机.传说丹尼尔有一次在旅途中同一个陌生人闲谈,他自我介绍说:"我是丹尼尔·伯努利".陌生人立即带着讥讽的神情回答道:"那我就是伊萨克·牛顿."这是他有生以来受到过的最诚恳的赞颂,这使他一直到晚年都甚感欣慰.

丹尼尔第一之弟约翰第二在1736年把光看作弹性介质中的压力波,导得微分方程,并用级数求出它的解.他的儿子雅各布第二在研究板的弯曲时把板当作两组互相正交的梁,并认为导出的四阶偏微分方程是近似的,只是作为解决问题的一种初步尝试予以发表.

伯努利家族星光闪耀、人才济济的现象,数百年来一直受到人们的赞颂,也给人们一个深刻的启示:家庭的'优势积累',可以是优秀人才成长的摇篮.

综合测试 4

一、填空题

1. $\frac{\mathrm{d}}{\mathrm{d}x}\int\frac{\cos x}{x^2}\mathrm{d}x=$ ________；$\int\mathrm{d}\frac{\cos x}{x^2}=$ ________.

2. 若 $\int f(x)\mathrm{d}x=x^2+C$，则 $\int xf(1-x^2)\mathrm{d}x=$ ________.

3. $\int\mathrm{e}^x f'(\mathrm{e}^x)\mathrm{d}x=$ ________.

4. 若 $\int xf(x)\mathrm{d}x=x\sin x-\int\sin x\mathrm{d}x$，则 $f(x)=$ ________.

5. 已知 $f(x)$ 的一个原函数为 $\frac{\sin x}{x}$，则 $\int xf'(x)\mathrm{d}x=$ ________ .

6. $\int\frac{a^{\frac{1}{x}}}{x^2}\mathrm{d}x=$ ________.

7. $\int x\mathrm{e}^{-x^2}\mathrm{d}x=$ ________.

8. $\int\frac{2x-3}{x^2-3x+8}\mathrm{d}x=$ ________.

9. $\int\frac{1}{\sqrt{x}}\cos\sqrt{x}\mathrm{d}x=$ ________.

二、选择题

1. 设 $f(x)$ 的一个原函数是 $F(x)=2x^2-1$，则 $f(x)$ 为（　　）.

A. $\frac{2}{3}x^3-x$　　B. $\frac{2}{3}x^3-x+C$　　C. $4x$　　D. $4x-1+C$

2. 下列各式中，正确的是（　　）.

A. $\int x^{\frac{5}{2}}\mathrm{d}x=\frac{5}{2}x^{\frac{3}{2}}+C$　　B. $\int x^{\frac{5}{2}}\mathrm{d}x=\frac{7}{2}x^{\frac{7}{2}}+C$

C. $\int x^{\frac{5}{2}}\mathrm{d}x=\frac{7}{2}x^{\frac{2}{7}}+C$　　D. $\int x^{\frac{5}{2}}\mathrm{d}x=\frac{2}{7}x^{\frac{7}{2}}+C$

3. 下列各式中，正确的是（　　）.

A. $\int\cos x\mathrm{d}x=\sin x+C$　　B. $\int\sec x\tan x\mathrm{d}x=-\sec x+C$

C. $\int\frac{1}{\sqrt{1-x^2}}\mathrm{d}x=\arccos x+C$　　D. $\int\csc^2x\mathrm{d}x=\cot x+C$

4. $\mathrm{d}\left[\int f(x)\mathrm{d}x\right]=$（　　）.

A. $F(x)+C$　　B. $F(x)$　　C. $f(x)$　　D. $f(x)\mathrm{d}x$

5. 下列各式中正确的是（　　）.

A. $\csc x\cot x\mathrm{d}x=\mathrm{d}(\csc x)$　　B. $\csc^2x\mathrm{d}x=\mathrm{d}(\cot x)$

C. $\tan^2x\mathrm{d}x=\mathrm{d}(\sec x)$　　D. $\sec x\tan x\mathrm{d}x=\mathrm{d}(\sec x)$

6. 积分 $\int\frac{1}{x\cdot\ln x}\mathrm{d}x$ 等于（　　）.

A. $\ln|\ln x|+C$　　B. $-\frac{1}{\ln^2x}+C$　　C. $\ln\ln x+C$　　D. $|\ln x|+C$

7. 下列各式中错误的是(　　).

A. $-\frac{1}{x^2}dx = d\left(\frac{1}{x}\right)$　　B. $\frac{1}{\sqrt{1-3x^2}}dx = \sqrt{3}\,d(\arcsin x)$

C. $a^x dx = \frac{1}{\ln a}d(a^x)$　　D. $2x dx = d(x^2)$

三、计算题

1. $\int \frac{3x^4 + 3x^2 + 1}{x^2 + 1}dx$;　　2. $\int \sec x(\sec x + \tan x)dx$;

3. $\int \frac{1}{e^x + e^{-x}}dx$;　　4. $\int \frac{x^3}{9 + x^2}dx$;

5. $\int \frac{1}{\sqrt{x}(1 + x)}dx$;　　6. $\int \frac{\cos 2x}{\sin^2 x \cos^2 x}dx$;

7. $\int \frac{\sec^2 x}{2 + \tan^2 x}dx$;　　8. $\int \sec^6 x dx$;

9. $\int (x^2 - 5x + 7)\cos 2x dx$;　　10. $\int \cos\ln x dx$.

四、解答题

1. 设某物体由静止开始做直线运动,在 t s 时的速度为 $3t^2$ m/s,问:

(1)3 s 后物体离开出发点的距离是多少?

(2)需要多长时间走完 1 000 m?

2. 某种商品在一年中的销售速度为 $v(t) = 100 + 100\sin t$,$(0 \leqslant t \leqslant 12)$,其中 t 为时间,单位为月,求此商品前 3 个月的销售总量.($\cos 3 \approx -0.99$)

3. 某数据表明,从 2005 年到 2010 年,世界石油消耗总量指数增长,且增长速度为 $R(t) = 320\,e^{0.05t}$(单位:亿桶/年),$t = 0$ 对应 2005 年,试计算从 2005 年到 2010 年,世界石油消耗总量.

第5章　定积分

不定积分是微分法逆运算的一个侧面，本章要介绍的定积分则是它的另一个侧面. 定积分起源于求图形的面积和体积等实际问题. 古希腊的阿基米德用"穷竭法"，我国的刘徽用"割圆术"，都曾计算过一些几何体的面积和体积，这些均为定积分的雏形. 直到17世纪中叶，牛顿和莱布尼茨先后提出了定积分的概念，并发现了积分与微分之间的内在联系，给出了计算定积分的一般方法，从而使定积分成为解决有关实际问题的有力工具，并使各自独立的微分学与积分学联系在一起，构成了完整的理论体系——微积分学.

本章先从几何问题与物理问题引入定积分的定义，然后讨论定积分的性质、计算方法以及定积分在几何与经济学中的应用. 在积分学中，不定积分与定积分在概念上有根本的区别，但它们又有紧密的联系.

§5.1　定积分的概念与性质

5.1.1　引例

1. 曲边梯形的面积

设函数 $y=f(x)$ 在区间 $[a,b]$ 上连续，则将曲线 $y=f(x)$ 、直线 $x=a$ 、直线 $x=b$ 及 x 轴所围成的图形（见图5-1-1）称为**曲边梯形**.

在初等数学中，以矩形面积为基础，解决了直边图形的面积计算问题，现在的曲边梯形有一条边是曲线，它的面积不能再用计算直边图形面积的方法去计算. 但是，由于曲边梯形的高 $f(x)$ 在区间 $[a,b]$ 是连续变化的，在很小一段区间上它的变化很小，近似于不变. 基于这种想法，可以用一组平行于 y 轴的直线把曲边梯形分割成若干个小曲边梯形，只要分割得较细，每个小曲边梯形很窄，则其高的变化就很小. 因此，可以用小区间上某一点处的高来近似代替同一个小区间上小曲边梯形的高，用这样一个小矩形的面积近似代替小曲边梯形的面积，进而用所有小矩形面积之和近似代替整个曲边梯形的面积（见图5-1-2）. 显然，分割越细，近似程度越好，当分割无限细密时，所有小矩形面积之和的极限就是曲边梯形面积的精确值.

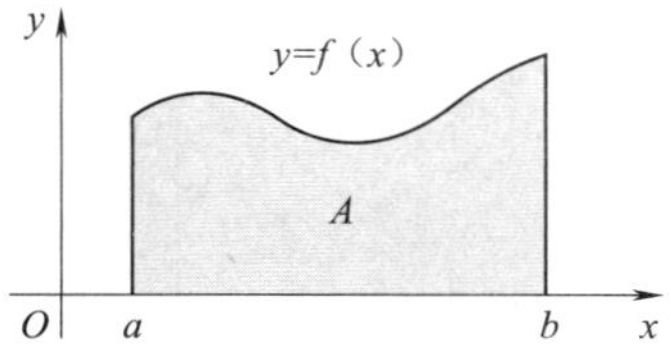

图　5-1-1

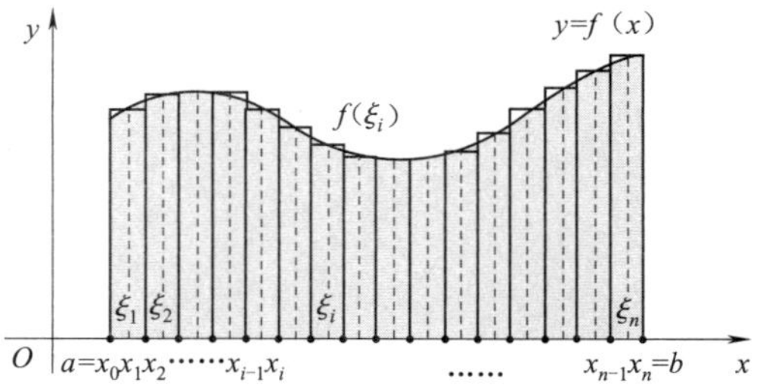

图　5-1-2

根据以上分析，可按下述四步计算曲边梯形的面积 A ：

1）分割

在区间 $[a,b]$ 内任意插入 $n-1$ 个分点：

$$a=x_0<x_1<x_2<\cdots<x_{n-1}<x_n=b.$$

把区间 $[a,b]$ 分成 n 个小区间：

$$[x_0,x_1],[x_1,x_2],\cdots,[x_{i-1},x_i],\cdots,[x_{n-1},x_n].$$

第 i 个小区间 $[x_{i-1},x_i]$ 的长度记为

$$\Delta x_i = x_i - x_{i-1}, i = 1,2,\cdots,n.$$

过每一分点作平行于 y 轴的直线,它们把曲边梯形分成 n 个小曲边梯形.

2)近似代替

在每个小区间 $[x_{i-1},x_i]$ $(i = 1,2,\cdots,n)$ 上任取一点 ξ_i $(x_{i-1} \leqslant \xi_i \leqslant x_i)$,用以 $[x_{i-1},x_i]$ 为底,以 $f(\xi_i)$ 为高的小矩形面积近似代替第 i 个小曲边梯形的面积 ΔA_i, 即

$$\Delta A_i \approx f(\xi_i) \cdot \Delta x_i \ (i = 1,2,\cdots,n).$$

3)求和

把 n 个小矩形面积加起来,就得到曲边梯形面积的近似值,即

$$A \approx f(\xi_1) \cdot \Delta x_1 + f(\xi_2) \cdot \Delta x_2 + \cdots + f(\xi_n) \cdot \Delta x_n = \sum_{i=1}^{n} f(\xi_i) \cdot \Delta x_i.$$

4)取极限

当分点个数 n 无限增加,且最大的小区间长度(记为 λ, 即 $\lambda = \max\limits_{i=1,\cdots,n} \{\Delta x_i\}$)趋于零时,上述和式的极限就是曲边梯形面积的精确值,即

$$A = \lim_{\lambda \to 0} \sum_{i=1}^{n} f(\xi_i) \Delta x_i.$$

2. 变速直线运动的路程

设一物体做变速直线运动,已知速度 $v = v(t)$ 是时间 t 的连续函数,求在时间间隔 $[T_1,T_2]$ 上物体所经过的路程.

物体做变速直线运动不能再按匀速直线运动的路程公式来求其路程. 但是,由于物体运动的速度函数是连续变化的,在很短一段时间内,速度变化很小,近似于等速. 因此,如果把时间间隔分小,在小段时间内以等速直线运动代替变速直线运动,那么就可以算出部分路程的近似值;再求和,得到整个路程的近似值;最后通过对时间间隔无限细分的极限过程,这时所有部分路程的近似值之和的极限,就是所求变速直线运动的路程的精确值. 这一求变速直线运动路程的具体步骤如下:

1)分割

在时间间隔 $[T_1,T_2]$ 内任意插入 $n-1$ 个分点:

$$T_1 = t_0 < t_1 < t_2 < \cdots < t_{n-1} < t_n = T_2.$$

把 $[T_1,T_2]$ 分成 n 个小段:

$$[t_0,t_1],[t_1,t_2],\cdots,[t_{i-1},t_i],\cdots,[t_{n-1},t_n].$$

第 i 小段时间的长度记为

$$\Delta t_i = t_i - t_{i-1}, \quad i = 1,2,\cdots,n.$$

相应地,在第 i 小段时间内物体经过的路程为 Δs_i $(i = 1,2,\cdots,n)$.

2)近似代替

在时间间隔 $[t_{i-1},t_i]$ $(i = 1,2,\cdots,n)$ 上任取一个时刻 τ_i $(t_{i-1} \leqslant \tau_i \leqslant t_i)$,以 τ_i 时的速度 $v(\tau_i)$ 来代替 $[t_{i-1},t_i]$ 上各个时刻的速度,得到部分路程 Δs_i 的近似值,即

$$\Delta s_i \approx v(\tau_i) \cdot \Delta t_i, \quad (i = 1,2,\cdots,n).$$

3)求和

这 n 段部分路程的近似值之和,就是所求变速直线运动路程的近似值,即

$$s \approx v(\tau_1)\cdot\Delta t_1 + v(\tau_2)\cdot\Delta t_2 + \cdots + v(\tau_n)\cdot\Delta t_n = \sum_{i=1}^{n} v(\tau_i)\cdot\Delta t_i.$$

4)取极限

记 $\lambda = \max\{\Delta t_1,\Delta t_2,\cdots,\Delta t_n\}$，当 $\lambda \to 0$ 时,上述和式的极限就是变速直线运动的路程,即

$$s = \lim_{\lambda\to 0}\sum_{i=1}^{n} v(\tau_i)\Delta t_i.$$

5.1.2 定积分的定义

比较上面的两个引例发现:

(1)所求量虽然一个是几何量,一个是物理量,但它们都由一个函数及其自变量的变化范围所决定;

(2)计算两个量的方法和步骤是相同的;

(3)两个量的结果形式一致,都归结为一种特定和的极限.

现在,抛开这些问题的实际意义,抓住它们在数量关系上的共同本质和特性并加以概括,就可以抽象出定积分的定义.

定义 5.1 设函数 $f(x)$ 在 $[a,b]$ 上有界，在 $[a,b]$ 中任意插入 $n-1$ 个分点

$$a = x_0 < x_1 < x_2 < \cdots < x_{n-1} < x_n = b,$$

把区间 $[a,b]$ 分割成 n 个小区间:

$$[x_0,x_1],[x_1,x_2],\cdots,[x_{n-1},x_n],$$

各小区间的长度依次为

$$\Delta x_1 = x_1 - x_0, \Delta x_2 = x_2 - x_1,\cdots,\Delta x_n = x_n - x_{n-1}.$$

在每个小区间 $[x_{i-1},x_i]$ 上任取一点 $\xi_i(x_{i-1}\leqslant \xi_i \leqslant x_i)$，作函数值 $f(\xi_i)$ 与小区间长度 Δx_i 的乘积 $f(\xi_i)\Delta x_i(i = 1,2,\cdots,n)$，并作和式

$$S = \sum_{i=1}^{n} f(\xi_i)\Delta x_i,$$

记 $\lambda = \max\{\Delta x_1,\Delta x_2,\cdots,\Delta x_n\}$，如果不论对 $[a,b]$ 怎样的分法，也不论在小区间 $[x_{i-1},x_i]$ 上点 ξ_i 怎样取法，只要当 $\lambda\to 0$ 时，和 S 总趋于确定的极限 I，我们就称函数 $f(x)$ 在 $[a,b]$ 上**可积**(反之**不可积**),称这个极限 I 为函数 $f(x)$ 在区间 $[a,b]$ 上的**定积分**,记为

$$\int_a^b f(x)\mathrm{d}x = I = \lim_{\lambda\to 0}\sum_{i=1}^{n} f(\xi_i)\cdot\Delta x_i,$$

其中 $f(x)$ 称为**被积函数**，$f(x)\mathrm{d}x$ 称为**被积表达式**，x 称为**积分变量**，a 称为**积分下限**，b 称为**积分上限**，$[a,b]$ 称为**积分区间**.

根据定积分的定义,两个引例中的问题可以表示为:

(1)曲边梯形的面积 $A = \int_a^b f(x)\mathrm{d}x$;

(2)变速直线运动的路程 $S = \int_{T_1}^{T_2} v(t)\mathrm{d}t$.

注意:

关于定积分的定义的几点说明:

(1)定积分 $\int_a^b f(x)\mathrm{d}x$ 是极限值,这个值仅与被积函数 $f(x)$ 及积分区间 $[a,b]$ 有关,而与区间 $[a,b]$ 的分法、ξ_i 的取法以及积分变量用什么字母表示均无关.

(2)规定：当 $a=b$ 时，$\int_a^a f(x)\mathrm{d}x=0$；当 $a>b$ 时，$\int_a^b f(x)\mathrm{d}x=-\int_b^a f(x)\mathrm{d}x$.

(3)函数 $f(x)$ 在区间 $[a,b]$ 上可积与不可积在此不做深入讨论，只给出下面两个结论：

①若函数 $f(x)$ 在区间 $[a,b]$ 上连续，则 $f(x)$ 在区间 $[a,b]$ 上可积；

②若函数 $f(x)$ 在区间 $[a,b]$ 上仅有有限个第一类间断点，则 $f(x)$ 在区间 $[a,b]$ 上可积.

5.1.3　定积分的几何意义

设 $f(x)$ 在区间 $[a,b]$ 上连续.

(1)若在 $[a,b]$ 上 $f(x)\geqslant 0$，则定积分 $\int_a^b f(x)\mathrm{d}x$ 表示由曲线 $y=f(x)$、直线 $x=a$、$x=b$ 及 x 轴所围成的曲边梯形面积 A(见图 5-1-3)，即 $\int_a^b f(x)\mathrm{d}x=A$

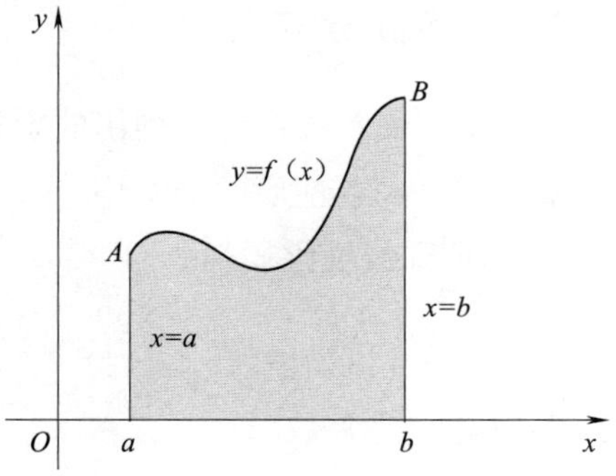

图　5-1-3

(2)若在 $[a,b]$ 上 $f(x)\leqslant 0$，则定积分 $\int_a^b f(x)\mathrm{d}x$ 表示由曲线 $y=f(x)$、直线 $x=a$、$x=b$ 及 x 轴所围成的曲边梯形面积 A 的负值(见图 5-1-4)，即 $\int_a^b f(x)\mathrm{d}x=-A$

(3)若在 $[a,b]$ 上 $f(x)$ 有时正有时负，则定积分 $\int_a^b f(x)\mathrm{d}x$ 表示由曲线 $y=f(x)$、直线 $x=a$、$x=b$ 及 x 轴所围成的图形面积的代数和(见图 5-1-5)，即 $\int_a^b f(x)\mathrm{d}x=-A_1+A_2-A_3$.

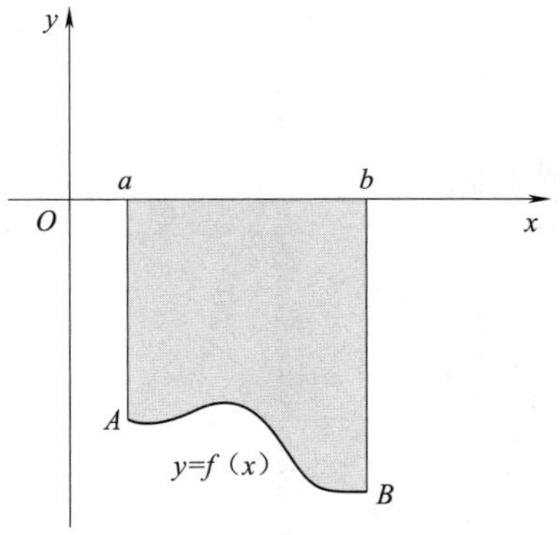

图　5-1-4

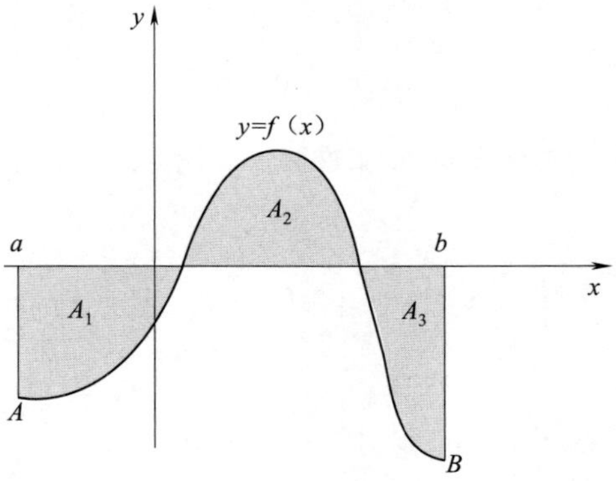

图　5-1-5

例 1　利用定积分的几何意义求定积分：

(1) $\int_0^4 x\mathrm{d}x$；　　(2) $\int_0^a \sqrt{a^2-x^2}\mathrm{d}x \quad (a>0)$.

解　(1)被积函数 $f(x)=x$ 与直线 $y=0$、$x=4$ 及 x 轴所围成的图形如图 5-1-6 所示，则

$$\int_0^4 x\mathrm{d}x=\frac{1}{2}\times 4\times 4=8.$$

(2)被积函数 $f(x)=\sqrt{a^2-x^2}$ 在区间 $[0,a]$ 的图像是四分之一圆周(见图 5-1-7)，由定积分的几何意义可知，定积分 $\int_0^a \sqrt{a^2-x^2}\mathrm{d}x$ 表示圆 $x^2+y^2=a^2$ 的面积的四分之一(圆 $x^2+y^2=a^2$ 在第一象限的部分)，所以 $\int_0^a \sqrt{a^2-x^2}\mathrm{d}x=\frac{\pi}{4}a^2$.

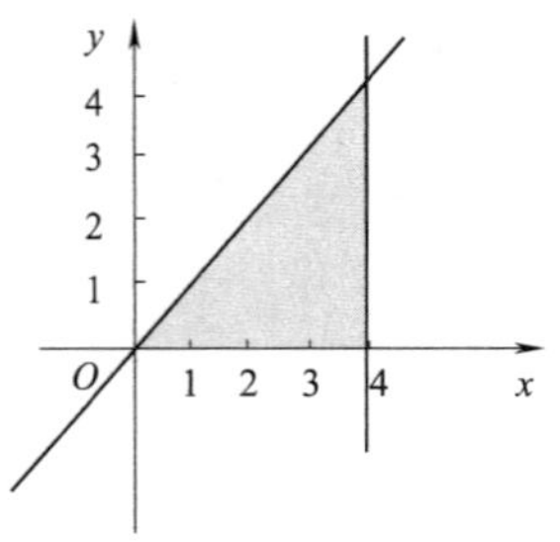

图 5-1-6

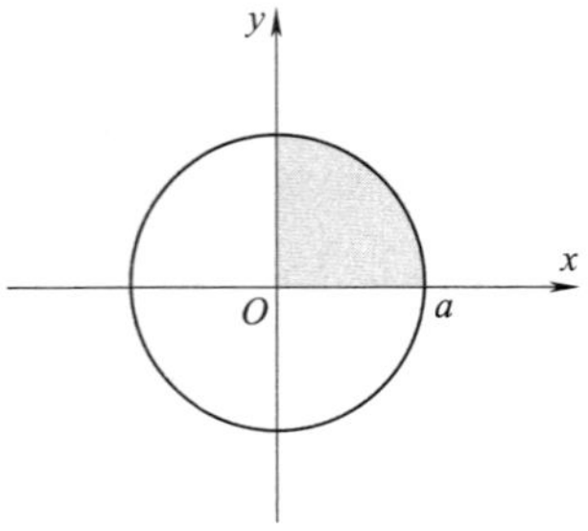

图 5-1-7

5.1.4 定积分的性质

假定下面各性质中所列出的定积分都是存在的,并且,如无特别指明,各性质中积分上下限的大小均不加限制.此外,各性质的证明略.

性质1(线性性质)

$$\int_a^b [k_1 f(x) \pm k_2 g(x)]\mathrm{d}x = k_1\int_a^b f(x)\mathrm{d}x \pm k_2\int_a^b g(x)\mathrm{d}x,$$

式中, k_1,k_2 是常数.

性质1可推广到有限多个函数线性组合的情形,即

$$\begin{aligned}&\int_a^b [k_1 f_1(x) \pm k_2 f_2(x) \pm \cdots \pm k_n f_n(x)]\mathrm{d}x\\ =\ & k_1\int_a^b f_1(x)\mathrm{d}x \pm k_2\int_a^b f_2(x)\mathrm{d}x \pm \cdots \pm k_n\int_a^b f_n(x)\mathrm{d}x,\end{aligned}$$

式中, $k_1,k_2,\cdots,k_n$ 是常数.

性质2 若在区间 $[a,b]$ 上, $f(x)\equiv 1$ (见图5-1-8),则

$$\int_a^b 1\mathrm{d}x = \int_a^b \mathrm{d}x = b-a.$$

性质3(积分对区间的可加性) 不论 a,b,c 的相对位置如何,总有等式

$$\int_a^b f(x)\mathrm{d}x = \int_a^c f(x)\mathrm{d}x + \int_c^b f(x)\mathrm{d}x$$

成立.

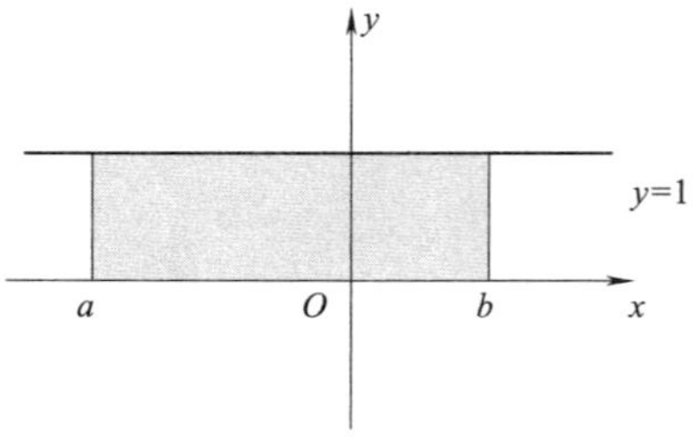

图 5-1-8

性质4 若在区间 $[a,b]$ 上, $f(x)\geqslant 0$, 则

$$\int_a^b f(x)\mathrm{d}x \geqslant 0 \quad (a<b).$$

注: 由定积分的几何意义立即可得.

推论1 若在区间 $[a,b]$ 上, $f(x)\geqslant g(x)$, 则

$$\int_a^b f(x)\mathrm{d}x \geqslant \int_a^b g(x)\mathrm{d}x \quad (a<b).$$

注: 因为 $f(x)-g(x)\geqslant 0$, 由性质4有 $\int_a^b [f(x)-g(x)]\mathrm{d}x \geqslant 0$, 再由性质1可得要证的不等式.

推论2 $\left|\int_a^b f(x)\mathrm{d}x\right| \leqslant \int_a^b |f(x)|\mathrm{d}x \quad (a<b).$

性质5(积分估值定理) 设 m 和 M 分别是 $f(x)$ 在区间 $[a,b]$ 上的最小值和最大值(见图5-1-9),则

$$m(b-a)\leqslant \int_a^b f(x)\mathrm{d}x \leqslant M(b-a).$$

注：由性质 4 的推论 1 可证得.

性质 6(积分中值定理)　如果函数 $f(x)$ 在区间 $[a,b]$ 上连续，那么在区间 $[a,b]$ 上至少存在一点 ξ，使下式成立：

$$\int_a^b f(x)\mathrm{d}x = f(\xi)(b-a) \quad (a \leqslant \xi \leqslant b).$$

上式称为**积分中值公式**.

注：由闭区间上连续函数的最值定理、积分估值定理及闭区间上连续函数的介值定理可以证得，请读者试一试.

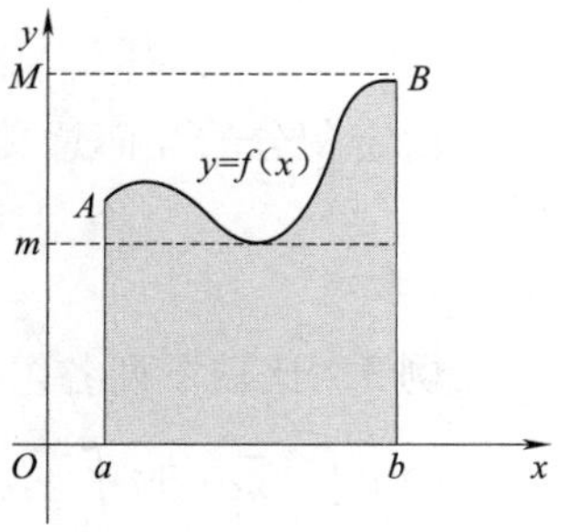

图　5-1-9

积分中值定理的**几何解释**是：在区间 $[a,b]$ 上至少存在一点 ξ，使得以 $[a,b]$ 为底，以 $y=f(x)$ 为曲边的曲边梯形的面积 $\int_a^b f(x)\mathrm{d}x$ 等于同一底边而高为 $f(\xi)$ 的矩形面积 $f(\xi)(b-a)$（见图 5-1-10）.

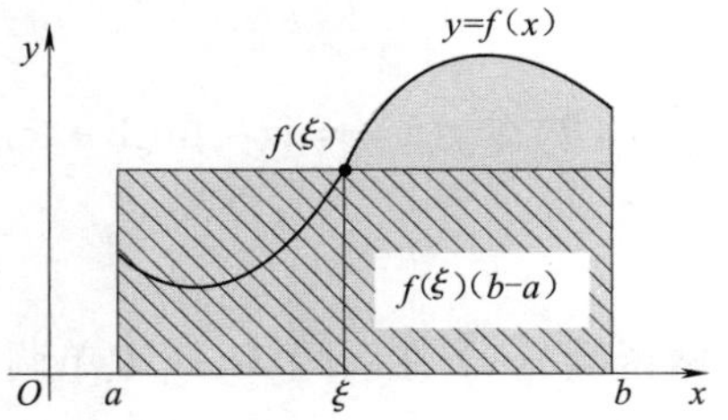

图　5-1-10

由积分中值公式所得的

$$f(\xi) = \frac{1}{b-a}\int_a^b f(x)\mathrm{d}x$$

称为**函数 $f(x)$ 在区间 $[a,b]$ 上的积分平均值**. 这一概念是对有限个数的平均值概念的拓展. 例如，我们可以用它去计算做变速直线运动的物体在指定时间间隔内的平均速度等.

性质 7（奇、偶函数在对称区间上的定积分）　若 $f(x)$ 为奇函数，则 $\int_{-a}^a f(x)\mathrm{d}x = 0$；若 $f(x)$ 为偶函数，则 $\int_{-a}^a f(x)\mathrm{d}x = 2\int_0^a f(x)\mathrm{d}x$，如图 5-1-11 所示.

视频

性质7、例2

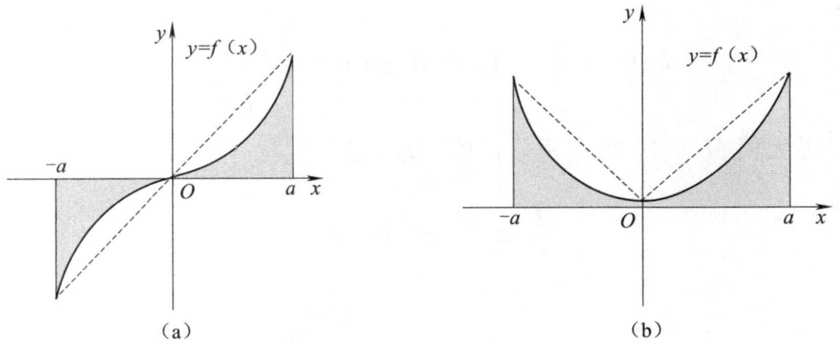

图　5-1-11

例 2　据报道，南京航空航天大学的四食堂 Wi-Fi 密码是 $\int_{-2}^2\left(x^3\cos\frac{x}{2}+\frac{1}{2}\right)\sqrt{4-x^2}\mathrm{d}x$ 的前六位. 请利用定积分的性质和几何意义求定积分 $\int_{-2}^2\left(x^3\cos\frac{x}{2}+\frac{1}{2}\right)\sqrt{4-x^2}\mathrm{d}x$.

解　由性质 1，$\int_{-2}^2\left(x^3\cos\frac{x}{2}+\frac{1}{2}\right)\sqrt{4-x^2}\mathrm{d}x = \int_{-2}^2 x^3\cos\frac{x}{2}\sqrt{4-x^2}\mathrm{d}x + \int_{-2}^2\frac{1}{2}\sqrt{4-x^2}\mathrm{d}x$.

函数 $g(x) = \int_{-2}^2 x^3\cos\frac{x}{2}\sqrt{4-x^2}\mathrm{d}x$ 为奇函数，故由性质 7 得

$$\int_{-2}^2 x^3\cos\frac{x}{2}\sqrt{4-x^2}\mathrm{d}x = 0.$$

函数 $f(x) = \int_{-2}^2\frac{1}{2}\sqrt{4-x^2}\mathrm{d}x$ 为偶函数，故由性质 7 得

$$f(x)=\int_{-2}^{2}\frac{1}{2}\sqrt{4-x^2}\,dx=\int_{0}^{2}\sqrt{4-x^2}\,dx.$$

由定积分的几何意义

$$\int_{0}^{2}\sqrt{4-x^2}\,dx=\frac{1}{4}\pi 2^2=\pi.$$

例 3 比较下列各组积分值的大小：

(1) $\int_0^1 \sqrt[3]{x}\,dx$ 与 $\int_0^1 x^3\,dx$；　　(2) $\int_0^1 x\,dx$ 与 $\int_0^1 \ln(1+x)\,dx$.

解 (1)根据幂函数的性质，在 $[0,1]$ 上，有 $\sqrt[3]{x}\geqslant x^3$，再由性质 4 的推论 1 有

$$\int_0^1 \sqrt[3]{x}\,dx\geqslant\int_0^1 x^3\,dx.$$

(2)令 $f(x)=x-\ln(1+x)$，$f(x)$ 在区间 $[0,1]$ 上连续，且在区间 $(0,1)$ 上有

$$f'(x)=1-\frac{1}{1+x}=\frac{x}{1+x}>0,$$

故函数 $f(x)$ 在区间 $[0,1]$ 上单调增加，所以

$$f(x)\geqslant f(0)=[x-\ln(1+x)]\big|_{x=0}=0,$$

即有 $x\geqslant\ln(1+x)$，由性质 4 的推论 1，得

$$\int_0^1 x\,dx\geqslant\int_0^1 \ln(1+x)\,dx.$$

例 4 估计定积分 $\int_{-1}^{1} e^{-x^2}dx$ 的值.

解 设 $f(x)=e^{-x^2}$，$x\in[-1,1]$；由 $f'(x)=-2xe^{-x^2}=0$ 得驻点 $x=0$；比较驻点 $x=0$ 及区间端点 $x=\pm 1$ 处的函数值：

$$f(0)=e^0=1,\quad f(\pm 1)=e^{-1}=\frac{1}{e}.$$

得最小值为 $m=\frac{1}{e}$，最大值 $M=1$；根据积分估值定理，得

$$\frac{2}{e}\leqslant\int_{-1}^{1} e^{-x^2}dx\leqslant 2.$$

习题 5-1

A 组

1. 选择题

(1)定积分 $\int_a^b f(x)\,dx$ 的值(　　).

A. 与积分变量有关

B. 与区间 $[a,b]$ 的分法及点 ξ_i 的取法有关

C. 为曲边梯形的面积

D. 仅与被积函数及积分区间 $[a,b]$ 有关

(2) $\frac{d}{dx}\int_a^b \arctan x\,dx=$ (　　).

A. $\arctan x$

B. $\arctan b-\arctan a$

C. 0

D. $\frac{1}{1+x^2}$

(3)设$f(x)$在$[a,b]$上连续,则下列各式中(   )不成立.

A. $\int_a^b f(x)\mathrm{d}x=\int_a^b f(t)\mathrm{d}t$　　B. $\int_a^b f(x)\mathrm{d}x=-\int_b^a f(x)\mathrm{d}x$

C. $\int_a^a f(x)\mathrm{d}x=0$　　D. 若$\int_a^b f(x)\mathrm{d}x=0$,则$f(x)=0$

(4)根据定积分的几何意义,下列各式中正确的是(   ).

A. $\int_{-3}^{-2} x^2\mathrm{d}x<0$　　B. $\int_{-2}^{-1} x^3\mathrm{d}x<0$

C. $\int_{\pi}^{2\pi}\sin x\mathrm{d}x>0$　　D. $\int_{\frac{\pi}{2}}^{\pi}\cos x\mathrm{d}x>0$

(5)设$f(x)$在$[a,b]$上连续,则曲线$y=f(x)$与直线$x=a,x=b,y=0$所围成的平面图形的面积等于(   ).

A. $\int_a^b f(x)\mathrm{d}x$　　B. $\left|\int_a^b f(x)\mathrm{d}x\right|$

C. $\int_a^b |f(x)|\mathrm{d}x$　　D. $f'(\xi)(b-a)\quad(a<\xi<b)$

2. 利用定积分的几何意义说明下列等式:

(1) $\int_0^1 2x\mathrm{d}x=1$;　　(2) $\int_0^{2\pi}\sin x\mathrm{d}x=0$.

3. 比较下列各组积分值的大小:

(1) $\int_1^2 \ln x\mathrm{d}x$与$\int_1^2 \ln^2 x\mathrm{d}x$;　　(2) $\int_0^1 \mathrm{e}^x\mathrm{d}x$与$\int_0^1(1+x)\mathrm{d}x$.

4. 估计下列各积分的值:

(1) $\int_{\pi/4}^{5\pi/4}(1+\sin^2 x)\mathrm{d}x$;　　(2) $\int_0^{-2} x\mathrm{e}^x\mathrm{d}x$.

5. 计算$\int_{-1}^{1}(x+\sqrt{1-x^2})^2\mathrm{d}x$.

B组

1. 求函数$f(x)=\sqrt{1-x^2}$在闭区间$[-1,1]$上的平均值.

2. 设$f(x)$在区间$[a,b]$上非负,在(a,b)内$f''(x)>0,f'(x)<0$, $I_1=\frac{b-a}{2}[f(a)+f(b)]$,$I_2=\int_a^b f(x)\mathrm{d}x$,$I_3=(b-a)f(b)$,请比较$I_1,I_2,I_3$的大小.

文化视角

最早的几何学《墨经》

在西方数学史中,一直把欧几里得(约公元前330—前275年)的《几何原本》誉为世界上最古老而系统的几何学,这的确名不虚传.《几何原本》是历史上发行最广泛的教科书.早在印刷术传到欧洲之前,它的手抄本就统领欧洲的几何学达1 800年之久,印刷术传入欧洲后,从1482年到19世纪末,这本书被译成各种文字,竟先后出了一千多版,是历史上题版最多、研究最广的书之一.它的影响是如此深远,以致在人们心目中,欧几里得和“几何学”变成了同义语.但事实上,最古老而系统的几何学,仍然出自我们中国.

在欧几里得之前一个多世纪,我国战国时期有一位著名学者,即墨家创始人墨翟(约公元前468—前376年).墨翟和他的学生写了一本书,叫《墨子》,总结了许多有关逻辑学、光学、力学、几何学的知识.《墨子》共71篇,现存53篇,《墨经》(见图5-1-12)是其中一部分,包括《经上》《经下》《经说上》《经说下》四篇.《经上》《经下》记录了一系列几何学定义、原则、定理,《经说上》《经说下》则给这些定义、定理做了解释和补充.

与欧几里得的《几何原本》对照,凡是《几何原本》说到的,《墨经》几乎全都涉及了,而且其定义的确切、立论的精辟均不下于《几何原本》,下面,我们从中选出部分加以介绍.为了便于阅读,我们另外加上编号.

图 5-1-12

(1)《经上》:"平,同高也."平行的意思是:所谓平行线(或平行平面)是两条(或个)在每一处跑离都相等的直线(或平面).

(2)《经上》:"中,同长也."《经说上》:"心,中,自是往相若也."中即对称中心,包括线段中点、圆心、球心.意思是,关于中心成对称的点,到中心的距离相等.

(3)《经上》:"圆,一中同长也."《经说上》:"圜,规写交也."圆的定义,圈就是圆周或圆球,圆(球)有而且只有一个中心,圆周(球面)上每一点到中心的距离相等.又,圆是用圆规画出,并且终点与起点相重合的曲线.上述圆的定义不仅与《几何原本》完全一致,而且说明我国古代很早就会熟练地用圆规作圆了,

(4)《经上》:"方,柱隅四杂也."《经说上》:"方,矩见交也."矩形的定义:矩形的四边都是直的,四角都是直角.矩形是用木匠的矩,使四条线都彼此正交画出的图形.

(5)《经上》:"厚,有所大也."《经说上》:"(无厚)惟无所大"讨论体积.每个体积都有厚度这一维,因此物体才有大小可言.没有厚度就没有体积."

(6)《经上》:"端,体之无厚而最前者也."几何点的定义.端即几何的点,它是几何体的尖端,位于物体的最前面,没有厚薄和大小.这和《几何原本》中"点是没有部分的""线段的两端是点"的说法是相同的.

(7)《经上》:"体,分于兼也."《经说上》:"体,若二之一,尺之端也."论述部分与全体、集合与元素的关系."体"指形体、图形;"分"是部分;"兼"是全体;"尺"是线段,意思是说,图形是由部分组成全体的,将一个图形例如线段,不断地一半一半地分下去,最后将得到一个点(尺之端).令人惊讶的是,这里面竟含有"点是线段无限分割的极限"的思想萌芽,或者近代区间套原理的雏形.

(8)《经上》:"穷,或有前不容尺也."《经说上》:"穷:或不容尺,有穷;莫不容尺,无穷也.""或"是古代的域字,这里作区域讲;"前"是前方尽头的意思.第一句讲"穷"即有界空间,是有边界的区域,它的外面不能包含任何线(尺);如果沿着某一方向用尺(另一线段)去量这个区域,一定能够量尽.第二句话是,穷,是能够量尽的区域,也叫有穷;如果永远量不尽(莫不容尺),必定是无穷的.这和著名的阿基米德(公元前 287—前 212 年)公理是完全一致的,因此有人主张把它称为"或不容尺公理".

(9)《经说上》:"小故,有之不必然,无之必不然.体也,若有端.大故,有之必然,若见之成见也."讲必要条件和充分条件."小故"相当于必要条件,有了它不一定有这样的结果,但若没有它就一定没有这样的结果.例如,有点不一定就能成直线,但没有点,就一定不成直线."大故"相当于充分条件,有了它就一定能有这样的结果.例如,有了看的动作,就能见到东西,看是看见的充分条件.

从以上不完全的介绍已能看出,2 400 年前《墨经》中的几何学,在许多方面和我们今天所学的内容,意义是相同的.李约瑟在他的《中国科学技术史》第三卷中明确指出,由于有《墨经》等资料作证据,"完全排除了任何一种认为中国古代缺乏几何思想的猜测".

如果我们再注意到《墨经》比欧几里得的《几何原本》大约要早一个世纪,那就完全可以理直气壮地说《墨经》是世界上最古老而系统的几何学.

§5.2 微积分基本公式

通过前面的学习我们发现,利用定积分的定义计算定积分是非常困难的,因此,必须寻求计算定积分的

简便而又可行的方法.

下面我们重新审视上一节的引例 2 会发现：

根据定积分的定义，变速直线运动的路程 $S = s(T_2) - s(T_1)$ 可以表示为 $S = \int_{T_1}^{T_2} v(t)\mathrm{d}t$，即可得关系式 $\int_{T_1}^{T_2} v(t)\mathrm{d}t = s(T_2) - s(T_1)$，其中 $\int v(t)\mathrm{d}t = s(t) + C$.

由此表明速度函数 $v(t)$ 在 $[T_1, T_2]$ 上的定积分等于其原函数 $s(t)$ 在 $[T_1, T_2]$ 上的增量.

这时，我们会产生疑问，这个结论是否具有普遍性呢？答案是肯定的，下面请看理论的支持.

5.2.1 积分上限的函数及其导数

定义 5.2 设函数 $f(x)$ 在区间 $[a,b]$ 上连续，则称 $\Phi(x) = \int_a^x f(t)\mathrm{d}t, x \in [a,b]$ 为**积分上限的函数**.

积分上限的函数的特征：

(1) 函数的表达式是一个积分式子，自变量在上限的位置；

(2) 被积函数与上限无关.

定理 5.1 若函数 $f(x)$ 在区间 $[a,b]$ 上连续，则积分上限的函数 $\Phi(x) = \int_a^x f(t)\mathrm{d}t$ 在 $[a,b]$ 上可导，且它的导数是

$$\Phi'(x) = \left(\int_a^x f(t)\mathrm{d}t\right)' = f(x). \tag{5-2-1}$$

例 1 求下列函数的导数：

(1) $y = \int_x^0 \cos(3t+1)\mathrm{d}t$； (2) $y = \int_a^{\sqrt{x}} \sin t^2 \mathrm{d}t$； (3) $y = \int_x^{x^2} \sqrt{1+t^3}\mathrm{d}t$.

解 (1) $y' = \left(\int_x^0 \cos(3t+1)\mathrm{d}t\right)' = -\left(\int_0^x \cos(3t+1)\mathrm{d}t\right)' = = -\cos(3x+1)$.

(2) 函数 $F(x) = \int_a^{\sqrt{x}} \sin t^2 \mathrm{d}t$ 是由函数 $F(u) = \int_a^u \sin t^2 \mathrm{d}t$ 及 $u = \sqrt{x}$ 复合而成，由复合函数的求导法则，得

$$y' = \left(\int_a^{\sqrt{x}} \sin t^2 \mathrm{d}t\right)' = \sin(\sqrt{x})^2 \cdot (\sqrt{x})' = \frac{\sin x}{2\sqrt{x}}.$$

(3) 利用 (1)、(2) 两题的解题思路.

$$\begin{aligned} y' &= \left(\int_x^{x^2} \sqrt{1+t^3}\mathrm{d}t\right)' = \left(\int_x^0 \sqrt{1+t^3}\mathrm{d}t + \int_0^{x^2} \sqrt{1+t^3}\mathrm{d}t\right)' \\ &= -\sqrt{1+x^3} + \sqrt{1+(x^2)^3} \cdot (x^2)' \\ &= -\sqrt{1+x^3} + 2x\sqrt{1+x^6}. \end{aligned}$$

注意：

一般地，积分限的函数求导有如下公式：

(1) $\left(\int_a^{g(x)} f(t)\mathrm{d}t\right)' = f[g(x)]g'(x)$；

(2) $\left(\int_{g_1(x)}^{g_2(x)} f(t)\mathrm{d}t\right)' = f[g_2(x)]g_2'(x) - f[g_1(x)]g_1'(x)$.

例 2 设函数 $f(x)$ 为连续函数，求 $F(x) = \int_a^x xf(t)\mathrm{d}t$ 的导数.

解 因为 $F(x)=\int_a^x xf(t)\mathrm{d}t=x\int_a^x f(t)\mathrm{d}t$,

所以

$$F'(x)=\int_a^x f(t)\mathrm{d}t+xf(x).$$

例 3 求极限 $\lim\limits_{x\to0}\dfrac{\int_{\cos x}^1 \mathrm{e}^{-t^2}\mathrm{d}t}{x^2}$.

解 题设极限是 $\dfrac{0}{0}$ 未定式,应用洛必达法则,得

$$\lim_{x\to0}\frac{\int_{\cos x}^1 \mathrm{e}^{-t^2}\mathrm{d}t}{x^2}=\lim_{x\to0}\frac{-\mathrm{e}^{-(\cos x)^2}\cdot(\cos x)'}{2x}=\frac{1}{2}\lim_{x\to0}\mathrm{e}^{-(\cos x)^2}\cdot\lim_{x\to0}\frac{\sin x}{x}=\frac{1}{2\mathrm{e}}.$$

由定理 1 可得以下原函数的存在定理.

定理 5.2 若函数 $f(x)$ 在区间 $[a,b]$ 上连续,则函数 $\Phi(x)=\int_a^x f(t)\mathrm{d}t$ 就是 $f(x)$ 在 $[a,b]$ 上的一个原函数.

注意:

定理 5.2 一方面肯定了连续函数的原函数是存在的,另一方面初步揭示了积分学中的定积分与原函数之间的联系.这样就有可能通过原函数来计算定积分.

5.2.2 牛顿-莱布尼茨公式

定理 5.3 若函数 $F(x)$ 是连续函数 $f(x)$ 在区间 $[a,b]$ 上的一个原函数,则

视频

定理5.3

$$\int_a^b f(x)\mathrm{d}x=F(b)-F(a). \tag{5-2-2}$$

式(5-2-2)称为**牛顿-莱布尼茨公式**.

证 已知函数 $F(x)$ 是连续函数 $f(x)$ 的一个原函数,又由定理 5.2 知道,积分上限的函数 $\Phi(x)=\int_a^x f(t)\mathrm{d}t$ 也是 $f(x)$ 的一个原函数.由第 4 章 4.1 节的知识知道

$$F(x)-\Phi(x)=C_0 \quad (a\leqslant x\leqslant b, C_0\text{ 为某一常数}),$$

即

$$F(x)-\int_a^x f(t)\mathrm{d}t=C_0.$$

在上式中令 $x=a$,得 $C_0=F(a)$,令 $x=b$,得

$$F(b)-\int_a^b f(t)\mathrm{d}t=C_0=F(a),$$

即

$$\int_a^b f(x)\mathrm{d}x=F(b)-F(a).$$

为方便起见,以后把 $F(b)-F(a)$ 记作 $F(x)\Big|_a^b$,于是,式(5-2-1)可写作

$$\int_a^b f(x)\mathrm{d}x=F(x)\Big|_a^b=F(b)-F(a).$$

注意:

式 5-2-2 进一步揭示了定积分与被积函数的原函数或不定积分之间的联系.它表明:一个连续函数在区间 $[a,b]$ 上的定积分等于它的任意一个原函数在区间 $[a,b]$ 上的增量.这就给计算定积分提供了一个有效而简便的方法.

通常也把式(5-2-2)称为**微积分基本公式**.

下面举几个应用牛顿-莱布尼茨公式来计算定积分的例子.

例 4　计算下列定积分:

(1) $\int_0^4 x\mathrm{d}x$;　　(2) $\int_0^{\pi/4} \tan^2 x\mathrm{d}x$;　　(3) $\int_{-1}^1 \frac{\mathrm{e}^x}{1+\mathrm{e}^x}\mathrm{d}x$.

解　(1) $\int_0^4 x\mathrm{d}x = \frac{1}{2}x^2\Big|_0^4 = \frac{1}{2}\cdot 16 - \frac{1}{2}\cdot 0 = 8$

(2) $\int_0^{\pi/4} \tan^2 x\mathrm{d}x = \int_0^{\pi/4}(\sec^2 x - 1)\mathrm{d}x = (\tan x - x)\Big|_0^{\pi/4} = 1 - \frac{\pi}{4}$.

(3) $\int_{-1}^1 \frac{\mathrm{e}^x}{1+\mathrm{e}^x}\mathrm{d}x = \int_{-1}^1 \frac{1}{1+\mathrm{e}^x}\mathrm{d}(1+\mathrm{e}^x) = \ln(1+\mathrm{e}^x)\Big|_{-1}^1 = 1$.

例 5　设函数 $f(x) = \begin{cases} \sqrt[3]{x} & 0 \leqslant x < 1 \\ \mathrm{e}^{-x} & 1 \leqslant x \leqslant 3 \end{cases}$, 求 $\int_0^3 f(x)\mathrm{d}x$.

解　$\int_0^3 f(x)\mathrm{d}x = \int_0^1 f(x)\mathrm{d}x + \int_1^3 f(x)\mathrm{d}x = \int_0^1 \sqrt[3]{x}\mathrm{d}x + \int_1^3 \mathrm{e}^{-x}\mathrm{d}x$

$= \frac{3}{4}x^{\frac{4}{3}}\Big|_0^1 + (-\mathrm{e}^{-x})\Big|_1^3 = \frac{3}{4} + \frac{\mathrm{e}^2 - 1}{\mathrm{e}^3}$.

应用解析

案例(列车制动)　某汽车以 36 km/h 的速度正在行驶,遇到障碍需要减速停车,设汽车的制动减速度为 5 m/s^2,问汽车从制动开始需行驶多少路程才能停下来?

解　设从制动到停车,汽车的行驶路程为 s,行驶速度为 $v(t) = v_0 + at$,

其中
$$V_0 = 36 \text{ km/h} = 10 \text{ m/s}, \quad a = -5 \text{ m/s}^2,$$
于是
$$v(t) = 10 - 5t,$$
令 $v(t) = 0$, 得 $t = 2$, 即汽车从刹车到停车需 2 s,那么,在这段时间内,汽车的行驶路程为
$$s = \int_0^2 v(t)\mathrm{d}t = \int_0^2 (10 - 5t)\mathrm{d}t = \left(10t - \frac{5}{2}t^2\right)\Big|_0^2 = 10(\text{m}).$$

习题 5-2

A 组

1. 填空题:

(1) 设 $\int_a^x f(t)\mathrm{d}t = \sin^2 x$, 则 $f(x) =$ ________.

(2) 设 $f(x) = \int_{\sin x}^1 \sqrt{1-t^2}\mathrm{d}t$, 则 $f'\left(\frac{\pi}{2}\right) =$ ________.

(3) 设 $y = \int_x^3 \cos^2 t\mathrm{d}t$, 则 $\frac{\mathrm{d}y}{\mathrm{d}x} =$ ________, $\frac{\mathrm{d}y}{\mathrm{d}t} =$ ________.

(4) 已知函数 $y = \int_0^x t\mathrm{e}^t\mathrm{d}t$, 则 $y''(0) =$ ________.

(5) $\lim\limits_{x\to 0}\frac{\int_0^x \mathrm{e}^t \sin t^2\mathrm{d}t}{x^3} =$ ________.

2. 选择题：

(1) 设 $f(x)$ 为连续函数，则积分上限函数 $\int_a^x f(t)\mathrm{d}t$ 是(　　).

A. $f'(x)$ 的一个原函数　　B. $f'(x)$ 的所有原函数

C. $f(x)$ 的一个原函数　　D. $f(x)$ 的所有原函数

(2) 设 $y=\int_0^x (t-1)(t-2)\mathrm{d}t$，则 $y'|_{x=0}=$(　　).

A. -2　　B. -1　　C. 1　　D. 2

(3) $\int_0^1 f'(2x)\mathrm{d}x=$(　　).

A. $2[f(2)-f(0)]$　　B. $2[f(1)-f(0)]$

C. $\frac{1}{2}[f(2)-f(0)]$　　D. $\frac{1}{2}[f(1)-f(0)]$

3. 计算下列定积分：

(1) $\int_0^1 \frac{x^2}{1+x^2}\mathrm{d}x$；　　(2) $\int_1^{\sqrt{3}} \frac{1+2x^2}{x^2(1+x^2)}\mathrm{d}x$；

(3) $\int_0^{\pi/2} \cos^2 x\sin x\mathrm{d}x$；　　(4) $\int_{1/\pi}^{2/\pi} \frac{1}{x^2}\sin\frac{1}{x}\mathrm{d}x$；

(5) $\int_0^{\frac{1}{2}} \frac{\arcsin x}{\sqrt{1-x^2}}\mathrm{d}x$；　　(6) $\int_{-2}^{2} \max\{x,x^2\}\mathrm{d}x$.

B 组

1. 求积分上限函数 $F(x)=\int_0^x (x-t)\cos t\mathrm{d}t$ 的导数.

2. 设由 $x(t)=\int_0^t \sin u\mathrm{d}u$，$y(t)=\int_0^t \cos u\mathrm{d}u$ 确定函数 $y=y(x)$，求 $\frac{\mathrm{d}y}{\mathrm{d}x}$.

3. 设由方程 $\int_0^y \mathrm{e}^t\mathrm{d}t+\int_0^x \cos t\mathrm{d}t=0$ 确定隐函数 $y=y(x)$，求 $\frac{\mathrm{d}y}{\mathrm{d}x}$.

4. 求函数 $f(x)=\int_{1/2}^x \ln t\mathrm{d}t$ 的极值点.

5. 设 $f(n)=\int_0^{\frac{\pi}{4}} \tan^n x\mathrm{d}x$，其中 n 为正整数，证明：$f(3)+f(5)=\frac{1}{4}$.

文化视角

祖冲之与国际数学节

图 5-2-1

祖冲之(429—500 年，见图 5-2-1)是我国南北朝时期河北省涞源县人. 他从小就阅读了许多天文、数学方面的书籍，勤奋好学，刻苦实践，是我国古代杰出的数学家、天文学家.

祖冲之在数学上的杰出成就当属“圆周率”的计算. 秦汉以前，人们以“径一周三”作为圆周率，这就是“古率”. 后来发现古率误差太大，圆周率应是“圆径一而周三有余”，不过究竟余多少，意见不一. 直到三国时期，刘徽提出了计算圆周率的科学方法——“割圆术”，用圆内接正多边形的周长来逼近圆周长. 刘徽计算到圆内接 96 边形，求得圆周率为 3.14，并指出，内接正多边形的边数越多，所求得的值越精确. 祖冲之在前人成就的基础上，经过刻苦钻研，反复演算，求出圆周率在

3.141 592 6与3.141 592 7之间.其相对误差只有千分之九！千分之九是个什么概念？就是说,如果用祖冲之算出的圆周率去计算一个半径5 km的圆形田地的周长,结果比真实的周长只差3 mm,可以忽略不计.

祖冲之究竟用什么方法得出这一结果,现在无从考查.若设想他按刘徽的“割圆术”方法去求的话,就要计算到圆内接24 567边形,这需要花费多少时间和付出多么巨大的劳动啊！由此可见他在治学上的顽强毅力和聪明才智是令人钦佩的.外国数学家获得同样结果,已是一千多年以后的事了.也就是祖冲之的圆周率足足领先了一千多年.为了纪念祖冲之的杰出贡献,我们把祖冲之计算出来的圆周率称为“祖率”.

不仅如此,后来祖冲之又给出了“约率”——约等于的、粗略的数值22/7;还有“密率”——准确的、精确的数值355/113,由此可见他严谨认真的治学态度.同时,这两个率的给出,也相当于在世界上首次提出了上限和下限的概念.

2011年,国际数学家协会开会,会上,他们把3月14日定为“国际数学节”(见图5-2-2),来纪念“祖率”的诞生,纪念祖冲之精神.

图　5-2-2

与会的专家们认为:在祖冲之那个年代,没有计算器,没有演算本,只有一袋子叫作“算筹”的小木棍,正24 576边形分别求出周长,计算量有多么大！加减乘除、平方、开方都要通过摆小木棍来计算,又多么的麻烦！为了减少误差,每一步都要计算到小数点后7位,而且,以祖冲之“亲量圭尺,躬察仪漏,目尽毫厘,心穷筹策”的性格,必定会反复计算、验算,真可谓百折不挠、坚韧不拔,这就是值得我们学习的祖冲之精神啊！

祖冲之能算出如此准确的圆周率,还因为他具有不盲从的求知精神,不虚推古人,他在学习先人传下来的知识,同时也在研究和创新这些知识.在祖率诞生的前200多年,大家都沿用刘徽计算的圆周率,祖冲之偏偏敏而好学,亲量圭尺,有超于当代的创新意识,一切本着“带着问题学”的态度去学习,才有了后面祖率的诞生.

§5.3　定积分的换元积分法和分部积分法

与不定积分的基本积分方法相对应,定积分也有换元法和分部积分法.重提两个方法,目的在于简化定积分的计算,但最终的计算总是离不开牛顿-莱布尼茨公式的.

5.3.1　定积分换元积分法

引例1　计算$\int_0^4 \frac{dx}{1+\sqrt{x}}$.

分析　按照牛顿-莱布尼茨公式,计算定积分需要先求原函数,再计算上下限函数值的差.

解法1　令$\sqrt{x}=t$,则$x=t^2$,$dx=2tdt$,于是

$$\int \frac{dx}{1+\sqrt{x}} \xlongequal[\text{换元}]{\text{令}\sqrt{x}=t} \int \frac{2t}{1+t}dt = 2\int\left(1-\frac{1}{1+t}\right)dt = 2(t-\ln|1+t|)+c$$

$$\xlongequal[\text{回代}]{} 2(\sqrt{x}-\ln|1+\sqrt{x}|)+c.$$

所以
$$\int_0^4 \frac{dx}{1+\sqrt{x}} = 2(\sqrt{x}-\ln|1+\sqrt{x}|)\Big|_0^4 = 4-2\ln 3.$$

解法2　令$\sqrt{x}=t$,则$x=t^2$,$dx=2tdt$,且$\frac{x|_{0\to4}}{t|_{0\to2}}$,于是

$$\int_0^4 \frac{\mathrm{d}x}{1+\sqrt{x}} = \int_0^2 \frac{2t}{1+t}\mathrm{d}t = 2\int_0^2\left(1-\frac{1}{1+t}\right)\mathrm{d}t = 2[t-\ln|1+t|]\Big|_0^2 = 4-2\ln 3.$$

上述两个解法,解法1肯定是正确的,解法2呢?显然解法2要比解法1简单一些,因为它省掉了回代的一步,可是这种方法正确吗?答案是肯定的,这就是定积分的换元积分法.

定理5.4 设函数 $f(x)$ 在闭区间 $[a,b]$ 上连续,函数 $x=\varphi(t)$ 满足条件:

(1) $\varphi(\alpha)=a,\varphi(\beta)=b$, 且 $a\leqslant\varphi(t)\leqslant b$;

(2) $\varphi(t)$ 在 $[\alpha,\beta]$ (或 $[\beta,\alpha]$)上具有连续导数,则有

$$\int_a^b f(x)\mathrm{d}x = \int_\alpha^\beta f[\varphi(t)]\varphi'(t)\mathrm{d}t. \tag{5-3-1}$$

证 因为 $f(x)$ 在闭区间 $[a,b]$ 上连续,故它在 $[a,b]$ 上的原函数存在.

设 $F(x)$ 是 $f(x)$ 的一个原函数,则

$$\int_a^b f(x)\mathrm{d}x = F(x)\Big|_a^b = F(b)-F(a).$$

由不定积分的换元法知

$$\int f[\varphi(t)]\varphi'(t)\mathrm{d}t = F[\varphi(t)]+C,$$

于是

$$\int_\alpha^\beta f[\varphi(t)]\varphi'(t)\mathrm{d}t = F[\varphi(t)]\Big|_\alpha^\beta = F[\varphi(\beta)]-F[\varphi(\alpha)] = F(b)-F(a).$$

定理得证.

式(5-3-1)称为**定积分的换元公式**.应用该公式求定积分的方法称为**定积分的换元积分法**.

注意:

定积分的换元公式与不定积分的换元公式很类似.但是,在应用定积分的换元公式时应注意以下两点:

(1)换元同时换限,且上限对应于上限,下限对应于下限.新变量的下限不一定小于上限.

(2)求出 $f[\varphi(t)]\varphi'(t)$ 的一个原函数 $F[\varphi(t)]$ 后,不必像计算不定积分那样再把 $F(\varphi(t))$ 变换成原变量 x 的函数,而只要把新变量 t 的上、下限分别代入 $F(\varphi(t))$ 然后相减就行了.

视频

例1(1)

例1 计算下列定积分:

(1) $\int_0^{\ln 2}\sqrt{\mathrm{e}^x-1}\,\mathrm{d}x$; (2) $\int_0^a \sqrt{a^2-x^2}\,\mathrm{d}x\ (a>0)$.

解

(1)令 $\sqrt{\mathrm{e}^x-1}=t$, 则 $x=\ln(t^2+1)$, $\mathrm{d}x=\frac{2t}{t^2+1}\mathrm{d}t$, 且 $\frac{x\big|_{0\to\ln 2}}{t\big|_{0\to 1}}$, 于是

$$\int_0^{\ln 2}\sqrt{\mathrm{e}^x-1}\,\mathrm{d}x = \int_0^1 t\cdot\frac{2t}{t^2+1}\mathrm{d}t = 2\int_0^1\left(1-\frac{1}{1+t^2}\right)\mathrm{d}t$$

$$= 2(t-\arctan t)\Big|_0^1 = 2-\frac{\pi}{2}.$$

(2)令 $x=a\sin t$, 则 $\sqrt{a^2-x^2}=a\cos t$, $\mathrm{d}x=a\cos t\mathrm{d}t$, 且 $\frac{x\big|_{0\to a}}{t\big|_{0\to\pi/2}}$, 于是

$$\int_0^a\sqrt{a^2-x^2}\,\mathrm{d}x = a^2\int_0^{\pi/2}\cos^2 t\mathrm{d}t = \frac{a^2}{2}\int_0^{\pi/2}(1+\cos 2t)\mathrm{d}t$$

$$= \frac{a^2}{2}\left(t+\frac{1}{2}\sin 2t\right)\Big|_0^{\pi/2} = \frac{\pi}{4}a^2.$$

例 2　设函数

$$f(x)=\begin{cases} xe^{-x^2} & x\geqslant 0 \\ \dfrac{1}{1+\cos 2x} & -1\leqslant x<0 \end{cases},$$

计算 $\int_1^4 f(x-2)\,dx$.

解　设 $x-2=t$，则 $dx=dt$，且 $\dfrac{x\,|_{1\to4}}{t\,|_{-1\to2}}$，于是

$$\begin{aligned}\int_1^4 f(x-2)\,dx &= \int_{-1}^2 f(t)\,dt = \int_{-1}^0 \frac{1}{1+\cos 2t}dt + \int_0^2 t\,e^{-t^2}dt \\ &= \int_{-1}^0 \frac{1}{2\cos^2 t}dt - \frac{1}{2}\int_0^2 e^{-t^2}d(-t^2) \\ &= \frac{1}{2}\tan t\Big|_{-1}^0 - \frac{1}{2}e^{-t^2}\Big|_0^2 = \frac{1}{2}(\tan 1 - e^{-4}+1).\end{aligned}$$

***例 3**　用定积分的换元法证明下列结论：

(1)设 $f(x)$ 是以 l 为周期的连续函数，证明：$\int_a^{a+l} f(x)\,dx$ 的值与 a 无关，即

$$\int_a^{a+l} f(x)\,dx = \int_0^l f(x)\,dx,$$

并计算 $\int_0^{100\pi} \sqrt{1-\cos 2x}\,dx$.

(2)设 $f(x)$ 在$[0,1]$上连续，证明：$\int_0^{\frac{\pi}{2}} f(\sin x)\,dx = \int_0^{\frac{\pi}{2}} f(\cos x)\,dx$，并计算 $\int_0^{\pi/2} \dfrac{1}{1+\sin x}dx$.

证　(1)由积分对区间的可加性，有

$$\int_a^{a+l} f(x)\,dx = \int_a^0 f(x)\,dx + \int_0^l f(x)\,dx + \int_l^{a+l} f(x)\,dx.$$

对于积分 $\int_l^{a+l} f(x)\,dx$，令 $x=t+l$，则

$$dx=dt,\quad f(x)=f(t+l)=f(t)，且\ \frac{x\,|_{l\to a+l}}{t\,|_{0\to a}},$$

于是

$$\int_l^{a+l} f(x)\,dx = \int_0^a f(t)\,dt = \int_0^a f(x)\,dx,$$

从而

$$\begin{aligned}\int_a^{a+l} f(x)\,dx &= \int_a^0 f(x)\,dx + \int_0^l f(x)\,dx + \int_l^{a+l} f(x)\,dx \\ &= \int_a^0 f(x)\,dx + \int_0^l f(x)\,dx + \int_0^a f(x)\,dx = \int_0^l f(x)\,dx,\end{aligned}$$

即

$$\int_a^{a+l} f(x)\,dx = \int_0^l f(x)\,dx.$$

对于定积分 $\int_0^{100\pi} \sqrt{1-\cos 2x}\,dx$，由于被积函数

$$f(x)=\sqrt{1-\cos 2x}=\sqrt{2}\,|\sin x|$$

是以 π 为周期的周期函数，故

$$\begin{aligned}\int_0^{100\pi} \sqrt{1-\cos 2x}\,dx &= \sqrt{2}\int_0^{100\pi} |\sin x|\,dx = 100\sqrt{2}\int_0^{\pi} |\sin x|\,dx \\ &= 100\sqrt{2}\int_0^{\pi} \sin x\,dx = -100\sqrt{2}\cos x\Big|_0^{\pi} = 200\sqrt{2}.\end{aligned}$$

(2)令 $x=\frac{\pi}{2}-t$，则 $dx=-dt$，且 $\frac{x|_{0\to\pi/2}}{t|_{\pi/2\to 0}}$，于是

$$\int_0^{\pi/2} f(\sin x)dx=\int_{\pi/2}^0 f\left(\sin\left(\frac{\pi}{2}-t\right)\right)(-dt)=\int_0^{\pi/2} f(\cos t)dt=\int_0^{\pi/2} f(\cos x)dx,$$

即

$$f(\sin x)=\sin^n x.$$

特别地，当 $f(\sin x)=\sin^n x$（n 为正整数）时，有

$$\int_0^{\pi/2}\sin^n x dx=\int_0^{\pi/2}\cos^n x dx.$$

由此结论，有

$$\int_0^{\pi/2}\frac{1}{1+\sin x}dx=\int_0^{\pi/2}\frac{1}{1+\cos x}dx=\int_0^{\pi/2}\frac{1}{2\cos^2\frac{x}{2}}dx,$$

$$=\int_0^{\pi/2}\sec^2\left(\frac{x}{2}\right)d\left(\frac{x}{2}\right)=\tan\frac{x}{2}\Big|_0^{\pi/2}=1.$$

注意：

通过例题说明对于定积分，有时为了求某些被积函数的原函数要借助于换元积分法来完成，而有时为了改变积分限，也可以通过换元积分法来实现.

5.3.2 定积分的分部积分法

由不定积分的分部积分公式及牛顿-莱布尼茨公式可得定积分的分部积分公式为

$$\int_a^b u dv=uv\Big|_a^b-\int_a^b v du \quad 或 \quad \int_a^b u v' dx=uv\Big|_a^b-\int_a^b v u' dx.$$

应用该公式求定积分的方法称为定积分的**分部积分法**.

注意：

定积分的分部积分公式与不定积分的分部积分公式很类似，所以在什么情况下要选用分部积分法从被积函数的角度看是一致的.

视频

例4（1）

例 4 计算下列定积分：

(1) $\int_0^{\pi} x\cos x dx$； (2) $\int_0^1 e^{\sqrt{x}}dx$； (3) $\int_0^{1/2}\arcsin x dx$.

解 (1) $\int_0^{\pi} x\cos x dx=\int_0^{\pi} x d\sin x=x\sin x\Big|_0^{\pi}-\int_0^{\pi}\sin x dx=0-\left(-\cos x\Big|_0^{\pi}\right)=-2.$

(2)令 $\sqrt{x}=t$，则 $x=t^2$，$dx=2tdt$，$\frac{x|_{0\to 1}}{t|_{0\to 1}}$.

于是

$$\int_0^1 e^{\sqrt{x}}dx=\int_0^1 e^t 2tdt=2\int_0^1 tde^t=2te^t\Big|_0^1-2\int_0^1 e^t dt$$

$$=2e-2e^t\Big|_0^1$$

$$=2$$

(3) $\int_0^{1/2}\arcsin x dx=x\arcsin x\Big|_0^{1/2}-\int_0^{1/2} x d(\arcsin x)$

$$=\frac{\pi}{12}-\int_0^{1/2}\frac{x}{\sqrt{1-x^2}}dx$$

$$=\frac{\pi}{12}+\frac{1}{2}\int_0^{1/2}\frac{1}{\sqrt{1-x^2}}d(1-x^2)$$

$$= \frac{\pi}{12} + \sqrt{1-x^2}\Big|_0^{1/2} = \frac{\pi}{12} + \frac{\sqrt{3}}{2} - 1.$$

* **例 5**　计算定积分 $I_n = \int_0^{\pi/2} \sin^n x\mathrm{d}x$（$n$ 为非负整数）.

解　易见

$$I_0 = \int_0^{\pi/2} \sin^0 x\mathrm{d}x = \int_0^{\pi/2} \mathrm{d}x = \frac{\pi}{2}, \quad I_1 = \int_0^{\pi/2} \sin x\mathrm{d}x = -\cos x\Big|_0^{\pi/2} = 1.$$

当 $n \geqslant 2$ 时,用定积分的分部积分法:

$$\begin{aligned} I_n &= \int_0^{\pi/2} \sin^n x\mathrm{d}x = \int_0^{\pi/2} \sin^{n-1} x \cdot \sin x\mathrm{d}x = -\int_0^{\pi/2} \sin^{n-1} x\mathrm{d}(\cos x) \\ &= -(\cos x \cdot \sin^{n-1} x)\Big|_0^{\pi/2} + (n-1)\int_0^{\pi/2} \sin^{n-2} x \cdot \cos^2 x\mathrm{d}x \\ &= 0 + (n-1)\int_0^{\pi/2} (1-\sin^2 x)\sin^{n-2} x\mathrm{d}x \\ &= (n-1)\int_0^{\pi/2} \sin^{n-2} x\mathrm{d}x - (n-1)\int_0^{\pi/2} \sin^n x\mathrm{d}x \\ &= (n-1)I_{n-2} - (n-1)I_n. \end{aligned}$$

把上式看作以 I_n 为未知量的方程,解之,得

$$I_n = \frac{n-1}{n} I_{n-2},$$

即

$$\int_0^{\pi/2} \sin^n x\mathrm{d}x = \frac{n-1}{n}\int_0^{\pi/2} \sin^{n-2} x\mathrm{d}x.$$

当 n 为偶数时,有

$$I_n = \int_0^{\pi/2} \sin^n x\mathrm{d}x = \frac{n-1}{n} \cdot \frac{n-3}{n-2} \cdot \cdots \cdot \frac{3}{4} \cdot \frac{1}{2} \cdot I_0 = \frac{n-1}{n} \cdot \frac{n-3}{n-2} \cdot \cdots \cdot \frac{3}{4} \cdot \frac{1}{2} \cdot \frac{\pi}{2}.$$

当 n 为奇数时,有

$$I_n = \int_0^{\pi/2} \sin^n x\mathrm{d}x = \frac{n-1}{n} \cdot \frac{n-3}{n-2} \cdot \cdots \cdot \frac{4}{5} \cdot \frac{2}{3} \cdot I_1 = \frac{n-1}{n} \cdot \frac{n-3}{n-2} \cdot \cdots \cdot \frac{4}{5} \cdot \frac{2}{3} \cdot 1.$$

由于 $\int_0^{\pi/2} \cos^n x\mathrm{d}x = \int_0^{\pi/2} \sin^n x\mathrm{d}x$,所以上述公式对于 $\int_0^{\pi/2} \cos^n x\mathrm{d}x$ 也适用.

例 6　计算定积分 $\int_0^1 (1-x^2)^2\sqrt{1-x^2}\mathrm{d}x$.

解　令 $x = \sin t$,则 $\mathrm{d}x = \cos t\mathrm{d}t$,且 $\dfrac{x\big|_{0\to 1}}{t\big|_{0\to \pi/2}}$,于是

$$\begin{aligned} \int_0^1 (1-x^2)^2\sqrt{1-x^2}\mathrm{d}x &= \int_0^{\pi/2} (1-\sin^2 t)^2\sqrt{1-\sin^2 t}\cos t\mathrm{d}t \\ &= \int_0^{\pi/2} \cos^6 t\mathrm{d}t = \frac{5}{6} \cdot \frac{3}{4} \cdot \frac{1}{2} \cdot \frac{\pi}{2} = \frac{5}{32}\pi. \end{aligned}$$

习题 5-3

A 组

1. 填空题:

已知 $\int_0^1 f(x)\mathrm{d}x = 1$,$f(1) = 0$,则 $\int_0^1 xf'(x)\mathrm{d}x =$ ______________.

2. 选择题:

(1) 设 $f(x)$ 是连续函数, 则 $\int_a^b f(x)\,dx - \int_a^b f(a+b-x)\,dx = ($　　$)$.

A. 0　　B. 1　　C. $a+b$　　D. $\int_a^b f(x)\,dx$

(2) 设 $f(x)$ 的一个原函数为 $\sin x$, 则 $\int_0^{\frac{\pi}{2}} xf(x)\,dx = ($　　$)$.

A. 0　　B. $\frac{\pi}{2}$　　C. $\frac{\pi}{2}+1$　　D. $\frac{\pi}{2}-1$

3. 计算下列定积分:

(1) $\int_0^4 \frac{x+2}{\sqrt{2x+1}}dx$;　　(2) $\int_0^2 \frac{dx}{\sqrt{x+1}+\sqrt{(x+1)^3}}$;

(3) $\int_{\ln 3}^{\ln 8} \sqrt{e^x+1}\,dx$;　　(4) $\int_0^1 \frac{x^2}{\sqrt{2-x^2}}dx$;

(5) $\int_0^1 \frac{x}{(1+x^2)^2}dx$;　　(6) $\int_1^{\sqrt{2}} \frac{1}{x\sqrt{x^2-1}}dx$;

(7) $\int_1^e \sqrt{x}\ln x\,dx$;　　(8) $\int_1^3 \arctan\sqrt{x}\,dx$;

(9) $\int_0^{\frac{\pi}{2}} e^{-x}\cos x\,dx$;　　(10) $\int_0^1 \ln(1+x^2)\,dx$.

B 组

1. 已知 $\int_0^x f(t)\,dt = \frac{1}{2}x^2$, 求 $\int_0^1 e^{-x}f(x)\,dx$.

2. 已知 $f(0)=1, f(1)=2, f'(1)=3$, 求 $\int_0^1 xf''(x)\,dx$.

3. 设函数 $f(x)=\begin{cases} x+1 & x<0 \\ x^2 & x\geqslant 0 \end{cases}$, 计算 $\int_{-2}^0 f(x+1)\,dx$.

4. 设 $f(2x-1)=\frac{\ln x}{x}$, 求 $\int_1^{2e-1} f(t)\,dt$.

文化视角

华罗庚——伟大励志的数学人生

华罗庚(1910.11.12—1985.6.12,见图 5-3-1),数学家,中国科学院院士,美国国家科学院外籍院士,第三世界科学院院士,联邦德国巴伐利亚科学院院士,中国第一至第六届全国人大常委会委员.

图 5-3-1

他是中国解析数论、矩阵几何学、典型群、自守函数论与多元复变函数论等多方面研究的创始人和开拓者,并被列为芝加哥科学技术博物馆中当今世界 88 位数学伟人之一. 国际上以华氏命名的数学科研成果有"华氏定理""华氏不等式""华-王方法"等.

初露锋芒

1910 年 11 月 12 日,华罗庚生于江苏省. 上中学时,在一次数学课上,老师给同学们出了一道著名的难题:"今有物不知其数,三三数之余二,五五数之余三,七七数之余二,问物几何?"大家正在思考时,华罗庚站起来说"23",他的回答使老师惊喜不已,并得到老师的表扬. 从此,他喜欢上了数学.

勤奋成才

华罗庚家境贫寒,初中未毕业便辍学在家.他对数学产生了强烈的兴趣,可怜的是他只有一本《大代数》,一本《解析几何》及一本从老师那儿借来摘抄的 50 页的微积分.为了抽出时间学习,他经常早起.隔壁邻居早起磨豆腐的时候,华罗庚已经点着油灯在看书了.伏天的晚上,他很少到外面去乘凉,而是在蚊子嗡嗡叫的小店里学习.严冬,他常常把砚台放在脚炉上,一边磨墨一边用毛笔蘸着墨汁做习题.每逢年节,华罗庚也不去亲戚家里串门,而是埋头在家里读书.

身残志坚

华罗庚十九岁那年,染上了伤寒病,足足病了半年,从此因病左腿残疾.在逆境中,他顽强地与命运抗争,誓言是:"我要用健全的头脑,代替不健全的双腿!"经过了几年的自学,华罗庚开始在杂志上投稿.一开始,他的稿件不断被拒绝.原因是他写的问题已被国外某个专家给证明过了.这反而使华罗庚增添了信心,因为这些问题都是他自己钻研出来的.并没有看过别人的解题方法.

1930 年,华罗庚在《科学》杂志上发表了一篇论文《苏家驹之代数的五次方程式解法不能成立的理由》,被清华大学数学系主任熊庆来教授发现.熊庆来惊奇不已,随即作出决定:"这个年轻人应该请他到清华来!"这时华罗庚只有 21 岁,他终于来到了北京的清华大学.

天才出于勤奋

来到清华工作是华罗庚一生中的一个重要转折,他的数学生涯也真正从这儿开始.

从初中毕业生到一个大学教师,华罗庚只花了六年半时间.他后来对友人说:"人家受的教育比我多,我必须用加倍的时间以补救我的缺失,所以人家每天 8 小时的工作,我要工作 12 小时以上才觉得安心."华罗庚在清华大学的 4 年中,在数论方面发表了十几篇论文,自修了英语、法语、德语.25 岁时他已成为蜚声国际的青年学者.华罗庚迅速由助理提升为助教、教员,以后又被中华文化教育基金会聘为研究员.

华罗庚从不迷信天才,认为:"天才由于积累,聪明在于勤奋."他提出"树老易空,人老易松,科学之道,戒之以空,戒之以松,我愿一辈子从实而终"的名言,作为对自己的告诫.直到他逝世前不久,还这样写道:"积久方显愚公智,发白才知智叟呆.埋头苦干是第一,熟练生出百巧来.勤能补拙是良训,一分辛苦一分才."

爱国情深

1938 年,抗日战争正进行得如火如荼,英国人要华罗庚留下来教书,他毅然放弃在英国的一切回到祖国,到西南联大与同胞们共患难.清华大学的资格审查委员会一致通过,让只有初中文凭的华罗庚晋升为大学教授.

1946 年秋天,华罗庚再次出国,美国伊利诺伊大学聘华罗庚为终身教授,并给了他相当优厚的待遇,希望他把那里建成世界级的代数研究中心.1950 年,祖国解放的消息传到美国,华罗庚毅然放弃优厚的条件,举家回国,投入到发展祖国的科学事业,特别是数学研究事业之中.

1985 年 6 月 12 日,华罗庚应邀到日本东京大学做学术报告.他先中文,后改用英语演讲.日本学者被他精彩的演说深深吸引,原定 45 分钟的报告在经久不息的掌声中被延长到一个多小时.当他满头大汗结束讲话时,突然心脏病发作倒在讲台上.他用行动实践了自己的诺言:"最大的希望就是工作到生命的最后一刻."

他把自己的毕生精力奉献给了祖国,他一生为我们留下了 200 余篇学术论文,10 部专著,有些已列入 21 世纪数学经典著作之列.他还写了 10 余部科普作品.

他的名字已载入国际著名科学家的史册.他是中国科学界的骄傲,是中华民族的骄傲.

§*5.4 广义积分

前面介绍的定积分有两个最基本的约束条件:积分区间的有限性和被积函数的有界性.但在某些实际问题中,常常需要突破这些约束条件.因此在定积分的计算中,我们也要研究无穷区间上的积分和无界函数的积分.这两类积分通称为**广义积分**或**反常积分**,相应地,前面的定积分则称为**常义积分**或**正常积分**.

5.4.1 无穷区间的广义积分

定义 5.3 设函数$f(x)$在区间$[a,+\infty)$上连续,设$b>a$,若极限

$$\lim_{b\to+\infty}\int_a^b f(x)\,\mathrm{d}x$$

存在,则称此极限为函数$f(x)$在无穷区间$[a,+\infty)$上的广义积分,记作$\int_a^{+\infty}f(x)\,\mathrm{d}x$,即

$$\int_a^{+\infty}f(x)\,\mathrm{d}x=\lim_{b\to+\infty}\int_a^b f(x)\,\mathrm{d}x.$$

这时也称广义积分$\int_a^{+\infty}f(x)\,\mathrm{d}x$**收敛**;若上述极限不存在,函数$f(x)$在无穷区间$[a,+\infty)$上的广义积分$\int_a^{+\infty}f(x)\,\mathrm{d}x$**发散**或不存在.

类似地,设函数$f(x)$在区间$(-\infty,b]$上连续,取$a<b$,若极限

$$\lim_{a\to-\infty}\int_a^b f(x)\,\mathrm{d}x.$$

存在,则称此极限为函数$f(x)$在无穷区间$(-\infty,b]$上的**广义积分**,记作$\int_{-\infty}^b f(x)\,\mathrm{d}x$,即

$$\int_{-\infty}^b f(x)\,\mathrm{d}x=\lim_{a\to-\infty}\int_a^b f(x)\,\mathrm{d}x.$$

这时也称广义积分$\int_{-\infty}^b f(x)\,\mathrm{d}x$**收敛**;若上述极限不存在,则称广义积分$\int_{-\infty}^b f(x)\,\mathrm{d}x$**发散**.

设函数$f(x)$在区间$(-\infty,+\infty)$上连续,若广义积分$\int_{-\infty}^0 f(x)\,\mathrm{d}x$和$\int_0^{+\infty}f(x)\,\mathrm{d}x$都收敛,则称上述两个广义积分之和为函数$f(x)$在无穷区间$(-\infty,+\infty)$上的广义积分,记作$\int_{-\infty}^{+\infty}f(x)\,\mathrm{d}x$,即

$$\begin{aligned}\int_{-\infty}^{+\infty}f(x)\,\mathrm{d}x&=\int_{-\infty}^0 f(x)\,\mathrm{d}x+\int_0^{+\infty}f(x)\,\mathrm{d}x\\&=\lim_{a\to-\infty}\int_a^0 f(x)\,\mathrm{d}x+\lim_{b\to+\infty}\int_0^b f(x)\,\mathrm{d}x.\end{aligned}$$

这时也称广义积分$\int_{-\infty}^{+\infty}f(x)\,\mathrm{d}x$收敛;否则就称广义积分$\int_{-\infty}^{+\infty}f(x)\,\mathrm{d}x$发散.

上述各广义积分统称为无穷区间的广义积分.

由上述定义及牛顿-莱布尼茨公式,可得如下结果.

设$F(x)$是$f(x)$在$[a,+\infty)$上的一个原函数,若$\lim\limits_{x\to+\infty}F(x)$存在,并记

$$F(+\infty)=\lim_{x\to+\infty}F(x),$$

则广义积分

$$\int_a^{+\infty}f(x)\,\mathrm{d}x=F(x)\Big|_a^{+\infty}=F(+\infty)-F(a).$$

若 $F(+\infty)$ 不存在,广义积分 $\int_a^{+\infty} f(x)\mathrm{d}x$ 发散.

类似的,若在 $(-\infty, b]$ 上, $F'(x) = f(x)$, 则当 $F(-\infty)$ 存在时,

$$\int_{-\infty}^{b} f(x)\mathrm{d}x = F(x)\Big|_{-\infty}^{b} = F(b) - F(-\infty).$$

当 $F(-\infty)$ 不存在时,广义积分 $\int_{-\infty}^{b} f(x)\mathrm{d}x$ 发散.

若在 $(-\infty, +\infty)$ 上, $F'(x) = f(x)$, 则当 $F(-\infty)$ 与 $F(+\infty)$ 都存在时,

$$\int_{-\infty}^{+\infty} f(x)\mathrm{d}x = F(x)\Big|_{-\infty}^{+\infty} = F(+\infty) - F(-\infty).$$

当 $F(-\infty)$ 与 $F(+\infty)$ 有一个不存在时,广义积分 $\int_{-\infty}^{+\infty} f(x)\mathrm{d}x$ 发散.

例 1　计算广义积分 $\int_0^{+\infty} \frac{1}{1+x^2}\mathrm{d}x$.

解　$\int_0^{+\infty} \frac{1}{1+x^2}\mathrm{d}x = \arctan x\Big|_0^{+\infty} = \frac{\pi}{2} - 0 = \frac{\pi}{2}.$

视频 例2

例 2　计算广义积分 $\int_{-\infty}^{0} x\mathrm{e}^x\mathrm{d}x$.

解　$\int_{-\infty}^{0} x\mathrm{e}^x\mathrm{d}x = \int_{-\infty}^{0} x\mathrm{d}(\mathrm{e}^x) = x\mathrm{e}^x\Big|_{-\infty}^{0} - \int_{-\infty}^{0} \mathrm{e}^x\mathrm{d}x = -\mathrm{e}^x\Big|_{-\infty}^{0} = -1,$

其中 $\lim\limits_{x\to-\infty} x\mathrm{e}^x = \lim\limits_{x\to-\infty} \frac{x}{\mathrm{e}^{-x}} = \lim\limits_{x\to-\infty} \frac{1}{-\mathrm{e}^{-x}} = 0$, 即 $x\,\mathrm{e}^x\Big|_{-\infty}^{0} = 0$.

例 3　讨论广义积分 $\int_a^{+\infty} \frac{\mathrm{d}x}{x^p}$　$(a > 0)$的敛散性.

解　当 $p = 1$ 时,

$$\int_a^{+\infty} \frac{\mathrm{d}x}{x^p} = \int_a^{+\infty} \frac{\mathrm{d}x}{x} = \ln x\Big|_a^{+\infty} = +\infty.$$

当 $p \neq 1$ 时,

$$\int_a^{+\infty} \frac{\mathrm{d}x}{x^p} = \frac{1}{1-p}x^{1-p}\Big|_a^{+\infty} = \begin{cases} \frac{a^{1-p}}{p-1} & p > 1 \\ +\infty & p < 1 \end{cases}.$$

综上,当 $p > 1$ 时,该广义积分收敛,其值为 $\frac{a^{1-p}}{p-1}$;当 $p \leqslant 1$ 时,该广义积分发散.

5.4.2　无界函数的广义积分

定义 5.4　设函数 $f(x)$ 在 $(a, b]$ 上连续,且 $\lim\limits_{x\to a^+} f(x) = \infty$. 取 $t > a$, 若极限

$$\lim_{t\to a^+} \int_t^b f(x)\mathrm{d}x$$

存在,则称此极限为函数 $f(x)$ 在 $(a, b]$ 上的**广义积分**,仍然记作 $\int_a^b f(x)\mathrm{d}x$, 即

$$\int_a^b f(x)\mathrm{d}x = \lim_{t\to a^+} \int_t^b f(x)\mathrm{d}x,$$

这时也称广义积分 $\int_a^b f(x)\mathrm{d}x$ **收敛**. 若上述极限不存在,就称广义积分 $\int_a^b f(x)\mathrm{d}x$ **发散**.

类似地,可定义函数 $f(x)$ 在 $[a, b)$ 上的广义积分

$$\int_a^b f(x)\,dx = \lim_{t\to b^-}\int_a^t f(x)\,dx.$$

设函数$f(x)$在区间$[a,b]$上除点c($a<c<b$)外连续,而在点c的邻域内无界.若广义积分$\int_a^c f(x)\,dx$和$\int_c^b f(x)\,dx$都收敛,则称上述两个广义积分之和为函数$f(x)$在$[a,b]$上的广义积分$\int_a^b f(x)\,dx$,即

$$\int_a^b f(x)\,dx = \int_a^c f(x)\,dx + \int_c^b f(x)\,dx,$$

这时也称广义积分$\int_a^b f(x)\,dx$**收敛**;否则就称广义积分$\int_a^b f(x)\,dx$**发散**.

上述各广义积分通称为无界函数的**广义积分**或**瑕积分**.

计算无界函数的广义积分也可借助牛顿-莱布尼茨公式.

若$F'(x)=f(x)$,并记

$$F(a^+)=\lim_{x\to a^+}F(x),\quad F(b^-)=\lim_{x\to b^-}F(x),$$
$$F(c^+)=\lim_{x\to c^+}F(x),\quad F(c^-)=\lim_{x\to c^-}F(x),$$

则定义5.4中的各广义积分可分别表示为

$$\int_a^b f(x)\,dx = F(x)\Big|_{a^+}^{b} = F(b)-F(a^+),$$

$$\int_a^b f(x)\,dx = F(x)\Big|_{a}^{b^-} = F(b^-)-F(a),$$

$$\begin{aligned}\int_a^b f(x)\,dx &= \int_a^c f(x)\,dx + \int_c^b f(x)\,dx\\ &= F(x)\Big|_a^{c^-} + F(x)\Big|_{c^+}^{b} = F(c^-)-F(a)+F(b)-F(c^+).\end{aligned}$$

例4 计算广义积分$\int_0^1 \frac{dx}{\sqrt{1-x}}$.

解 $\int_0^1 \frac{dx}{\sqrt{1-x}} = -2\sqrt{1-x}\Big|_0^{1^-} = 2.$

例5 讨论广义积分$\int_0^1 \frac{dx}{x^p}$的敛散性.

解 当$p=1$时,

$$\int_0^1 \frac{dx}{x^p} = \int_0^1 \frac{1}{x}dx = \ln x\Big|_{0^+}^{1} = -\infty,$$

故积分发散;

当$p\neq 1$时,

$$\int_0^1 \frac{dx}{x^p} = \frac{1}{1-p}x^{1-p}\Big|_{0^+}^{1} = \begin{cases}\dfrac{1}{1-p} & p<1\\ \text{发散} & p>1\end{cases}.$$

综上,当$p<1$时,该广义积分收敛,其值为$\frac{1}{1-p}$;当$p\geqslant 1$时,该广义积分发散.

例6 讨论广义积分$\int_{-1}^1 \frac{1}{x^2}dx$的敛散性.

解 被积函数$\frac{1}{x^2}$在积分区间$[-1,1]$上除$x=0$外连续,且$\lim_{x\to 0}\frac{1}{x^2}=+\infty$.

由例5知$\int_0^1 \frac{dx}{x^2}$发散,所以广义积分$\int_{-1}^1 \frac{1}{x^2}dx$发散.

注意：

本例中如果疏忽了被积函数$\frac{1}{x^2}$在$x=0$处无界，就会得到以下错误的结果：

$$\int_{-1}^{1}\frac{1}{x^2}\mathrm{d}x=-\frac{1}{x}\Big|_{-1}^{1}=-1-1=-2.$$

例7　求广义积分：$\int_{1}^{+\infty}\frac{\mathrm{d}x}{x\sqrt{x-1}}$.

解　本题既是无穷区间的广义积分，又是无界函数的广义积分.

$$\int_{1}^{+\infty}\frac{\mathrm{d}x}{x\sqrt{x-1}}=\int_{1}^{2}\frac{\mathrm{d}x}{x\sqrt{x-1}}+\int_{2}^{+\infty}\frac{\mathrm{d}x}{x\sqrt{x-1}}.$$

令$\sqrt{x-1}=t$，则$x=t^2+1$，$\mathrm{d}x=2t\mathrm{d}t$，$\frac{x\mid 1\to 2}{t\mid 0\to 1}$，$\frac{x\mid 2\to+\infty}{t\mid 1\to+\infty}$，

于是

$$\int_{1}^{2}\frac{\mathrm{d}x}{x\sqrt{x-1}}=\int_{0}^{1}\frac{2t\mathrm{d}t}{(t^2+1)t}=2\arctan t\Big|_{0^+}^{1}=\frac{\pi}{2},$$

$$\int_{2}^{+\infty}\frac{\mathrm{d}x}{x\sqrt{x-1}}=\int_{1}^{+\infty}\frac{2t\mathrm{d}t}{(t^2+1)t}=2\arctan t\Big|_{1}^{+\infty}=\frac{\pi}{2}.$$

所以

$$\int_{1}^{+\infty}\frac{\mathrm{d}x}{x\sqrt{x-1}}=\frac{\pi}{2}+\frac{\pi}{2}=\pi.$$

习题 5-4

A 组

1. 判断下列各广义积分的敛散性，若收敛，求其值：

(1) $\int_{0}^{+\infty}\mathrm{e}^{-x}\mathrm{d}x$；　　(2) $\int_{-\infty}^{+\infty}\frac{\mathrm{d}x}{1+x^2}$；

(3) $\int_{2/\pi}^{+\infty}\frac{1}{x^2}\sin\frac{1}{x}\mathrm{d}x$；　　(4) $\int_{1}^{+\infty}\frac{1}{\sqrt{x}}\mathrm{d}x$；

(5) $\int_{0}^{+\infty}x\mathrm{e}^{-x^2}\mathrm{d}x$；　　(6) $\int_{0}^{+\infty}x\mathrm{e}^{-x}\mathrm{d}x$.

2. 判断下列各广义积分的敛散性，若收敛，求其值：

(1) $\int_{0}^{a}\frac{\mathrm{d}x}{\sqrt{a^2-x^2}}\ (a>0)$；　　(2) $\int_{1}^{2}\frac{\mathrm{d}x}{x\ln x}$；

(3) $\int_{1}^{2}\frac{x}{\sqrt{x-1}}\mathrm{d}x$；　　(4) $\int_{0}^{2}\frac{\mathrm{e}^x}{(\mathrm{e}^x-1)^{\frac{1}{3}}}\mathrm{d}x$.

B 组

设反常积分$\int_{0}^{+\infty}\frac{k}{1+x^2}\mathrm{d}x=1$，其中$k$为常数，求$k$.

文化视角

陈景润与“哥德巴赫猜想”

1977年10月3日新华社报道，我国数学家陈景润（见图5-4-1）在数论研究中，对“哥德巴赫猜想”问题

进行精心解析和科学推算,证明了任何一个充分大的偶数,都可表示一个素数加上顶多是两个素数的乘积(简称"1+2")[此句经专家审核更适合写为:证明了任何一个充分大的偶数,都可表示成一个素数与不超过两个素数乘积所得数之和(简称"1+2")],攻克了数学界200多年悬而未决的世界级数学难题——"哥德巴赫猜想"中的"1+2",成为哥德巴赫猜想研究史上的里程碑.2009年9月14日,陈景润被评为100位新中国成立以来感动中国人物之一.他为中国乃至世界数学的发展做出了不可磨灭的贡献.

图 5-4-1

咬定青山不放松

高中时,偏好数学的陈景润记住了教他数学课的老师讲过的一段话:自然科学的皇后是数学,数学的皇冠是数论,"哥德巴赫猜想"则是皇冠上的明珠.这个在世界数学史上鲜少有人能够挑战的课题深深地吸引了陈景润.

进入厦门大学读书后,陈景润在学习上更加刻苦,连晚上熄灯后休息时间也有很大一部分被都用来看书.为了不影响室友休息,他在被窝里用手电筒照明读书.

功夫不负有心人

毕业后,陈景润有机会回到厦门大学做研究工作.这期间,陈景润完成了论文《塔利问题》,改进了时任中国科学院数学所所长华罗庚在对垒素数论中的某些结果.华罗庚听说后,很高兴,将他调入中国科学院数学所,当时陈景润只有24岁.

进入数学所后,陈景润发现有机会"触摸"在他生命中十分重要的"哥德巴赫猜想"了,因为那时所里成立了专门的"哥德巴赫猜想"讨论组.他加入其中,开始向着攻克"哥德巴赫猜想"的方向出发.

当时数学所条件不是很好,陈景润毫不在乎,他乐此不疲,痴迷于他的数学研究.功夫不负有心人,1966年6月,他在中国科学院的刊物《科学通报》第十七期上发表了他关于哥德巴赫猜想的研究成果,这一成果是迄今为止关于哥德巴赫猜想的最好的研究成果,简称"1+2".为了证明这个命题,陈景润写出了200多页的论文.由于《科学通报》的篇幅有限,并没有刊登全文.

凭借不懈的追求和惊人的毅力书写历史

1973年,《中国科学》杂志正式发表了陈景润的完整论文《大偶数表为一个素数及一个不超过两个素数的乘积之和》,即哥德巴赫猜想("1+2").直到他成功之后,人们才发现他床底下有三麻袋多的草稿纸.更让人觉得不可思议的是,1965年,布赫斯塔勃等证明("1+3")用的是大型高速计算机,而陈景润证明("1+2")是独自一个人,完全用手工计算!陈景润凭着不懈的追求和惊人的毅力书写了数学史上的历史.

位卑未敢忘爱国

一石激起千层浪,陈景润攻克("1+2")的消息使他名扬海内外.1979年1月,陈景润应美国新泽西州普林斯顿高等研究院院长沃尔夫博士的盛情邀请,首次出访美国.

那里有丰富的数学研究资料和信息,他恨不得节约每一分钟、每一秒,用于学习和研究.他没有去任何地方游玩,整天泡在书房、办公室、图书馆.为了节省时间,他每天的伙食就是牛奶煮面条加鸡蛋.

四个月之后,陈景润飞回北京.面对到机场采访的中外记者,陈景润宣布:把在美国做研究工作节省下来的7 500美元全部捐献给国家.

心怀感恩

作为蜚声世界的数学家,陈景润始终怀着对老师的感恩之情,他明白,如果没有恩师的指导和提携,就没有他的未来.

他的恩师华罗庚也一直致力于"哥德巴赫猜想"的研究,遗憾的是1985年华罗庚倒在了工作岗位上.当重病的陈景润得知这一消息时，请人把他背下楼，坐着轮椅参加了华罗庚的追悼会.

在追悼会现场，陈景润以惊人的毅力站了起来，借助别人的搀扶，整整站了 40 分钟. 他感念华罗庚无私的提携之恩和真挚之情，他希望能完成老师一生未了的心愿.

每个人都是一页历史，只是这页历史的光彩程度有所差异. 陈景润用自己的人格写下了一段光彩的历史，用一生成就了“哥德巴赫猜想”研究史上的里程碑.

综合测试 5

一、填空题

1. 估计积分值的范围：________ $\leqslant \int_0^1 e^{x^2}dx \leqslant$ ________.

2. 设 $\int_0^x f(t)dt = x\sin x$，则 $f(x) =$ ________.

3. $\int_{-1}^1 \frac{x\ln(1+x^2)}{1+x^2}dx =$ ________.

4. 设 $f(x) = \int_0^x \sin t dt$，则 $f\left(f\left(\frac{\pi}{2}\right)\right) =$ ________.

5. 若 $\int_0^{+\infty} e^{-kx}dx = 2$，则 $k =$ ________.

二、选择题

1. 设 $f(x)$ 为 $[-a,a]$ 上定义的连续奇函数，且当 $x>0$ 时，$f(x)>0$，则下列求由 $y=f(x)$，$x=-a$，$x=a$ 及 x 轴所围成的平面图形的面积 A 的式子中不正确的是(　　).

A. $2\int_0^a f(x)dx$　　B. $\int_{-a}^a |f(x)|dx$

C. $\int_0^a f(x)dx - \int_{-a}^0 f(x)dx$　　D. $\int_0^a f(x)dx + \int_{-a}^0 f(x)dx$

2. 下列不等式中，正确的是(　　).

A. $\int_0^1 xdx \leqslant \int_0^1 t^2dt$　　B. $\int_0^1 x^3dx \leqslant \int_0^1 t^2dt$

C. $\int_1^2 x^3dx \leqslant \int_1^2 t^2dt$　　D. $\int_1^2 \ln xdx \leqslant \int_1^2 \ln^2 xdt$

3. 设 $f(x) = \begin{cases} \sin x & x \geqslant 0 \\ \cos x & x < 0 \end{cases}$，则 $\int_{-\pi}^{\pi} f(x)dx =$ (　　).

A. 1　　B. -1　　C. 2　　D. -2

4. 设 $I_1 = \int_0^{\frac{\pi}{4}} xdx$，$I_2 = \int_0^{\frac{\pi}{4}} \sqrt{x}dx$，$I_3 = \int_0^{\frac{\pi}{4}} \sin^2 xdx$，则 I_1, I_2, I_3 之间的大小关系为(　　).

A. $I_1 > I_2 > I_3$　　B. $I_2 > I_1 > I_3$

C. $I_3 > I_1 > I_2$　　D. $I_1 > I_3 > I_2$

5. 设 $y=y(x)$ 由方程 $\int_0^y e^{-t}dt + \int_0^x e^t dt = 0$ 确定，则 $\frac{dy}{dx} =$ (　　).

A. e^{x+y}　　B. e^{x-y}　　C. $-e^{x+y}$　　D. $-e^{x-y}$

6. 当(　　)时，反常积分 $\int_0^{+\infty} e^{kx}dx$ 收敛.

A. $k>0$　　B. $k\geqslant 0$　　C. $k<0$　　D. $k\leqslant 0$

7. $\int_{-\infty}^{+\infty}f(x)\mathrm{d}x$ 收敛是 $\int_{0}^{+\infty}f(x)\mathrm{d}x$ 与 $\int_{-\infty}^{0}f(x)\mathrm{d}x$ 都收敛的(　　).

A. 充分条件　　B. 必要条件

C. 充要条件　　D. 无关条件

三、解答题

1. 设 $f(x)$ 是 $(-\infty,+\infty)$ 上的连续函数且满足 $f(x)=3x^2-x\int_0^1 f(x)\mathrm{d}x$，求 $f(x)$.

2. 求极限：$\lim\limits_{x\to 0}\dfrac{\int_0^{x^2}te^t\mathrm{d}t}{\int_0^x x^2\sin t\mathrm{d}t}$.

3. 设函数 $f(x)=\int_0^x te^{-t}\mathrm{d}t$，求其极值及其图像的拐点.

4. $\int_{-1}^{1}\dfrac{x+|x|}{1+x^2}\mathrm{d}x$.

5. $\int_0^1\dfrac{x}{(2-x^2)\sqrt{1-x^2}}\mathrm{d}x$.

6. $\int_{\frac{1}{2}}^{1}e^{\sqrt{2x-1}}\mathrm{d}x$.

7. $\int_1^{+\infty}\dfrac{1}{x(1+\ln^2 x)}\mathrm{d}x$.

8. 设 $f(x)=\begin{cases}\dfrac{1}{1+x} & x\geqslant 0\\ \dfrac{1}{1+e^x} & x<0\end{cases}$，求 $\int_0^2 f(x-1)\mathrm{d}x$.

第 6 章　定积分的应用

第 5 章讨论了定积分的概念及计算方法，本章进一步研究定积分的应用．定积分是一种实用性很强的数学方法，在科学技术问题中有着广泛的应用．本章主要介绍定积分在几何及物理方面的一些应用，重点介绍用微元法将实际问题表示成定积分的分析方法．

§6.1　定积分的微元法

定积分是求某种总量的数学模型，它在几何学、物理学、经济学、社会学等方面都有着广泛的应用．也正是这些广泛的应用，推动着积分学的不断发展和完善．因此，在学习的过程中，我们不仅要掌握计算某些实际问题的公式，更重要的还在于深刻领会用定积分解决实际问题的基本思想和方法——**微元法**（也称**元素法**），不断积累和提高数学的应用能力．

回顾上一章，我们采用了“分割—近似代替—求和—取极限”四步求曲边梯形的面积，实际应用中可将它们概括简化为如下两个步骤：

（1）如图 6-1-1 所示，把区间 $[a,b]$ 分割为 n 个小区间，任取其中一个小区间 $[x,x+\mathrm{d}x]$，以小区间左端点 x 处函数值 $f(x)$ 为高，区间长度 $\mathrm{d}x$ 为底的矩形面积 $f(x)\mathrm{d}x$ 作为**面积微元** $\mathrm{d}A$，近似代替该区间上小曲边梯形面积 ΔA，即

$$\Delta A \approx \mathrm{d}A = f(x)\mathrm{d}x$$

（2）通过积分完成无限多个面积微元 $\mathrm{d}A$ 从 $x=a$ 到 $x=b$ 的累加，从而得出所求面积 A，即

$$A = \int_a^b f(x)\mathrm{d}x$$

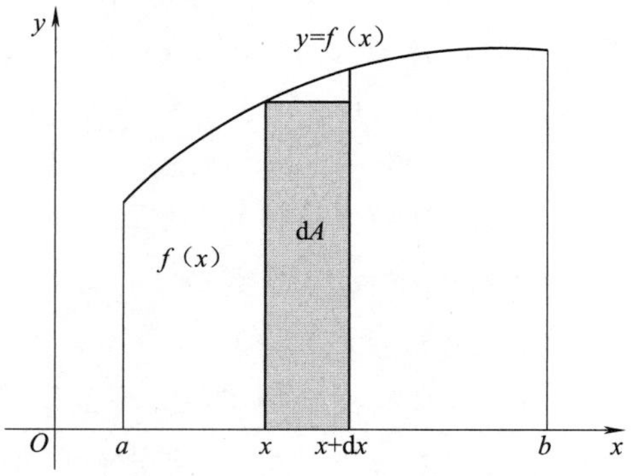

图　6-1-1

实际上这种用积分表示面积的方法，是一种实用的变量分析方法，只要所求的整体量 U 具有如下特征：

（1）U 在其变量 x 的变化区间 $[a,b]$ 上的分布是不规则、非均匀、非恒定的；

（2）U 对区间 $[a,b]$ 具有可加性，即把区间 $[a,b]$ 分成许多部分区间时，则 U 相应地分成许多部分量，而 U 等于所有部分量之和；

（3）部分量 U 的近似值可表示为 $\mathrm{d}U$.

我们可以用这种方法将整体量 U 表示为定积分，同时称该方法为定积分的**微元法**（**元素法**）．具体步骤如下：

（1）由分割写出微元　根据具体问题，选取一个积分变量，例如 x 为积分变量，并确定它的变化区间 $[a,b]$，任取 $[a,b]$ 的一个子区间 $[x,x+\mathrm{d}x]$，求出相应于这个子区间上部分量 ΔU 的近似值，即求出所求总量 U 的**微元** $\mathrm{d}U$；

（2）由微元写出积分　根据 $\mathrm{d}U$ 写出表示总量 U 的定积分 $U=\int_a^b \mathrm{d}U$.

下面各节我们将利用定积分的微元法讨论定积分在几何、物理等方面的应用．

视频

微元法的基本步骤

文化视角

微元法的思想起源（一）

纵观历史，求平面图形面积的方法的发展演变过程大致可分为 4 个阶段，①运用割补法求多边形的面

积;②运用极限思想求圆的面积;③将分割与极限结合,形成微元法的雏形,求曲边形的面积;④微元法的成熟与定积分思想的形成.

1. 运用割补法求多边形的面积

我国古代数学家刘徽(公元3世纪)在《九章算术》注中,运用割补法证明了《九章算术》中记载的三角形、梯形等图形的面积公式,刘徽称割补法为"出入相补法",其主导思想是"以盈补虚",如图6-1-2所示.

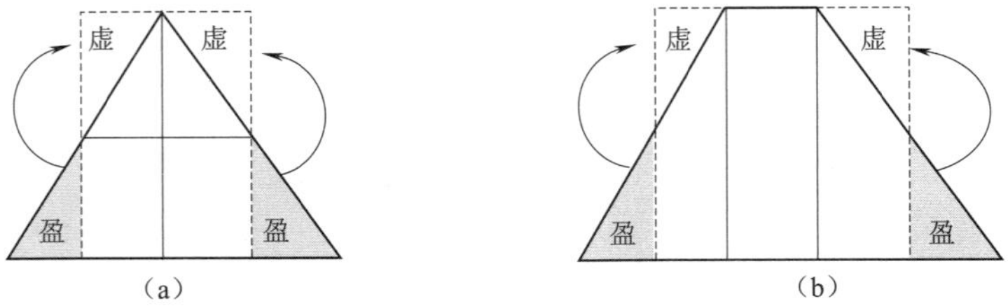

图 6-1-2

割补法是运用特定技巧、将未知转化为已知来求平面图形的面积,其中蕴含了转换的数学思想. 这是求平面图形的面积的初期阶段.

2. 运用极限思想求圆的面积

在多边形的面积解决之后,接下来就是求圆的面积.《九章算术》中记载了圆圆术曰:"半周半径相乘得积步". 当时人们采用"周三径一"之率,即圆周率 $\pi = 3$,由此得出圆的面积公式为

$$S = \frac{1}{2}L \times \frac{1}{2}d = \frac{3}{4}d^2 = 3r^2 \quad (L\text{ 为圆的周长},d\text{ 为直径},r\text{ 为半径,其中 }L = 3d).$$

刘徽经过实践认识到"周三径一"之率不准确,于是他创立割圆术求圆的面积. 他以圆内接正 3×2^n 边形,当边数 $n \to \infty$ 时面积的极限定义圆的面积,并得到新的圆周率为 $\pi \approx 3.14$,后人称之为"徽率". 他指出"割之弥细,所失弥少. 割之又割,以至于不可割,则与圆合体,而无所失矣".

割圆术是在极限思想指导下求圆的面积的方法,其中蕴含了以直代曲、无限逼近的数学思想. 割圆术开创了求面积方法的新思路,使得求曲边形的面积成为可能.

3. 将分割与极限结合,形成微元法的雏形,求曲边形的面积

刘徽的数学思想并未停留在割圆术上,他在改进弓形的面积求法的研究中,采用了"分割——求和——求极限"的方法,这个方法与现代求定积分的微元法有着相同的本质,说明刘徽的数学思想中已蕴含着初步的定积分思想.

在《九章算术》中记载了弧田(弓形田)术曰:"以弦乘矢,矢又自乘,并之,二而一". 即弓形的面积为 $S = \frac{ah + h^2}{2}$,如图6-1-3所示.

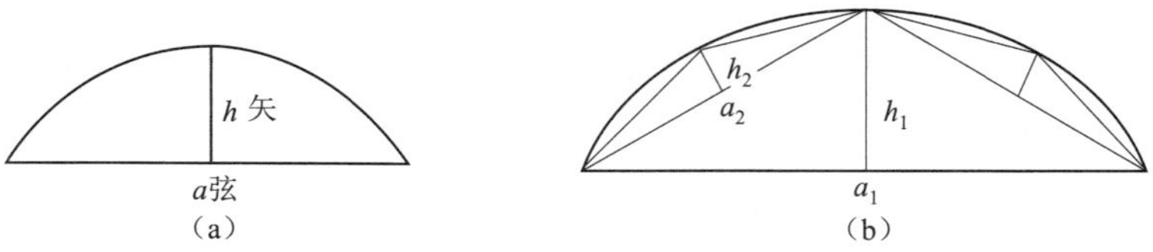

图 6-1-3

这是一个近似计算公式,当弓形的高越大,误差越大,刘徽改进了求弓形面积的方法:以弓形的弦为底、高为高在弓形内作等腰三角形,这个等腰三角形的面积为 $S_1 = \frac{a_1 h_1}{2}$. 再以等腰三角形的两腰为底,做小弓形的内接

等腰三角形,得到 $S_2=S'_2=\frac{a_2h_2}{2}$,$S_2+S'_2=2S_2=a_2h_2$, 以此类推有 $S_3+S'_3+S''_3+S_3^{(3)}=4S_3=2a_3h_3$,$8S_4=4a_4h_4$……分割到第 n 次时有 $2^{n-1}S_n=2^{n-2}a_nh_n$, 把所有三角形的面积求和,得到弓形面积的近似值, $S=\sum_{i=1}^{n}2^{i-1}S_i=\sum_{i=1}^{n}2^{i-2}a_ih_i$, 再求极限 $\lim_{n\to\infty}\sum_{i=1}^{n}2^{i-1}S_i=A$ 就是所求弓形的面积.

§6.2　定积分的几何应用

定积分在几何学和物理学以及其他各学科都有着广泛的应用,本节我们将应用前面学过的内容主要介绍定积分在几何学中的部分应用.

6.2.1　用定积分求平面图形的面积

应用定积分,不但可以计算曲边梯形的面积,还可以计算一些比较复杂的平面图形的面积. 以下举例说明用微元法求平面图形的面积的方法.

1. 直角坐标系下的面积计算

(1)若图形由曲线 $y=f(x)$,$y=g(x)$ 及直线 $x=a$,$x=b$ 所围成(见图6-2-1),则取 x 为积分变量,在 $[a,b]$ 上任取一个子区间 $[x,x+\mathrm{d}x]$, 相应的面积微元为

$$\mathrm{d}A=|f(x)-g(x)|\,\mathrm{d}x$$

所求面积为

$$A=\int_a^b|f(x)-g(x)|\,\mathrm{d}x$$

例1　求由抛物线 $y=x^2$ 及 $x=y^2$ 所围图形的面积.

解　解方程组 $\begin{cases}y=x^2\\x=y^2\end{cases}$ 得两抛物线的交点为(0,0)和(1,1),作出题设平面图形的草图(见图6-2-2).

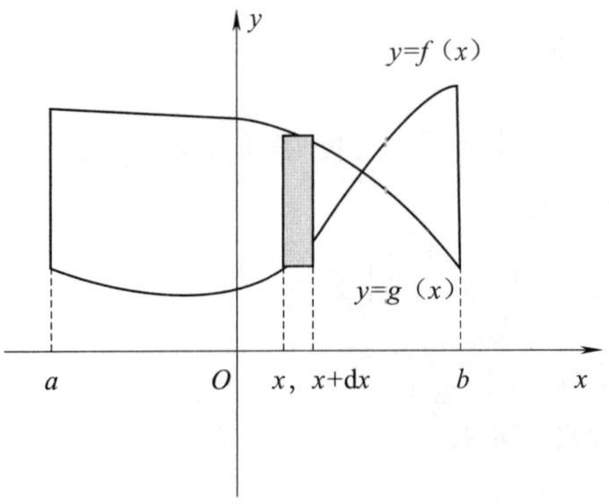

图　6-2-1

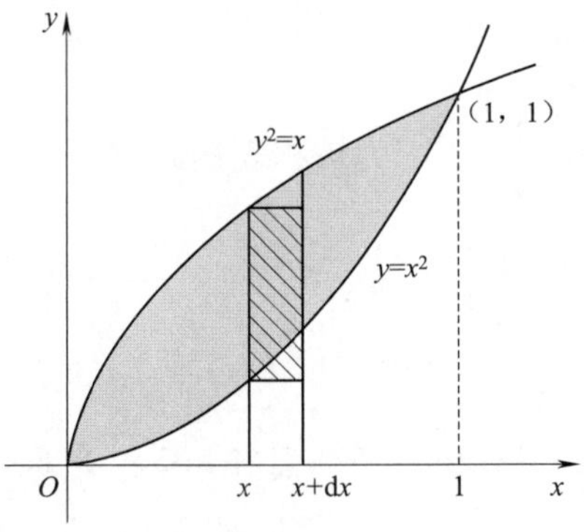

图　6-2-2

取 x 为积分变量,它的变化区间即积分区间为[0,1]. 在积分区间[0,1]上任取子区间 $[x,x+\mathrm{d}x]$, 其对应的小窄条的面积近似于高为 $\sqrt{x}-x^2$, 底为 $\mathrm{d}x$ 的小矩形面积,从而得面积微元

$$\mathrm{d}A=(\sqrt{x}-x^2)\,\mathrm{d}x.$$

以 $\mathrm{d}A=(\sqrt{x}-x^2)\,\mathrm{d}x$ 为被积表达式,在闭区间[0,1]上作定积分,便得所求面积为

$$A=\int_0^1(\sqrt{x}-x^2)\,\mathrm{d}x=\left(\frac{2}{3}x^{\frac{3}{2}}-\frac{x^3}{3}\right)\Bigg|_0^1=\frac{1}{3}.$$

注意：

题设图形是关于直线 $y=x$ 对称的，故取 y 或取 x 为积分变量是相同的.

（2）若图形由曲线 $x=\varphi(y)$，$x=\psi(y)$ 及直线 $y=c$，$y=d$ 所围成（见图 6-2-3），则取 y 为积分变量，在 $[c,d]$ 上任取一个子区间 $[y,y+\mathrm{d}y]$，相应的面积微元为

$$\mathrm{d}A=|\varphi(y)-\psi(y)|\,\mathrm{d}y,$$

所求面积为

$$A=\int_c^d\left|\varphi(y)-\psi(y)\right|\mathrm{d}y.$$

视频 例2

例 2 求由抛物线 $y^2=2x$ 与直线 $y=x-4$ 所围成的平面图形的面积.

解 由方程组 $\begin{cases}y^2=2x\\y=x-4\end{cases}$ 解得它们的交点为 $(2,-2)$ 和 $(8,4)$，作出草图（见图 6-2-4）.

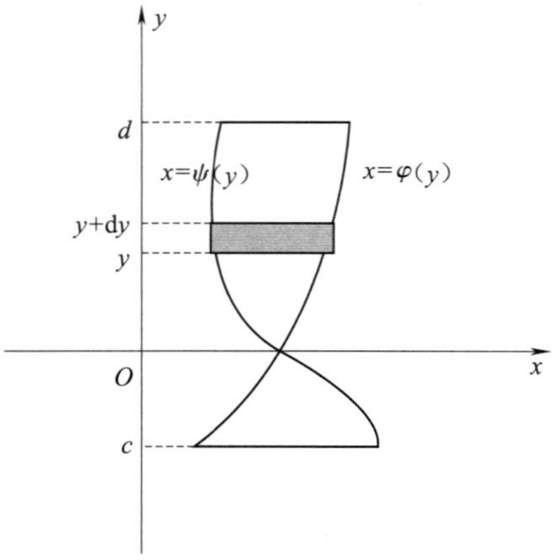

图 6-2-3

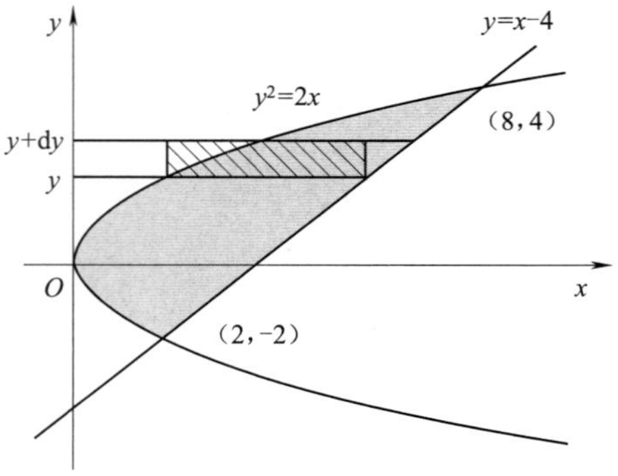

图 6-2-4

取 y 为积分变量，它的变化范围即积分区间为 $[-2,4]$. 在积分区间 $[-2,4]$ 上任取子区间 $[y,y+\mathrm{d}y]$，其对应的小窄条的面积近似于高为 $\mathrm{d}y$，底为 $(y+4)-\frac{1}{2}y^2$ 的小矩形面积，从而得面积微元

$$\mathrm{d}A=\left(y+4-\frac{1}{2}y^2\right)\mathrm{d}y$$

以 $\left(y+4-\frac{1}{2}y^2\right)\mathrm{d}y$ 为被积表达式，在闭区间 $[-2,4]$ 上作定积分，便得所求面积为

$$A=\int_{-2}^{4}\left(y+4-\frac{1}{2}y^2\right)\mathrm{d}y=\left(\frac{y^2}{2}+4y-\frac{y^3}{6}\right)\Bigg|_{-2}^{4}=18.$$

注意：

本题中，由题设图形的草图可知取 y 为积分变量较方便. 若取 x 为积分变量，在整个积分区间上面积元素的表达式不一致，即需分区间确定面积元素.

例 3 求椭圆 $\frac{x^2}{a^2}+\frac{y^2}{b^2}=1$ 的面积.

解 该椭圆关于两坐标轴都对称（见图 6-2-5），椭圆所围成的图形的面积为 $A=4A_1$，其中 A_1 为该椭圆在第一象限的部分与两坐标轴所围图形的面积. 因此

$$A=4A_1=4\int_0^a y\,\mathrm{d}x.$$

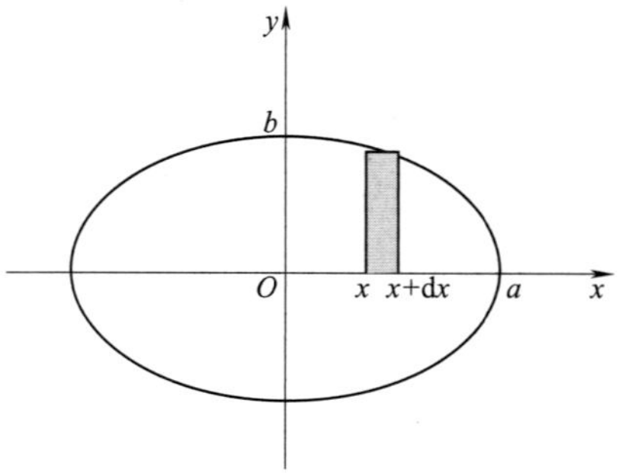

图 6-2-5

利用椭圆的参数方程

$$\begin{cases} x = a\cos t \\ y = b\sin t \end{cases} \quad \left(0 \leqslant t \leqslant \frac{\pi}{2}\right),$$

应用定积分的换元法,令 $x = a\cos t$,

则 $y = b\sin t, \mathrm{d}x = -a\sin t\mathrm{d}t$, 且 $\dfrac{x\big|_{0\to a}}{t\big|_{\pi/2\to 0}}$, 于是

$$A = 4\int_{\frac{\pi}{2}}^{0} b\sin t(-a\sin t)\mathrm{d}t = 4ab\int_0^{\frac{\pi}{2}}\sin^2 t\mathrm{d}t = 4ab\cdot\int_0^{\frac{\pi}{2}}\frac{1-\cos 2t}{2}\mathrm{d}t$$

$$= 2ab\left(t - \frac{1}{2}\sin 2t\right)\Big|_0^{\frac{\pi}{2}} = \pi ab.$$

当 $a = b$ 时,就得到大家所熟知的圆面积公式.

*2. 极坐标系下平面图形的面积

曲边扇形的面积,用极坐标来计算它们的面积比较方便.

由曲线 $r = r(\theta)$, 射线 $\theta = \alpha$ 和 $\theta = \beta$ 所围成图形称为**曲边扇形**,其中 $r = r(\theta)$ 在区间 $[\alpha,\beta]$ 上连续,且 $r(\theta) \geqslant 0$. 下面计算它的面积(见图 6-2-6).

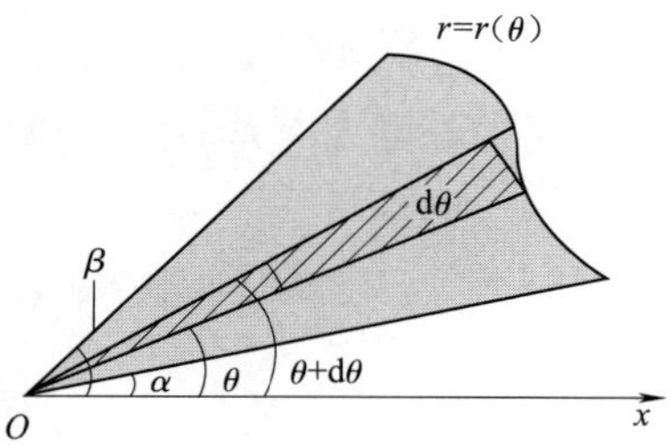

图　6-2-6

由于当 θ 在 $[\alpha,\beta]$ 上变动时,极径 $r = r(\theta)$ 也随之变动,因此所求图形的面积不能用圆扇形的面积公式 $A = \dfrac{1}{2}R^2\theta$ 来计算.

应用微元法的思想,取极角 θ 为积分变量,它的变化区间为 $[\alpha,\beta]$, 相应于任一子区间 $[\theta,\theta + \mathrm{d}\theta]$ 的窄曲边扇形的面积可以用半径为 $r = r(\theta)$, 中心角为 $\mathrm{d}\theta$ 的圆扇形的面积来近似代替,即曲边扇形的面积微元为

$$\mathrm{d}A = \frac{1}{2}r^2(\theta)\mathrm{d}\theta$$

以 $\dfrac{1}{2}r^2(\theta)\mathrm{d}\theta$ 为被积表达式,在闭区间 $[\alpha,\beta]$ 作定积分,便得所求曲边扇形的面积为

$$A = \frac{1}{2}\int_\alpha^\beta r^2(\theta)\mathrm{d}\theta$$

例 4　如图 6-2-7 所示,求心形线 $\rho = a(1 + \cos\theta)$ $(a > 0)$ 所围成的平面图形的面积.

解　图 6-2-7 中的图形关于极轴对称,因此所求图形的面积 A 是极轴以上部分图形面积 A_1 的 2 倍.

对于极轴以上部分的图形, θ 的变化区间为 $[0,\pi]$. 相应于 $[0,\pi]$ 上任一小区间 $[\theta,\theta + \mathrm{d}\theta]$ 的窄曲边扇形的面积近似于半径为 $a(1 + \cos\theta)$ 、中心角为 $\mathrm{d}\theta$ 的扇形的面积. 从而得到面积微元

$$\mathrm{d}A = \frac{1}{2}a^2(1 + \cos\theta)^2\mathrm{d}\theta$$

于是

$$A_1 = \int_0^\pi \frac{1}{2}a^2(1 + \cos\theta)^2\mathrm{d}\theta$$

$$= \frac{a^2}{2}\int_0^\pi(1 + 2\cos\theta + \cos^2\theta)\mathrm{d}\theta$$

$$= \frac{a^2}{2}\int_0^\pi\left(\frac{3}{2} + 2\cos\theta + \frac{1}{2}\cos 2\theta\right)\mathrm{d}\theta$$

$$= \frac{a^2}{2}\left[\frac{3}{2}\theta + 2\sin\theta + \frac{1}{4}\sin 2\theta\right]\Big|_0^\pi = \frac{3}{4}\pi a^2.$$

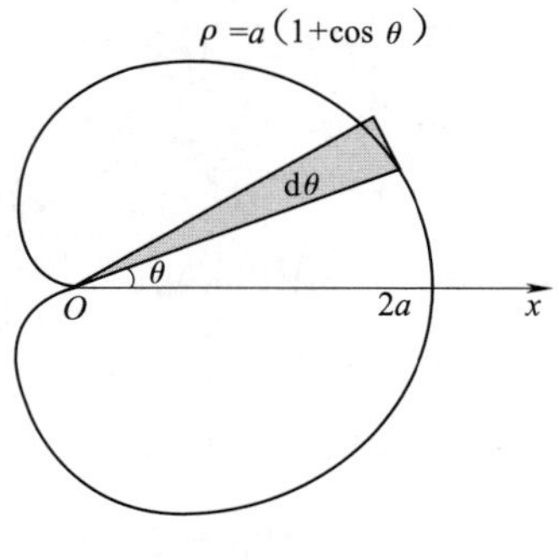

图　6-2-7

因此所求面积为

$$A=2A_1=\frac{3}{2}\pi a^2.$$

6.2.2 用定积分求体积

1. 旋转体体积

旋转体就是由一个平面图形绕这平面内一条直线旋转一周而成的立体. 这条直线称为**旋转轴**. 例如圆柱、圆锥、圆台、球体就可以分别看作是由矩形绕它的一条边、直角三角形绕它的直角边、直角梯形绕它的直角腰、半圆绕它的直径旋转一周而成的立体,故它们都是旋转体.

设旋转体是由曲线 $y=f(x)$ 、直线 $x=a$ 、$x=b$ 及 x 轴所围成的曲边梯形绕 x 轴旋转一周而成的(如图 6-2-8),我们来求它的体积 V.

取 x 为积分变量,它的变化区间为 $[a,b]$, 在区间 $[a,b]$ 上任取一子区间 $[x,x+\mathrm{d}x]$, 它所对应的小薄片的体积近似于以 $f(x)$ 为底面半径,以 $\mathrm{d}x$ 为高的扁圆柱体的体积,即体积微元为

$$\mathrm{d}V=\pi[f(x)]^2\mathrm{d}x$$

以 $\pi[f(x)]^2\mathrm{d}x$ 为被积表达式,在闭区间 $[a,b]$ 上作定积分,便得所求旋转体的体积为

$$V=\pi\int_a^b[f(x)]^2\mathrm{d}x$$

用类似的方法可推得:由曲线 $x=\varphi(x)$ 、直线 $y=c$ 、$y=d$ 及 y 轴所围成的曲边梯形绕 y 轴旋转一周而成的旋转体的体积(见图 6-2-9).

$$V=\pi\int_c^d[\varphi(y)]^2\mathrm{d}y$$

这种求立体体积的方法叫作**切片法**.

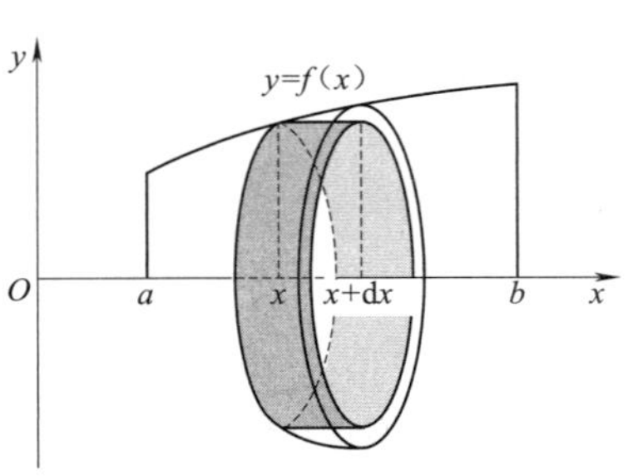

图 6-2-8

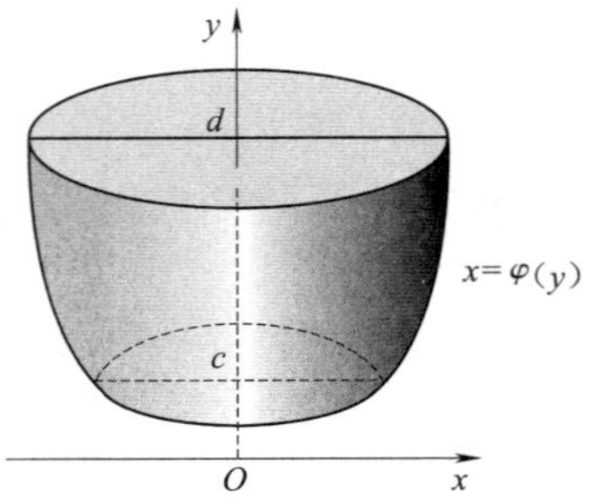

图 6-2-9

例 5 求由椭圆 $\frac{x^2}{a^2}+\frac{y^2}{b^2}=1$ 所围的平面图形绕 x 轴旋转所成的旋转体(称为旋转椭球体)的体积.

解 利用图形的对称性,只需计算一半.

切片法:取 x 为积分变量,它的变化区间为 $[0,a]$, 任取子区间 $[x,x+\mathrm{d}x]\subset[0,a]$, 以子区间 $[x,x+\mathrm{d}x]$ 上的小矩形代替小曲边梯形绕 x 轴旋转(如图 6-2-10),得体积微元为

$$\mathrm{d}V_1=\pi y^2\mathrm{d}x$$

于是所求体积为

$$V=2V_1=2\pi\int_0^a y^2\mathrm{d}x=2\pi\int_0^a b^2\left(1-\frac{x^2}{a^2}\right)\mathrm{d}x=\frac{4}{3}\pi ab^2.$$

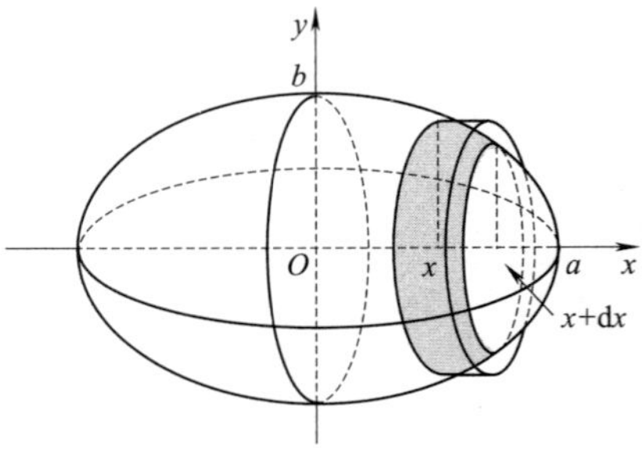

图 6-2-10

例 6 求由曲线 $y=x^2$,$y=2-x^2$ 所围成的图形分别绕 x 轴和 y 轴旋转而成的旋转体体积.

解　由方程组 $\begin{cases} y = x^2 \\ y = 2 - x^2 \end{cases}$ 解得两曲线的交点为 $(-1,1)$ 及 $(1,1)$，作出草图，如图 6-2-11 所示，于是所求的绕 x 轴旋转而成的旋转体体积为

$$V_x = 2\pi \int_0^1 [(2 - x^2)^2 - (x^2)^2]\mathrm{d}x = 8\pi\left(x - \frac{1}{3}x^3\right)\Big|_0^1 = \frac{16}{3}.$$

所求的绕 y 轴旋转而成的旋转体体积为

$$V_y = \pi \int_0^1 (\sqrt{y})^2 \mathrm{d}y + \pi \int_1^2 (\sqrt{2 - y})^2 \mathrm{d}y$$
$$= \pi\left(\frac{1}{2}y^2\right)\Big|_0^1 + \pi\left(2y - \frac{1}{2}y^2\right)\Big|_1^2 = \pi.$$

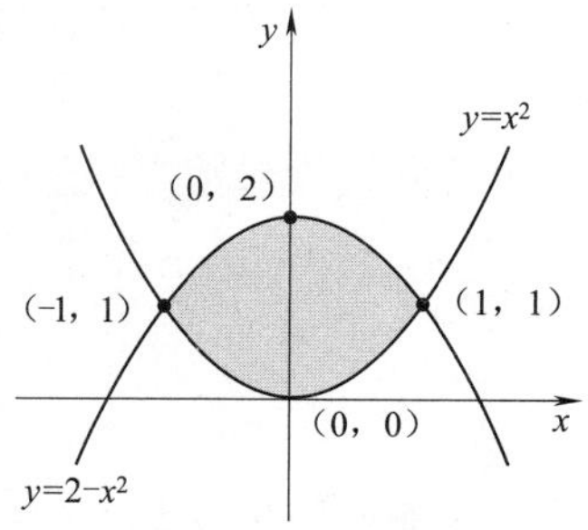

图　6-2-11

*2. 平行截面面积为已知的立体体积

从计算旋转体体积的过程中可以看出：如果一个立体不是旋转体，但却知道该立体上垂直于一定轴的各个截面的面积，那么，这个立体的体积也可以用定积分来计算.

取上述定轴为 x 轴，则在 x 处的截面面积 $A(x)$ 是 x 的已知连续函数，求该物体介于 $x = a$ 和 $x = b(a < b)$ 之间的体积.（见图 6-2-12）.

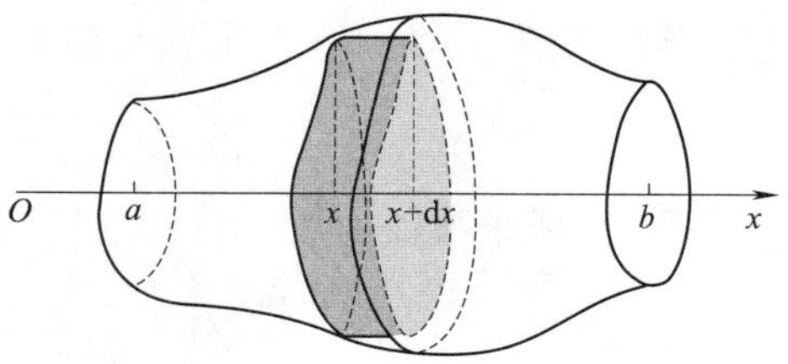

图　6-2-12

为求体积微元，在微小区间 $[x, x + \mathrm{d}x]$ 上视 $A(x)$ 不变，即把 $[x, x + \mathrm{d}x]$ 上的立体薄片近似看作 $A(x)$ 为底，$\mathrm{d}x$ 为高的柱片，于是得体积微元为

$$\mathrm{d}V = A(x)\mathrm{d}x.$$

再在变化的区间上积分，则得公式

$$V = \int_a^b A(x)\mathrm{d}x.$$

例 7　设有底圆半径为 R 的圆柱，被一与圆柱面交成 α 角且过底圆直径的平面所截，求截下的楔形体积（见图 6-2-13）.

解　取坐标系如图 6-2-13，则底圆方程为

$$x^2 + y^2 = R^2.$$

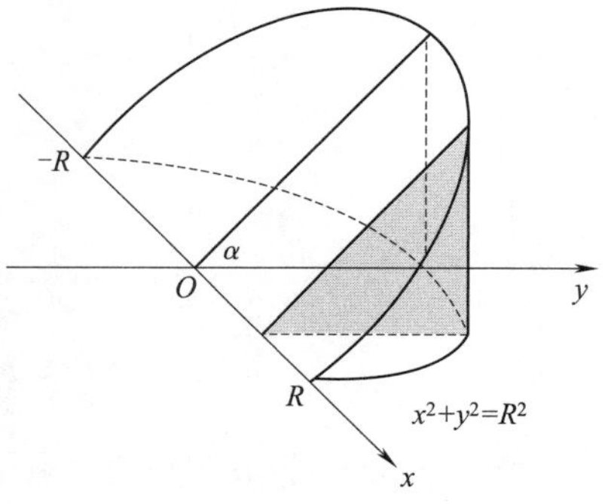

图　6-2-13

在 x 处垂直于 x 轴作立体的截面，得一直角三角形，两条直角边分别为 y 及 $y\tan\alpha$，即 $\sqrt{R^2 - x^2}$ 及 $\sqrt{R^2 - x^2}\tan\alpha$，其面积为 $A(x) = \frac{1}{2}(R^2 - x^2)\tan\alpha$，从而得楔形体积为

$$V = \int_{-R}^{R} \frac{1}{2}(R^2 - x^2)\tan\alpha \mathrm{d}x = \tan\alpha \int_0^R (R^2 - x^2)\mathrm{d}x$$
$$= \tan\alpha\left(R^2 x - \frac{x^3}{3}\right)\Big|_0^R = \frac{2}{3}R^3\tan\alpha.$$

6.2.3　平面曲线的弧长

如图 6-2-14 所示，设函数 $y = f(x)$ 在区间 $[a, b]$ 上有连续导数，则曲线 $y = f(x)$ 相应于 x 从 a 到 b 的一段弧长为多少？

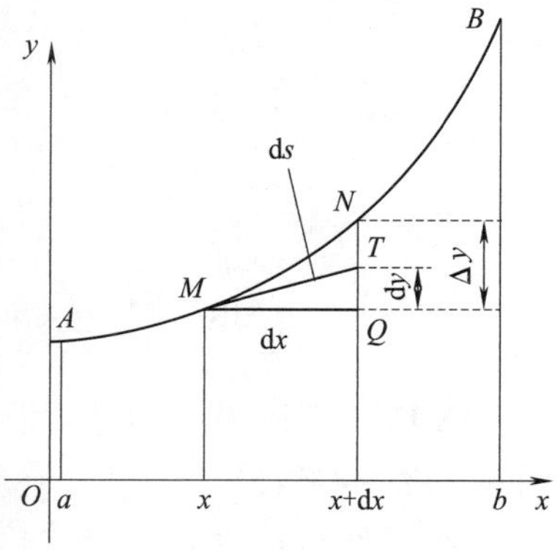

图　6-2-14

取 x 为积分变量，则积分区间为 $[a, b]$，在 $[a, b]$ 上任取一个子区间 $[x, x + \mathrm{d}x]$，曲线 $y = f(x)$ 上对应的一小段弧的长度近似于该曲线在点 $(x, f(x))$ 处的切线上相应的长度 $\sqrt{(\mathrm{d}x)^2 + (\mathrm{d}y)^2}$，从而得弧长微元为

$$dS = \sqrt{(dx)^2 + (dy)^2} = \sqrt{1 + (y')^2}dx.$$

于是,所求弧长为

$$S = \int_a^b \sqrt{1 + (y')^2}dx.$$

若曲线为参数方程形式,即 $\begin{cases} x = \varphi(t) \\ y = \psi(t) \end{cases}$,$(\alpha \leqslant t \leqslant \beta)$,其中 $\varphi(t)$,$\psi(t)$ 在 $[\alpha,\beta]$ 上有连续导数,则弧长公式为

$$S = \int_\alpha^\beta \sqrt{\varphi'^2(t) + \psi'^2(t)}dt.$$

若曲线由极坐标方程 $r = r(\theta)$,$(\alpha \leqslant \theta \leqslant \beta)$ 给出,则弧长公式为

$$S = \int_\alpha^\beta \sqrt{r^2 + r'^2}d\theta.$$

例 8 计算曲线 $y = \frac{2}{3}x^{\frac{3}{2}}$ 上相应于 $a \leqslant x \leqslant b$ 的一段弧(见图 6-2-15)的长度.

解 因为 $y' = x^{\frac{1}{2}}$,从而弧长微元

$$dS = \sqrt{1 + (y')^2}dx = \sqrt{1 + (x^{\frac{1}{2}})^2}dx = \sqrt{1 + x}dx.$$

因此,所求弧长为

$$S = \int_a^b \sqrt{1 + x}dx = \left[\frac{2}{3}(1 + x)^{\frac{3}{2}}\right]\Big|_a^b = \frac{2}{3}\left[(1 + b)^{\frac{3}{2}} - (1 + a)^{\frac{3}{2}}\right]$$

例 9 如图 6-2-16 所示,计算摆线 $\begin{cases} x = a(\theta - \sin\theta) \\ y = a(1 - \cos\theta) \end{cases}$ 的一拱 $(0 \leqslant \theta \leqslant 2\pi)$ 的长度.

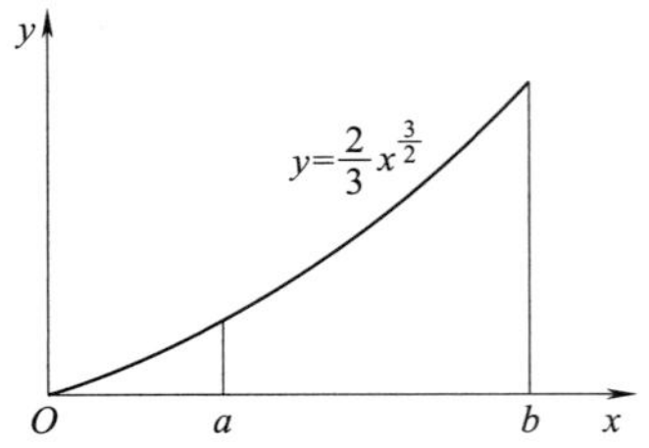

图 6-2-15

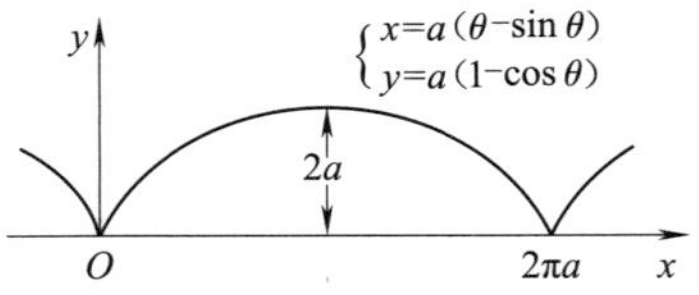

图 6-2-16

解 根据参数方程可得

$$dx = a(1 - \cos\theta)d\theta, \ dy = a\sin\theta d\theta.$$

则弧长微元为

$$dS = \sqrt{a^2(1 - \cos\theta)^2 + a^2\sin^2\theta}d\theta$$
$$= a\sqrt{2(1 - \cos\theta)}d\theta = 2a\sin\frac{\theta}{2}d\theta.$$

从而,所求弧长

$$S = \int_0^{2\pi} 2a\sin\frac{\theta}{2}d\theta = -4a\cos\frac{\theta}{2}\Big|_0^{2\pi} = 8a.$$

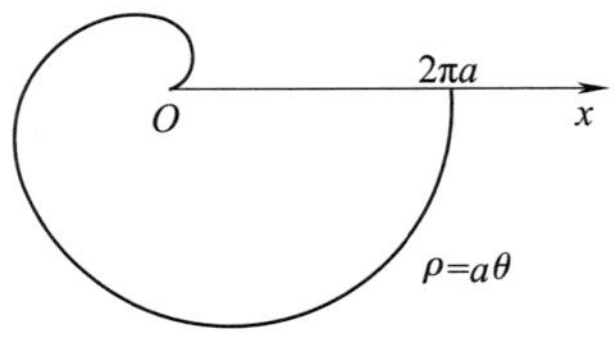

图 6-2-17

例 10 求阿基米德螺线 $r = a\theta\ (a > 0)$ 相应于 $0 \leqslant \theta \leqslant 2\pi$ 一段(见图 6-2-17)的弧长.

解 弧长微元为

$$dS = \sqrt{r^2 + r'^2}d\theta = \sqrt{a^2\theta^2 + a^2}d\theta = a\sqrt{1 + \theta^2}d\theta$$

于是所求弧长为

$$S = a\int_0^{2\pi} \sqrt{1+\theta^2}\,\mathrm{d}\theta$$

$$= \frac{a}{2}\left[2\pi\sqrt{1+4\pi^2} + \ln\left(2\pi + \sqrt{1+4\pi^2}\right)\right].$$

习题 6-2

A 组

1. 求曲线 $y = \sqrt{x-1}$ 与其在点(2,1)处的切线及 x 轴所围图形的面积.

2. 求由抛物线 $y = x^2$ 与直线 $y = x, y = 3x$ 所围成的平面图形的面积.

3. 求由曲线 $xy = 1$ 以及直线 $y = x, y = 3$ 所围成的平面图形的面积.

4. 在曲线 $y = x^2\ (x \geqslant 0)$ 上某点 A 处作一条切线,使之与曲线以及 x 轴所围图形的面积为 $\frac{1}{12}$,求过切点 A 的切线方程.

5. 求抛物线 $y = x^2$ 与其在点(1,1)处的切线及 x 轴所围图形绕 x 轴旋转所得的旋转体的体积 V_x.

6. 求抛物线 $y = x^2$ 与直线 $y = 2x$ 所围图形分别绕 x 轴和 y 轴旋转所得的旋转体的体积.

7. 求椭圆 $\frac{x^2}{4} + \frac{y^2}{9} = 1$ 分别绕 x, y 轴旋转一周生成的旋转体的体积.

8. 求由曲线 $x^2 + (y-5)^2 = 16$ 所围成的图形绕 x 轴旋转构成旋转体的体积.

B 组

1. 求对数螺线 $\rho = ae^{\theta}\ (-\pi \leqslant \theta \leqslant \pi)$ 及射线 $\theta = \pi$ 所围成的平面图形的面积.

2. 如图 6-2-18 所示,求由星形线 $x^{\frac{2}{3}} + y^{\frac{2}{3}} = a^{\frac{2}{3}}\ (a \geqslant 0)$ 绕 x 轴旋转而成的旋转体的体积.

3. 计算底面是半径为 R 的圆,而垂直于底面上一条固定直径的所有截面都是等边三角形的立体体积(见图 6-2-19).

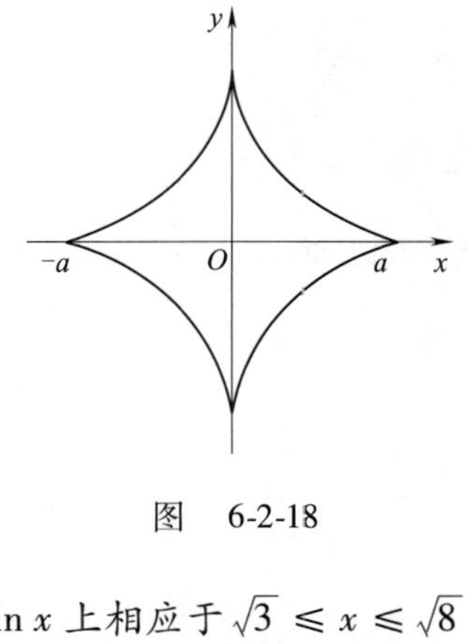

图 6-2-18

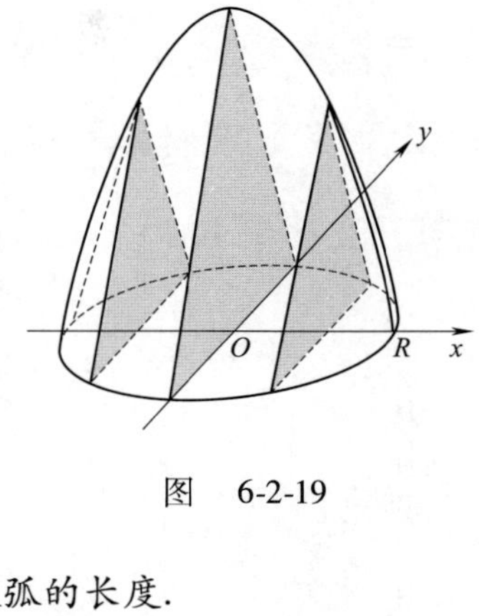

图 6-2-19

4. 计算曲线 $y = \ln x$ 上相应于 $\sqrt{3} \leqslant x \leqslant \sqrt{8}$ 的一段弧的长度.

5. 计算星形线 $x = a\cos^3 t, y = a\sin^3 t$(见图 6-2-18)的全长.

文化视角

微元法的思想起源(二)

接前文微元法的思想起源(一)

在古希腊,阿基米德(公元前 287—公元 212)在求抛物线弓形面积时,同刘徽一样,采用了“分割—求和—求极限”的方法,也就是初步的定积分思想. 阿基米德求抛物线弓形的面积时,也采用弓形内接三角形作分割. 如图 6-2-20 所示,抛物线 ABC 和直线 AC 围成抛物线弓形,B 为抛物线弓形的顶点,它是过 AC 的中点与抛物线轴平行的直线与抛物线的交点. 阿基米德在抛物线弓形内作内接三角形 ABC,点 B 将弓形分割成两个小弓形,接着再作两个小弓形,依此类推作到第 n 次. 他设三角形 ABC 的面积为 a,计算出第二次所作的两个三角形的面积和为 $\frac{a}{4}$,之后又计算出每一次作的所有三角形的面积和等于前一次所有三角形的面积和的 $\frac{1}{4}$,将所有的三角形的面积求和为 $a+\frac{1}{4}a+\left(\frac{1}{4}\right)^2a+\cdots+\left(\frac{1}{4}\right)^na$,当分割的次数越多,这个值就越接近抛物线弓形的面积值. 最后阿基米德求出抛物线弓形的面积为 $\frac{4}{3}a$.

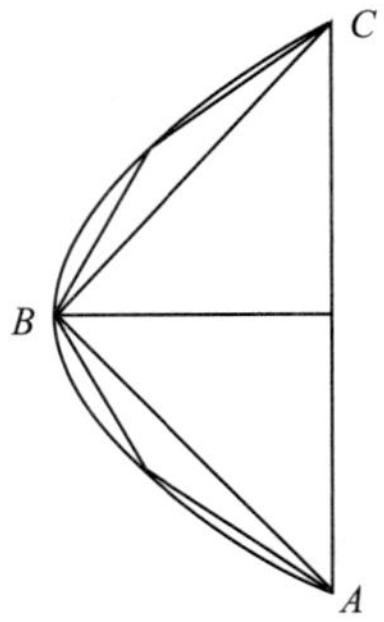

图 6-2-20

在阿基米德的影响下,后人采用同样的思想方法求其他曲边形的面积,促使微元法逐步发展成熟,最终导致定积分概念与运算的产生. 因而通常认为阿基米德的工作是现代积分学的萌芽.

早期微元法采用简单图形(三角形)的叠加来逼近曲边形的面积,远比割圆术简明、易算. 但早期微元法受割圆术的影响,它的分割是填充式的分割,用三角形从大到小来填充弓形,这种分割方法使得每一次分割出的部分形成一系列面积递减的元素,这些元素是越来越小,而不是始终微小,(即没有说明这些元素趋于零)因而早期微元法不是严格上的微元法.

4. 现代微元法的成熟与定积分思想的形成

在阿基米德之后,德国数学家开普勒(1571—1630),意大利数学家卡瓦列里(1598—1647),法国数学家费马(1601—1665)等人继续发展了采用“分割—求和—求极限”的方法来计算面积.

其中费马的贡献是突出的. 费马求出了 $y=Px^k$,x 轴和 $x=x_0\ (x_0>0)$ 所围图形的面积,如图 6-2-21 所示. 阿基米德求面积是利用了三角形,而费马采用了更简单的图形——矩形. 费马在求曲边形的面积的过程中,他把曲线下的面积分割为小的面积元素,近似看作矩形,利用曲线的方程,求得小矩形的面积 $\Delta S_i=f(\xi_i)\Delta x_i$,再求所有小矩形的面积和 $\sum\limits_{i=1}^{n}\Delta S_i=\sum\limits_{i=1}^{n}f(\xi_i)\Delta x_i$,得到所求曲边形的面积的近似值. 当元素的个数无限增加时,每个小面积元素的面积变小,求面积和的极限 $\lim\limits_{n\to\infty}\sum\limits_{i=1}^{n}f(\xi_i)\Delta x_i$,这个极限值就是所求曲边形的面积. 这就是完整的微元法的步骤. 遗憾的是,费马虽然完善了微元法,却没有认识到这个运算结果的重要性. 直到牛顿和莱布尼兹认识到了 $\lim\limits_{n\to\infty}\sum\limits_{i=1}^{n}f(\xi_i)\Delta x_i$ 的重要性,并将它上升为一般概念,给予定积分的名称.

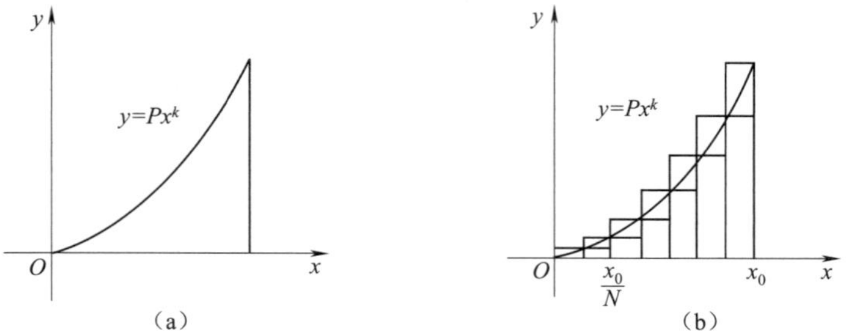

图 6-2-21

同早期微元法比较而言,现代微元法的优点是:①无穷小分割,将整个问题分割为若干个微元,每个微元在求极限时都会趋于0;②近似,在每个微元上求近似值,现代微元法体现了化整为零、先求局部近似值再求整体精确值的数学思想. 由于这些优越性,使得现代微元法的应用范围很广,许多领域中求连续变量的累积问题都可以采用微元法来解决.

§*6.3 定积分的物理应用

6.3.1 功

从物理学知道,如果物体受恒力 F 作用沿力的方向移动一段距离 s, 则力 F 对物体所做的功为

$$W = F \cdot s.$$

如果物体在变力 $F(x)$ 作用下沿 x 轴由 a 处移动到 b 处,如何求变力 $F(x)$ 所做的功?

由于力 $F(x)$ 是变力(见图6-3-1),所求功是区间 $[a,b]$ 上非均匀分布的整体量,故可以用定积分来解决.

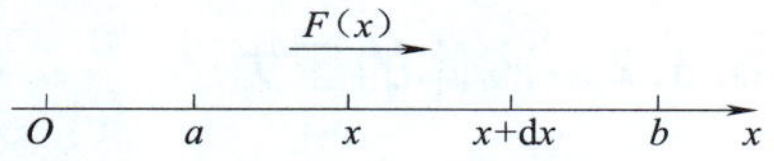

图 6-3-1

利用微元法,由于变力 $F(x)$ 是连续变化的,故可以设想在微小区间 $[x,x+\mathrm{d}x]$ 上作用力 $F(x)$ 保持不变,按恒力做功公式得这一段上变力做功近似值,也就是功的微元为

$$\mathrm{d}W = F(x)\mathrm{d}x.$$

将微元 $\mathrm{d}W$ 从 a 到 b 求定积分,就得到整个区间上所做的功为

$$W = \int_a^b F(x)\mathrm{d}x.$$

例1 已知弹簧每拉长0.02 m要用9.8 N的力,求把弹簧拉长0.1 m所做的功.

解 由物理学知道,在弹性限度内,拉伸(或压缩)弹簧所需的力 F 和弹簧的伸长量(或压缩量) x 成正比,即 $F = kx$, 其中 k 为比例系数.

根据题意, $x = 0.02$ m时, $F = 9.8$ N,所以 $k = 490$. 于是变力函数为

$$F = 490x.$$

取 x 为积分变量,其变化区间为 $[0,0.1]$, 在 $[0,0.1]$ 上任取子区间 $[x,x+\mathrm{d}x]$, 与之对应的变力 F 所作的功可以近似于把变力 F 看作常力所作的功,从而得到功微元为

$$\mathrm{d}W = F\mathrm{d}x = 490x\mathrm{d}x.$$

以 $490x\mathrm{d}x$ 为被积表达式,在 $[0,0.1]$ 上作定积分,得到所求功为

$$W = \int_0^{0.1} 490x\mathrm{d}x = 245x^2\Big|_0^{0.1} = 2.45\ \mathrm{J}.$$

同样的,物体受恒力 F 作用沿不断变动的距离 $S(x)$ 做功的问题,亦可以用定积分来解决.

例2 修建一座大桥的桥墩时要先下围囹,并且抽尽其中的水以便施工. 已知围囹的直径为20 m,水深27 m,围囹高出水面3 m,如图6-3-2(a)所示,求抽尽围囹中的水所做的功.

解 建立如图6-3-2(b)所示的坐标系.

取 x 为积分变量,积分区间为[3,30]. 在区间[3,30]上任取子区间 $[x,x+\mathrm{d}x]$, 与之对应的一薄层(圆柱)水所受重力为 $\rho gV = \rho g(\pi 10^2\mathrm{d}x)$, 其中 $\rho = 1\times 10^3\ \mathrm{kg/m^3}$ 为水的密度, $g = 9.8\ \mathrm{m/s^2}$ 是重力加速度,所以 $\rho gV = 9.8\times 10^5\pi\mathrm{d}x$. 因把这一薄层水抽出围囹所作的功近似于克服这一薄层水的重量所作的功,所以功微元为

$$\mathrm{d}W = (9.8\times 10^5\pi\mathrm{d}x)x = 9.8\times 10^5\pi x\mathrm{d}x$$

以 $9.8\times10^5\pi x\mathrm{d}x$ 为被积表达式,在区间[3,30]上作定积分,得所求功为

$$W=\int_3^{30}9.8\times10^5\pi x\mathrm{d}x=4.9\times10^5\pi x^2\Big|_3^{30}\approx1.37\times10^9\text{(焦耳)}$$

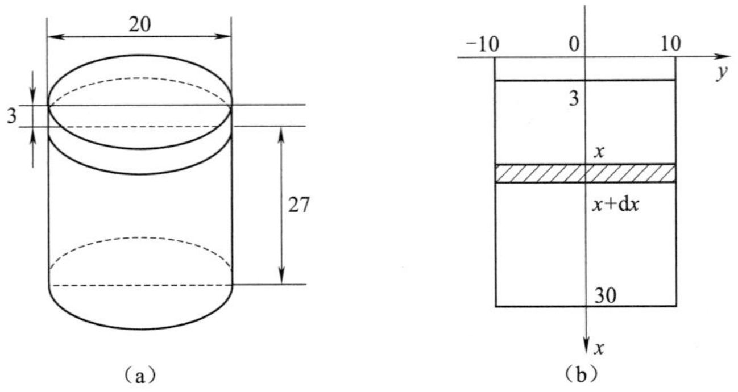

图 6-3-2

6.3.2 液体的压力

从物理学知道,在水深 h 处的压强为 $p=\rho gh$,其中 ρ 是水的密度,g 是重力加速度. 如果有一面积为 A 的平板水平地放置在水深为 h 处,那么平板所受的水压力是

$$P=pA.$$

如果平板铅直放置在水中,那么由于水深不同的点处压强 p 不相等,平板一侧所受的水压力就不能用上述公式计算. 下面我们举例说明它的计算方法.

例 3 如图 6-3-3(a) 所示,一个横放的半径为 R 的圆柱形油桶,里面盛有半桶油,计算桶的一个端面所受的压力(设油密度为 ρ).

解 桶的一端面是圆板,现在要计算当油面过圆心时,垂直放置的一个半圆板的一侧所受的压力.

如图 6-3-3(b) 所示,选取坐标系. 圆方程为 $x^2+y^2=R^2$. 取 x 为积分变量,在 x 的变化区间 $[0,R]$ 内取微小区间 $[x,x+\mathrm{d}x]$,视这细条上压强不变,所受的压力的近似值,即压力微元为

$$\mathrm{d}P=2\rho gx\sqrt{R^2-x^2}\mathrm{d}x.$$

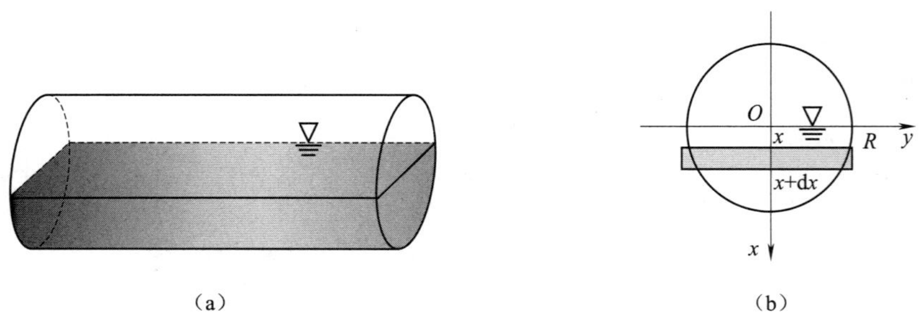

图 6-3-3

于是,端面所受的压力为

$$\begin{aligned}P&=\int_0^R2\rho gx\sqrt{R^2-x^2}\mathrm{d}x\\&=-\rho g\int_0^R\sqrt{R^2-x^2}\mathrm{d}(R^2-x^2)\\&=-\rho g\left[\frac{2}{3}(R^2-x^2)^{\frac{2}{3}}\right]\Big|_0^R=\frac{2}{3}\rho gR^3.\end{aligned}$$

习题 6-3

A 组

1. 填空题：

设一物体受连续的变力 $F(x)$ 作用沿力的方向做直线运动，则物体从 $x=a$ 运动到 $x=b$，变力所做的功为 $W=$____________，其中____________为变力 $F(x)$ 使物体由 $[a,b]$ 内的任一闭区间 $[x,x+\mathrm{d}x]$ 的左端点 x 移动到右端点 $x+\mathrm{d}x$ 所做功的近似值，也称其为____________.

2. 解答题：

(1) 变力 $f(x)=x^2-x$ 使质点沿 x 轴正方向由 $x=1$ 移动到了 $x=3$ 处，求变力 $f(x)$ 所作的功.

(2) 由实验知道，弹簧在拉伸过程中需要的力 F（单位：N）与伸长量 s（单位：cm）成正比. 即：$F=k\cdot s$（k 是比例常数），如果把弹簧由原长拉伸 6 cm，计算所作的功.

B 组

1. 半径为 3 m 的半球形水池盛满了水，若把其中的水全部抽尽需要做多少功（水的密度为10^3 kg/m^3，g 取 9.8 m/s^2）.

2. 一底为 8 m，高为 6 m 的等腰三角形薄片，铅直沉在水中，顶在上，底在下且与水面平行，而顶离水面 3 m，试求它侧面所受的压力（水的密度为10^3 kg/m^3，g 取 9.8 m/s^2）.

文化视角

吴文俊的数学人生

2001 年 2 月 19 日，81 岁高龄的数学家吴文俊（见图 6-3-4）获得了国家最高科学奖，这位年过八旬的数学家的数学人生又一次放射出最明亮的光辉.

图 6-3-4

1940 年吴文俊从上海交通大学数学系毕业，到处奔波才在郊区的中学找到了一个位置. 此后整整五年，没有接触数学研究. 抗战胜利后，吴先生由亲友推荐结识了陈省身先生. 此时，拓扑学正在兴起，被称为现代数学的王后，陈省身先生把他引上了拓扑学的正途. 在随后一年多的时间里，吴文俊展露了出色的才华，极受陈先生赏识.

1946 年，吴文俊考取了留学生，来到法国，两年之后获得法国国家科学博士学位. 法国是拓扑学的中心，吴文俊在这里御风而飞，渐入境界. 1950 年，吴文俊提出“吴示性类”和“吴公式”，将拓扑学中示性类的概念由繁化简，由难变易，并给出了示性类之间明确的关系和可以计算的公式. 吴文俊抓住本质的鲜明工作，如同拨云见日，为拓扑学开辟了新的天地，被称为“拓扑学的地震”. 1951 年吴文俊回到祖国，继续拓扑学方面的研究，又作出了“吴示嵌类”的发现.

因在拓扑学方面的重要成就，吴文俊获得了 1956 年度的第一届国家自然科学奖一等奖，1957 年当选中国科学院学部委员. 这一年他 38 岁，是当时最年轻的中科院学部委员. 1958 年，吴文俊应邀在世界数学家大会做示嵌类方面的报告，这在数学界被认为是很高的荣誉.

拓扑学至今仍是数学的主流之一，并有着广泛的应用. 而吴文俊的成果成为影响深远的经典性成果，引发了大量的后续研究，其中一些至今仍居世界领先地位. 许多著名的科学家从他的成果中受到启发，或直接以他的成果为研究的起始点.

数学机械化思想的提出和成果铸就了吴文俊数学人生的第二块里程碑.

这源于两次偶然的机遇. 一次是在无线电厂的劳动，一次是对中国古代数学的重新认识.

1974 年，吴文俊开始涉足中国古代数学史，渐渐地深入进去，他对中国古代数学有了一个重要发现，就是贯穿中国古代算术的思想是机械化的思想，是非常符合现代计算机的思想. 这促使他想二者合一，解决一些数学问题. 他开始选择了初等几何定理证明作为尝试. 经过试验—失败—再试验—再失败的艰苦工作，机器证明定理终于取得了成功.

1984 年，年轻的中国数学家周咸青去美国丹佛参加“全美定理机器学术会议”，在会上他提交了一篇《用吴方法证明几何定理》的论文，同时在现场用计算机进行演示，短短的十几分钟证明了几百条几何定理，整个会场顿时哗然.

吴文俊以他敏锐的目光在世界计算机发展初露端倪之时，立即把计算机与自己所研究的中国古代算术思想联系起来，开辟了一条与西方迥然不同的数学机械化道路，开创了机器定理证明的时代，国际上称为“吴文俊方法”和“吴消元法”. 吴文俊的名声又一次鹊起，1986 年，吴文俊第二次应邀在世界数学家大会上介绍这一发现.

这里不应该忽略的是吴文俊对中国古代数学史的贡献. 1977 年，吴文俊发表了《中国古代数学对世界文化的伟大贡献》，明确指出近代数学之所以能发展到今天，主要是靠中国(式)的数学而非希腊(式)的数学，决定数学历史发展进程的主要是靠中国(式)的数学而非希腊(式)的数学. 1987 年，他发表了更加重要的《中国传统数学的再认识》，引起了数学界的极大兴趣. 这是对数学史正本清源的研究.

目前，“吴方法”已经在高科技领域开始了成功的应用. 运用“吴方法”，北京大学的科学家使得可视电话的传输效果比传统传输方法大大改善；而正在研制的新一代数控机床将更加精巧、灵便，可加工更为复杂的曲面，被科学家称为“21 世纪的机床”. 北京理工大学的科研人员已经将“吴方法”成功应用到一种常见的机械结构“四连杆”的设计制造中，现在已经可以向工厂推广进入产业化阶段了.

综合测试 6

一、填空题

1. $y=\cos x$ 在 $\left[0,\frac{3\pi}{2}\right]$ 上，(1) 定积分的值为________；(2) 与 x 轴所围平面图形的面积为________.

2. 设 $f(x)=\begin{cases} x^2 & x\in[0,1) \\ \frac{1}{x} & x\in[1,\mathrm{e}] \end{cases}$ (e 为自然对数的底数)，则 $\int_0^{\mathrm{e}} f(x)\,\mathrm{d}x$ 的值为________.

3. 两曲线 $y=x^2$ 与 $y=cx^3\ (c>0)$ 围成图形的面积为 $\frac{2}{3}$，则 $c=$________.

4. 由曲线 $y=x^3$ 及直线 $y=0$，$x=1$ 所围成平面图形绕 x 轴旋转一周而成的旋转体体积 $V_x=$________.

5. 曲线 $y=\frac{\sqrt{x}}{3}(3-x)$ 上相应于 $1\leqslant x\leqslant 3$ 的一段弧的长度 $s=$________.

二、选择题

1. 曲线 $y=\sin x$ 在 $[0,2\pi]$ 上与 x 轴所围的平面图形的面积为(　　).

A. $\int_0^{2\pi}\sin x\,\mathrm{d}x$　　B. $\int_0^{\pi}\sin x\,\mathrm{d}x+\int_{\pi}^{2\pi}\sin x\,\mathrm{d}x$

C. $-\int_0^{2\pi}\sin x\,\mathrm{d}x$　　D. $\int_0^{\pi}\sin x\,\mathrm{d}x-\int_{\pi}^{2\pi}\sin x\,\mathrm{d}x$

2. 已知 $y=x^2$ 与它在 $x=a\ (a>0)$ 处的切线及 y 轴所围成的平面图形的面积为 a，则 $a=$(　　).

A. $\sqrt{3}$　　B. $\frac{\sqrt{3}}{3}$　　C. $\sqrt{2}$　　D. $\frac{\sqrt{2}}{2}$

3. 求由曲线 $y^2=x, y=x, y=\sqrt{3}$ 所围成的平面图形的面积 A，其中(　　)是错误的.

A. $A=\int_0^1 (y-y^2)\mathrm{d}y+\int_1^{\sqrt{3}}(y^2-y)\mathrm{d}y$　　B. $A=\int_1^{\sqrt{3}}(x-\sqrt{x})\mathrm{d}x+\int_{\sqrt{3}}^{3}(\sqrt{3}-\sqrt{x})\mathrm{d}x$

C. $A=\int_1^3(\sqrt{3}-\sqrt{x})\mathrm{d}x-\frac{1}{2}(\sqrt{3}-1)^2$　　D. $A=\int_1^{\sqrt{3}}(y^2-y)\mathrm{d}y$

4. 双纽线 $(x^2+y^2)^2=x^2-y^2$ ($\rho=\sqrt{\cos 2\theta}$) 所围成的面积 $A=$ (　　).

A. $2\int_0^{\frac{\pi}{2}}\cos 2\theta \mathrm{d}\theta$　　B. $2\int_0^{\frac{\pi}{4}}\cos 2\theta \mathrm{d}\theta$

C. $2\int_0^{\frac{\pi}{4}}\sqrt{\cos 2\theta}\mathrm{d}\theta$　　D. $\frac{1}{2}\int_0^{\frac{\pi}{4}}(\cos 2\theta)^2\mathrm{d}\theta$

5. 曲线 $y=\frac{\mathrm{e}^x+\mathrm{e}^{-x}}{2}$ 相应于区间 $[0,a]$ 上的一段弧线的长度为(　　).

A. $\frac{\mathrm{e}^a+\mathrm{e}^{-a}}{2}$　　B. $\frac{\mathrm{e}^a-\mathrm{e}^{-a}}{2}$　　C. $\frac{\mathrm{e}^a+\mathrm{e}^{-a}}{2}+1$　　D. $\frac{\mathrm{e}^a+\mathrm{e}^{-a}}{2}-1$

6. 求由曲线 $y=\sin x$ 与 $y=\cos x$ ($0\leqslant x\leqslant\frac{\pi}{4}$) 所围成的平面图形绕 x 轴旋转所得的旋转体体积为(　　).

A. $\frac{\pi}{2}$　　B. $\frac{\pi}{4}$　　C. $\frac{1}{2}$　　D. $\frac{1}{4}$

7. 横截面为 S，深为 H 的水池装满水，把水全部抽到离池口高为 h 的水塔上，则所作功 $W=$ (　　).

A. $\int_0^H S(h+H-y)g\mathrm{d}y$　　B. $\int_0^h S(h+H-y)g\mathrm{d}y$

C. $\int_0^H S(h-y)g\mathrm{d}y$　　D. $\int_0^{H+h} S(h+H-y)g\mathrm{d}y$

三、解答题：

1. 求由曲线 $y=\sqrt{x}$ 及 $y=x$ 所围成的平面图形的面积.
2. 求由曲线 $y=\mathrm{e}^x$ 及直线 $y=\mathrm{e}$、$x=0$ 所围成的平面图形的面积.
3. 求由曲线 $x=1-y^2$ 及 $y=x+1$ 所围成的平面图形的面积.
4. 求由曲线 $\rho=2a\cos\theta$ 所围成的平面图形的面积.
5. 求由摆线 $\begin{cases}x=a(\theta-\sin\theta)\\y=a(1-\cos\theta)\end{cases}$ 的一拱 $(0\leqslant\theta\leqslant 2\pi)$ 与横轴所围成的图形的面积.
6. 求由曲线 $y=x^2$ 及 $x=y^2$ 所围成的平面图形分别绕 x 轴和 y 轴旋转而成的旋转体的体积.
7. 求由曲线 $y=\arcsin x$ 及直线 $x=1$、$y=0$ 所围成的平面图形绕 x 轴旋转而成的旋转体的体积.
8. 求圆盘 $(x-2)^2+y^2\leqslant 1$ 绕 y 轴旋转而成的旋转体的体积.
9. 计算曲线 $y^2=x^3$ 上相应于 $x=0$ 到 $x=1$ 的一段弧长.
10. 有一弹簧，用 5 N 的力可以把它拉长 0.01 m，求把它从原始状态拉长 0.1 m 所做的功.

第7章 常微分方程

寻求变量之间的函数关系是解决实际问题时常见的重要课题,但是人们往往很难直接得到所研究的变量之间的函数关系,却比较容易建立起这些变量与它们的导数或微分之间的联系,从而得到一个关于未知函数的导数或微分的方程,即**微分方程**.通过求解这种方程,同样可以找到指定未知量之间的函数关系.因此,微分方程是数学联系实际并应用于实际的重要途径和桥梁,是各个学科进行科学研究的强有力的工具.

微分方程是一门独立的数学学科,有完整的理论体系.本章主要介绍微分方程的一些基本概念,几种常用的微分方程的求解方法及线性微分方程解的基本理论.

§7.1 微分方程的基本概念

7.1.1 微分方程的定义

一般地,含有未知函数的导数或微分的方程称为**微分方程**.未知函数为一元函数的微分方程称为**常微分方程**,未知函数为多元函数的微分方程称为**偏微分方程**.本书只讨论常微分方程,并简称为**微分方程**.

例如,① $x\mathrm{d}x+y^2\mathrm{d}y=0$;　　② $\frac{\mathrm{d}T}{\mathrm{d}t}=-k(T-20)$,其中 $k>0$ 为常数;

③ $x\left(\frac{\mathrm{d}y}{\mathrm{d}x}\right)^2-2\frac{\mathrm{d}y}{\mathrm{d}x}+4x=0$;　　④ $y''=\frac{1}{a}\sqrt{1+y'^2}$;

⑤ $x\frac{\mathrm{d}^2y}{\mathrm{d}x^2}-2\left(\frac{\mathrm{d}y}{\mathrm{d}x}\right)^3+5xy=0$;　　⑥ $\cos(y'')+\ln y=x+1$.

微分方程可以描述很多现象,如方程②就是物体冷却的数学模型.

微分方程中出现的未知函数的最高阶导数的阶数称为**微分方程的阶**.例如,方程①②③均为一阶微分方程,方程④⑤⑥均为二阶微分方程.

一阶微分方程的一般形式是:

$$y'=f(x,y)\quad 或\quad F(x,y,y')=0.$$

二阶微分方程的一般形式是:

$$y''=f(x,y,y')\quad 或\quad F(x,y,y',y'')=0.$$

……

n 阶微分方程的一般形式是:

$$y^{(n)}=f(x,y,y',\cdots,y^{(n-1)})\quad 或\quad F(x,y,y',y''\cdots,y^{(n)})=0,$$

其中一定含有 $y^{(n)}$.

在以上各方程中,x 为自变量,$y=y(x)$ 是未知函数,而 $y',y'',\cdots,y^{(n)}$ 依次是未知函数的一阶导数、二阶导数、…、n 阶导数.

7.1.2 微分方程的解

任何代入微分方程后能使其成为恒等式的函数,都称为该**微分方程的解**.确切地说,设函数 $y=\varphi(x)$ 在区间 I 上有 n 阶连续导数,如果在区间 I 上,有

$$F(x,\varphi(x),\varphi'(x),\varphi''(x)\cdots,\varphi^{(n)}(x))=0,$$

则称函数 $y = \varphi(x)$ 为微分方程 $F(x,y,y',y'',\cdots y^{(n)}) = 0$ 在区间 I 上的解.
下面通过一个具体的引例来说明微分方程的解的概念

引例　一曲线通过点(2,5)且在该曲线任意一点 $M(x,y)$ 处的切线的斜率为 $2x$,求该曲线的方程.

解　设所求曲线的方程为 $y = f(x)$, 根据导数的几何意义,可知未知函数 $y = f(x)$ 应满足关系式 $\dfrac{dy}{dx} = 2x.$

两端积分得
$$y = \int 2x\mathrm{d}x,$$
即
$$y = x^2 + C, \tag{7-1-1}$$
其中 C 是任意常数.
此外未知函数 $y = f(x)$ 还应满足条件:当 $x = 2$ 时, $y = 5$,
把此条件代入(7-1-1)式中,可得 $C = 1$.
把 $C = 1$ 代入(7-1-1)式,即得所求曲线方程
$$y = x^2 + 1 \tag{7-1-2}$$

上述例子中可以看到函数(7-1-1)和(7-1-2)都满足微分方程的解的概念,都是微分方程的解. 微分方程的解可能含有也可能不含有任意常数. 一般地,微分方程的不含有任意常数的解称为微分方程的**特解**,例如函数(7-1-2). 含有相互独立的任意常数,且任意常数的个数与微分方程的阶数相同的解称为微分方程的**通解(一般解)**,例如函数(7-1-1). 所谓通解,是指当其中的任意常数取遍所有实数时,就可以得到微分方程的所有解(至多有个别例外).

注意:

这里所说的相互独立的任意常数,是指它们不能通过合并而使得通解中的任意常数的个数减少.

许多实际问题都要求寻找满足某些附加条件的解,此时,这类附加条件就可以用来确定通解中的任意常数,这类附加条件称为**初始条件**,也称为**定解条件**.

通常,一阶微分方程的初始条件是 $y|_{x=x_0} = y_0$, 由此可确定通解中的一个任意常数;二阶微分方程的初始条件是 $y|_{x=x_0} = y_0$ 及 $y'|_{x=x_0} = y'_0$, 由此可确定通解中的两个任意常数.

一个微分方程与其初始条件构成的问题,称为**初值问题**. 求解某初值问题,就是求方程的特解.

一般地,微分方程的每一个解都是一个一元函数,其图形是一条平面曲线,称为微分方程的**积分曲线**. 通解的图形是平面上的一族曲线,称为积分曲线族;特解的图形是积分曲线族中一条确定的曲线. 这就是微分方程通解和特解的几何意义.

视频

例1

例 1　验证函数 $y = (x^2 + C)\sin x$ (C 为任意常数)是方程
$$\frac{dy}{dx} - y\cot x - 2x\sin x = 0.$$
的通解, 并求满足初始条件 $y|_{x=\frac{\pi}{2}} = 0$ 的特解.

分析　要验证一个函数是否是方程的通解,只要将函数代入方程,验证是否恒等,再看函数式中所含的独立的任意常数的个数是否与方程的阶数相同.

解　对 $y = (x^2 + C)\sin x$ 求一阶导数,得
$$\frac{dy}{dx} = 2x\sin x + (x^2 + C)\cos x.$$

把 y 和 $\dfrac{dy}{dx}$ 代入方程左边,得

$$\frac{dy}{dx}-y\cot x-2x\sin x=2x\sin x+(x^2+C)\cos x-(x^2+C)\sin x\cot x-2x\sin x\equiv 0,$$

即方程两边恒等. 又 y 中含有一个任意常数,故 $y=(x^2+C)\sin x$ 是题设方程的通解.

将初始条件 $y|_{x=\frac{\pi}{2}}=0$ 代入通解 $y=(x^2+C)\sin x$ 中,得

$$0=\frac{\pi^2}{4}+C,\text{ 即 }C=-\frac{\pi^2}{4}.$$

从而所求的特解为 $$y=\left(x^2-\frac{\pi^2}{4}\right)\sin x.$$

习题 7-1

A 组

1. 填空题:

(1)一个微分方程,当其中的函数为一元时,称为________;当其中的函数为多元时,称为________.

(2) $y''-y'-y=0$ 是________阶微分方程,其通解含有独立任意常数的个数是________.

2. 选择题:

(1)下列所给方程中,不是微分方程的是( ).

A. $xy'=2y$ B. $x^2+y^2=c^2$

C. $y''+y=0$ D. $(7x-6y)dx+(x+y)dy=0$

(2)微分方程 $x(y')^3+2(y')^2+2xy^4=0$ 的阶是( ).

A. 1 B. 2 C. 3 D. 4

(3)下列方程中为一阶微分方程的是( ).

A. $\frac{d^2y}{dx^2}+xy=0$ B. $dy+3ydx=x^2dx$

C. $\cos y+6x=8$ D. $y^3+5y''-7y=0$

(4)下列所给的函数,是微分方程 $y''+y=0$ 的通解的是( ).

A. $y=C_1\cos x$ B. $y=C_2\sin x$

C. $y=\cos x+C\sin x$ D. $y=C_1\cos x+C_2\sin x$

3. 下列方程中,哪些是微分方程? 哪些不是微分方程?

(1) $xdx+y^2dy=0$; (2) $y''=\frac{1}{a}\sqrt{1+y'^2}$;

(3) $y^3+2xy^2+5=\sin x$; (4) $\cos(y'')+\ln y=x+1$.

4. 试说出下列微分方程的阶数.

(1) $x\left(\frac{dy}{dx}\right)^2-2\frac{dy}{dx}+4x=0$; (2) $(y')^2+5xy=4\cos x$;

(3) $\frac{d^2y}{dx^2}+2y=4$; (4) $y'''y'+2y''-xy=0$.

5. 指出下列各题中的函数是否为所给微分方程的解.

(1) $xy'=2y, y=5x^2$;

(2) $y''+y=0, y=3\sin x-4\cos x$.

B 组

1. 某气体的气压 p，对于温度 T 的变化率与气压成正比，与温度的平方成反比，用微分方程表示以上关系.

2.（交通事故问题）公路交通事故的现场常会有事故车辆留下的车轮拖痕（称为刹车距离），这是车辆紧急刹车后车轮由于惯性而滑动的距离. 假设车轮与地面的摩擦系数为 $\mu = 1.04$，现有一事故车辆，其车轮拖痕为 15 m，求该事故车辆在紧急刹车前的车速.

文化视角

微分方程的早期研究（一）
——17 世纪的微分方程

在牛顿（1642—1727）、莱布尼茨（1646—1716）创立微积分的过程中，他们就已经接触到微分方程了. 一方面，这是微分方程研究的必然结果；另一方面，对一些具体问题的处理也促进了他们对微分方程的研究.

1667 年前后，牛顿对"三体问题"感兴趣，他曾经提出了一些方法去解决三体问题，未获成功. 虽然如此，但对"二体问题"，牛顿却利用微分方程出色地解决了. 在 1671 年的《流数术与无穷级数》中，牛顿提出并解决了如下问题："由含流数的方程求解流量之间的关系"，这实际上就是通过含有导数的方程（微分方程）求原函数的问题. 在该书及 1676 年撰写的《专论》中，牛顿都谈到了微分方程 $\dfrac{d^n y}{dx^n} = f(x)$ 的解在 x 的一个 $(n-1)$ 次多项式范围内的任意性.

莱布尼茨在 1675 年 11 月 11 日的一份手稿中，为寻找"次法线与纵坐标成反比的曲线"时，得到一个关系式 $\dfrac{dy}{dx} = \dfrac{p}{y}$（其中 $p = \dfrac{b}{y}$）解出 $x = \dfrac{y^3}{3b}$. 1676 年莱布尼茨在致牛顿的信中，首先提出了"微分方程"这个问题. 此外在 1693 年的《教师学报》中莱布尼茨称微分方程为特征三角形的边的函数. 而惠更斯（1629—1695）在同年的《教师学报》中也明确说到了微分方程.

有两个方面的原因促使微分方程迅速发展. 其一是 1686 年，莱布尼茨向当时数学界公开承认他长期冲击黎卡提（1676—1754）方程 $\dfrac{dy}{dx} = x^2 + y^2$，而不得其解. 如此伟大的数学家，如此简单的表达式，激发了许多数学家研究微分方程的热情，经 150 年几代数学家的努力，1841 年，法国数学家刘维尔（1809—1882）才严格证明了上述方程确实不可能用初等函数的积分表达解；其二是当时所涌现出来的实际问题，如弹性问题，摆的问题，天体运动的二体、三体问题等，需要用到微分方程来求解.

贝努利（1654—1705）是用微积分求解微分方程的先驱. 1690 年 5 月，他在考虑："求一条曲线，使得一个摆沿着它做一次完全的振动都取相等的时间，不管摆所经历的弧长的大小"这样一个等时间问题，引出了微分方程 $\sqrt{by^2 - a}\,dy = \sqrt{a^3}\,dx$，并通过对等式两边求积分的办法得出解. 贝努利还提出一个问题："一根柔软而不能伸长的弦自由悬挂于两固定点，求该弦所形成的曲线". 该问题达 · 芬奇在 15 世纪就考虑过，伽利略猜想是抛物线. 1691 年 6 月，贝努利的弟弟约翰 · 贝努利（1667—1748）在《教师学报》中应用微积分方法给出一个解答，他建立了微分方程 $\dfrac{dy}{dx} = \dfrac{S}{C}$，其中 S 是弧长，C 是依赖于单位弦长的重量. 并解出 $y = C\cosh\dfrac{x}{C}$，称为悬链线. 惠更斯和莱布尼茨也在同期《教师学报》中得到这个结论.

1691 年，莱布尼茨发现了用分离变量法解形如 $\dfrac{dy}{dx} = f(x)\cdot g(y)$ 的方程，还发现作变量代换 $y = vx$，就使齐次方程 $\dfrac{dy}{dx} = f\left(\dfrac{y}{x}\right)$ 变量分离. 1694 年，约翰 · 贝努利对变量分离与齐次方程的求解作了完整的讨论. 同年，莱布尼茨证明了如何将一阶线性方程 $y' + p(x)y = q(x)$ 化为积分. 1695 年，贝努利提出了著名的贝努利方程 $y' + p(x)y = q(x)y^n$，并在 1696 年《教师学报》上用分离变量法把它解出. 同年莱布尼茨证明利用变量

代换 $z=y^{1-n}$，可以将它作为一阶线性方程求解.

从总体上看,17 世纪的微分方程仍然是微积分的一部分,并未单独形成一个分支学科.

§7.2 可分离变量的微分方程和齐次方程

形如 $y'=f(x)$ 的一阶微分方程,可以通过不定积分的定义来解决,但形如 $y'=f(x,y)$ 的一阶微分方程(如 $y'=\mathrm{e}^{x+y}$),使用直接积分的方法便无法求解,下面我们讨论两种特殊形式的一阶微分方程的解法.

7.2.1 可分离变量的微分方程

1. 可分离变量微分方程的概念

设有一阶微分方程

$$\frac{\mathrm{d}y}{\mathrm{d}x}=F(x,y),$$

如果其右端函数能分解成 $F(x,y)=f(x)g(y)$，即有

$$\frac{\mathrm{d}y}{\mathrm{d}x}=f(x)g(y),$$

那么这个方程就称为**可分离变量的微分方程**,其中 $f(x)$,$g(y)$ 都是连续函数.

2. 可分离变量微分方程的解法

可分离变量微分方程的特点是经过适当的运算,可以将两个不同变量的函数与微分分离到方程的两边,然后通过两边分别积分来求解,这种方法称为**分离变量法**. 其具体解法如下:

(1)将微分方程 $\frac{\mathrm{d}y}{\mathrm{d}x}=f(x)g(y)$ 分离变量,将方程整理为

$$\frac{1}{g(y)}\mathrm{d}y=f(x)\mathrm{d}x$$

的形式,使方程各边都只含有一个变量. 此时 $g(y)\neq 0$，若 $g(y_0)=0$，易知 $y=y_0$ 也是方程的解.

(2)上式等式两边积分,得

$$\int\frac{1}{g(y)}\mathrm{d}y=\int f(x)\mathrm{d}x+C.$$

(3)求出上述积分,得到方程的通解为

$$G(y)=F(x)+C.$$

其中 $G(y)$,$F(x)$ 分别是 $g(y)$ 和 $f(x)$ 的一个原函数，C 为任意常数.

注意:

在本章中,我们约定通解公式中的不定积分式只表示被积函数的一个原函数,而把积分常数明确地写上.

视频

例1

例 1 求方程 $y'=-\frac{y}{x}$ 的通解.

解 分离变量,得

$$\frac{\mathrm{d}y}{y}=-\frac{1}{x}\mathrm{d}x,$$

上式两边积分,得

$$\ln|y| = \ln\left|\frac{1}{x}\right| + C_1 \quad 即\ y = \pm e^{C_1}\cdot\frac{1}{x}.$$

令 $C_2 = \pm e^{C_1}$，则 $y = \frac{C_2}{x}$，其中 $C_2 \neq 0$.

另外，$y = 0$ 也是方程的解，所以 $y = \frac{C_2}{x}$ 中的 C_2 可以为零，因此 C_2 为任意常数. 这样，方程的通解是

$$y = \frac{C}{x}.$$

注意：

凡遇积分后是对数的情形，理应都须作类似于上述的讨论，但这样的过程没有必要重复，为方便起见，今后凡遇此情形都作如下的简化处理(以例 1 为例)：

解：分离变量得

$$\frac{dy}{y} = -\frac{dx}{x},$$

两边积分，得

$$\ln y = -\ln x + \ln C,$$

即

$$y = \frac{C}{x} \quad (其中\ C\ 为任意常数),$$

这就是所求方程的通解.

例 2 设跳伞员开始跳伞后所受的空气阻力与他下落的速度成正比(比例系数为常数 $k > 0$)，起跳时($t = 0$)的速度为0. 求下落的速度与时间之间的函数关系.

解 设跳伞员下落速度为 $v(t)$，则加速度为 $a = v'(t)$. 如图 7-2-1 所示，跳伞员在空中下落时，同时受到重力与阻力的作用，重力大小为 mg，方向与 v 一致；阻力大小为 kv(k 为比例系数)，方向与 v 相反，从而跳伞员所受外力为

$$F = mg - kv,$$

根据牛顿第二运动定律 $F = ma$，得函数 $v(t)$ 应满足的方程为

$$m\frac{dv}{dt} = mg - kv \tag{7-2-1}$$

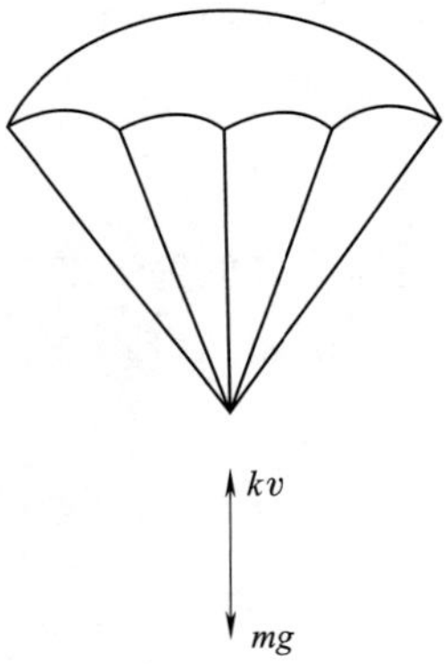

图 7-2-1

按题意，初始条件为 $v|_{t=0} = 0$.

式(7-2-1)是一个可分离变量的微分方程. 分离变量，得

$$\frac{dv}{mg - kv} = \frac{dt}{m},$$

两边积分，得

$$-\frac{1}{k}\ln(mg - kv) = \frac{t}{m} + C_1 \quad (由题意\ mg - kv > 0),$$

即

$$mg - kv = e^{-\frac{k}{m}t - kC_1},\ 亦即\ v = \frac{mg}{k} + Ce^{-\frac{k}{m}t} \quad \left(C = -\frac{e^{-kC_1}}{k}\right),$$

这就是式(7-2-1)的通解.

将初始条件 $v|_{t=0} = 0$ 代入通解，得 $C = -\frac{mg}{k}$，于是所求的特解为

$$v = \frac{mg}{k}\left(1 - e^{-\frac{k}{m}t}\right)$$

由上式可以看出，随着时间 t 的增大，速度 v 逐渐接近于常数 $\frac{mg}{k}$，且不会超过 $\frac{mg}{k}$. 也就是说，跳伞之初

是加速运动,但逐渐趋近于等速运动. 正因为如此,跳伞员才得以安全降落.

例 3 将 100 ℃的某物体置于温度为 20 ℃的环境中散热,10 min 后测得该物体的温度为 80 ℃,求该物体温度的变化规律.

解 设自开始散热经过时间 t 后,物体的温度为 $x(t)$ ℃,于是有 $x(0)=100$,$x(10)=80$. 又因为物体散热速度和它与周围环境温度之差成正比. 从而有

$$\frac{\mathrm{d}x}{\mathrm{d}t}=-k(x-20)\quad(k>0\text{ 为比例系数}),$$

分离变量得

$$\frac{\mathrm{d}x}{x-20}=-k\mathrm{d}t,$$

两边同时积分

$$\int\frac{\mathrm{d}x}{x-20}=-\int k\mathrm{d}t+C_1,$$

积分得

$$\ln|x-20|=-kt+C_1,$$

即

$$x=20+C\mathrm{e}^{-kt}.$$

由 $x(0)=100$,得 $C=80$,即 $x=20+80\mathrm{e}^{-kt}$,再由 $x(10)=80$ 得 $80=20+80\mathrm{e}^{-10k}$,$\mathrm{e}^{-10k}=\frac{3}{4}$,$k=\frac{\ln 4-\ln 3}{10}$, 因此 $x=20+80\mathrm{e}^{\frac{\ln 3-\ln 4}{10}t}$ 为所求.

7.2.2 齐次方程

1. 齐次方程的概念

如果一阶微分方程

$$\frac{\mathrm{d}y}{\mathrm{d}x}=f(x,y)$$

中的函数 $f(x,y)$ 可化为 $\varphi\left(\frac{y}{x}\right)$ 的形式,即有

$$\frac{\mathrm{d}y}{\mathrm{d}x}=\varphi\left(\frac{y}{x}\right),\tag{7-2-2}$$

则称该方程为**齐次方程**.

例如,方程 $y^2\mathrm{d}x+(x^2-xy)\mathrm{d}y=0$ 为齐次方程,因为通过化简方程可得

$$\frac{\mathrm{d}y}{\mathrm{d}x}=\frac{y^2}{xy-x^2}=\frac{\left(\frac{y}{x}\right)^2}{\frac{y}{x}-1}.$$

2. 齐次方程的解法

齐次方程的一般解法如下:

(1)把原方程化为 $\frac{\mathrm{d}y}{\mathrm{d}x}=\varphi\left(\frac{y}{x}\right)$ 的形式.

(2)令 $\frac{y}{x}=u$,则 $y=xu$,$\mathrm{d}y=u\mathrm{d}x+x\mathrm{d}u$,$\frac{\mathrm{d}y}{\mathrm{d}x}=u+x\frac{\mathrm{d}u}{\mathrm{d}x}$,代入式(7-2-2)便得

$$u+x\frac{\mathrm{d}u}{\mathrm{d}x}=\varphi(u),$$

即

$$x\frac{\mathrm{d}u}{\mathrm{d}x}=\varphi(u)-u,$$

此为可分离变量的微分方程.

(3)分离变量,得

$$\frac{\mathrm{d}u}{\varphi(u)-u}=\frac{1}{x}\mathrm{d}x.$$

(4)两端积分,得

$$\int\frac{\mathrm{d}u}{\varphi(u)-u}=\int\frac{1}{x}\mathrm{d}x+C_1.$$

其中 C_1 为任意常数.

(5)求出积分后,再以 $\frac{y}{x}$ 代替 u,便得齐次方程的通解.

例 4　解方程

$$y^2\mathrm{d}x+(x^2-xy)\mathrm{d}y=0.$$

解　原方程可化为

$$\frac{\mathrm{d}y}{\mathrm{d}x}=\frac{y^2}{xy-x^2}=\frac{\left(\frac{y}{x}\right)^2}{\frac{y}{x}-1},$$

因此是齐次方程.

令 $\frac{y}{x}=u$,则

$$y=ux,\quad \frac{\mathrm{d}y}{\mathrm{d}x}=u+x\frac{\mathrm{d}u}{\mathrm{d}x},$$

于是原方程又化为

$$u+x\frac{\mathrm{d}u}{\mathrm{d}x}=\frac{u^2}{u-1},$$

即

$$x\frac{\mathrm{d}u}{\mathrm{d}x}=\frac{u}{u-1},$$

分离变量,得

$$\left(1-\frac{1}{u}\right)\mathrm{d}u=\frac{\mathrm{d}x}{x},$$

两边积分,得

$$u-\ln|u|+C_1=\ln|x|,$$

或写成

$$xu=C\mathrm{e}^u\quad(\text{其中 } C=\pm\mathrm{e}^{C_1}).$$

以 $\frac{y}{x}$ 代上式中的 u,便得原方程的通解为

$$y=C\mathrm{e}^{\frac{y}{x}}$$

其中 C 为任意常数(因为 $y=0$ 显然是方程的解).

例 5　探照灯的聚光镜的镜面是一张旋转曲面,它的形状由 xOy 坐标面上的一条曲线 L 绕 x 轴旋转而成. 按聚光镜性能的要求,在其旋转轴(x 轴)上一点 O 处发出的一切光线,经它反射后都与旋转轴平行. 求曲线 L 的方程.

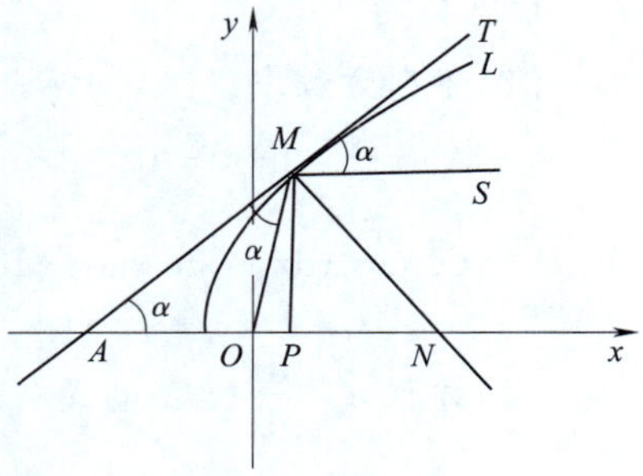

图　7-2-2

解　将光源所在之 O 点取作坐标原点(见图 7-2-2),且曲线 L 位于 $y\geqslant 0$ 范围内. 设点 $M(x,y)$ 为 L 上的任一点,点 O 发出的某条光线经点 M 反射后是一条与 x 轴平行的直线 MS. 又设过点 M 的切线 AT 与 x 轴的夹角为 α. 根据题意,$\angle SMT=\alpha$. 另一方面,$\angle OMA$ 是入射角的余角,$\angle SMT$

是反射角的余角,于是由光学中的反射定律有 $\angle OMA = \angle SMT = \alpha$. 从而 $AO = OM$, 但

$$AO = AP - OP = PM\cot\alpha - OP = \frac{y}{y'} - x,$$

而

$$OM = \sqrt{x^2 + y^2}.$$

于是得微分方程

$$\frac{y}{y'} - x = \sqrt{x^2 + y^2}.$$

把 x 看作因变量, y 看作自变量,当 $y > 0$ 时,上式即为

$$\frac{dx}{dy} = \frac{x}{y} + \sqrt{\left(\frac{x}{y}\right)^2 + 1}.$$

这是齐次方程,令 $\frac{x}{y} = v$, 则 $x = yv, \frac{dx}{dy} = v + y\frac{dv}{dy}$, 代入上式,得

$$v + y\frac{dv}{dy} = v + \sqrt{v^2 + 1},$$

即

$$y\frac{dv}{dy} = \sqrt{v^2 + 1},$$

分离变量,得

$$\frac{dv}{\sqrt{v^2 + 1}} = \frac{dy}{y},$$

积分,得

$$\ln(v + \sqrt{v^2 + 1}) = \ln y - \ln C,$$

或

$$v + \sqrt{v^2 + 1} = \frac{y}{C}.$$

由

$$\left(\frac{y}{C} - v\right)^2 = v^2 + 1,$$

得

$$\frac{y^2}{C^2} - \frac{2yv}{C} = 1.$$

以 $yv = x$ 代入上式,得

$$y^2 = 2C\left(x + \frac{C}{2}\right).$$

这是以 x 轴为轴、焦点在原点的抛物线.

习题 7-2

A 组

1. 选择题

(1) 下列方程中,(　　)不是可分离变量的微分方程.

A. $xy' - \ln y = 0$　　B. $(e^{x+y} - e^x)dx + (e^{x+y} + e^y)dy = 0$

C. $\cos x dx + \sin x \cos y dy = 0$　　D. $xy' - x\sin\frac{y}{x} - y = 0$

(2) 方程 $e^{x-y}\frac{dy}{dx} = 1$ 的通解是(　　).

A. $e^x + e^y = C$　　B. $e^x - e^y = C$

C. $e^{-x} + e^{-y} = C$　　D. $e^{-x} - e^{-y} = C$

2. 求下列微分方程的通解：

(1) $\frac{dy}{dx}=2xy$；　　(2) $xy'-y\ln y=0$；

(3) $3x^2+5x-5y'=0$；　　(4) $\cos x\sin y dx+\sin x\cos y dy=0$.

3. 求下列微分方程的通解：

(1) $y'=\frac{y}{x}+\tan\frac{y}{x}$；　　(2) $xy'-y-\sqrt{y^2-x^2}=0$；

(3) $(x^2+y^2)dx-xydy=0$；　　(4) $(x^3+y^3)dx-3xy^2dy=0$.

4. 求下列微分方程满足所给初始条件的特解：

(1) $y'=e^{2x-y},y|_{x=0}=0$；

(2) $y'\sin x=y\ln y,y|_{x=\frac{\pi}{2}}=e$；

(3) $(y^2-3x^2)dy+2xydx=0,y|_{x=0}=1$；

(4) $y'=\frac{x}{y}+\frac{y}{x},y\Big|_{x=1}=2$.

B 组

1. 有一盛满了水的圆锥形漏斗，高为 10 cm，顶角为 60°，漏斗下面有面积为 0.5 cm^2 的孔，求水面高度变化的规律及水流完所需的时间.（已知水从孔口流出的流量 $Q=0.62S\sqrt{2gh}$，其中 0.62 为流量系数，S 为孔口截面积，g 为重力加速度，h 为水面到孔口的高度.）

2. 质量为 1 g 的质点受外力作用做直线运动，外力和时间成正比，和质点运动的速度成反比. 在 $t=10$ s 时，速度等于 50 cm/s，外力为 4 g · cm/s^2，问从运动开始经过了 1 min 后的速度是多少？

文化视角

微分方程的早期研究（二）——18 世纪的微分方程

在 18 世纪，欧拉（1707—1783）给出了有关微分方程的一系列理论，促进了微分方程的极大发展.

在 1734—1735 的论文中，欧拉提出了全微分方程，即方程 $M(x,y)dx+N(x,y)dy=0$ 中的 $M(x,y)dx+N(x,y)dy$ 是某个函数的恰当微分. 并给出所给方程是全微分方程的条件：$\frac{\partial M}{\partial Y}=\frac{\partial N}{\partial X}$.

欧拉还提出当一个一阶方程不是全微分方程时，往往可以将方程乘上一个叫积分因子的量，使它变成全微分方程. 他证明了凡是分离变量的方程，均可以用积分因子方法求解，还证明了如果知道了任何一个常微分方程的两个积分因子，那么令它们的比等于常数，就是微分方程的一个积分. 克莱洛（Clairaut，1713—1765）在他 1739 的文章中独立地引进了积分因子的概念，而且在 1740 年的论文中加上了理论. 求解一阶方程的所有初等方法到 1740 年都已经清楚了.

二阶常微分方程早在 1691 年就在物理问题中出现了. 贝努利研究了船帆在风力下的形状问题，即膜盖问题，而且引出一个二阶方程 $\frac{d^2x}{ds^2}=\left(\frac{dy}{ds}\right)^3$，这里 s 为弧长. 1716 年，约翰 · 贝努利给莱布尼兹的信中讨论了二阶方程 $\frac{d^2y}{dx^2}=\frac{2y}{x^2}$ 的解法.

黎卡提 1712 年研究曲线的曲率半径时得到不依赖自变量的二阶方程 $F(y,y',y'')=0$，他把 y 作为新的自变量，并令 $p=y'$，$y''=p\frac{dp}{dy}$，从而把该方程化为 $F\left(y,p,p\frac{dp}{dy}\right)=0$，这就是所谓降阶法. 1724 年，黎卡提考虑了曲率半径只依赖于纵坐标的曲线而得到 $x^m\frac{d^2x}{dp^2}=\frac{d^2y}{dp^2}+\left(\frac{dy}{dp}\right)^2$，这里 x、y 只依赖于 p，作变量替换后，黎卡提得到一阶方程 $x^m\frac{dq}{dx}=\frac{du}{dx}+\frac{u^2}{q}$. 然后他假定 q 是 x 的幂函数，例如 $q=x^n$，就得到以他的名字命名的方

程 $\frac{du}{dx}+\frac{u^2}{x}=nx^{m+n-1}$. 黎卡提的工作在常微分方程发展史中有重要意义,不仅由于他处理了二阶微分方程,更重要的是由于他有了把二阶方程降为一阶方程的想法,使降阶法成为处理高阶微分方程的主要方法之一.

欧拉在 1760 年考虑了黎卡提方程 $\frac{dz}{dx}+z^2=ax^n$,而且证明了:若已知一特殊积分 V,则作变换 $z=V+\frac{1}{u}$,可把方程作为线性的. 而且若已知两个特殊积分,则求解原方程的问题就可以作为求积分的问题.

由于黎卡提方程有助于研究二阶线性微分方程,引起贝努利家族的注意,丹尼尔・贝努利(1700—1782)在 1725 年证明了黎卡提方程 $\frac{dy}{dx}+ay^2=bx^m$ (其中 a , b , m 为常数, $a\neq 0$)当 $m\neq 0,-2,-\frac{4k}{2k\pm 1}$ (k 为正整数)时能化为变量可分离的方程. 一百多年后,法国数学家刘维尔在 1841 年进而证明该条件不仅是充分的,而且还是必要的,彻底解决了莱布尼茨在 1686 年提出的问题.

1728 年,欧拉在考虑二阶方程 $y^n\left(\frac{dy}{dx}\right)^{p-2}\frac{d^2y}{dx^2}=ax^m$ 时,引入指数函数变换: $x=e^{av}$, $y=e^v t$,a 待定,通过这个变换,将二阶方程化为一阶方程.

1730 年 9 月 15 日,欧拉在给约翰・贝努利的信中首次提到常系数齐次方程. 1743 年,欧拉考虑了常系数方程 $Ay+By'+Cy''+Dy'''+\cdots+Ly^{(n)}=0$. 第一次引入特解、通解的概念,指出通解必定包含 n 个任意常数,而且是由 n 个特解分别乘以任意常数后相加而成的. 然后他作替换 $y=e^{rx}$, r 为常数,从而得到 r 的代数方程 $A+Br+Cr^2+Dr^3+\cdots+Lr^n=0$. 当 q 是这个方程(称为特征方程)的一个实单根时, $y=ae^{qx}$ 是原微分方程的一个解. 当 q 是这个方程的 k 重根时,他求得 $y=e^{qx}(\alpha+\beta x+\gamma x^2+\cdots+\xi x^{k-1})$ 是包含 k 个任意常数的解. 这样,欧拉完整地解决了常系数线性齐次方程的求解.

1750 年至 1751 年,欧拉讨论了非齐次的 n 阶线性常微分方程,他的方法是对方程乘 $y=e^{ax}dy$,再两边积分,然后确定 a ,从而把方程的阶降低.

此外,欧拉还是微分方程近似解法的创始人. 他提出的"欧拉折线法"不仅解决了常微分方程解的存在性的证明,而且也是常微分方程数值计算的最主要的方法之一. 1750 年欧拉又给出了我们现在通常所用的微分方程的级数解法. 1768 年至 1769 年间,欧拉还将积分因子法推广到高阶方程. 以及利用变换 $X=e^t$ 将变系数方程(现称欧拉方程)

$$a_0x^ny^{(n)}+a_1x^{n-1}y^{(n-1)}+\cdots+a_ny=0$$

化为常系数线性方程.

在欧拉的工作基础上,1763 年达朗贝尔(1717—1783)给出了求非齐次线性方程通解的办法,即非齐次方程通解等于齐次方程通解加上一个非齐次方程特解. 还解决了求黎卡提方程的一般解问题. 拉格朗日(1716—1813)引入了线性齐次方程的共轭方程的概念,并且他在 1776 年至 1777 年间还证明了:若 Y_1 、Y_2 、$\cdots$ Y_n 是 n 阶线性齐次方程的 n 个线性无关解,则 $Y=C_1Y_1+C_2Y_2+\cdots+C_nY_n$ 是其通解. 1775 年,他发表了求非齐次线性方程特解的常数变易法的一般形式.

数学家探讨微分方程积分法大约到 1775 年暂告一段落,此后一直没有出现新的重要的解法,直到 19 世纪末才引入拉普拉斯(1749—1827)的变换法和算子法.

§7.3 一阶线性微分方程

7.3.1 一阶线性微分方程的概念

形如

$$\frac{dy}{dx}+P(x)y=Q(x) \tag{7-3-1}$$

的方程,称为**一阶线性微分方程**,其中 $P(x)$,$Q(x)$ 都是 x 的连续函数.

若 $Q(x)\neq 0$, 则式(7-3-1)称为**一阶线性非齐次微分方程**;若 $Q(x)\equiv 0$, 则方程

$$\frac{dy}{dx}+P(x)y=0 \tag{7-3-2}$$

称为**一阶线性齐次微分方程**.

7.3.2　一阶线性齐次微分方程的解法

一阶线性齐次方程 $\frac{dy}{dx}+P(x)y=0$ 是可分离变量的微分方程.

分离变量,得

$$\frac{dy}{y}=-P(x)dx,$$

两边积分,得

$$\ln|y|=-\int P(x)dx+C_1,$$

即

$$y=Ce^{-\int P(x)dx}\quad (C=\pm e^{C_1}) \tag{7-3-3}$$

这就是式(7-3-2)的通解公式.

注意:

式(7-3-3)中的常数 C 可以为 0,因为 $y=0$ 显然是式(7-3-2)的解.

例 1　求方程 $(y-2xy)dx+x^2dy=0$ 满足初始条件 $y|_{x=1}=e$ 的特解.

解　将所给方程化为如下形式:

$$\frac{dy}{dx}+\frac{1-2x}{x^2}y=0,$$

这是一个一阶线性齐次方程, 且 $P(x)=\frac{1-2x}{x^2}$, 计算

$$-\int P(x)dx=\int\left(\frac{2}{x}-\frac{1}{x^2}\right)dx=\ln x^2+\frac{1}{x},$$

由通解公式得该方程的通解

$$y=Cx^2e^{\frac{1}{x}}$$

将初始条件 $y|_{x=1}=e$ 代入通解,得 $C=1$,

故所求特解为

$$y=x^2e^{\frac{1}{x}}.$$

7.3.3　一阶线性非齐次微分方程的解法

一阶线性非齐次方程式(7-3-1)与其对应的线性齐次方程式(7-3-2)区别仅在于自由项 $Q(x)$ 不恒等于 0. 因此,可以设想它们的通解之间会有一定的联系. 我们仿照求线性齐次方程的通解的方法来寻找两个方程通解之间的联系.

将方程 $\frac{dy}{dx}+P(x)y=Q(x)$ 变形为

$$\frac{dy}{y}=\left[\frac{Q(x)}{y}-P(x)\right]dx,$$

两边积分,得

$$\ln|y| = \int \frac{Q(x)}{y}\mathrm{d}x - \int P(x)\mathrm{d}x.$$

若记 $\int \frac{Q(x)}{y}\mathrm{d}x = v(x)$(注意到 y 是 x 的函数),则

$$\ln|y| = v(x) - \int P(x)\mathrm{d}x,$$

即

$$y = \pm e^{v(x)} e^{-\int P(x)\mathrm{d}x} = u(x) e^{-\int P(x)\mathrm{d}x}.$$

将此解与线性齐次方程的通解式(7-3-3)比较,易见其表达形式一致,只需将式(7-3-3)中的常数 C 换为函数 $u(x)$. 由此,我们引入求解一阶线性非齐次方程的**常数变易法**:在求出对应的线性齐次方程的通解式(7-3-3)后,将通解中的常数 C 变易为待定函数 $u(x)$, 即设一阶线性非齐次方程的通解为

$$y = u(x) e^{-\int P(x)\mathrm{d}x},$$

上式求导,得

$$y' = u'(x) e^{-\int P(x)\mathrm{d}x} + u(x)[-P(x)] e^{-\int P(x)\mathrm{d}x},$$

将 y 及 y' 代入式(7-3-1),得

$$u'(x) e^{-\int P(x)\mathrm{d}x} = Q(x),\ 即\ u'(x) = Q(x) e^{\int P(x)\mathrm{d}x},$$

上式两边积分,得

$$u(x) = \int Q(x) e^{\int P(x)\mathrm{d}x}\mathrm{d}x + C,$$

从而一阶线性非齐次方程的通解公式为

$$y = e^{-\int P(x)\mathrm{d}x}\left(\int Q(x) e^{\int P(x)\mathrm{d}x}\mathrm{d}x + C\right) \tag{7-3-4}$$

注意:

式(7-3-4)可以写成

$$y = Ce^{-\int P(x)\mathrm{d}x} + e^{-\int P(x)\mathrm{d}x}\int Q(x) e^{\int P(x)\mathrm{d}x}\mathrm{d}x.$$

从上式可以看出,一阶线性非齐次方程的通解等于其对应的线性齐次方程的通解与其本身的一个特解之和. 这个结论对高阶线性非齐次方程亦成立.

视频

例2

例 2 求方程

$$\frac{\mathrm{d}y}{\mathrm{d}x} - \frac{2y}{x+1} = (x+1)^{\frac{5}{2}}$$

的通解.

解 所给方程是一个一阶线性非齐次方程,其中

$$P(x) = -\frac{2}{x+1},\quad Q(x) = (x+1)^{\frac{5}{2}},$$

代入一阶线性非齐次方程的通解式(7-3-4),有

$$\begin{aligned} y &= e^{-\int \frac{-2}{x+1}\mathrm{d}x}\left(\int (x+1)^{\frac{5}{2}} e^{\int \frac{-2}{x+1}\mathrm{d}x}\mathrm{d}x + C\right) \\ &= e^{\ln(x+1)^2}\left(\int (x+1)^{\frac{5}{2}} e^{\ln\frac{1}{(x+1)^2}}\mathrm{d}x + C\right) \\ &= (x+1)^2\left(\int (x+1)^{\frac{1}{2}}\mathrm{d}x + C\right) \\ &= (x+1)^2\left(\frac{2}{3}(x+1)^{\frac{3}{2}} + C\right), \end{aligned}$$

即所求通解为
$$y=(x+1)^2\left(\frac{2}{3}(x+1)^{\frac{3}{2}}+C\right).$$

例 3　(汽车最低维修成本)某汽车公司在长期运营中发现,每辆汽车的总维修成本 y 随汽车大修时间间隔 x 的变化而变化,且其变化率等于总维修成本的 2 倍与大修时间间隔 x 之比,减去常数 8 100 与大修时间间隔 x 的平方之比. 已知当大修时间间隔为 1 年时,总维修成本为 2 750. 试求每辆汽车的总维修成本 y 与大修时间间隔 x 的函数关系,并求出每辆汽车多少年大修一次,可使总维修成本最低.

解　根据题设,可列出方程 $\frac{dy}{dx}=\frac{2y}{x}-\frac{8\,100}{x^2}$, 将该方程化为一阶线性非齐次微分方程
$$y'-\frac{2}{x}y=-\frac{8\,100}{x^2},$$
其中 $P(x)=-\frac{2}{x},Q(x)=-\frac{8\,100}{x^2}$, 将其代入式(7-3-4),得
$$\begin{aligned}y&=e^{-\int\left(-\frac{2}{x}\right)dx}\left(\int\left(-\frac{8\,100}{x^2}e^{\int\left(-\frac{2}{x}\right)dx}\right)dx+C\right)\\&=x^2\left(\frac{2\,700}{x^3}+C\right)=\frac{2\,700}{x}+Cx^2.\end{aligned}$$

因为当 $x=1$ 时, $y=2\,750$, 代入上式,解得 $C=50$, 所以所求函数为
$$y=\frac{2\,700}{x}+50x^2.$$
因为
$$y'=-\frac{2\,700}{x^2}+100x,\quad y''=\frac{5\,400}{x^3}+100.$$

令 $y'=0$, 求出其唯一驻点为 $x=3$, 且 $y''|_{x=3}=300>0$, 即 $x=3$ 为最小值点,所以,每辆汽车 3 年大修一次可使总维修成本最低.

在上节中,对于齐次方程 $y'=f\left(\frac{y}{x}\right)$, 通过变量代换 $y=xu$, 把它化为变量可分离的方程,然后分离变量,经积分求得通解. 在本节中,对于一阶非齐次线性方程
$$y'+P(x)y=Q(x).$$
我们通过解对应的齐次线性方程找到变量代换
$$y=u(x)e^{-\int P(x)dx}.$$
利用这一代换,把非齐次线性方程化为变量可分离的方程,然后经积分求得通解.

利用变量代换(因变量的变量代换或自变量的变量代换)把一个微分方程化为变量可分离的方程,或化为已经知其求解步骤的方程,这是解微分方程最常用的方法. 下面再举一个例子.

例 4　解方程 $\frac{dy}{dx}=\frac{1}{x+y}$.

解　若把所给方程变形为
$$\frac{dx}{dy}=x+y,$$
即为一阶线性方程,则按一阶线性方程的解法可求得通解.

也可用变最代换来解所给方程. 令 $x+y=u$, 则 $y=u-x,\frac{dy}{dx}=\frac{du}{dx}-1$. 代人原方程,得
$$\frac{du}{dx}-1=\frac{1}{u},\quad\frac{du}{dx}=\frac{u+1}{u},$$

分离变量

$$\frac{u}{u+1}\mathrm{d}u = \mathrm{d}x,$$

两端积分得

$$u - \ln|u+1| = x + C,$$

以 $u = x + y$ 代入上式,即得

$$y - \ln|x+y+1| = C$$

或

$$x = C_1 \mathrm{e}^y - y - 1 \quad (C_1 = \pm \mathrm{e}^{-C}).$$

习题 7-3

A 组

1. 选择题:

(1) 微分方程 $y' - xy' = a(y^2 + y')$ 是( ).

A. 齐次方程　　B. 可分离变量的方程

C. 一阶线性齐次方程　　D. 一阶线性非齐次方程

(2) 微分方程 $xy' = 2x^2 y + x^4$ 是( ).

A. 齐次方程　　B. 可分离变量的方程

C. 一阶线性齐次方程　　D. 一阶线性非齐次方程

(3) 方程 $y' + \frac{1}{y}\mathrm{e}^{y^2+3x} = 0$ 是( ).

A. 可分离变量的方程　　B. 齐次方程

C. 一阶线性微分方程　　D. 都不是

(4) 对于方程 $xy' + y = x$ 判断正确的是( ).

①一阶线性非齐次微分方程;②可分离变量的微分方程;③齐次方程;④一阶线性齐次微分方程.

A. ①②　　B. ②③　　C. ③④　　D. ①③

(5) 方程 $y' - y\cot x = 0$ 的通解是( ).

A. $y = C\cos x$　　B. $y = C\sin x$　　C. $y = C\tan x$　　D. $y = -C\csc x$

2. 求下列微分方程的通解:

(1) $\frac{\mathrm{d}y}{\mathrm{d}x} + 2xy = 4x$;　　(2) $\frac{\mathrm{d}y}{\mathrm{d}x} + y = \mathrm{e}^{-x}$;

(3) $y' + y\cos x = \mathrm{e}^{-\sin x}$;　　(4) $y' + y\tan x = \sin 2x$.

3. 求下列微分方程满足初始条件的特解:

(1) $\frac{\mathrm{d}y}{\mathrm{d}x} + 3y = 8, y|_{x=0} = 2$;

(2) $y' + \frac{1}{x}y = \frac{1}{x^2}, y|_{x=1} = 0$;

(3) $\frac{\mathrm{d}y}{\mathrm{d}x} + 5y = -4\mathrm{e}^{-3x}, y|_{x=0} = -4$;

(4) $y' - y = \mathrm{e}^x, y|_{x=0} = 1$.

4. 用适当的变量代换将下列方程化为可分离变量的方程,然后求出通解:

(1) $\frac{dy}{dx}=(x+y)^2$;　　(2) $\frac{dy}{dx}=\frac{1}{x-y}+1$.

B 组

1. 求一曲线的方程,该曲线通过原点,并且它在点 (x,y) 处的切线斜率等于 $2x+y$.

2. 设有一质量为 m 的质点做直线运动.从速度等于零的时刻起,有一个与运动方向一致、大小与时间成正比(比例系数为 k_1)的力作用于它,此外还受一与速度成正比(比例系数为 k_2)的阻力作用.求质点运动的速度与时间的函数关系.

3. 验证形如 $yf(xy)\mathrm{d}x+xg(xy)\mathrm{d}y=0$ 的微分方程可经变量代换 $v=xy$ 化为可分离变量的方程,并求其通解.

文化视角

用数学方法发现海王星

太阳系中的九大行星,几乎每一颗的发现都包含着科学家不断探索的动人故事.在古代,人们凭着极好的眼力在茫茫星海中先后找到了水星、金星、木星、土星、火星.1781 年,英国恒星天文学家威廉·赫歇尔借助自己建造的高倍天文望远镜,观测到了太阳系中的一颗新行星——天王星,天王星的发现又为随后发现的“海王星”奠定了坚实的基础.

有趣的是,“海王星”并不是通过观测发现的,而是由两位数学家用“数学方法”算出来的.

19 世纪,人们在对天王星进行观测时,发现它的运行总是不大“守规矩”,老是偏离预先计算好的轨道.天王星“殿下”像一个十足的醉汉,走起路来常常一摇三晃、跌跌撞撞,到 1845 年,已偏离有 2 分的角度了.是万有引力定律有问题,还是有其他原因影响天王星的正常运行?这到底是什么原因呢?数学家贝塞尔和一些天文学家设想,在天王星的外侧,一定还存在一颗行星,由于它的引力,才扰乱了天王星的运行.可是,天涯无际,到那儿去寻找这颗新的行星呢?

1845 年,英国剑桥大学 26 岁的毕业生亚当斯,根据万有引力定律和天王星的观测资料,通过建立行星运动的微分方程,进行了大量的数值计算,足足用了 10 个月的时间,终于算出这颗未知行星的位置.在这年 10 月的一天,26 岁的亚当斯来到格林尼治天文台求见台长艾里,结果被门房把这位年轻人挡在了门外.10 月 21 日,亚当斯写了一封长信给艾里,给出了他的研究结果和计算过程,几天后艾里也回信说收到了.但是,艾里并没有把这个青年人的研究成果放在眼里,他把亚当斯的信随手放进了办公桌抽屉里.

比亚当斯稍晚,法国巴黎天文台青年数学家勒威耶博士于 1845 年解了由几十个方程组成的方程组,于 1846 年 8 月 31 日计算出这颗新行星的轨道,并立即给法兰西科学院院长阿拉戈写了份报告,预告它的位置.

艾里知道这份报告后,马上想起亚当斯的长信.他急忙从自己办公桌抽屉里找出来,将两份资料相对照,发现他们预报的位置基本吻合.艾里把有关情况通知观测人员,观测人员立即启动望远镜对亚当斯和勒威耶指出的方位进行搜索,经过几个夜晚的观测未能发现这颗行星.

1846 年 9 月 18 日,勒威耶写信给当时拥有详细星图的柏林天文台的工作人员加勒,对他说:“请你把望远镜对准黄道上的宝瓶星座,即经度 326 度的地方,那么你将在离此点 1 度左右的区域内见到一颗九等星(肉眼所能见到的最弱的星是六等星).”加勒在 9 月 23 日接到了勒威耶的信,当夜他就按照勒威耶指定的位置观察,果然在半小时内,找到一颗以前没有见过的星,距勒威耶计算的位置相差只有 52′. 经过 24 小时的连续观察,他发现这颗星在恒星间移动着,的确是一颗行星.所有天文学家经过一段时间的讨论,都公认它便是太阳系的第八颗大行星,并根据希腊神话的故事,把它命名为海王星.这就是人类用笔最早计算出的行星.

1915 年,美国天文学家洛韦耳,用同样的方法算出了太阳系中最远的一颗行星——冥王星的存在. 1930 年,美国的汤波真的发现了这颗行星.

海王星、冥王星都是首先由笔计算出来的,但这并不是说,数学理论可以脱离实际,随心所欲地去驾驭实际. 事实上,海王星、冥王星是客观存在的,它们的运行轨道也是客观存在的,数学在这里不过是超前一步发现了这个规律,从而促使人们通过观察证实这个规律罢了.

§7.4 可降阶的高阶微分方程

高阶微分方程就是二阶及二阶以上的微分方程. 对于这些高阶微分方程,可以通过代换将它化为较低阶的微分方程来求解. 以二阶微分方程

$$y'' = f(x,y,y')$$

而论,如果能设法作代换把它从二阶降至一阶,那么就可能用前两节所讲的方法来求解了.

下面我们将介绍三种容易降阶的高阶微分方程的求解方法.

7.4.1 $y^{(n)}=f(x)$ 型的微分方程

微分方程

$$y^{(n)} = f(x) \tag{7-4-1}$$

的右端仅含有自变量 x, 左端是未知函数 y 的 n 阶导数. 容易看出,只要把 $y^{(n-1)}$ 作为新的未知函数,那么式(7-4-1)就是新的未知函数的一阶微分方程. 两边积分,就得到了一个 $n-1$ 阶的微分方程

$$y^{(n-1)} = \int f(x)\,\mathrm{d}x + C_1.$$

同理可得 $$y^{(n-2)} = \int\left[\int f(x)\,\mathrm{d}x + C_1\right]\mathrm{d}x + C_2.$$

依此法类推,接连积分 n 次,便可得式(7-4-1)的含有 n 个任意常数的通解.

例 1 求微分方程 $y''' = \mathrm{e}^{2x} - \cos x$ 的通解.

解 对所给方程接连积分三次,得

$$y'' = \frac{1}{2}\mathrm{e}^{2x} - \sin x + C,$$

$$y' = \frac{1}{4}\mathrm{e}^{2x} + \cos x + Cx + C_2,$$

$$y = \frac{1}{8}\mathrm{e}^{2x} + \sin x + C_1x^2 + C_2x + C_3 \quad \left(C_1 = \frac{C}{2}\right).$$

视频

例2

这就是所求的通解.

例 2 求解初值问题

$$\begin{cases} y'' = \dfrac{1}{x^2}\ln x \\ y(1) = 0, y'(1) = 1 \end{cases}.$$

解 方程两边积分一次,得

$$y' = -\frac{1}{x}\ln x - \frac{1}{x} + C_1.$$

将初始条件 $y'(1) = 1$ 代入,得 $C_1 = 2$, 故

$$y' = -\frac{1}{x}\ln x - \frac{1}{x} + 2,$$

再积分,得

$$y = -\frac{1}{2}\ln^2 x - \ln x + 2x + C_2,$$

将初始条件 $y(1) = 0$ 代入,得 $C_2 = -2$, 故所求特解为

$$y = -\frac{1}{2}\ln^2 x - \ln x + 2x - 2.$$

注意:

求可降阶的高阶微分方程是采用逐次积分、逐次降阶的方法,因此,求特解时,每次积分后,应利用初始条件确定出一个任意常数,以简化运算.

7.4.2　$y''=f(x,y')$ 型的微分方程

方程

$$y'' = f(x,y') \tag{7-4-2}$$

中不显含未知函数 y. 若令 $y' = p(x)$, 则 $y'' = p'(x)$, 式(7-4-2)变为一个以 $p(x)$ 为未知函数的一阶微分方程

$$p'(x) = f(x,p).$$

设其通解为

$$p = \varphi(x,C_1),$$

由关系式 $y' = p(x)$, 又得到一个一阶微分方程

$$y' = \varphi(x,C_1),$$

对它进行积分,便得到式(7-4-2)的通解

$$y = \int\varphi(x,C_1)\,dx + C_2.$$

例3　求方程 $(1 - x^2)y'' - xy' = 2$ 的通解.

解　方程中不显含 y, 令 $y' = p(x)$, 则 $y'' = p'(x)$, 原方程变为

$$p' - \frac{x}{1 - x^2}p = \frac{2}{1 - x^2}.$$

这是一个关于未知函数 $p(x)$ 的一阶线性非齐次方程,其中 $P(x) = -\frac{x}{1 - x^2}$, $Q(x) = \frac{2}{1 - x^2}$ 代入一阶线性非齐次方程的通解公式,得

$$p = e^{-\int\frac{-x}{1-x^2}dx}\left(C_1 + \int\frac{2}{1 - x^2}e^{\int\frac{-x}{1-x^2}dx}dx\right) = \frac{1}{\sqrt{1 - x^2}}(2\arcsin x + C_1),$$

即

$$y' = \frac{1}{\sqrt{1 - x^2}}(2\arcsin x + C_1),$$

两边积分,得原方程的通解为

$$y = \arcsin^2 x + C_1\arcsin x + C_2.$$

例4　如图7-4-1所示,位于坐标原点的我舰向位于 x 轴上 $A(1,0)$ 点处的敌舰发射制导鱼雷,鱼雷始终对准敌舰. 设敌舰以常速率 v_0 沿平行于 y 轴的直线行驶,又设鱼雷的速率为 $2v_0$, 求鱼雷的航行曲线方程.

解　设鱼雷的航行曲线方程为 $y = y(x)$, 在时刻 t, 鱼雷的坐标为 $P(x,y)$, 敌舰的坐标为 $Q(1,v_0t)$.

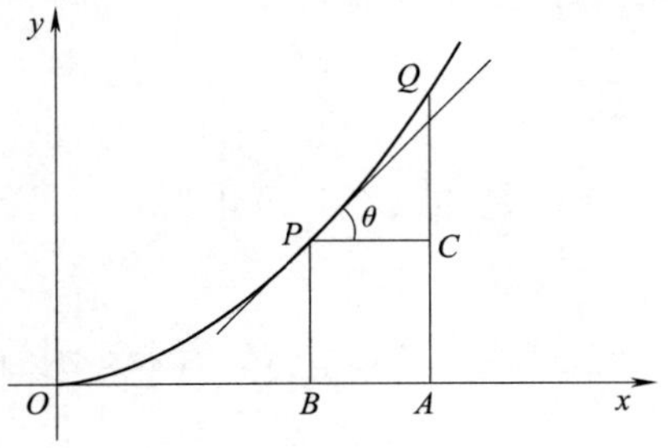

图　7-4-1

因鱼雷始终对准敌舰,所以 $y' = \dfrac{v_0t - y}{1 - x}$. 又 $\overset{\frown}{OP}$ 的长度为

$$\int_0^x \sqrt{1 + y'^2}\mathrm{d}x = 2v_0t.$$

从上面两式消去 v_0t ,得

$$(1 - x)y'' - y' = \frac{1}{2}\sqrt{1 + y'^2} - y',$$

即

$$(1 - x)y'' = \frac{1}{2}\sqrt{1 + y'^2},$$

这是不显含 y 的可降阶微分方程.

根据题意,初始条件为 $y(0) = 0$, $y'(0) = 0$. 令 $y' = p$,方程可化为

$$(1 - x)p' = \frac{1}{2}\sqrt{1 + p^2},$$

分离变量后可解得

$$p + \sqrt{1 + p^2} = C_1(1 - x)^{-\frac{1}{2}},$$

即

$$y' + \sqrt{1 + y'^2} = C_1(1 - x)^{-\frac{1}{2}}.$$

以 $y'(0) = 0$ 代入,得 $C_1 = 1$, 所以

$$y' + \sqrt{1 + y'^2} = (1 - x)^{-\frac{1}{2}},$$

而

$$\frac{1}{y' + \sqrt{1 + y'^2}} = \sqrt{1 + y'^2} - y' = (1 - x)^{\frac{1}{2}},$$

所以

$$y' = \frac{1}{2}(1 - x)^{-\frac{1}{2}} - \frac{1}{2}(1 - x)^{\frac{1}{2}},$$

积分得 $y = -(1 - x)^{\frac{1}{2}} + \frac{1}{3}(1 - x)^{\frac{3}{2}} + C_2$. 以 $y(0) = 0$ 代入,得 $C_2 = \dfrac{2}{3}$,所以鱼雷的航行曲线方程为

$$y = -(1 - x)^{\frac{1}{2}} + \frac{1}{3}(1 - x)^{\frac{3}{2}} + \frac{2}{3}.$$

7.4.3 $y''=f(y,y')$ 型的微分方程

微分方程

$$y'' = f(y,y') \tag{7-4-3}$$

的特点是不显含自变量 x, 此时,把 y 暂看作自变量,并作变换 $y' = p(y)$, 则

$$y'' = \frac{\mathrm{d}y'}{\mathrm{d}x} = \frac{p'(y)\mathrm{d}y}{\mathrm{d}x} = p'(y) \cdot p(y).$$

于是,式(7-4-3)化为

$$pp' = f(y,p).$$

这是一个以 $p(y)$ 为未知函数的一阶微分方程,设其通解为

$$y' = p(y) = \varphi(y,C_1).$$

这是一个可分离变量的微分方程. 分离变量并积分,便得到式(7-4-3)的通解

$$\int \frac{1}{\varphi(y, C_1)} \mathrm{d}y = x + C_2.$$

例 5　求解初值问题

$$\begin{cases} y'' - \mathrm{e}^{2y} y' = 0 \\ y(0) = 0, y'(0) = \dfrac{1}{2} \end{cases}.$$

解　方程中不显含 x，令 $y' = p(y)$，则 $y'' = pp'$，原方程化为

$$p \frac{\mathrm{d}p}{\mathrm{d}y} - \mathrm{e}^{2y} p = 0.$$

因为 $p = y'$ 不恒为零(由初始条件 $y'(0) = \frac{1}{2}$ 可以看出)，故

$$\frac{\mathrm{d}p}{\mathrm{d}y} = \mathrm{e}^{2y},$$

则

$$p(y) = \int \mathrm{e}^{2y} \mathrm{d}y = \frac{1}{2} \mathrm{e}^{2y} + C_1.$$

将初始条件 $y(0) = 0, y'(0) = \frac{1}{2}$，即 $p(y)|_{y=0} = \frac{1}{2}$ 代入，得 $C_1 = 0$，

于是有

$$y' = p(y) = \frac{1}{2} \mathrm{e}^{2y}, \quad \frac{2\mathrm{d}y}{\mathrm{e}^{2y}} = \mathrm{d}x,$$

积分，得

$$-\mathrm{e}^{-2y} = x + C_2.$$

将初始条件 $y(0) = 0$ 代入，得 $C_2 = -1$，故所求的初值问题的解为

$$\mathrm{e}^{-2y} = 1 - x.$$

注意：

本题若不先定出 $C_1 = 0$，后面的积分将很困难，因此求特解时常数应及早确定.

例 6　一个离地面很高的物体，受地球引力的作用由静止开始落向地面. 求它落到地面时的速度和所需的时间(不计空气阻力).

解　取联结地球中心与该物体的直线为 y 轴，其方向铅直向上，取地球的中心为原点 O（见图 7-4-2）.

设地球的半径为 R，物体的质量为 m，物体开始下落时与地球中心的距离为 l（$l > R$），在时刻 t 物体所在位置为 $y = \varphi(t)$，于是速度为 $v(t) = \frac{\mathrm{d}y}{\mathrm{d}t}$. 根据万有引力定律，即得微分方程

$$m \frac{\mathrm{d}^2 y}{\mathrm{d}t^2} = -\frac{GmM}{y^2},$$

即

$$\frac{\mathrm{d}^2 y}{\mathrm{d}t^2} = -\frac{GM}{y^2}. \tag{7-4-4}$$

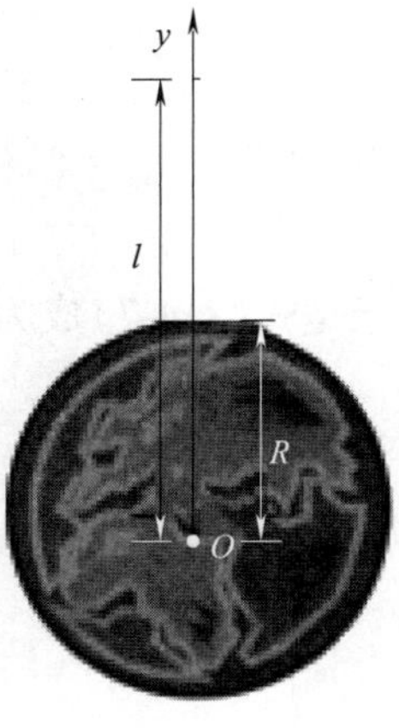

图　7-4-2

其中，M 为地球的质量，G 为引力常数. 因为当 $y = R$ 时，$\frac{\mathrm{d}^2 y}{\mathrm{d}t^2} = -g$（这里负号是由于物体运动加速度的方向与 y 轴的正向相反的缘故），所以 $g = -\frac{GM}{R^2}$，$GM = gR^2$. 于是式(7-4-4)成为

$$\frac{\mathrm{d}^2 y}{\mathrm{d}t^2} = -\frac{gR^2}{y^2}. \tag{7-4-5}$$

初值条件是 $y|_{t=0} = l, y'|_{t=0} = 0$.

先求物体到达地面时的速度. 由 $\frac{dy}{dt} = v$,得

$$\frac{d^2y}{dt^2} = \frac{dv}{dt} = \frac{dv}{dy} \cdot \frac{dy}{dt} = v\frac{dv}{dy}.$$

代入式(7-4-5)并分离变量,得

$$v dv = -\frac{gR^2}{y^2}dy,$$

两端积分,得

$$v^2 = \frac{2gR^2}{y} + C_1,$$

把初值条件代入上式,得

$$C_1 = -\frac{2gR^2}{l},$$

于是

$$v^2 = 2gR^2\left(\frac{1}{y} - \frac{1}{l}\right), \quad v = -R\sqrt{2g\left(\frac{1}{y} - \frac{1}{l}\right)}. \tag{7-4-6}$$

这里取负号是由于物体运动的方向与 y 轴的正向相反的缘故.

在式(7-4-6)中令 $y = R$,就得到物体到达地面时的速度为

$$v = -\sqrt{\frac{2gR(l-R)}{l}}.$$

下面来求物体落到地面所需的时间. 由式(7-4-6)有

$$\frac{dy}{dt} = v = -R\sqrt{2g\left(\frac{1}{y} - \frac{1}{l}\right)}.$$

分离变量得

$$dt = -\frac{1}{R}\sqrt{\frac{l}{2g}}\sqrt{\frac{y}{l-y}}dy,$$

两端积分(对右端积分利用置换 $y = l\cos^2 u$),得

$$t = \frac{1}{R}\sqrt{\frac{l}{2g}}\left(\sqrt{ly - y^2} + l\arccos\sqrt{\frac{y}{l}}\right) + C_2. \tag{7-4-7}$$

由条件 $y|_{t=0} = l$,得

$$C_2 = 0,$$

于是式(7-4-7)成为

$$t = \frac{1}{R}\sqrt{\frac{l}{2g}}\left(\sqrt{ly - y^2} + l\arccos\sqrt{\frac{y}{l}}\right).$$

在上式中令 $y = R$, 便得到物体到达地面所需的时间为

$$t = \frac{1}{R}\sqrt{\frac{l}{2g}}\left(\sqrt{lR - R^2} + l\arccos\sqrt{\frac{R}{l}}\right).$$

习题 7-4

A 组

1. 填空题:

(1) 微分方程 $y'' = e^x$ 的通解为____________.

(2)微分方程 $(x+1)y''-y'+1=0$ 满足条件 $y(0)=1, y'(0)=2$ 的特解为________.

2. 选择题:

(1)微分方程 $y''=\cos x$ 的通解为(　　).

A. $y=-\cos x+C_1x+C_2$　　B. $y=\cos x+C_1x+C_2$

C. $y=-\sin x+C_1x+C_2$　　D. $y=\sin x+C_1x+C_2$

(2)微分方程 $y''=\dfrac{y'}{x\ln x}$ 的通解为(　　).

A. $y=C_1x\ln x+C_2$　　B. $y=C_1x(\ln x-1)+C_2$

C. $y=x\ln x$　　D. $y=Cx(\ln x-1)$

(3)方程 $yy''=(y')^2$ 的通解是(　　).

A. $y=e^{C_1x}$　　B. $y=C_1x+C_2$　　C. $y=C_2e^{C_1x}$　　D. $y=e^{C_1x}+C_2$

3. 求下列方程的通解:

(1) $y''=\dfrac{1}{1+x^2}$　　(2) $y''=\ln x$.

(3) $y''=y'+x$;　　(4) $xy''+y'=0$;

(5) $y''=1+y'^2$;　　(6) $yy'-(y')^2=0$.

4. 求下列方程满足初始条件的特解:

(1) $y'''=e^{ax}, y|_{x=1}=y'|_{x=1}=y''|_{x=1}=0$;

(2) $x^2y''+xy'=1, y|_{x=1}=0, y'|_{x=1}=1$;

(3) $y''=3\sqrt{y}, y|_{x=0}=1, y'|_{x=0}=2$.

B 组

1. 试求 $y''=x$ 的经过点 $M(0,1)$ 且在此点与直线 $y=\dfrac{x}{2}+1$ 相切的积分曲线.

2. 设有一质量为 m 的物体在空中由静止开始下落,如果空气阻力 $R=Cv$(其中 C 为常数,v 为物体运动的速度),试求物体下落的距离 s 与时间 t 的函数关系.

文化视角

当代中国数学家——谷超豪

2002 年国际数学家大会上,国际数学联盟主席帕利斯在开幕词中提到,中国的数学犹如一棵由非凡的数学家精心种下的大树,并列举了几位杰出的中国数学家的名字,其中长期在国内工作、尚健在的数学家只有两位:吴文俊和谷超豪(见图 7-4-3).

图　7-4-3

2009 年 8 月 6 日,经国际小行星中心和国际小行星命名委员会批准,编号为 171448 的小行星命名为"谷超豪星",作为对这位著名数学家的褒奖.被命名的小行星是 2007 年 9 月 11 日由中科院紫金山天文台盱眙观测站发现的一颗小行星,国际编号为 171448,该小行星绕日运行周期为 3.470 35 年.2010 年 1 月 11 日,谷超豪获得 2009 年度国家最高科学技术奖.

和吴文俊一样,谷超豪可算是中国现代数学谱系中的第二代传承者——吴文俊的老师陈省身、谷超豪的老师苏步青,都是中国现代数学的先驱者和奠基者.作为苏步青最得意的学生,谷超豪在微分几何、偏微分方程和数学物理等方面的研究成果突出.

1958 年,苏联第一颗人造卫星上天,谷超豪敏锐地意识到偏微分方程作为数学和物理科学、工程科学沟通的桥梁对于国防建设的重要性. 于是,他在完成规定课程之余,开始有意识地学习偏微分方程,还特意参加了以莫斯科大学校长彼得罗夫斯基为首的偏微分方程讨论班. 回国之后,谷超豪立即在复旦大学主持开设了“拟线性双曲型方程讨论班”,带领学生投入了以空气动力学为背景的偏微分方程研究. 那个时候,谷超豪在微分几何研究领域已经接近了学术的巅峰,若是继续努力将会有更大的成就. 但20世纪50年代末,国家正在搞“两弹一星”,从事偏微分方程研究正是国家战略的需要. 谷超豪认为自己有能力也有责任带领学生填补国内在偏微分方程领域的空白,在他的不懈努力下,复旦逐渐发展成为独具一格的偏微分方程研究重地.

法兰西科学院院士肖盖曾用“独特、高雅、深入、多变的工作风格”来概括谷超豪的学术生涯.“独特、高雅、深入”是许多杰出科学家的共性,而“多变”是谷超豪治学的一大特点. 其实谷超豪心里明白,国家、社会的需要才是他“多变”的核心因素,他的学术生涯与祖国的命运已紧紧地联系在了一起.

正当谷超豪以高速飞行为实际背景,以超音速绕流问题作为模型,先后在拟线性双曲型方程组、正对称型偏微分方程组及多元混合型偏微分方程等方面取得开拓性的、在国际上处于领先地位的系列研究成果之际,为了国家战略的需要,他又一次转向了. 1974 年,诺贝尔物理学奖获得者杨振宁教授应邀来复旦大学讲学. 在演讲中,杨振宁提到规范场理论研究基本粒子结构及其相互作用的规律,牵涉到一系列复杂的数学问题,希望能与复旦大学进行合作. 复旦方面成立了谷超豪为首的联合研究小组. 当时,杨振宁提出了一个“洛仑兹规范”的存在性问题,谷超豪和夫人胡和生教授当天就解决了. 几天后,他们就以规范场的数学结构获得了两项研究成果,在国际上最早证明了杨-米尔斯方程的初始问题的局部解的存在性,又弄清了无源规范场和爱因斯坦引力论的某些联系和区别. 通过这些研究,谷超豪又用独特的微分几何的技巧从物理学中提炼出了“波映照”问题,这一突破性的工作又引发了一批国际学者的关注和后续研究. 谷超豪还与夫人胡和生一起,利用李群的理论,完全决定了球对称规范场的一般结构及其分类,并给出规范势的具体表达式,为具体决定规范场作出了贡献. 谷超豪给出一般紧致李群的规范场关于希格斯(Higgs)场的分解,从而得出了磁单极和拓扑荷,并给出了拓扑荷的数值及几何解释.

谷超豪非常重视数学和现实世界的联系,非常重视数学与其他学科的交叉. 对此,杨振宁教授的评价很高,说谷超豪是“站在高山上往下看,看到了全局”. 的确,谷超豪不仅是一位卓越的数学家,更是一位具有长远眼光的数学战略家. 当打开了一个个科学堡垒的缺口并占领了制高点之后,谷超豪以其旺盛而出色的创新意识和才能,更愿意去开辟一个个新的战场,做更具挑战性的尝试. 他曾经在接受采访时说:“我喜欢做自己提出的问题,在一个领域获得突破后,我会让学生们继续深入下去,而我会再去做新的东西,在新的领域做出自己的贡献.”改行难,风险大,从一个熟悉而处于事业高峰的状态改行到一个陌生的领域更难,风险更大. 在数学这个神奇的世界里,就好比在崇山峻岭中摸索,谷超豪不愿意步别人的后尘,渴望走一条自己独特的道路. 这也充分见证了他“独特、高雅、深入、多变”的治学风格和不断创新的科学探索精神.

在科研上,谷超豪坚持高品位、高标准,从不拾人牙慧,随波逐流,努力抓住具关键性的课题攻坚,往往以独特、优雅的方式另辟蹊径,做出出人意料的深刻结果,给后人以极大的启迪和推动. 对于学生,他提出的问题都不是一些具体的问题,而是全局性、方向性的,是一个大的方向,几十年下来还可以继续做下去,这一点是他的特长. 例如,谷超豪所开创的偏微分方程研究,主要是怎样从数学理论的角度去解释一些物理力学上的实际问题,至今仍有很多问题还没有解决,许多学者正在做. 如今,相对于数学其他研究方向,国内偏微分方程这一块研究队伍还是比较壮大的. 与其他学科相比,国内数学研究与国外的差距要小一些,偏微分方程与国外的差距更小一些. 甚至有些研究,尤其是拟线性双曲型方程组的研究,还处于国际的前沿.

谷超豪常常说:“做学问就像下棋,要有大眼界,只经营一小块地盘,容易失去大局.”而学术上的大眼界,来自人生的大胸怀.“国家、社会的需要,是研究的生命所在.”谷超豪时时刻刻将民族的利益放在首位,将国家和社会的需要看得比自己已有的专长和兴趣重要得多,谷超豪称得上是一位当之无愧的大师.

综合测试 7

一、填空题

1. $xy''' + 2x^2y'^2 + x^3y = x^4 + 1$ 是__________阶微分方程.

2. 一阶线性微分方程 $y' + P(x)y = Q(x)$ 的通解为__________.

3. 微分方程 $\sqrt{1-x^2}y' = \sqrt{1-y^2}$ 的通解为__________.

4. 微分方程 $y'' = x + \sin x$ 的通解为__________.

5. 已知曲线过点(0,0),且该曲线任意点 $p(x,y)$ 处的切线斜率等于该点的横坐标与纵坐标之和,则该曲线满足的微分方程__________,并求出曲线方程为__________.

二、选择题

1. 微分方程 $\left(\frac{dy}{dx}\right)^3 + \frac{d^2y}{dx^2} - y^3 + x^5 = 0$ 是(　　)阶微分方程.

A. 二　　B. 三　　C. 一　　D. 五

2. 在以下选项中,(　　)是一阶线性微分方程.

A. $3y' + y\cos y = x$　　B. $yy' + y = x$

C. $dy + (x^2y + x^3)dx = 0$　　D. $y'' - y' = 0$

3. 在以下选项中,(　　)是可分离变量的微分方程.

A. $(xy^2 + x)dx + (x^2y + y)dy = 0$　　B. $xdx + ydy = 1$

C. $\frac{dy}{dx} = x^2 + y^2$　　D. $\frac{dy}{dx} = x^2 - y^2$

4. 下列微分方程中,是齐次微分方程的是(　　).

A. $y' = e^{x+y}$　　B. $xy' + y = x^2$

C. $y' - xy - x = 0$　　D. $(x-y)dx + (x+y)dy = 0$

5. $y = f(x)$ 是微分方程 $2y'\sqrt{x} = y$ 在初始条件 $y|_{x=4} = 1$ 下的特解,则 $f(16) =$ (　　).

A. 1　　B. e　　C. e^2　　D. 0

6. 利用公式求解一阶线性非齐次微分方程 $x^2y' - 2y - \sin x = 0$ 时,通常可将 $P(x)$ 和 $Q(x)$ 设为(　　).

A. $P(x) = -2,\quad Q(x) = \sin x$　　B. $P(x) = -\frac{2}{x^2},\quad Q(x) = -\frac{\sin x}{x^2}$

C. $P(x) = -2,\quad Q(x) = -\sin x$　　D. $P(x) = -\frac{2}{x^2},\quad Q(x) = \frac{\sin x}{x^2}$

7. 方程 $y''' = \sin x$ 的通解是(　　).

A. $y = \cos x + \frac{1}{2}C_1x^2 + C_2x + C_3$　　B. $y = \cos x + C_1$

C. $y = \sin x + \frac{1}{2}C_1x^2 + C_2x + C_3$　　D. $y = 2\sin 2x$

8. 微分方程 $y' + y'' = xy''$ 满足条件 $y'|_{x=2} = 1, y|_{x=2} = 1$ 的解是(　　).

A. $y = (x-1)^2$　　B. $y = \left(x + \frac{1}{2}\right)^2 - \frac{21}{4}$

C. $y = \frac{1}{2}(x-1)^2 + \frac{1}{2}$　　D. $y = \left(x - \frac{1}{2}\right)^2 - \frac{5}{4}$

三、解答题

1. 求微分方程 $y' = \dfrac{\cos x}{3y^2 + e^y}$ 的通解.

2. 一曲线上各点切线的斜率等于该点横纵坐标之积,且知该曲线过点 (0,1),试求出该曲线方程.

3. 求微分方程 $xy' + y = 2\sqrt{xy}$ 的通解.

4. 求微分方程 $y'\cos x + y\sin x = 1$ 的通解.

5. 求微分方程 $y'' + y'^2 + 1 = 0$ 的通解.

6. 求微分方程 $y'' - ay'^2 = 0$ 满足条件 $y'|_{x=0} = -1, y|_{x=0} = 0$ 的特解.

7. 求微分方程 $yy' = y''$ 满足条件 $y'|_{y=0} = 1, y|_{x=0} = 0$ 的特解.

专 业 模 块

第 8 章　线性代数初步

线性代数是 19 世纪后期发展起来的一个数学分支，是大学数学课程的重要组成部分. 线性代数以矩阵为主要工具，以线性方程组、矩阵的特征值与特征向量、二次型为基本内容，具有较强的抽象性、逻辑性和广泛的应用性.

§8.1　行列式的概念与运算

设 $\boldsymbol{A}$ 是 n 阶方阵，作为有 n^2 个元素构成的矩形数表，它是一个整体，也即 $\boldsymbol{A}$ 的性质与这 n^2 个元素都有关，但是这种关系显然太过复杂，难以讨论和把握. 本节中，我们将把 $\boldsymbol{A}$ 对应于一个数——$\boldsymbol{A}$ 的行列式，记为 $\det\boldsymbol{A}$ 或 $|\boldsymbol{A}|$，这个数将反映 $\boldsymbol{A}$ 的一些重要本质属性.

8.1.1　行列式的概念

1. 二阶行列式

定义 8.1　由 4 个数 $a_{ij}\ (i,j=1,2)$ 排成的 2 行 2 列的式子 $\begin{vmatrix} a_{11} & a_{12} \\ a_{21} & a_{22} \end{vmatrix}$ 称为**二阶行列式**，它代表的是代数和 $a_{11}a_{22}-a_{12}a_{21}$，即

$$\begin{vmatrix} a_{11} & a_{12} \\ a_{21} & a_{22} \end{vmatrix} = a_{11}a_{22}-a_{12}a_{21}.$$

其中，数 $a_{ij}\ (i,j=1,2)$ 称为行列式的**元素**，横排称为**行**，竖排称为**列**. 元素 a_{ij} 的第一个下标 i 称为**行标**，表明该元素位于第 i 行，第二个下标 j 称为**列标**，表明该元素位于第 j 列. 由上述定义可知，二阶行列式是由 4 个数按一定的规律运算所得的代数和. 这个规律性表现在行列式的记号中就是"**对角线法则**". 如图 8-1-1 所示，把 a_{11} 到 a_{22} 的实连线称为**主对角线**，a_{12} 到 a_{21} 的虚连线称为**副对角线**，于是，二阶行列式便是主对角线上两元素之积减去副对角线上两元素之积的差.

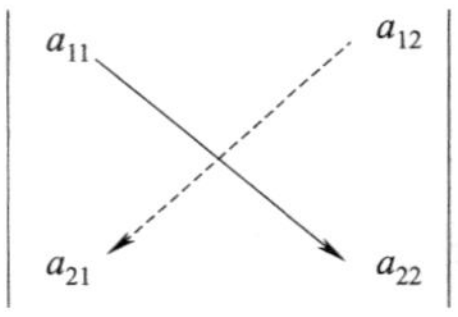

图　8-1-1

当所有的 a_{ij} 都是常数时，行列式的值是一个具体的数值；如果其中有字母出现，则行列式的值是一个代数式. 通常行列式用大写字母 D 来表示.

例 1　计算下列各行列式：

(1) $\begin{vmatrix} 1 & 2 \\ 3 & 4 \end{vmatrix}$；　　(2) $\begin{vmatrix} 3 & 5 \\ -8 & -2 \end{vmatrix}$.

解　(1) $\begin{vmatrix} 1 & 2 \\ 3 & 4 \end{vmatrix} = 1\times4-2\times3=-2.$

(2) $\begin{vmatrix} 3 & 5 \\ -8 & -2 \end{vmatrix} = 3\times(-2)-5\times(-8)=34.$

2. 三阶行列式

定义 8.2　由 9 个数 $a_{ij}\ (i,j=1,2,3)$ 排成的 3 行 3 列的式子 $\begin{vmatrix} a_{11} & a_{12} & a_{13} \\ a_{21} & a_{22} & a_{23} \\ a_{31} & a_{32} & a_{33} \end{vmatrix}$ 称为**三阶行列式**，它代表

的是算式

$$a_{11}a_{22}a_{33}+a_{12}a_{23}a_{31}+a_{13}a_{21}a_{32}-a_{11}a_{23}a_{32}-a_{12}a_{21}a_{33}-a_{13}a_{22}a_{31},$$

即

$$\begin{vmatrix} a_{11} & a_{12} & a_{13} \\ a_{21} & a_{22} & a_{23} \\ a_{31} & a_{32} & a_{33} \end{vmatrix} = a_{11}a_{22}a_{33}+a_{12}a_{23}a_{31}+a_{13}a_{21}a_{32}-a_{11}a_{23}a_{32}-a_{12}a_{21}a_{33}-a_{13}a_{22}a_{31}.$$

其规律遵循图 8-1-2 所示的对角线法则：图中 3 条实线是平行于主对角线的连线，3 条虚线是平行于次对角线的连线，主对角线方向上 3 元素的乘积为正号，副对角线方向上 3 元素的乘积为负号.

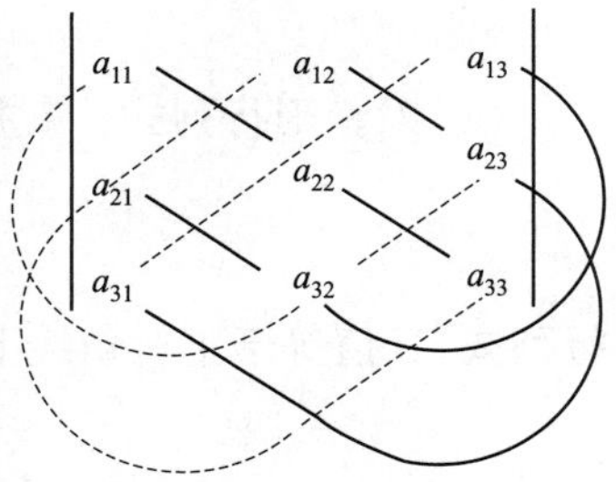

图　8-1-2

例 2　计算三阶行列式 $\begin{vmatrix} 2 & -4 & 3 \\ 1 & 2 & -4 \\ -3 & 1 & 2 \end{vmatrix}$.

解　$\begin{vmatrix} 2 & -4 & 3 \\ 1 & 2 & -4 \\ -3 & 1 & 2 \end{vmatrix} = 2\times2\times2+1\times1\times3+(-3)\times(-4)\times(-4)$

$-(-3)\times2\times3-1\times(-4)\times2-2\times1\times(-4)=-3.$

3. *n* 阶行列式

定义 8.3　由 n^2 个元素 $a_{ij}(i,j=1,2,\cdots,n)$ 排成的 n 行 n 列的式子

$$\begin{vmatrix} a_{11} & a_{12} & \cdots & a_{1n} \\ a_{21} & a_{22} & \cdots & a_{2n} \\ \vdots & \vdots & & \vdots \\ a_{n1} & a_{n2} & \cdots & a_{nn} \end{vmatrix}$$

称为 n **阶行列式**.

下面介绍几个特殊的行列式：

（1）**上三角形行列式**：主对角线的左下方元素全为 0 的行列式 $\begin{vmatrix} a_{11} & a_{12} & \cdots & a_{1n} \\ 0 & a_{22} & \cdots & a_{2n} \\ \vdots & \vdots & & \vdots \\ 0 & 0 & \cdots & a_{nn} \end{vmatrix}$ 称为**上三角形行列式**，其值等于主对角线上元素的乘积，即

$$\begin{vmatrix} a_{11} & a_{12} & \cdots & a_{1n} \\ 0 & a_{22} & \cdots & a_{2n} \\ \vdots & \vdots & & \vdots \\ 0 & 0 & \cdots & a_{nn} \end{vmatrix} = a_{11}a_{22}\cdots a_{nn}.$$

（2）**下三角形行列式**：主对角线的右上方元素全为 0 的行列式 $\begin{vmatrix} a_{11} & 0 & \cdots & 0 \\ a_{21} & a_{22} & \cdots & 0 \\ \vdots & \vdots & & \vdots \\ a_{n1} & a_{n2} & \cdots & a_{nn} \end{vmatrix}$ 称为**下三角形行列式**，其值等于主对角线上元素的乘积，即

$$\begin{vmatrix} a_{11} & 0 & \cdots & 0 \\ a_{21} & a_{22} & \cdots & 0 \\ \vdots & \vdots & & \vdots \\ a_{n1} & a_{n2} & \cdots & a_{nn} \end{vmatrix} = a_{11}a_{22}\cdots a_{nn}.$$

上三角形行列式和下三角形行列式统称为**三角形行列式**.

(3)**对角形行列式**:除主对角线上的元素外,其余元素都是0的行列式 $\begin{vmatrix} a_{11} & 0 & \cdots & 0 \\ 0 & a_{22} & \cdots & 0 \\ \vdots & \vdots & & \vdots \\ 0 & 0 & \cdots & a_{nn} \end{vmatrix}$ 称为**对角形行列式**,其值等于主对角线上的元素的乘积,即

$$\begin{vmatrix} a_{11} & 0 & \cdots & 0 \\ 0 & a_{22} & \cdots & 0 \\ \vdots & \vdots & & \vdots \\ 0 & 0 & \cdots & a_{nn} \end{vmatrix} = a_{11}a_{22}\cdots a_{nn}.$$

(4)**转置行列式**:将行列式 D 的行与列互换后得到的行列式,称为 D 的**转置行列式**,记为 D^{T} 或 D', 即

若 $D = \begin{vmatrix} a_{11} & a_{12} & \cdots & a_{1n} \\ a_{21} & a_{22} & \cdots & a_{2n} \\ \vdots & \vdots & & \vdots \\ a_{n1} & a_{n2} & \cdots & a_{nn} \end{vmatrix}$, 则 $D^{\mathrm{T}} = \begin{vmatrix} a_{11} & a_{21} & \cdots & a_{n1} \\ a_{12} & a_{22} & \cdots & a_{n2} \\ \vdots & \vdots & & \vdots \\ a_{1n} & a_{2n} & \cdots & a_{nn} \end{vmatrix}$.

例如,行列式 $A = \begin{vmatrix} 3 & 5 & 7 \\ 1 & 2 & 3 \\ -2 & -1 & 0 \end{vmatrix}$ 的转置行列式是 $A^{\mathrm{T}} = \begin{vmatrix} 3 & 1 & -2 \\ 5 & 2 & -1 \\ 7 & 3 & 0 \end{vmatrix}$.

8.1.2 行列式的性质

性质1 行列式与它的转置行列式相等,即 $D = D^{\mathrm{T}}$.

由性质1可知,行列式中的行与列具有相同的地位,即行列式的行具有的性质,它的列也同样具有.

性质2 交换行列式的两行(列),行列式变号.即

$$\begin{vmatrix} a_{11} & a_{12} & \cdots & a_{1n} \\ \vdots & \vdots & & \vdots \\ a_{i1} & a_{i2} & \cdots & a_{in} \\ \vdots & \vdots & & \vdots \\ a_{j1} & a_{j2} & \cdots & a_{jn} \\ \vdots & \vdots & & \vdots \\ a_{n1} & a_{n2} & \cdots & a_{nn} \end{vmatrix} = - \begin{vmatrix} a_{11} & a_{12} & \cdots & a_{1n} \\ \vdots & \vdots & & \vdots \\ a_{j1} & a_{j2} & \cdots & a_{jn} \\ \vdots & \vdots & & \vdots \\ a_{i1} & a_{i2} & \cdots & a_{in} \\ \vdots & \vdots & & \vdots \\ a_{n1} & a_{n2} & \cdots & a_{nn} \end{vmatrix}.$$

注意:

互换 i 行(列)和 j 行(列),记作 $r_i \leftrightarrow r_j$(或 $c_i \leftrightarrow c_j$).

性质3 若行列式中有两行(列)的对应元素相同,则此行列式为零.

性质4 用数 k 乘行列式的某一行(列),等于用数 k 乘此行列式,即

$$D_1=\begin{vmatrix} a_{11} & a_{12} & \cdots & a_{1n} \\ \vdots & \vdots & & \vdots \\ ka_{i1} & ka_{i2} & \cdots & ka_{in} \\ \vdots & \vdots & & \vdots \\ a_{n1} & a_{n2} & \cdots & a_{nn} \end{vmatrix} = k\begin{vmatrix} a_{11} & a_{12} & \cdots & a_{1n} \\ \vdots & \vdots & & \vdots \\ a_{i1} & a_{i2} & \cdots & a_{in} \\ \vdots & \vdots & & \vdots \\ a_{n1} & a_{n2} & \cdots & a_{nn} \end{vmatrix} = kD.$$

推论 1 行列式的某一行(列)中所有元素的公因子可以提到行列式符号的外面.

推论 2 行列式中若有两行(列)元素成比例,则此行列式为零.

例如,设 $\begin{vmatrix} 2 & -4 & 1 \\ 3 & -6 & 3 \\ -5 & 10 & 4 \end{vmatrix}$,因为第 1 列和第 2 列对应元素成比例,所以 $\begin{vmatrix} 2 & -4 & 1 \\ 3 & -6 & 3 \\ -5 & 10 & 4 \end{vmatrix}=0$.

性质 5 若行列式的某一行(列)的元素都是两数之和,则此行列式等于两个相应的行列式的和. 例如,

$$D=\begin{vmatrix} a_{11} & a_{12} & \cdots & a_{1n} \\ \vdots & \vdots & & \vdots \\ b_{i1}+c_{i1} & b_{i2}+c_{i2} & \cdots & b_{in}+c_{in} \\ \vdots & \vdots & & \vdots \\ a_{n1} & a_{n2} & \cdots & a_{nn} \end{vmatrix},$$

则

$$D=\begin{vmatrix} a_{11} & a_{12} & \cdots & a_{1n} \\ \vdots & \vdots & & \vdots \\ b_{i1} & b_{i2} & \cdots & b_{in} \\ \vdots & \vdots & & \vdots \\ a_{n1} & a_{n2} & \cdots & a_{nn} \end{vmatrix} + \begin{vmatrix} a_{11} & a_{12} & \cdots & a_{1n} \\ \vdots & \vdots & & \vdots \\ c_{i1} & c_{i2} & \cdots & c_{in} \\ \vdots & \vdots & & \vdots \\ a_{n1} & a_{n2} & \cdots & a_{nn} \end{vmatrix} = D_1+D_2.$$

上述结果可以推广到有限个数和的情形.

例 3 计算行列式 $\begin{vmatrix} 13 & 100 & 2 \\ 19 & 200 & 1 \\ 31 & 300 & -1 \end{vmatrix}$.

解 $\begin{vmatrix} 13 & 100 & 2 \\ 19 & 200 & 1 \\ 31 & 300 & -1 \end{vmatrix} = 100\begin{vmatrix} 10+3 & 1 & 2 \\ 20-1 & 2 & 1 \\ 30+1 & 3 & -1 \end{vmatrix}$

$$=100\begin{vmatrix} 10 & 1 & 2 \\ 20 & 2 & 1 \\ 30 & 3 & -1 \end{vmatrix}+100\begin{vmatrix} 3 & 1 & 2 \\ -1 & 2 & 1 \\ 1 & 3 & -1 \end{vmatrix}$$

$$=1\,000\begin{vmatrix} 1 & 1 & 2 \\ 2 & 2 & 1 \\ 3 & 3 & -1 \end{vmatrix}+100\begin{vmatrix} 3 & 1 & 2 \\ -1 & 2 & 1 \\ 1 & 3 & -1 \end{vmatrix}=0+100\times(-25)=-2\,500.$$

例 4 计算行列式:$\begin{vmatrix} a_1+b_1 & 2a_1 & b_1 \\ a_2+b_2 & 2a_2 & b_2 \\ a_3+b_3 & 2a_3 & b_3 \end{vmatrix}$.

解 $\begin{vmatrix} a_1+b_1 & 2a_1 & b_1 \\ a_2+b_2 & 2a_2 & b_2 \\ a_3+b_3 & 2a_3 & b_3 \end{vmatrix} = \begin{vmatrix} a_1 & 2a_1 & b_1 \\ a_2 & 2a_2 & b_2 \\ a_3 & 2a_3 & b_3 \end{vmatrix} + \begin{vmatrix} b_1 & 2a_1 & b_1 \\ b_2 & 2a_2 & b_2 \\ b_3 & 2a_3 & b_3 \end{vmatrix} = 0+0=0.$

性质6 将行列式的某一行(列)的所有元素都乘以数 k 后加到另一行(列)对应位置的元素上,行列式值不变.即

$$\begin{vmatrix} a_{11} & a_{12} & \cdots & a_{1n} \\ \vdots & \vdots & & \vdots \\ a_{i1} & a_{i2} & \cdots & a_{in} \\ \vdots & \vdots & & \vdots \\ ka_{i1}+a_{j1} & ka_{i2}+a_{j2} & \cdots & ka_{in}+a_{jn} \\ \vdots & \vdots & & \vdots \\ a_{n1} & a_{n2} & \cdots & a_{nn} \end{vmatrix} = \begin{vmatrix} a_{11} & a_{12} & \cdots & a_{1n} \\ \vdots & \vdots & & \vdots \\ a_{i1} & a_{i2} & \cdots & a_{in} \\ \vdots & \vdots & & \vdots \\ a_{j1} & a_{j2} & \cdots & a_{jn} \\ \vdots & \vdots & & \vdots \\ a_{n1} & a_{n2} & \cdots & a_{nn} \end{vmatrix}.$$

注意:

以数 k 乘第 j 行加到第 i 行上,记作 $r_i \leftrightarrow kr_j$;以数 k 乘第 j 列加到第 i 列上,记作 c_i+kc_j.

8.1.3 行列式的计算

一般说来,低阶行列式的计算比高阶行列式的计算简便,因而自然会考虑用低阶行列式表示高阶行列式的问题,为此引进余子式和代数余子式的概念.

定义8.4 在 n 阶行列式中,划去元素 a_{ij} 所在的第 i 行和第 j 列后,剩下的元素按原来的顺序构成的 $n-1$ 阶行列式,称为元素 a_{ij} 的**余子式**,记为 M_{ij};a_{ij} 的余子式乘以 $(-1)^{i+j}$ 称为 a_{ij} 的**代数余子式**,记作 A_{ij},即 $A_{ij}=(-1)^{i+j}M_{ij}$.

例如,设有4阶行列式 $\begin{vmatrix} 1 & -1 & 3 & 1 \\ 2 & -5 & 4 & 1 \\ 3 & -1 & 1 & 0 \\ 5 & 2 & 1 & 3 \end{vmatrix}$,其中元素 $a_{11}=1$,其余子式 $M_{11}=\begin{vmatrix} -5 & 4 & 1 \\ -1 & 1 & 0 \\ 2 & 1 & 3 \end{vmatrix}$,其代数余子式

$$A_{11}=(-1)^{1+1}M_{11}=(-1)^2M_{11}=M_{11}.$$

再如元素 $a_{33}=1$,其余子式 $M_{33}=\begin{vmatrix} 1 & -1 & 1 \\ 2 & -5 & 1 \\ 5 & 2 & 3 \end{vmatrix}$,其代数余子式

$$A_{33}=(-1)^{3+3}M_{33}=(-1)^6M_{33}=M_{33}.$$

定理8.1 行列式等于它的任一行(列)的各元素与其对应的代数余子式乘积之和,即

$$D=a_{i1}A_{i1}+a_{i2}A_{i2}+\cdots+a_{in}A_{in} \quad (i=1,2,\cdots,n)$$

或

$$D=a_{1j}A_{1j}+a_{2j}A_{2j}+\cdots+a_{nj}A_{nj} \quad (j=1,2,\cdots,n).$$

该定理称为**行列式按行(列)展开法则**,用行列式展开法则计算行列式的方法称为**降阶法**.

推论 行列式某一行(列)的元素与另一行(列)的对应元素的代数余子式乘积之和等于零,即

$$a_{i1}A_{j1}+a_{i2}A_{j2}+\cdots+a_{in}A_{jn}=0, \quad i\neq j$$

或

$$a_{1i}A_{1j}+a_{2i}A_{2j}+\cdots+a_{ni}A_{nj}=0, \quad i\neq j.$$

例 5　将行列式 $\begin{vmatrix} 1 & 2 & 3 \\ -1 & 0 & 0 \\ 1 & -1 & 1 \end{vmatrix}$ 分别按(1)第 1 行展开;(2)第 3 列展开;(3)第 2 行展开，并求其值.

解　(1) $D=\begin{vmatrix} 1 & 2 & 3 \\ -1 & 0 & 0 \\ 1 & -1 & 1 \end{vmatrix}=1\times(-1)^{1+1}\begin{vmatrix} 0 & 0 \\ -1 & 1 \end{vmatrix}+2\times(-1)^{1+2}\begin{vmatrix} -1 & 0 \\ 1 & 1 \end{vmatrix}+3\times(-1)^{1+3}\begin{vmatrix} -1 & 0 \\ 1 & -1 \end{vmatrix}$

$=0+2+3=5.$

(2) $D=\begin{vmatrix} 1 & 2 & 3 \\ -1 & 0 & 0 \\ 1 & -1 & 1 \end{vmatrix}=3\times(-1)^{1+3}\begin{vmatrix} -1 & 0 \\ 1 & -1 \end{vmatrix}+1\times(-1)^{3+3}\begin{vmatrix} 1 & 2 \\ -1 & 0 \end{vmatrix}=3+2=5.$

(3) $D=\begin{vmatrix} 1 & 2 & 3 \\ -1 & 0 & 0 \\ 1 & -1 & 1 \end{vmatrix}=(-1)\times(-1)^{2+1}\begin{vmatrix} 2 & 3 \\ -1 & 1 \end{vmatrix}=5.$

计算表明,按照不同的行(列)展开行列式其结果是相等的,但是复杂程度不同. 因为第 2 行有较多的零,所以按第 2 行展开比较简便.

定理 8.2　任一 n 阶行列式 $D=\begin{vmatrix} a_{11} & a_{12} & \cdots & a_{1n} \\ a_{21} & a_{22} & \cdots & a_{2n} \\ \vdots & \vdots & & \vdots \\ a_{n1} & a_{n2} & \cdots & a_{nn} \end{vmatrix}$ 都可以化为一个与其等值的上(下)三角形行列式,即 $D=\begin{vmatrix} b_{11} & b_{12} & \cdots & b_{1n} \\ 0 & b_{22} & \cdots & b_{2n} \\ \vdots & \vdots & & \vdots \\ 0 & 0 & \cdots & b_{nn} \end{vmatrix}$ 或 $D=\begin{vmatrix} c_{11} & 0 & \cdots & 0 \\ c_{21} & c_{22} & \cdots & 0 \\ \vdots & \vdots & & \vdots \\ c_{n1} & c_{n2} & \cdots & c_{nn} \end{vmatrix}$.

此定理表明:利用行列式的性质,把行列式化为上(下)三角形行列式,再利用上(下)三角形行列式的值等于主对角线上的元素之积的结论,可以得到相应行列式的值,此种计算行列式的值的方法称为"**化三角形行列式法**".

例 6　计算行列式 $D=\begin{vmatrix} 3 & 1 & 1 & 1 \\ 1 & 3 & 1 & 1 \\ 1 & 1 & 3 & 1 \\ 1 & 1 & 1 & 3 \end{vmatrix}$.

解　$D=\begin{vmatrix} 3 & 1 & 1 & 1 \\ 1 & 3 & 1 & 1 \\ 1 & 1 & 3 & 1 \\ 1 & 1 & 1 & 3 \end{vmatrix}\xlongequal{r_1+r_2+r_3+r_4}\begin{vmatrix} 6 & 6 & 6 & 6 \\ 1 & 3 & 1 & 1 \\ 1 & 1 & 3 & 1 \\ 1 & 1 & 1 & 3 \end{vmatrix}$

$=6\begin{vmatrix} 1 & 1 & 1 & 1 \\ 1 & 3 & 1 & 1 \\ 1 & 1 & 3 & 1 \\ 1 & 1 & 1 & 3 \end{vmatrix}\xlongequal[r_4-r_1]{r_2-r_1,\ r_3-r_1}6\begin{vmatrix} 1 & 1 & 1 & 1 \\ 0 & 2 & 0 & 0 \\ 0 & 0 & 2 & 0 \\ 0 & 0 & 0 & 2 \end{vmatrix}=48.$

例 7 计算行列式 $D=\begin{vmatrix} 3 & 1 & -1 & 2 \\ -5 & 1 & 3 & -4 \\ 2 & 0 & 1 & -1 \\ 1 & -5 & 3 & -3 \end{vmatrix}$.

解 $D=\begin{vmatrix} 3 & 1 & -1 & 2 \\ -5 & 1 & 3 & -4 \\ 2 & 0 & 1 & -1 \\ 1 & -5 & 3 & -3 \end{vmatrix} \xlongequal{c_1\leftrightarrow c_2} -\begin{vmatrix} 1 & 3 & -1 & 2 \\ 1 & -5 & 3 & -4 \\ 0 & 2 & 1 & -1 \\ -5 & 1 & 3 & -3 \end{vmatrix}$

$$\xlongequal[r_4+5r_1]{r_2-r_1} -\begin{vmatrix} 1 & 3 & -1 & 2 \\ 0 & -8 & 4 & -6 \\ 0 & 2 & 1 & -1 \\ 0 & 16 & -2 & 7 \end{vmatrix} \xlongequal{r_2\leftrightarrow r_3} \begin{vmatrix} 1 & 3 & -1 & 2 \\ 0 & 2 & 1 & -1 \\ 0 & -8 & 4 & -6 \\ 0 & 16 & -2 & 7 \end{vmatrix}$$

$$\xlongequal[r_4-8r_2]{r_3+4r_2} \begin{vmatrix} 1 & 3 & -1 & 2 \\ 0 & 2 & 1 & -1 \\ 0 & 0 & 8 & -10 \\ 0 & 0 & -10 & 15 \end{vmatrix} \xlongequal{r_4+\frac{5}{4}r_3} \begin{vmatrix} 1 & 3 & -1 & 2 \\ 0 & 2 & 1 & -1 \\ 0 & 0 & 8 & -10 \\ 0 & 0 & 0 & \frac{5}{2} \end{vmatrix} = 40.$$

视频

例8

例 8 计算行列式 $D=\begin{vmatrix} a & b & c & d \\ a & a+b & a+b+c & a+b+c+d \\ a & 2a+b & 3a+2b+c & 4a+3b+2c+d \\ a & 3a+b & 6a+3b+c & 10a+6b+3c+d \end{vmatrix}$.

解 从第 4 行开始,后一行减前一行.

$$D \xlongequal[\substack{r_3-r_2\\r_2-r_1}]{r_4-r_3} \begin{vmatrix} a & b & c & d \\ 0 & a & a+b & a+b+c \\ 0 & a & 2a+b & 3a+2b+c \\ 0 & a & 3a+b & 6a+3b+c \end{vmatrix} \xlongequal[r_3-r_2]{r_4-r_3} \begin{vmatrix} a & b & c & d \\ 0 & a & a+b & a+b+c \\ 0 & 0 & a & 2a+b \\ 0 & 0 & a & 3a+b \end{vmatrix}$$

$$\xlongequal{r_4-r_3} \begin{vmatrix} a & b & c & d \\ 0 & a & a+b & a+b+c \\ 0 & 0 & a & 2a+b \\ 0 & 0 & 0 & a \end{vmatrix} = a^4.$$

习题 8-1

A 组

1. 计算下列行列式:

(1) $\begin{vmatrix} b & a \\ b^2 & a^2 \end{vmatrix}$; (2) $\begin{vmatrix} 2 & 5 \\ 1 & 3 \end{vmatrix}$;

(3) $\begin{vmatrix} 1 & 2 & 3 \\ 2 & 4 & 6 \\ 3 & 5 & 7 \end{vmatrix}$; (4) $\begin{vmatrix} 1 & 2 & 1 \\ 4 & -1 & 1 \\ 2 & 1 & -1 \end{vmatrix}$.

2. 求方程 $\begin{vmatrix} 1 & 3-y \\ 2 & 2-y \end{vmatrix} = 0$ 的解.

3. 设 $D = \begin{vmatrix} 1 & 1 & 1 \\ a & b & c \\ a^2 & b^2 & c^2 \end{vmatrix}$，则元素 a、b、c 的代数余子式分别是多少？

4. 计算行列式 $D = \begin{vmatrix} 2 & 1 & 1 & 1 \\ 1 & 2 & 1 & 1 \\ 1 & 1 & 2 & 1 \\ 1 & 1 & 1 & 2 \end{vmatrix}$.

B 组

1. 把行列式 $\begin{vmatrix} 1 & 2 & 3 & 4 \\ 2 & 3 & 4 & 1 \\ 3 & 4 & 1 & 2 \\ 4 & 1 & 2 & 3 \end{vmatrix}$ 化为上三角形行列式，并计算其值：

2. 计算行列式 $D = \begin{vmatrix} 1 & 2 & 3 & 4 \\ 1 & 0 & 1 & 2 \\ 3 & -1 & -1 & 0 \\ 1 & 2 & 0 & -5 \end{vmatrix}$.

3. 计算行列式 $D = \begin{vmatrix} 1 & 4 & 4 & 4 \\ 4 & 2 & 4 & 4 \\ 4 & 4 & 3 & 4 \\ 4 & 4 & 4 & 4 \end{vmatrix}$.

文化视角

行列式的发展史

行列式出现于线性方程组的求解，它最早是一种速记的表达式，现在已经是数学中一种非常有用的工具. 行列式是由莱布尼茨和日本数学家关孝和发明的. 1693 年 4 月，莱布尼茨在写给洛必达的一封信中使用并给出了行列式，并给出方程组的系数行列式为零的条件. 同时代的日本数学家关孝和在其著作《解伏题元法》中也提出了行列式的概念与算法.

1750 年，瑞士数学家克莱姆在其著作《线性代数分析导引》中，对行列式的定义和展开法则给出了比较完整、明确的阐述，并给出了现在我们所称的解线性方程组的克莱姆法则. 稍后，数学家贝祖将确定行列式每一项符号的方法进行了系统化，利用系数行列式概念指出了如何判断一个齐次线性方程组有非零解.

总之，在很长一段时间内，行列式只是作为解线性方程组的一种工具使用，并没有人意识到它可以独立于线性方程组之外，单独形成一门理论加以研究.

而在行列式的发展史上，第一个对行列式理论做出连贯逻辑的阐述的人是法国数学家范德蒙. 范德蒙自幼在父亲的指导下学习音乐，但对数学有浓厚的兴趣，后来终于成为法兰西科学院院士. 他把行列式理论与线性方程组求解相分离，给出了用二阶子式和它们的余子式来展开行列式的法则，就对行列式本身这一点来说，他是这门理论的奠基人. 1772 年，拉普拉斯在一篇论文中证明了范德蒙提出的一些规则，并推广了他的展开行列式的方法.

继范德蒙之后，在行列式的理论方面，又一位有突出贡献的是法国数学家柯西. 1815 年，柯西在一篇论文中给出了行列式第一个系统的、几乎是近代的处理,其中主要结果之一是行列式的乘法定理.另外,他第一个把行列式的元素排成方阵,采用双足标记法引进了行列式特征方程的术语,给出了相似行列式概念,改进了拉普拉斯的行列式展开定理并给出了一个证明等.

19世纪的半个多世纪中,对行列式理论研究始终不渝的作者之一是詹姆士·西尔维斯特.他是一个活泼、敏感、兴奋、热情,甚至容易激动的人.西尔维斯特用火一般的热情介绍他的学术思想,他的重要成就之一是配析法,但没有给出证明.

继柯西之后,在行列式理论方面最多产的就是德国数学家雅可比,他引进了函数行列式,即"雅可比行列式",指出了函数行列式在多重积分变量替换中的作用,给出了函数行列式的导数公式.雅可比的论文《论行列式的形成和性质》标志着行列式系统理论的建成.由于行列式在数学分析、几何学、线性方程组理论、二次型理论等多方面的应用,促使行列式理论自身在19世纪也得到了很大发展,整个19世纪都有行列式的新结果,除一般行列式的大量定理之外,还有许多有关特殊行列式的其他定理.

§8.2 克莱姆法则

8.2.1 *n* 元线性方程组的概念

定义 8.5 设含有 n 个未知数 $x_1,x_2,\cdots,x_n$ 的线性方程组

$$\begin{cases} a_{11}x_1 + a_{12}x_2 + \cdots + a_{1n}x_n = b_1 \\ a_{21}x_1 + a_{22}x_2 + \cdots + a_{2n}x_n = b_2 \\ \cdots\cdots \\ a_{n1}x_1 + a_{n2}x_2 + \cdots + a_{nn}x_n = b_n \end{cases} \tag{8-2-1}$$

称为 n **元线性方程组**.其中 $a_{ij}(i,j=1,2,3,\cdots,n)$ 是未知数系数;$b_j(j=1,2,\cdots,n)$ 是常数项;$x_j(j=1,2,\cdots,n)$ 是未知数.其系数构成的行列式称为该方程组的**系数行列式** D,即

$$D = \begin{vmatrix} a_{11} & a_{12} & \cdots & a_{1n} \\ a_{21} & a_{22} & \cdots & a_{2n} \\ \vdots & \vdots & & \vdots \\ a_{n1} & a_{n2} & \cdots & a_{nn} \end{vmatrix}.$$

当其右端的常数项 $b_1,b_2,\cdots,b_n$ 不全为零时,线性方程组式(8-2-1)称为**非齐次线性方程组**;当 $b_1,b_2,\cdots,b_n$ 全为零时,称为**齐次线性方程组**,即

$$\begin{cases} a_{11}x_1 + a_{12}x_2 + \cdots + a_{1n}x_n = 0 \\ a_{21}x_1 + a_{22}x_2 + \cdots + a_{2n}x_n = 0 \\ \cdots\cdots \\ a_{n1}x_1 + a_{n2}x_2 + \cdots + a_{nn}x_n = 0 \end{cases}. \tag{8-2-2}$$

8.2.2 克莱姆法则

定理 8.3 (克莱姆法则)若线性方程组式(8-2-1)的系数行列式 $D \neq 0$,则线性方程组(8-2-1)有唯一解,其解为 $x_1 = \frac{D_1}{D}, x_2 = \frac{D_2}{D}, \cdots, x_n = \frac{D_n}{D}$.

即
$$x_j = \frac{D_j}{D} \quad (j = 1,2,\cdots,n) \tag{8-2-3}$$

其中 $D_j(j = 1,2,\cdots,n)$ 是把 D 中第 j 列元素 $a_{1j},a_{2j},\cdots,a_{nj}$ 对应地换成常数项 $b_1,b_2,\cdots,b_n$，而其余各列保持不变所得到的行列式. 即

$$D_j = \begin{vmatrix} a_{11} & a_{12} & \cdots & a_{1,j-1} & b_1 & a_{1,j+1} & \cdots & a_{1n} \\ a_{21} & a_{22} & \cdots & a_{2,j-1} & b_2 & a_{2,j+1} & \cdots & a_{2n} \\ \vdots & \vdots & & \vdots & \vdots & \vdots & & \vdots \\ a_{n1} & a_{n2} & \cdots & a_{n,j-1} & b_n & a_{n,j+1} & \cdots & a_{nn} \end{vmatrix} \quad (j = 1,2,3,\cdots,n).$$

例 1　用克莱姆法则解方程组 $\begin{cases} 2x_1 + x_2 - 5x_3 + x_4 = 8 \\ x_1 - 3x_2 - 6x_4 = 9 \\ 2x_2 - x_3 + 2x_4 = -5 \\ x_1 + 4x_2 - 7x_3 + 6x_4 = 0 \end{cases}$.

解

$$D = \begin{vmatrix} 2 & 1 & -5 & 1 \\ 1 & -3 & 0 & -6 \\ 0 & 2 & -1 & 2 \\ 1 & 4 & -7 & 6 \end{vmatrix} \xlongequal[r_4 - r_2]{r_1 - 2r_2} \begin{vmatrix} 0 & 7 & -5 & 13 \\ 1 & -3 & 0 & -6 \\ 0 & 2 & -1 & 2 \\ 0 & 7 & -7 & 12 \end{vmatrix} = -\begin{vmatrix} 7 & -5 & 13 \\ 2 & -1 & 2 \\ 7 & -7 & 12 \end{vmatrix}$$

$$\xlongequal[c_3 + 2c_2]{c_1 + 2c_2} -\begin{vmatrix} -3 & -5 & 3 \\ 0 & -1 & 0 \\ -7 & -7 & -2 \end{vmatrix} = \begin{vmatrix} -3 & 3 \\ -7 & -2 \end{vmatrix} = 27.$$

$$D_1 = \begin{vmatrix} 8 & 1 & -5 & 1 \\ 9 & -3 & 0 & -6 \\ -5 & 2 & -1 & 2 \\ 0 & 4 & -7 & 6 \end{vmatrix} = 81, \qquad D_2 = \begin{vmatrix} 2 & 8 & -5 & 1 \\ 1 & 9 & 0 & -6 \\ 0 & -5 & -1 & 2 \\ 1 & 0 & -7 & 6 \end{vmatrix} = -108,$$

$$D_3 = \begin{vmatrix} 2 & 1 & 8 & 1 \\ 1 & -3 & 9 & -6 \\ 0 & 2 & -5 & 2 \\ 1 & 4 & 0 & 6 \end{vmatrix} = -27, \qquad D_4 = \begin{vmatrix} 2 & 1 & -5 & 8 \\ 1 & -3 & 0 & 9 \\ 0 & 2 & -1 & -5 \\ 1 & 4 & -7 & 0 \end{vmatrix} = 27.$$

所以 $x_1 = \frac{D_1}{D} = \frac{81}{27} = 3$，　　$x_2 = \frac{D_2}{D} = \frac{-108}{27} = -4$，

$x_3 = \frac{D_3}{D} = \frac{-27}{27} = -1$，　　$x_4 = \frac{D_4}{D} = \frac{27}{27} = 1$.

注意:

用克莱姆法则解线性方程组时，必须满足两个条件：一是方程的个数与未知数的个数相等；二是系数行列式 $D \neq 0$.

撇开克莱姆法则中的求解公式，即式(8-2-3)，克莱姆法则可以叙述为下面的定理.

定理 8.4　如果线性方程组式(8-2-1)的系数行列式 $D \neq 0$，则一定有解，且解是唯一的.

定理 8.4 的逆否定理如下：

推论　如果线性方程组式(8-2-1)无解或解不是唯一的，则它的系数行列式必为零.

注: 此推论在解题或证明中经常用到.

8.2.3 运用克莱姆法则讨论齐次线性方程组的解

对于齐次线性方程组式(8-2-2)，显然 $x_1 = x_2 = \cdots = x_n = 0$ 一定是该方程组的解，则称此解为齐次线性方程组式(8-2-2)的**零解**. 如果存在一组不全为零的数是方程组的解，则称此解为齐次线性方程组式(8-2-2)的**非零解**.

根据克莱姆法则，可得到结论.

定理 8.5 如果齐次线性方程组式(8-2-2)的系数行列式 $D \neq 0$，则其只有零解；反之，如果齐次方程组式(8-2-2)有非零解，则它的系数行列式 $D = 0$.

视频

例2

例 2 若方程组 $\begin{cases} ax_1 + x_2 + x_3 = 0 \\ x_1 + bx_2 + x_3 = 0 \\ x_1 + 2bx_2 + x_3 = 0 \end{cases}$ 只有零解，则 a,b 取何值？

解 当系数行列式 $D \neq 0$ 时，方程组只有零解.

且
$$D = \begin{vmatrix} a & 1 & 1 \\ 1 & b & 1 \\ 1 & 2b & 1 \end{vmatrix} = b(1-a),$$

所以，当 $a \neq 1$ 且 $b \neq 0$ 时，方程组只有零解.

例 3 问 k 为何值时，齐次线性方程组 $\begin{cases} x + y + kz = 0 \\ -x + ky + z = 0 \\ x - y + 2z = 0 \end{cases}$ 有非零解？

解 $D = \begin{vmatrix} 1 & 1 & k \\ -1 & k & 1 \\ 1 & -1 & 2 \end{vmatrix} = \begin{vmatrix} 1 & 1 & k \\ 0 & k+1 & k+1 \\ 0 & -2 & 2-k \end{vmatrix} = \begin{vmatrix} k+1 & k+1 \\ -2 & 2-k \end{vmatrix} = (k+1)(4-k).$

由题意知，$D = (k+1)(4-k) = 0$，所以 $k = -1$ 或 $k = 4$.

应用克莱姆法则解线性方程组具有很大的局限性. 如果未知数的个数与方程的个数不等，或是系数行列式 $D = 0$，克莱姆法则就无法使用. 但克莱姆法则在一定条件下给出了线性方程组解的存在性、唯一性，与其在计算方面的作用相比，克莱姆法则具有更重大的理论价值.

习题 8-2

A 组

1. 利用克莱姆法则解下列线性方程组：$\begin{cases} 2x + 3y - 9 = 0 \\ x + 7y + 4 = 0 \end{cases}$.

2. 利用克莱姆法则解下列线性方程组：$\begin{cases} 2x + 3y - z = -4 \\ x - y + z = 5 \\ 7x - 6y - 4z = 1 \end{cases}$.

3. 用克莱姆法则解线性方程组：$\begin{cases} x_1 + x_2 + 5x_3 + 7x_4 = 14 \\ 3x_1 + 5x_2 + 7x_3 + x_4 = 0 \\ 5x_1 + 7x_2 + x_3 + 3x_4 = 4 \\ 7x_1 + x_2 + 3x_3 + 5x_4 = 16 \end{cases}$.

B 组

1. 问齐次线性方程组 $\begin{cases} x_1 + x_2 + x_3 + ax_4 = 0 \\ x_1 + 2x_2 + x_3 + x_4 = 0 \\ x_1 + x_2 - 3x_3 + x_4 = 0 \\ x_1 + x_2 + ax_3 + bx_4 = 0 \end{cases}$ 有非零解时，a,b 必须满足什么条件？

2. 问 λ 为何值时，齐次方程组 $\begin{cases} (1-\lambda)x_1 - 2x_2 + 4x_3 = 0 \\ 2x_1 + (3-\lambda)x_2 + x_3 = 0 \\ x_1 + x_2 + (1-\lambda)x_3 = 0 \end{cases}$ 有非零解？

文化视角

克莱姆与克莱姆法则

克莱姆法则(又译克拉默法则)是线性代数中一个关于求解线性方程组的定理.它适用于变量和方程数目相等的线性方程组,是瑞士数学家克莱姆(1704—1752)于 1750 年,在他的《线性代数分析导言》中发表的.其实莱布尼茨、马克劳林也知道这个法则,但他们的记法不如克莱姆.对于多于两个或三个方程的系统,克莱姆的规则在计算上非常低效;与具有多项式时间复杂度的消除方法相比,其渐近的复杂度为 $O(n \cdot n!)$,即使对于 2×2 系统,克莱姆的规则在数值上也是不稳定的.

克莱姆于 1704 年 7 月 31 日生于日内瓦,早年在日内瓦读书,1724 年起在日内瓦加尔文学院任教,1734 年成为几何学教授,1750 年任哲学教授.他自 1727 年进行为期两年的旅行访学.在巴塞尔与约翰・伯努利、欧拉等人学习交流并结为挚友,后又到英国、荷兰、法国等地拜见许多数学名家,回国后在与他们的长期通信中,加强了数学家之间的联系,为数学宝库也留下大量有价值的文献.他一生未婚,专心治学,平易近人且德高望重,先后当选为伦敦皇家学会、柏林研究院和法国、意大利等学会的成员.他的主要著作是《代数曲线的分析引论》(1750),首先定义了正则、非正则、超越曲线和无理曲线等概念,第一次正式引入坐标系的纵轴(y 轴),然后讨论曲线变换,并依据曲线方程的阶数将曲线进行分类.为了确定经过 5 个点的一般二次曲线的系数,应用了"克莱姆法则",即由线性方程组的系数确定方程组解的表达式.该法则于 1729 年由英国数学家马克劳林得到,于 1748 年发表.

一般来说,用克莱姆法则求线性方程组的解时,计算量是比较大的.使用克莱姆法则求线性方程组解的算法复杂度,依赖于矩阵行列式的算法复杂度 $O(f(n))$,其复杂度为 $O(n \cdot f(n))$,一般没有计算价值,复杂度太高.对具体的数字线性方程组,当未知数较多时往往可用计算机来求解.用计算机求解线性方程组目前已经有了一整套成熟的方法.

§8.3　矩阵的概念与运算

在实际问题中,常常要处理很多数据,矩阵就是从处理数据中抽象出来的数学概念.是研究线性变换、向量的线性相关性及线性方程组求解等的有力且不可替代的工具，在线性代数中具有重要地位.

8.3.1　引例

引例　某企业生产 4 种产品,各种产品的季度产值(单位:万元)见表 8-3-1.

表 8-3-1

产值季度	产品			
	A	B	C	D
1	80	75	75	76
2	98	70	85	87
3	90	75	90	88
4	88	70	83	90

数表

$$\begin{pmatrix} 80 & 75 & 75 & 76 \\ 98 & 70 & 85 & 87 \\ 90 & 75 & 90 & 88 \\ 88 & 70 & 83 & 90 \end{pmatrix}$$

具体描述了这家企业各种产品的季度产值,同时也揭示了产值随季度变化的规律、季度增长率和年产量等情况.

8.3.2 矩阵的概念

1. 矩阵的定义

定义 8.6 由 $m \times n$ 个数 $a_{ij}(i = 1,2,\cdots,m;j = 1,2,\cdots,n)$ 排成的 m 行 n 列的数表

$$\begin{pmatrix} a_{11} & a_{12} & \cdots & a_{1n} \\ a_{21} & a_{22} & \cdots & a_{2n} \\ \vdots & \vdots & & \vdots \\ a_{m1} & a_{m2} & \cdots & a_{mn} \end{pmatrix}$$

称为 m **行** n **列矩阵**，简称 $m \times n$ **矩阵**. 为表示它是一个整体，总是加一个括弧，并用大写黑体字母表示它，记为

$$\boldsymbol{A} = \begin{pmatrix} a_{11} & a_{12} & \cdots & a_{1n} \\ a_{21} & a_{22} & \cdots & a_{2n} \\ \vdots & \vdots & & \vdots \\ a_{m1} & a_{m2} & \cdots & a_{mn} \end{pmatrix}.$$

这 $m \times n$ 个数称为矩阵 $\boldsymbol{A}$ 的**元素**，a_{ij} 称为矩阵 $\boldsymbol{A}$ 的第 i 行第 j 列**元素**. 一个 $m \times n$ 矩阵 $\boldsymbol{A}$ 也可简记为

$$\boldsymbol{A} = \boldsymbol{A}_{m\times n} = (a_{ij})_{m\times n} \quad 或 \quad \boldsymbol{A} = (a_{ij}).$$

2. 几种特殊类型的矩阵

(1)**实矩阵、复矩阵**:元素是实数的矩阵称为**实矩阵**，元素是复数的矩阵称为**复矩阵**，本书中的矩阵都指实矩阵(除非有特殊说明).

(2)**零矩阵**:所有元素均为零的矩阵称为**零矩阵**，记为 $\boldsymbol{O}$.

(3)$\boldsymbol{n}$ **阶方阵**:当 $m = n$ 时,矩阵 $\boldsymbol{A} = (a_{ij})_{n\times n} = \begin{pmatrix} a_{11} & a_{12} & \cdots & a_{1n} \\ a_{21} & a_{22} & \cdots & a_{2n} \\ \vdots & \vdots & & \vdots \\ a_{n1} & a_{n2} & \cdots & a_{nn} \end{pmatrix}$ 则称为 n **阶方阵**,记为 $\boldsymbol{A}_n$.

(4)**行矩阵**:只有一行的矩阵 $\boldsymbol{A}=(a_1,a_2,\cdots,a_n)$ 称为**行矩阵**.

(5)**列矩阵**:只有一列的矩阵 $\boldsymbol{B}=\begin{pmatrix} b_1 \\ b_2 \\ \vdots \\ b_m \end{pmatrix}$ 称为**列矩阵**.

(6)**同型矩阵**:如果两个矩阵具有相同的行数与相同的列数,则称这两个矩阵为**同型矩阵**.

(7)**单位矩阵**:当 n 阶方阵的主对角线上的元素都是 1,而其他元素都是零时,则称此 n 阶方阵为**单位矩阵**,记为 $\boldsymbol{E}$ 或 $\boldsymbol{I}$, 即

$$\boldsymbol{E}=\begin{pmatrix} 1 & 0 & \cdots & 0 \\ 0 & 1 & \cdots & 0 \\ \vdots & \vdots & & \vdots \\ 0 & 0 & \cdots & 1 \end{pmatrix}.$$

(8)**上(下)三角矩阵**:形如 $\boldsymbol{A}=\begin{pmatrix} a_{11} & a_{12} & \cdots & a_{1n} \\ 0 & a_{22} & \cdots & a_{2n} \\ \vdots & \vdots & & \vdots \\ 0 & 0 & \cdots & a_{nn} \end{pmatrix}$ 的矩阵称为**上三角矩阵**;

形如 $\boldsymbol{B}=\begin{pmatrix} b_{11} & 0 & \cdots & 0 \\ b_{21} & b_{22} & \cdots & 0 \\ \vdots & \vdots & & \vdots \\ b_{n1} & b_{n2} & \cdots & b_{nn} \end{pmatrix}$ 的矩阵称为**下三角矩阵**.

上三角矩阵和下三角矩阵统称为**三角矩阵**.

注意:

矩阵和行列式虽然在形式上有些类似,但它们是两个完全不同的概念,一方面,行列式的值是一个数,而矩阵只是一个数表;另一方面,行列式的行数与列数必须相等,而矩阵的行数与列数可以不等.

3. 矩阵相等

定义 8.7　如果矩阵 $\boldsymbol{A},\boldsymbol{B}$ 是同型矩阵, 且对应元素均相等, 则称**矩阵 $\boldsymbol{A}$ 与矩阵 $\boldsymbol{B}$ 相等**,记为$\boldsymbol{A}=\boldsymbol{B}$.

例如 $\begin{pmatrix} 4 & x & 3 \\ -1 & 0 & y \end{pmatrix}=\begin{pmatrix} 4 & 5 & 3 \\ z & 0 & 6 \end{pmatrix}$, 则 $x=5,y=6,z=-1$.

例 1　试确定 a,b,c 的值,使得 $\begin{pmatrix} 2 & -1 & 0 \\ a+b & 3 & 5 \\ 1 & 0 & a+c \end{pmatrix}=\begin{pmatrix} b+c & -1 & 0 \\ -2 & 3 & 5 \\ 1 & 0 & 6 \end{pmatrix}$.

解　由题意有 $a+c=6,a+b=-2,b+c=2$,得 $a=1,b=-3,c=5$.

8.3.3　矩阵的运算

矩阵的运算可以认为是矩阵之间最基本的关系. 下面介绍矩阵的加法、乘法、矩阵的数乘和矩阵的转置等.

1. 矩阵的加法与减法

定义 8.8　设有两个 $m\times n$ 矩阵 $\boldsymbol{A}=(a_{ij})$ 和 $\boldsymbol{B}=(b_{ij})$,**矩阵 $\boldsymbol{A}$ 与 $\boldsymbol{B}$ 的和记作 $\boldsymbol{A}+\boldsymbol{B}$** , 规定为

$$A+B=(a_{ij}+b_{ij})_{m\times n}=\begin{pmatrix} a_{11}+b_{11} & a_{12}+b_{12} & \cdots & a_{1n}+b_{1n} \\ a_{21}+b_{21} & a_{22}+b_{22} & \cdots & a_{2n}+b_{2n} \\ \vdots & \vdots & & \vdots \\ a_{m1}+b_{m1} & a_{m2}+b_{m2} & \cdots & a_{mn}+b_{mn} \end{pmatrix}.$$

注意：

相加的两个矩阵必须是具有相同的行数和列数，即两个同型矩阵的和为两个矩阵对应位置元素相加得到的矩阵.

例 2 某种物资(单位:千吨)从两个产地运往 3 个销地,两次调运方案分别用矩阵 $\boldsymbol{A}$ 和矩阵 $\boldsymbol{B}$ 表示

$$\boldsymbol{A}=\begin{pmatrix} 2 & 1 & 4 \\ 0 & 3 & 3 \end{pmatrix},\qquad \boldsymbol{B}=\begin{pmatrix} 3 & 3 & 1 \\ 4 & 0 & 3 \end{pmatrix},$$

则从各产地运往各销地的两次物资调运总量为多少?

解 两次物资调运总量为

$$\boldsymbol{A}+\boldsymbol{B}=\begin{pmatrix} 2 & 1 & 4 \\ 0 & 3 & 3 \end{pmatrix}+\begin{pmatrix} 3 & 3 & 1 \\ 4 & 0 & 3 \end{pmatrix}=\begin{pmatrix} 2+3 & 1+3 & 4+1 \\ 0+4 & 3+0 & 3+3 \end{pmatrix}=\begin{pmatrix} 5 & 4 & 5 \\ 4 & 3 & 6 \end{pmatrix}.$$

设矩阵 $\boldsymbol{A}=(a_{ij})$，记 $-\boldsymbol{A}=(-a_{ij})$，此时称 $-\boldsymbol{A}$ 为矩阵 $\boldsymbol{A}$ 的**负矩阵**，显然有

$$\boldsymbol{A}+(-\boldsymbol{A})=\boldsymbol{O}.$$

由此规定矩阵的减法为

$$\boldsymbol{A}-\boldsymbol{B}=\boldsymbol{A}+(-\boldsymbol{B}).$$

容易验证,矩阵的加法和减法满足以下运算律:

设 $\boldsymbol{A},\boldsymbol{B},\boldsymbol{C},\boldsymbol{O}$ 都是同型矩阵,则

(1)交换律：$\boldsymbol{A}+\boldsymbol{B}=\boldsymbol{B}+\boldsymbol{A}$；　　(2) 结合律：$(\boldsymbol{A}+\boldsymbol{B})+\boldsymbol{C}=\boldsymbol{A}+(\boldsymbol{B}+\boldsymbol{C})$；

(3) $\boldsymbol{A}+\boldsymbol{O}=\boldsymbol{A}$；　　(4) $\boldsymbol{A}+(-\boldsymbol{A})=\boldsymbol{O}$.

2. 矩阵的数乘运算

定义 8.9 数 k 与 $m\times n$ 矩阵 $\boldsymbol{A}$ 的乘积记作 $k\boldsymbol{A}$ 或 $\boldsymbol{A}k$，规定为

$$k\boldsymbol{A}=\boldsymbol{A}k=(ka_{ij})=\begin{pmatrix} ka_{11} & ka_{12} & \cdots & ka_{1n} \\ ka_{21} & ka_{22} & \cdots & ka_{2n} \\ \vdots & \vdots & & \vdots \\ ka_{m1} & ka_{m2} & \cdots & ka_{mn} \end{pmatrix}.$$

数与矩阵的乘积运算称为**数乘运算**.

矩阵的数乘满足下列运算规律:

设 $\boldsymbol{A},\boldsymbol{B}$ 都是同型矩阵，k,l 是常数，则

(1)交换律：$k\boldsymbol{A}=\boldsymbol{A}k$；

(2)结合律：$(kl)\boldsymbol{A}=k(l\boldsymbol{A})$；

(3)分配率：$(k+l)\boldsymbol{A}=k\boldsymbol{A}+l\boldsymbol{A}$；　$k(\boldsymbol{A}+\boldsymbol{B})=k\boldsymbol{A}+k\boldsymbol{B}$.

矩阵的加法与矩阵的数乘两种运算统称为**矩阵的线性运算**.

例 3 已知 $\boldsymbol{A}=\begin{pmatrix} -1 & 2 & 3 & 1 \\ 0 & 3 & -2 & 1 \\ 4 & 0 & 3 & 2 \end{pmatrix}$，$\boldsymbol{B}=\begin{pmatrix} 4 & 3 & 2 & -1 \\ 5 & -3 & 0 & 1 \\ 1 & 2 & -5 & 0 \end{pmatrix}$，求 $3\boldsymbol{A}-2\boldsymbol{B}$.

解

$$3\boldsymbol{A}-2\boldsymbol{B}=3\begin{pmatrix}-1&2&3&1\\0&3&-2&1\\4&0&3&2\end{pmatrix}-2\begin{pmatrix}4&3&2&-1\\5&-3&0&1\\1&2&-5&0\end{pmatrix}$$

$$=\begin{pmatrix}-3-8&6-6&9-4&3+2\\0-10&9+6&-6-0&3-2\\12-2&0-4&9+10&6-0\end{pmatrix}=\begin{pmatrix}-11&0&5&5\\-10&15&-6&1\\10&-4&19&6\end{pmatrix}.$$

例 4　求矩阵 $\boldsymbol{X}$ 使 $2\boldsymbol{A}+3\boldsymbol{X}=2\boldsymbol{B}$，其中

$$\boldsymbol{A}=\begin{pmatrix}2&0&5\\-6&1&0\end{pmatrix},\quad \boldsymbol{B}=\begin{pmatrix}1&3&-1\\0&-2&1\end{pmatrix}.$$

解　由 $2\boldsymbol{A}+3\boldsymbol{X}=2\boldsymbol{B}$ 得 $3\boldsymbol{X}=2\boldsymbol{B}-2\boldsymbol{A}=2(\boldsymbol{B}-\boldsymbol{A})$，

于是
$$\boldsymbol{X}=\frac{2}{3}(\boldsymbol{B}-\boldsymbol{A}).$$

即
$$\boldsymbol{X}=\frac{2}{3}\left(\begin{pmatrix}1&3&-1\\0&-2&1\end{pmatrix}-\begin{pmatrix}2&0&5\\-6&1&0\end{pmatrix}\right)=\begin{pmatrix}-\frac{2}{3}&2&-4\\4&-2&\frac{2}{3}\end{pmatrix}.$$

3. 矩阵的乘法

定义 8.10　设

$$\boldsymbol{A}=(a_{ij})_{m\times s}=\begin{pmatrix}a_{11}&a_{12}&\cdots&a_{1s}\\a_{21}&a_{22}&\cdots&a_{2s}\\\vdots&\vdots&&\vdots\\a_{m1}&a_{m2}&\cdots&a_{ms}\end{pmatrix},\quad \boldsymbol{B}=(b_{ij})_{s\times n}=\begin{pmatrix}b_{11}&b_{12}&\cdots&b_{1n}\\b_{21}&b_{22}&\cdots&b_{2n}\\\vdots&\vdots&&\vdots\\b_{s1}&b_{s2}&\cdots&b_{sn}\end{pmatrix},$$

矩阵 A **与矩阵** B **的乘积**记作 $\boldsymbol{AB}$，规定为

$$\boldsymbol{AB}=(c_{ij})_{m\times n}=\begin{pmatrix}c_{11}&c_{12}&\cdots&c_{1n}\\c_{21}&c_{22}&\cdots&c_{2n}\\\vdots&\vdots&&\vdots\\c_{m1}&c_{m2}&\cdots&c_{mn}\end{pmatrix}.$$

其中 $c_{ij}=a_{i1}b_{1j}+a_{i2}b_{2j}+\cdots+a_{is}b_{sj}=\sum_{k=1}^{s}a_{ik}b_{kj}\quad(i=1,2,\cdots,m;j=1,2,\cdots,n).$

记号 $\boldsymbol{AB}$ 常读作 $\boldsymbol{A}$ 左乘 $\boldsymbol{B}$ 或 $\boldsymbol{B}$ 右乘 $\boldsymbol{A}$.

注意：

(1)只有当左边矩阵的列数等于右边矩阵的行数时，两个矩阵才能进行乘法运算.

(2)若矩阵 $\boldsymbol{C}=\boldsymbol{AB}$，则矩阵 $\boldsymbol{C}$ 的元素 c_{ij} 即为矩阵 $\boldsymbol{A}$ 的第 i 行元素与矩阵 $\boldsymbol{B}$ 的第 j 列对应元素乘积的和. 即

$$\boldsymbol{C}_{ij}=(a_{i1},a_{i2},\cdots,a_{is})\begin{pmatrix}b_{1j}\\b_{2j}\\\vdots\\b_{sj}\end{pmatrix}=a_{i1}b_{1j}+a_{i2}b_{2j}+\cdots+a_{is}b_{sj}.$$

(3)矩阵 $\boldsymbol{C}=\boldsymbol{AB}$ 的行数是 $\boldsymbol{A}$ 的行数，列数是 $\boldsymbol{B}$ 的列数.

例5 若 $A = \begin{pmatrix} 2 & 3 \\ 1 & -2 \\ 3 & 1 \end{pmatrix}, B = \begin{pmatrix} 1 & -2 & -3 \\ 2 & -1 & 0 \end{pmatrix}$，求 AB.

解 $AB = \begin{pmatrix} 2 & 3 \\ 1 & -2 \\ 3 & 1 \end{pmatrix}\begin{pmatrix} 1 & -2 & -3 \\ 2 & -1 & 0 \end{pmatrix}$

$$= \begin{pmatrix} 2\times1+3\times2 & 2\times(-2)+3\times(-1) & 2\times(-3)+3\times0 \\ 1\times1+(-2)\times2 & 1\times(-2)+(-2)\times(-1) & 1\times(-3)+(-2)\times0 \\ 3\times1+1\times2 & 3\times(-2)+1\times(-1) & 3\times(-3)+1\times0 \end{pmatrix}$$

$$= \begin{pmatrix} 8 & -7 & -6 \\ -3 & 0 & -3 \\ 5 & -7 & -9 \end{pmatrix}.$$

例6 设 $A = \begin{pmatrix} -2 & 4 \\ 1 & -2 \end{pmatrix}, B = \begin{pmatrix} 2 & 4 \\ -3 & -6 \end{pmatrix}$，求 AB 和 BA.

解 $AB = \begin{pmatrix} -2 & 4 \\ 1 & -2 \end{pmatrix}\begin{pmatrix} 2 & 4 \\ -3 & -6 \end{pmatrix} = \begin{pmatrix} -16 & -32 \\ 8 & 16 \end{pmatrix}$，

$BA = \begin{pmatrix} 2 & 4 \\ -3 & -6 \end{pmatrix}\begin{pmatrix} -2 & 4 \\ 1 & -2 \end{pmatrix} = \begin{pmatrix} 0 & 0 \\ 0 & 0 \end{pmatrix}$.

观察得出：$AB \neq BA$； 并且 $BA = O$.

例7 $A = \begin{pmatrix} 1 & 2 \\ 0 & 3 \end{pmatrix}, B = \begin{pmatrix} 1 & 0 \\ 0 & 4 \end{pmatrix}, C = \begin{pmatrix} 1 & 1 \\ 0 & 0 \end{pmatrix}$，求 AC 和 BC.

解 $AC = \begin{pmatrix} 1 & 2 \\ 0 & 3 \end{pmatrix}\begin{pmatrix} 1 & 1 \\ 0 & 0 \end{pmatrix} = \begin{pmatrix} 1 & 1 \\ 0 & 0 \end{pmatrix}$， $BC = \begin{pmatrix} 1 & 0 \\ 0 & 4 \end{pmatrix}\begin{pmatrix} 1 & 1 \\ 0 & 0 \end{pmatrix} = \begin{pmatrix} 1 & 1 \\ 0 & 0 \end{pmatrix}$，

观察得出 $AC = BC, C \neq O$ 但 $A \neq B$.

由以上例子说明了数的乘法运算律不一定都适合矩阵的乘法. 对于矩阵的乘法请注意以下问题：

(1)矩阵的乘法一般不满足交换律，即 $AB \neq BA$；

(2)两个非零矩阵相乘，可能是零矩阵，即 $A \neq O$ 且 $B \neq O$，有可能 $AB = O$.

(3)矩阵乘法一般也不满足消去律，即当 $AC = BC$ 且 $C \neq O$，不一定有 $A = B$.

根据矩阵的乘法的定义，可以直接验证满足下列运算规律(假定运算都是可行的)：

(1)结合律：$(AB)C = A(BC)$；

(2)分配律：$(A+B)C = AC + BC$；$C(A+B) = CA + CB$；

(3)对任意数 k，有 $k(AB) = (kA)B = A(kB)$.

(4)对于单位矩阵 E，有

$$E_m A_{m\times n} = A_{m\times n},\quad A_{m\times n}E_n = A_{m\times n}.$$

或简写成

$$EA = AE = A.$$

4. 矩阵的转置

定义 8.11 把矩阵 A 的行换成同序数的列得到的新矩阵，称为 A 的**转置矩阵**，记作 A^{T}（或 A'）. 即若

$$A = \begin{pmatrix} a_{11} & a_{12} & \cdots & a_{1n} \\ a_{21} & a_{22} & \cdots & a_{2n} \\ \vdots & \vdots & & \vdots \\ a_{m1} & a_{m2} & \cdots & a_{mn} \end{pmatrix},$$

则

$$A^{\mathrm{T}} = \begin{pmatrix} a_{11} & a_{21} & \cdots & a_{m1} \\ a_{12} & a_{22} & \cdots & a_{m2} \\ \vdots & \vdots & & \vdots \\ a_{1n} & a_{2n} & \cdots & a_{mn} \end{pmatrix}.$$

例如，设 $A = \begin{pmatrix} 1 & 2 & 4 & 0 \\ -3 & 5 & 1 & -2 \end{pmatrix}$，　则 $A^{\mathrm{T}} = \begin{pmatrix} 1 & -3 \\ 2 & 5 \\ 4 & 1 \\ 0 & -2 \end{pmatrix}$.

矩阵的转置满足以下运算规律（假设运算都是可行的）：

(1) $(A^{\mathrm{T}})^{\mathrm{T}} = A$;

(2) $(A+B)^{\mathrm{T}} = A^{\mathrm{T}} + B^{\mathrm{T}}$;

(3) $(kA)^{\mathrm{T}} = kA^{\mathrm{T}}$（$k$ 为常数）；

(4) $(AB)^{\mathrm{T}} = B^{\mathrm{T}}A^{\mathrm{T}}$.

视频

例8

例 8　已知 $A = \begin{pmatrix} -1 & 1 & 2 \\ 0 & 1 & 1 \end{pmatrix}$，　$B = \begin{pmatrix} -1 & 0 \\ 1 & 3 \\ 2 & 1 \end{pmatrix}$，求 $(AB)^{\mathrm{T}}$ 和 $A^{\mathrm{T}}B^{\mathrm{T}}$.

解　因为 $A^{\mathrm{T}} = \begin{pmatrix} -1 & 0 \\ 1 & 1 \\ 2 & 1 \end{pmatrix}$，　$B^{\mathrm{T}} = \begin{pmatrix} -1 & 1 & 2 \\ 0 & 3 & 1 \end{pmatrix}$，

所以

$$(AB)^{\mathrm{T}} = B^{\mathrm{T}}A^{\mathrm{T}} = \begin{pmatrix} -1 & 1 & 2 \\ 0 & 3 & 1 \end{pmatrix}\begin{pmatrix} -1 & 0 \\ 1 & 1 \\ 2 & 1 \end{pmatrix} = \begin{pmatrix} 6 & 3 \\ 5 & 4 \end{pmatrix}.$$

$$A^{\mathrm{T}}B^{\mathrm{T}} = \begin{pmatrix} -1 & 0 \\ 1 & 1 \\ 2 & 1 \end{pmatrix}\begin{pmatrix} -1 & 1 & 2 \\ 0 & 3 & 1 \end{pmatrix} = \begin{pmatrix} 1 & -1 & -2 \\ -1 & 4 & 3 \\ -2 & 5 & 5 \end{pmatrix}.$$

注意：

一般情况下 $(AB)^{\mathrm{T}} \neq A^{\mathrm{T}}B^{\mathrm{T}}$.

5. 方阵的幂

定义 8.12　设方阵 $A = (a_{ij})_{n \times n}$，$k$ 为正整数，则 k 个 A 连乘，称为**方阵 A 的 k 次幂**. 即

$$A^k = \overbrace{A \cdot A \cdot \cdots \cdot A}^{k个}，\quad k \text{ 为自然数}.$$

例如，$A^1 = A, A^2 = A \cdot A, \cdots, A^{k+1} = A^k \cdot A$.

规定：$A^0 = E$.

方阵的幂满足以下运算规律(假设运算都是可行的):

(1) $A^mA^n = A^{m+n}$ (m,n 为非负整数);

(2) $(A^m)^n = A^{mn}$.

注意:

一般地,$(AB)^m \neq A^mB^m$,m 为正整数.

例 9 设 $A = \begin{pmatrix} \lambda & 1 & 0 \\ 0 & \lambda & 1 \\ 0 & 0 & \lambda \end{pmatrix}$,求 A^3.

解

$$A^2 = \begin{pmatrix} \lambda & 1 & 0 \\ 0 & \lambda & 1 \\ 0 & 0 & \lambda \end{pmatrix}\begin{pmatrix} \lambda & 1 & 0 \\ 0 & \lambda & 1 \\ 0 & 0 & \lambda \end{pmatrix} = \begin{pmatrix} \lambda^2 & 2\lambda & 1 \\ 0 & \lambda^2 & 2\lambda \\ 0 & 0 & \lambda^2 \end{pmatrix},$$

$$A^3 = A^2A = \begin{pmatrix} \lambda^2 & 2\lambda & 1 \\ 0 & \lambda^2 & 2\lambda \\ 0 & 0 & \lambda^2 \end{pmatrix}\begin{pmatrix} \lambda & 1 & 0 \\ 0 & \lambda & 1 \\ 0 & 0 & \lambda \end{pmatrix} = \begin{pmatrix} \lambda^3 & 3\lambda^2 & 3\lambda \\ 0 & \lambda^3 & 3\lambda^2 \\ 0 & 0 & \lambda^3 \end{pmatrix}.$$

6. *n* 阶方阵的行列式

定义 8.13 由 n 阶方阵 A 的元素所构成的行列式(各元素的位置不变),称为**方阵 A 的行列式**,记作 $|A|$ 或 $\det A$. 即 $|A| = \begin{vmatrix} a_{11} & a_{12} & \cdots & a_{1n} \\ a_{21} & a_{22} & \cdots & a_{2n} \\ \vdots & \vdots & & \vdots \\ a_{n1} & a_{n2} & \cdots & a_{nn} \end{vmatrix}$.

注意:

方阵与行列式是两个不同的概念,n 阶方阵是 n^2 个数按一定方式排成的数表,而 n 阶行列式则是这些数按一定的运算法则所确定的一个数值(实数或复数).

方阵 A 的行列式 $|A|$ 满足以下运算规律(设 A,B 为 n 阶方阵,k 为常数):

(1) $|A^T| = |A|$;

(2) $|kA| = k^n|A|$;

(3) $|AB| = |A||B|$.

例 10 设 $A = \begin{pmatrix} 1 & 0 \\ -1 & 2 \end{pmatrix}$,$B = \begin{pmatrix} 3 & 1 \\ 1 & 0 \end{pmatrix}$. 验证 $|A||B| = |AB| = |BA|$.

证明 显然有 $|A||B| = -2$,因为

$$AB = \begin{pmatrix} 1 & 0 \\ -1 & 2 \end{pmatrix}\begin{pmatrix} 3 & 1 \\ 1 & 0 \end{pmatrix} = \begin{pmatrix} 3 & 1 \\ -1 & -1 \end{pmatrix}, \quad |AB| = \begin{vmatrix} 3 & 1 \\ -1 & -1 \end{vmatrix} = -2,$$

而

$$BA = \begin{pmatrix} 3 & 1 \\ 1 & 0 \end{pmatrix}\begin{pmatrix} 1 & 0 \\ -1 & 2 \end{pmatrix} = \begin{pmatrix} 2 & 2 \\ 1 & 0 \end{pmatrix}, \quad |BA| = \begin{vmatrix} 2 & 2 \\ 1 & 0 \end{vmatrix} = -2,$$

因此

$$|A||B| = |AB| = |BA|.$$

习题 8-3

A 组

1. 已知 $A=\begin{pmatrix}1&2&-1\\3&4&0\\-1&2&3\end{pmatrix}$, $B=\begin{pmatrix}1&2&-1\\0&1&0\\-1&3&4\end{pmatrix}$, 求 $A+B'$ 的值.

2. 已知 $A=\begin{pmatrix}2&1&0\\7&-4&-1\end{pmatrix}$, $B=\begin{pmatrix}-2&5\\0&9\\-4&3\end{pmatrix}$, 求 $A'-B$ 的值.

3. 计算 $\begin{pmatrix}1&6&4\\-4&2&8\end{pmatrix}+\begin{pmatrix}-2&0&1\\2&-3&4\end{pmatrix}$.

4. 设 $A=\begin{pmatrix}1&2&1&2\\2&1&2&1\\1&2&3&4\end{pmatrix}$, $B=\begin{pmatrix}4&3&2&1\\-2&1&-2&1\\0&-1&0&-1\end{pmatrix}$, 计算:

(1) $3A-B$; (2) $2A+3B$; (3) 若 X 满足 $A+X=B$, 求 X.

5. 计算: $\begin{pmatrix}1&2\\3&4\end{pmatrix}\begin{pmatrix}-3&1\\2&4\end{pmatrix}$.

6. 已知 $A=\begin{pmatrix}1&3\\2&-1\\2&1\end{pmatrix}$, $B=\begin{pmatrix}2&1&3\\5&2&1\end{pmatrix}$, 求 $A^{T}-2B$, $2A-B^{T}$.

7. 计算: $\begin{pmatrix}1&0\\\lambda&1\end{pmatrix}^3$.

8. 计算: $\begin{pmatrix}a&0&0\\0&b&0\\0&0&c\end{pmatrix}^2$.

B 组

1. 计算: $(1\quad 0)\begin{pmatrix}3&-1&0&2\\-2&0&1&-4\end{pmatrix}$.

2. 计算: $\begin{pmatrix}1&2&-1\\3&1&0\\-1&0&-2\\-3&1&0\end{pmatrix}\begin{pmatrix}2\\-1\\1\end{pmatrix}$.

3. 计算: $\begin{pmatrix}a_1\\a_2\\\vdots\\a_n\end{pmatrix}(b_1\quad b_2\quad\cdots\quad b_n)$.

4. 计算: $(x\quad y\quad z)\begin{pmatrix}a_{11}&a_{12}&b_1\\a_{12}&a_{22}&b_2\\b_1&b_2&c\end{pmatrix}\begin{pmatrix}x\\y\\z\end{pmatrix}$.

5. 已知 $\boldsymbol{A}=\begin{pmatrix}1 & 0 & 3\\2 & -1 & 0\end{pmatrix}$, $\boldsymbol{B}=\begin{pmatrix}3 & -1\\-2 & 4\\0 & 1\end{pmatrix}$, $\boldsymbol{C}=\begin{pmatrix}1\\2\end{pmatrix}$, 求 $\boldsymbol{ABC}$.

文化视角

线性代数是什么

在高等代数中,一次方程组(即线性方程组)发展成为线性代数理论,二次以上方程发展成为多项式理论.前者是研究向量空间、线性变换、型论、不变量论等内容的一门近世代数分支学科,而后者是研究只含有一个未知量的任意次方程的一门近世代数分支学科.高次方程组(即非线性方程组)发展成为一门比较现代的数学理论——代数几何.

线性代数是高等代数的一大分支,主要是处理线性关系问题.我们知道一次方程称为线性方程,讨论线性方程及线性运算的代数就称为线性代数.它作为一个独立的分支在20世纪才形成,然而它的历史却非常久远,最古老的线性问题是线性方程组的解法,在中国古代的数学著作《九章算术·方程》中,已经有了比较完整的叙述,其中所述方法实质上相当于现代的对方程组的增广矩阵的行施行初等变换,消去未知量的方法.

现代意义的线性代数基本上出现于17世纪,直到18世纪末,线性代数的领域还只限于平面与空间,19世纪上半叶才完成了到 n 维线性空间的过渡.19世纪时,线性代数获得了光辉的成就,随着研究线性方程组和变量的线性变换问题的深入,行列式和矩阵在18—19世纪期间先后产生,为处理线性问题提供了有力工具,从而推动了线性代数的发展.

向量的概念,从数学的观点来看不过是有序三元数组的一个集合,然而它以力或速度作为直接的物理意义,并且数学上用它能立刻写出物理上所说的事情,如向量用于梯度、散度、旋度就很有说服力.同样,行列式和矩阵如导数一样,虽然 dy/dx 在数学上不过是一个符号,表示包括 $\Delta y/\Delta x$ 的极限的长式子,但导数本身是一个强有力的概念,能使我们直接而创造性地想象物理上发生的事情.因此,虽然表面上看,行列式和矩阵不过是一种语言或速记,但它的大多数生动的概念能为新的思想领域提供"钥匙",并且已经证明这两个概念是数学物理上高度有用的工具.

线性代数有3个基本计算单元:行列式、矩阵、向量(组).我们主要研究它们的性质和相关定理,能够求解线性方程组,实现行列式与矩阵计算和线性变换,构建向量空间和欧氏空间.线性代数的两个基本方法是构造(分解)和代数法,基本思想是化简(降解)和同构变换.

§8.4 逆矩阵

8.4.1 逆矩阵的概念

前一节介绍了矩阵的加减、数乘和乘法运算,那么在矩阵运算中能否进行除法运算呢?

视频 定义8.14

在数的运算中,对于数 $a\neq 0$,总存在唯一一个数 a^{-1},使得

$$a\cdot a^{-1}=a^{-1}\cdot a=1.$$

数的逆在解方程中起着重要作用.那么对于一个矩阵 $\boldsymbol{A}$,是否也存在类似的运算?在回答这个问题之前,我们先引入逆矩阵的概念.

定义8.14 对于 n 阶矩阵 $\boldsymbol{A}$,如果存在一个 n 阶矩阵 $\boldsymbol{B}$,使得

$$AB = BA = E,$$

则称矩阵 A 为**可逆矩阵**,而矩阵 B 称为 A 的**逆矩阵**. A 的逆矩阵记作 A^{-1}, 即 $B = A^{-1}$.

例如,已知矩阵 $A = \begin{pmatrix} 2 & 0 \\ 3 & 1 \end{pmatrix}$, $B = \begin{pmatrix} \frac{1}{2} & 0 \\ -\frac{3}{2} & 1 \end{pmatrix}$.

因为 $$AB = \begin{pmatrix} 2 & 0 \\ 3 & 1 \end{pmatrix}\begin{pmatrix} \frac{1}{2} & 0 \\ -\frac{3}{2} & 1 \end{pmatrix} = \begin{pmatrix} 1 & 0 \\ 0 & 1 \end{pmatrix}, \quad BA = \begin{pmatrix} \frac{1}{2} & 0 \\ -\frac{3}{2} & 1 \end{pmatrix}\begin{pmatrix} 2 & 0 \\ 3 & 1 \end{pmatrix} = \begin{pmatrix} 1 & 0 \\ 0 & 1 \end{pmatrix},$$

所以 A 为可逆矩阵,B 为 A 的逆矩阵.

由矩阵的定义,可知可逆矩阵具有下列性质:

性质 1 若矩阵是 A 可逆的, 则 A 的逆矩阵是唯一的.

证明 设B_1,B_2 都是 A 的逆矩阵,则有

$$AB_1 = B_1A = E,$$

$$AB_2 = B_2A = E,$$

于是 $$B_1 = B_1E = B_1(AB_2) = (B_1A)B_2 = EB_2 = B_2,$$

所以 A 的逆矩阵是唯一的.

既然可逆矩阵的逆矩阵是唯一的,这样在定义 8.14 中,如果 $AB = BA = E$, 则有 $A^{-1} = B$ 或$B^{-1} = A$ 且 $AA^{-1} = A^{-1}A = E$, 由此可得

性质 2 如果矩阵 A 可逆,则 A 的逆矩阵 A^{-1} 也可逆,且 $(A^{-1})^{-1} = A$.

性质 3 如果 A、B 是两个同阶可逆矩阵,则 AB 也可逆,且 $(AB)^{-1} = B^{-1}A^{-1}$.

性质 4 若矩阵 A 可逆,数 $k \neq 0$, 则 kA 也可逆,且 $(kA)^{-1} = \frac{1}{k}A^{-1}$.

性质 5 若矩阵 A 可逆, 则 A 的转置矩阵 A^{T} 也可逆, 且 $(A^{T})^{-1} = (A^{-1})^{T}$.

性质 6 若矩阵 A 可逆, 则 $|A^{-1}| = |A|^{-1}$.

8.4.2 可逆矩阵的判定

定义 8.15 由矩阵 $A = (a_{ij})_{m\times n}$ 的行列式 $|A|$ 的各个元素的代数余子式 $A_{ij}(i,j = 1,2,\cdots,n)$ 所构成的 n 阶方阵 $\begin{pmatrix} A_{11} & A_{21} & \cdots & A_{n1} \\ A_{12} & A_{22} & \cdots & A_{n2} \\ \vdots & \vdots & & \vdots \\ A_{1n} & A_{2n} & \cdots & A_{nn} \end{pmatrix}$, 称为矩阵 A 的**伴随矩阵**,记作 A^*, 即

$$A^* = \begin{pmatrix} A_{11} & A_{21} & \cdots & A_{n1} \\ A_{12} & A_{22} & \cdots & A_{n2} \\ \vdots & \vdots & & \vdots \\ A_{1n} & A_{2n} & \cdots & A_{nn} \end{pmatrix}.$$

例 1 设矩阵 $A = \begin{pmatrix} 1 & 0 & 1 \\ 2 & 1 & 0 \\ -3 & 2 & -5 \end{pmatrix}$, 求矩阵 A 的伴随矩阵 A^*.

解 $A_{11} = -5, A_{12} = 10, A_{13} = 7, A_{21} = 2, A_{22} = -2, A_{23} = -2, A_{31} = -1, A_{32} = 2, A_{33} = 1,$

所以
$$A^* = \begin{pmatrix} -5 & 2 & -1 \\ 10 & -2 & 2 \\ 7 & -2 & 1 \end{pmatrix}.$$

利用伴随矩阵与行列式的性质,可以证明:

定理 8.6 n 阶矩阵 $\boldsymbol{A}$ 可逆的充分必要条件是其行列式 $|\boldsymbol{A}| \neq 0$. 且当 $\boldsymbol{A}$ 可逆时, 有
$$\boldsymbol{A}^{-1} = \frac{1}{|\boldsymbol{A}|}\boldsymbol{A}^*,$$
其中 $\boldsymbol{A}^*$ 为 $\boldsymbol{A}$ 的伴随矩阵.

推论 若 $\boldsymbol{AB} = \boldsymbol{E}$(或 $\boldsymbol{BA} = \boldsymbol{E}$), 则 $\boldsymbol{B} = \boldsymbol{A}^{-1}$.

此推论表明,要验证矩阵 $\boldsymbol{B}$ 是否为 $\boldsymbol{A}$ 的逆矩阵,只要验证 $\boldsymbol{AB} = \boldsymbol{E}$ 或 $\boldsymbol{BA} = \boldsymbol{E}$ 中的一个式子成立即可,这比直接用定义去判断要节省一半的运算量.

例 2 设 $\boldsymbol{A} = \begin{pmatrix} 1 & 2 \\ 3 & 5 \end{pmatrix}$, 问 $\boldsymbol{A}$ 是否可逆? 若可逆,求 $\boldsymbol{A}^{-1}$.

解 因为 $|\boldsymbol{A}| = \begin{vmatrix} 1 & 2 \\ 3 & 5 \end{vmatrix} = -1 \neq 0$, 所以 $\boldsymbol{A}$ 可逆. 又
$$A_{11} = (-1)^{1+1}|5| = 5, \quad A_{12} = (-1)^{1+2}|3| = -3,$$
$$A_{21} = (-1)^{2+1}|2| = -2, \quad A_{22} = (-1)^{2+2}|1| = 1,$$
所以
$$\boldsymbol{A}^{-1} = \frac{1}{|\boldsymbol{A}|}\boldsymbol{A}^* = \frac{1}{5-6}\begin{pmatrix} 5 & -2 \\ -3 & 1 \end{pmatrix} = -\begin{pmatrix} 5 & -2 \\ -3 & 1 \end{pmatrix} = \begin{pmatrix} -5 & 2 \\ 3 & -1 \end{pmatrix}.$$

8.4.3 用初等变换求逆矩阵

定义 8.16 矩阵的下列 3 种变换称为矩阵的**初等行变换**:

(1)位置变换:交换矩阵的某两行(交换 i,j 两行,记作 $r_i \leftrightarrow r_j$);

(2)倍乘变换:以一个非零的数 k 乘矩阵的某一行(第 i 行乘数 k,记作 kr_i);

(3)倍加变换:用一个非零常数 k 乘以矩阵的某一行后加到另一行(第 j 行乘 k 加到 i 行,记为 $r_i + kr_j$).

把定义中的“行”换成“列”,即得到矩阵的初等列变换的定义(相应记号中把 r 换成 c). 初等行变换与初等列变换统称为**初等变换**.

定义 8.17 若矩阵 $\boldsymbol{A}$ 经过有限次初等变换变成矩阵 $\boldsymbol{B}$, 则称矩阵 $\boldsymbol{A}$ 与 $\boldsymbol{B}$ **等价**,记为 $\boldsymbol{A} \to \boldsymbol{B}$ 或 $\boldsymbol{A} \sim \boldsymbol{B}$.

矩阵之间的等价关系具有下列基本性质:

(1)自反性: $\boldsymbol{A} \to \boldsymbol{A}$;

(2)对称性:若 $\boldsymbol{A} \to \boldsymbol{B}$,则 $\boldsymbol{B} \to \boldsymbol{A}$;

(3)传递性:若 $\boldsymbol{A} \to \boldsymbol{B}$, $\boldsymbol{B} \to \boldsymbol{C}$,则 $\boldsymbol{A} \to \boldsymbol{C}$.

前面我们给出了利用伴随矩阵求逆矩阵 $\boldsymbol{A}^{-1}$ 的一种方法, 即 $\boldsymbol{A}^{-1} = \frac{1}{|\boldsymbol{A}|}\boldsymbol{A}^*$, 该方法称为**伴随矩阵法**.

但对于较高阶的矩阵, 用伴随矩阵法求逆矩阵计算量太大, 下面介绍一种较为简便的方法——**初等变换法**.

用初等变换法求一个可逆矩阵 $\boldsymbol{A}$ 的逆矩阵 $\boldsymbol{A}^{-1}$ 时,其具体方法为:将矩阵 $\boldsymbol{A}$ 和同阶的单位矩阵 $\boldsymbol{E}$ 拼接在一起,形成一个 $n \times 2n$ 矩阵
$$(\boldsymbol{A} \vdots \boldsymbol{E}),$$
然后对其进行初等行变换,将矩阵 $\boldsymbol{A}$ 化为单位矩阵 $\boldsymbol{E}$ 的同时,单位矩阵 $\boldsymbol{E}$ 就化为 $\boldsymbol{A}^{-1}$, 即
$$(\boldsymbol{A} \vdots \boldsymbol{E}) \xrightarrow{\text{初等行变换}} (\boldsymbol{E} \vdots \boldsymbol{A}^{-1}).$$

例 3　设 $\boldsymbol{A}=\begin{pmatrix}2&2&3\\1&-1&0\\-1&2&1\end{pmatrix}$，用初等变换法求 $\boldsymbol{A}^{-1}$.

解

$$(\boldsymbol{A}\vdots\boldsymbol{E})=\left(\begin{array}{ccc:ccc}2&2&3&1&0&0\\1&-1&0&0&1&0\\-1&2&1&0&0&1\end{array}\right)\xrightarrow[r_3+r_2]{r_1-2r_2}\left(\begin{array}{ccc:ccc}0&4&3&1&-2&0\\1&-1&0&0&1&0\\0&1&1&0&1&1\end{array}\right)$$

$$\xrightarrow{r_1\leftrightarrow r_2}\left(\begin{array}{ccc:ccc}1&-1&0&0&1&0\\0&4&3&1&-2&0\\0&1&1&0&1&1\end{array}\right)\xrightarrow[r_2-4r_3]{r_1+r_3}\left(\begin{array}{ccc:ccc}1&0&1&0&2&1\\0&0&-1&1&-6&-4\\0&1&1&0&1&1\end{array}\right)$$

$$\xrightarrow{r_2\leftrightarrow r_3}\left(\begin{array}{ccc:ccc}1&0&1&0&2&1\\0&1&1&0&1&1\\0&0&-1&1&-6&-4\end{array}\right)\xrightarrow[r_2+r_3]{r_1+r_3}\left(\begin{array}{ccc:ccc}1&0&0&1&-4&-3\\0&1&0&1&-5&-3\\0&0&-1&1&-6&-4\end{array}\right)$$

$$\xrightarrow{r_{3\times(-1)}}\left(\begin{array}{ccc:ccc}1&0&0&1&-4&-3\\0&1&0&1&-5&-3\\0&0&1&-1&6&4\end{array}\right).$$

所以
$$\boldsymbol{A}^{-1}=\begin{pmatrix}1&-4&-3\\1&-5&-3\\-1&6&4\end{pmatrix}.$$

习题 8-4

A 组

1. 设 $\boldsymbol{A}=\begin{pmatrix}1&5&2\\0&3&10\\1&2&1\end{pmatrix}$，求 $\boldsymbol{A}^{-1}$ 值.

2. 求 $\begin{pmatrix}1&2\\2&5\end{pmatrix}$ 的逆矩阵.

3. 求 $\begin{pmatrix}1&2&1\\3&4&-2\\5&-4&1\end{pmatrix}$ 的逆矩阵.

4. 求 $\begin{pmatrix}1&2&3&4\\0&1&2&3\\0&0&1&2\\0&0&0&1\end{pmatrix}$ 的逆矩阵.

B 组

1. 设 $\boldsymbol{A}=\begin{pmatrix}2\cos\alpha&2\sin\alpha\\-\sin\alpha&\cos\alpha\end{pmatrix}$，求 $\boldsymbol{A}^{-1}$.

2. 设 $\boldsymbol{A}=\begin{pmatrix}4&3&2\\3&2&1\\2&1&1\end{pmatrix}$，求 $\boldsymbol{A}^{-1}$.

3. 求矩阵方程 $\boldsymbol{X}\begin{pmatrix}1&1&-1\\2&1&0\\1&-1&1\end{pmatrix}=\begin{pmatrix}1&-1&3\\4&3&2\\1&-2&5\end{pmatrix}$ 中的未知矩阵 $\boldsymbol{X}$.

文化视角

矩阵的由来

矩阵是数学中一个重要的基本概念，是代数学的一个主要研究对象，也是数学研究和应用的一个重要工具."矩阵"这个词是由西尔维斯特首先使用的，他是为了将数字的矩形阵列区别于行列式而发明了这个述语.(而实际上，矩阵这个课题在诞生之前就已经发展得很好了.)在行列式的大量工作中，不管行列式的值是否与问题有关，方阵本身都可以研究和使用，而且矩阵的许多基本性质也是在行列式的发展中建立起来的.在逻辑上，矩阵的概念应先于行列式的概念，然而在历史上次序正好相反.

英国数学家凯莱一般被公认为是矩阵论的创立者，他出生于一个古老而有才能的英国家庭，剑桥大学三一学院大学毕业后留校讲授数学，3 年后他转从律师职业，工作卓有成效，并利用业余时间研究数学，发表了大量的数学论文.他首先把矩阵作为一个独立的数学概念提出来，并首先发表了关于这个题目的一系列文章，与研究线性变换下的不变量相结合，首先引进矩阵以简化记号.在 1858 年，他发表了关于这一课题的第一篇论文《矩阵论的研究报告》，系统地阐述了关于矩阵的理论.文中他定义了矩阵的相等、矩阵的运算法则、矩阵的转置以及矩阵的逆等一系列基本概念，指出了矩阵加法的可交换性与可结合性.另外，凯莱还给出了方阵的特征方程和特征根(特征值)以及有关矩阵的一些基本结果.1855 年，埃米特证明了别的数学家发现的一些矩阵类的特征根的特殊性质，如现在称为埃米特矩阵的特征根性质等，后来克莱伯施、布克海姆等证明了对称矩阵的特征根性质.泰伯引入矩阵的迹的概念并给出了一些有关的结论.

在矩阵论的发展史上，弗罗伯纽斯的贡献是不可磨灭的.他讨论了最小多项式问题，引进了矩阵的秩、不变因子和初等因子、正交矩阵、矩阵的相似变换、合同矩阵等概念，以合乎逻辑的形式整理了不变因子和初等因子的理论，并讨论了正交矩阵与合同矩阵的一些重要性.1854 年，约当研究了矩阵化为标准型的问题.1892 年，梅茨勒引进了矩阵的超越函数概念并将其写成矩阵的幂级数的形式.傅里叶、西尔和庞加莱的著作中还讨论了无限阶矩阵问题，这主要是适用方程发展的需要而开始的.

矩阵本身所具有的性质依赖于元素的性质，矩阵由最初作为一种工具经过两个多世纪的发展，现在已成为独立的一门数学分支——矩阵论.而矩阵论又可分为矩阵方程论、矩阵分解论和广义逆矩阵论等矩阵的现代理论.矩阵及其理论现已广泛地应用于现代科技的各个领域.

§8.5 矩阵的秩

矩阵的秩是线性代数中的一个非常重要的概念，它不仅与可逆矩阵的问题有关，而且在讨论线性方程组解的情况中也起着非常重要的作用.

8.5.1　行阶梯形矩阵与行简化阶梯形矩阵

定义 8.18　一般地，称满足下列条件的矩阵为**行阶梯形矩阵**.

(1)若矩阵有零行(元素全为零的行)，零行位于矩阵的最下方；

(2)首非零元(各非零行的第一个非零元素)的列标随着行标的递增而严格增大(或说其列标一定不小于行标).

例如，矩阵 $\begin{pmatrix}1 & 1 & 2 & 3\\0 & -1 & 3 & 2\\0 & 0 & -1 & 1\\0 & 0 & 0 & 0\\0 & 0 & 0 & 0\end{pmatrix}$，$\begin{pmatrix}1 & 3 & 5 & 0\\0 & 0 & 3 & 1\\0 & 0 & 0 & 2\\0 & 0 & 0 & 0\end{pmatrix}$ 都是行阶梯形矩阵.

可以证明，任何一个矩阵经过若干次初等行变换都可以化为行阶梯形矩阵.

例 1　将矩阵 $\boldsymbol{A}=\begin{pmatrix}3 & 2 & 9 & 6\\-1 & -3 & 4 & 17\\1 & 4 & -7 & 3\\-1 & -4 & 7 & -3\end{pmatrix}$ 化为行阶梯形矩阵.

解

$$\boldsymbol{A}=\begin{pmatrix}3 & 2 & 9 & 6\\-1 & -3 & 4 & 17\\1 & 4 & -7 & 3\\-1 & -4 & 7 & -3\end{pmatrix}\xrightarrow{r_1\leftrightarrow r_3}\begin{pmatrix}1 & 4 & -7 & 3\\-1 & -3 & 4 & 17\\3 & 2 & 9 & 6\\-1 & -4 & 7 & -3\end{pmatrix}$$

$$\xrightarrow[r_4+r_1]{\substack{r_2+r_1\\ r_3-3r_1}}\begin{pmatrix}1 & 4 & -7 & 3\\0 & 1 & -3 & -14\\0 & -10 & 30 & -3\\0 & 0 & 0 & 0\end{pmatrix}$$

$$\xrightarrow{r_3+10r_2}\begin{pmatrix}1 & 4 & -7 & 3\\0 & 1 & -3 & -14\\0 & 0 & 0 & -143\\0 & 0 & 0 & 0\end{pmatrix}=\boldsymbol{B}.$$

定义 8.19　一般地，称满足下列条件的行阶梯形矩阵为**行简化阶梯形矩阵**:

(1)各非零行的首非零元都是 1；

(2)所有首非零元所在列的其余元素都是 0.

同样，任何一个矩阵都可以经过一系列初等行变换化为行简化阶梯形矩阵.

例 2　对例 1 的矩阵 $\boldsymbol{B}=\begin{pmatrix}1 & 4 & -7 & 3\\0 & 1 & -3 & -14\\0 & 0 & 0 & -143\\0 & 0 & 0 & 0\end{pmatrix}$ 化为行简化阶梯形矩阵.

解

$$\boldsymbol{B}=\begin{pmatrix}1 & 4 & -7 & 3\\0 & 1 & -3 & -14\\0 & 0 & 0 & -143\\0 & 0 & 0 & 0\end{pmatrix}\xrightarrow{r_3\times\left(-\frac{1}{143}\right)}\begin{pmatrix}1 & 4 & -7 & 3\\0 & 1 & -3 & -14\\0 & 0 & 0 & 1\\0 & 0 & 0 & 0\end{pmatrix}$$

$$\xrightarrow[r_1-3r_3]{r_2+14r_3}\begin{pmatrix}1&4&-7&0\\0&1&-3&0\\0&0&0&1\\0&0&0&0\end{pmatrix}\xrightarrow{r_1-4r_2}\begin{pmatrix}1&0&5&0\\0&1&-3&0\\0&0&0&1\\0&0&0&0\end{pmatrix}.$$

8.5.2 矩阵的秩

定义 8.20 在 $m\times n$ 矩阵 $\boldsymbol{A}$ 中,任取 k 行 k 列 $(1\leqslant k\leqslant m,1\leqslant k\leqslant n)$,位于这些行列交叉处的 k^2 个元素,不改变它们在 $\boldsymbol{A}$ 中所处的位置次序而得到的 k 阶行列式,称为**矩阵 $\boldsymbol{A}$ 的 k 阶子式**.

例如,设矩阵 $\boldsymbol{A}=\begin{pmatrix}1&3&4&5\\-1&0&2&3\\0&1&-1&0\end{pmatrix}$,则由 1、3 两行,2、4 两列构成的二阶子式为 $\begin{vmatrix}3&5\\1&0\end{vmatrix}$.

注意:

一个 $m\times n$ 矩阵 $\boldsymbol{A}$ 的 k 阶子式共有 $C_m^k\cdot C_n^k$ 个.

定义 8.21 设 $\boldsymbol{A}$ 为 $m\times n$ 矩阵, 如果存在 $\boldsymbol{A}$ 的 r 阶子式不为零, 而任何 $r+1$ 阶子式(如果存在的话)皆为零, 则称**数 r 为矩阵 $\boldsymbol{A}$ 的秩**, 记为 $r(\boldsymbol{A})$ (或 $R(\boldsymbol{A})$),并规定零矩阵的秩等于零.

例 3 求矩阵 $\boldsymbol{A}=\begin{pmatrix}1&2&3\\2&3&-5\\4&7&1\end{pmatrix}$的秩.

解 在 $\boldsymbol{A}$ 中, $\begin{vmatrix}1&3\\2&-5\end{vmatrix}\neq 0$, 又 $\boldsymbol{A}$ 的三阶子式只有一个 $|\boldsymbol{A}|$, 且

$$|\boldsymbol{A}|=\begin{vmatrix}1&2&3\\2&3&-5\\4&7&1\end{vmatrix}=\begin{vmatrix}1&2&3\\0&-1&-11\\0&-1&-11\end{vmatrix}=0,$$

故 $r(\boldsymbol{A})=2$.

例 4 求矩阵 $\boldsymbol{B}=\begin{pmatrix}2&-1&0&3&-2\\0&3&1&-2&5\\0&0&0&4&-3\\0&0&0&0&0\end{pmatrix}$的秩.

解 因为 $\boldsymbol{B}$ 是一个行阶梯形矩阵,其非零行只有 3 行,所以 $\boldsymbol{B}$ 的所有 4 阶子式全为 0. 此外,又存在 $\boldsymbol{B}$ 的一个三阶子式

$$\begin{vmatrix}2&-1&3\\0&3&-2\\0&0&4\end{vmatrix}=24\neq 0.$$

故 $r(\boldsymbol{B})=3$.

显然,矩阵的秩具有下列性质:

(1)若矩阵 $\boldsymbol{A}$ 中有某个 s 阶子式不为 0, 则 $r(\boldsymbol{A})\geqslant s$;

(2)若 $\boldsymbol{A}$ 中所有 t 阶子式全为 0, 则 $r(\boldsymbol{A})<t$;

(3)若 $\boldsymbol{A}$ 为 $m\times n$ 矩阵, 则 $0\leqslant r(\boldsymbol{A})\leqslant \min\{m,n\}$;

(4) $r(\boldsymbol{A})=r(\boldsymbol{A}^{\mathrm{T}})$.

当 $r(\boldsymbol{A})=\min\{m,n\}$, 称矩阵 $\boldsymbol{A}$ 为**满秩矩阵**. 否则称为**降秩矩阵**.

对于 n 阶方阵 $\boldsymbol{A}$，若满秩，即 $r(\boldsymbol{A}) = n$，则 $|\boldsymbol{A}| \neq 0$；若降秩，即 $r(\boldsymbol{A}) < n$，则 $|\boldsymbol{A}| = 0$. 反之亦然.

例如，对矩阵 $\boldsymbol{A} = \begin{pmatrix} 1 & 3 & 4 & 5 \\ 0 & 1 & 0 & 3 \\ 0 & 0 & 1 & 0 \end{pmatrix}$，$0 \leqslant r(\boldsymbol{A}) \leqslant 3$，又存在三阶子式 $\begin{vmatrix} 1 & 3 & 4 \\ 0 & 1 & 1 \\ 0 & 0 & 1 \end{vmatrix} = 1 \neq 0$.

所以 $r(\boldsymbol{A}) \geqslant 3$，从而 $r(\boldsymbol{A}) = 3$，故 $\boldsymbol{A}$ 为满秩矩阵.

由上面的例子可知，利用定义计算矩阵的秩，需要由低阶到高阶考虑矩阵的子式，当矩阵的行数与列数较高时，按定义求秩是非常麻烦的.

由于行阶梯形矩阵的秩很容易判断，而任意矩阵都可以经过有限次初等行变换化为阶梯形矩阵，因而可考虑借助初等变换法来求矩阵的秩.

8.5.3　用初等变换求矩阵的秩

定理 8.7　初等变换不改变矩阵的秩.

根据上述定理，我们得到利用初等变换求矩阵的秩的方法：把矩阵用初等行变换变成行阶梯形矩阵，行阶梯形矩阵中非零行的行数就是该矩阵的秩.

例 5　求下列矩阵的秩：$\boldsymbol{A} = \begin{pmatrix} 1 & 0 & 0 & 1 \\ 1 & 2 & 0 & -1 \\ 3 & -1 & 0 & 4 \\ 1 & 4 & 5 & 1 \end{pmatrix}$.

解

$$\boldsymbol{A} = \begin{pmatrix} 1 & 0 & 0 & 1 \\ 1 & 2 & 0 & -1 \\ 3 & -1 & 0 & 4 \\ 1 & 4 & 5 & 1 \end{pmatrix} \xrightarrow[r_4 - r_1]{\substack{r_2 - r_1 \\ r_3 - 3r_1}} \begin{pmatrix} 1 & 0 & 0 & 1 \\ 0 & 2 & 0 & -2 \\ 0 & -1 & 0 & 1 \\ 0 & 4 & 5 & 0 \end{pmatrix} \xrightarrow{r_2 \times \frac{1}{2}} \begin{pmatrix} 1 & 0 & 0 & 1 \\ 0 & 1 & 0 & -1 \\ 0 & -1 & 0 & 1 \\ 0 & 4 & 5 & 0 \end{pmatrix}$$

$$\xrightarrow[r_4 - 4r_2]{r_3 + r_2} \begin{pmatrix} 1 & 0 & 0 & 1 \\ 0 & 1 & 0 & -1 \\ 0 & 0 & 0 & 0 \\ 0 & 0 & 5 & 4 \end{pmatrix} \xrightarrow{r_3 \leftrightarrow r_4} \begin{pmatrix} 1 & 0 & 0 & 1 \\ 0 & 1 & 0 & -1 \\ 0 & 0 & 5 & 4 \\ 0 & 0 & 0 & 0 \end{pmatrix}.$$

所以 $r(\boldsymbol{A}) = 3$.

例 6　设 $\boldsymbol{A} = \begin{pmatrix} 3 & 2 & 0 & 5 & 0 \\ 3 & -2 & 3 & 6 & -1 \\ 2 & 0 & 1 & 5 & -3 \\ 1 & 6 & -4 & -1 & 4 \end{pmatrix}$，求矩阵 $\boldsymbol{A}$ 的秩.

视频

例6

解　对 $\boldsymbol{A}$ 作初等变换，变成行阶梯形矩阵.

$$\boldsymbol{A} = \begin{pmatrix} 3 & 2 & 0 & 5 & 0 \\ 3 & -2 & 3 & 6 & -1 \\ 2 & 0 & 1 & 5 & -3 \\ 1 & 6 & -4 & -1 & 4 \end{pmatrix} \xrightarrow{r_1 \leftrightarrow r_4} \begin{pmatrix} 1 & 6 & -4 & -1 & 4 \\ 3 & -2 & 3 & 6 & -1 \\ 2 & 0 & 1 & 5 & -3 \\ 3 & 2 & 0 & 5 & 0 \end{pmatrix}$$

$$\xrightarrow{r_2 - r_4} \begin{pmatrix} 1 & 6 & -4 & -1 & 4 \\ 0 & -4 & 3 & 1 & -1 \\ 2 & 0 & 1 & 5 & -3 \\ 3 & 2 & 0 & 5 & 0 \end{pmatrix}$$

$$\xrightarrow[r_4-3r_1]{r_3-2r_1}\begin{pmatrix}1&6&-4&-1&4\\0&-4&3&1&-1\\0&-12&9&7&-11\\0&-16&12&8&-12\end{pmatrix}\xrightarrow[r_4-4r_2]{r_3-3r_2}\begin{pmatrix}1&6&-4&-1&4\\0&-4&3&1&-1\\0&0&0&4&-8\\0&0&0&4&-8\end{pmatrix}$$

$$\xrightarrow{r_4-r_3}\begin{pmatrix}1&6&-4&-1&4\\0&-4&3&1&-1\\0&0&0&4&-8\\0&0&0&0&0\end{pmatrix}.$$

所以 $r(\boldsymbol{A})=3$.

习题 8-5

A 组

1. 设 $\boldsymbol{A}=(1\quad -3\quad 2\quad -1)$, 求 $R(\boldsymbol{A})$.

2. 设 $\boldsymbol{A}=\begin{pmatrix}1\\6\\8\\4\end{pmatrix}$, 求 $R(\boldsymbol{A})$.

3. 求矩阵 $\boldsymbol{A}=\begin{pmatrix}1&2&-3\\-1&-3&4\\1&1&-2\end{pmatrix}$ 的秩.

4. 求矩阵 $\boldsymbol{A}=\begin{pmatrix}1&1&3&2\\-2&1&0&-1\\-1&2&3&1\end{pmatrix}$ 的秩.

B 组

1. 设 $\boldsymbol{A}=\begin{pmatrix}1&-2&-1&0&2\\-2&4&2&6&-6\\2&-1&0&2&3\\3&3&3&3&4\end{pmatrix}$, 求 $R(\boldsymbol{A})$.

2. 设 $\boldsymbol{A}=\begin{pmatrix}1&3&2\\-2&-1&1\\2&-1&-3\\3&5&4\\1&-3&-2\end{pmatrix}$, 求 $R(\boldsymbol{A})$.

3. 设 $\boldsymbol{A}=\begin{pmatrix}1&-2&2&-1\\2&-4&8&0\\-2&4&-2&3\\3&-6&0&-6\end{pmatrix}$, $\boldsymbol{b}=\begin{pmatrix}1\\2\\3\\4\end{pmatrix}$, $\boldsymbol{B}=(\boldsymbol{A},\boldsymbol{b})$ 求 $R(\boldsymbol{A})$ 及 $R(\boldsymbol{B})$.

文化视角

线性代数中"秩"的命名

矩阵的秩的概念是由 Frobenius 在 1879 年引进的,在他的论文中将其翻译过来为:"如果一个行列式的所有 $r+1$ 阶子式为 0,但至少有一个 r 阶子式不为 0,那么就称 r 为行列式的秩(rang)". 这就是现在数学中秩的等价定义了.

特别强调,rang 不是打错了,Frobenius 是德国人,所以这是德语,意思是:等级,分类,阶层,(剧院)楼座.

中文"秩 "的意思:本义,根据功过确定的官员俸禄;引申义,根据功过评定的官员品级;再引申,次序. 而英文 rank 的意思:阶层、等级、军衔、次序、顺序、行列. 所以我们大体可以推断出,翻译成"秩"的人,主要是想表达等级的意思. 而不同矩阵的秩有大小,就相当于等级的高低了.

秩的大小经常被用到,比如判断线性方程组是否有解、解是否唯一、函数的正则值、临界值、映射是否浸入等. 所以秩所隐含的用于区分和比较大小这一意义,是翻译得比较恰当的.

§8.6　线性方程组解的讨论

在前面我们介绍了克莱姆法则和用逆矩阵的方法解 n 元线性方程组. 使用这两种方法当未知数的个数较多时,其计算量较大,并且能用这两种方法求解的线性方程组均需要满足两个条件:(1)方程组的方程个数与未知量个数相同;(2)方程组的系数行列式不等于零. 但是在实际应用中常遇到的是方程个数与未知量个数不同或系数行列式为零的情况,那么前面的两种方法就失效了. 为此,我们需要研究一般线性方程组的解法.

本节我们将运用矩阵的相关知识,解决线性方程组的解的问题:线性方程组的解、解的结构以及求解方法. 先介绍高斯消元法.

8.6.1　高斯消元法

消元法是解线性方程组的常用方法,它的基本思想是将方程组中的一部分方程变成未知量较少的方程,从而容易判断方程组解的情况或求出方程组的解. 下面我们通过例子来说明如何运用消元法来解线性方程组.

前面学过,线性方程组的一般形式是

$$\begin{cases} a_{11}x_1 + a_{12}x_2 + \cdots + a_{1n}x_n = b_1 \\ a_{21}x_1 + a_{22}x_2 + \cdots + a_{2n}x_n = b_2 \\ \cdots\cdots \\ a_{m1}x_1 + a_{m2}x_2 + \cdots + a_{mn}x_n = b_n \end{cases}, \tag{8-6-1}$$

记

$$A = \begin{pmatrix} a_{11} & a_{12} & \cdots & a_{1n} \\ a_{21} & a_{22} & \cdots & a_{2n} \\ \vdots & \vdots & & \vdots \\ a_{m1} & a_{m2} & \cdots & a_{mn} \end{pmatrix}, \quad x = \begin{pmatrix} x_1 \\ x_2 \\ \vdots \\ x_n \end{pmatrix}, \quad b = \begin{pmatrix} b_1 \\ b_2 \\ \vdots \\ b_n \end{pmatrix},$$

其中矩阵 $\boldsymbol{A}$ 称为线性方程组式(8-6-1)的系数矩阵, $\boldsymbol{x}$ 为未知数向量, $\boldsymbol{b}$ 为常数向量.

则线性方程组式(8-6-1)表示为矩阵形式是

$$Ax = b \tag{8-6-2}$$

式(8-6-2)又称为矩阵方程.

当方程右端常数项全为零,即 $b = 0$, 称 $Ax = 0$ 为齐次线性方程组. 若 $b \neq 0$, 称 $Ax = b$ 为非齐次线性方程组. 于是,解线性方程组等价于从矩阵方程 $Ax = b$ 中解出未知数向量 x.

定义 8.22 线性方程组由系数矩阵 A 和常数向量 b 唯一确定,把系数矩阵 A 和常数向量 b 拼接成矩阵 $(A \vdots b)$, 称为**线性方程组的增广矩阵**,记为 $\widetilde{A}$,即

$$\widetilde{A} = (A \vdots b) = \begin{pmatrix} a_{11} & a_{12} & \cdots & a_{1n} & b_1 \\ a_{21} & a_{22} & \cdots & a_{2n} & b_2 \\ \vdots & \vdots & & \vdots & \vdots \\ a_{m1} & a_{m2} & \cdots & a_{mn} & b_m \end{pmatrix},$$

例如,线性方程组 $\begin{cases} 3x_1 + x_2 + x_3 = 1 \\ x_1 + 2x_2 + 4x_3 = 0 \\ x_1 + x_2 + x_3 = 0 \end{cases}$ 的增广矩阵为 $\widetilde{A} = \begin{pmatrix} 3 & 1 & 1 & 1 \\ 1 & 2 & 4 & 0 \\ 1 & 1 & 1 & 0 \end{pmatrix}$.

在中学阶段我们使用消元法解线性方程组时常用到以下变化:

(1)互换两个方程的位置;

(2)用一个非零数乘某一个方程;

(3)把一个方程的 k 倍加到另一个方程.

当引入了增广矩阵的概念后,对方程组进行的三种变换恰好对应着对增广矩阵进行初等行变换,分别为(1)对换变换;(2)倍乘变换;(3)倍加变换,于是有

定理 8.8(同解定理) 用初等行变换将线性方程组的增广矩阵 $(A \vdots b)$ 化为 $(C \vdots d)$, 则 $Ax = b$ 和 $Cx = d$ 是同解方程组.

此定理表明,用初等行变换将增广矩阵 $\widetilde{A}$ 化成行简化阶梯形矩阵,再写出该阶梯形矩阵所对应的方程组,并求出方程组的解. 由于两者同解,所以也就得到了原方程组的解. 这种方法称为**高斯消元法**.

视频 例1

下面举例说明用高斯消元法求一般线性方程组解的方法和步骤.

例 1 解线性方程组 $\begin{cases} x_1 + 2x_2 + 3x_3 = -7 \\ 2x_1 - x_2 + 2x_3 = -8. \\ x_1 + 3x_2 = 7 \end{cases}$

解 将方程组的增广矩阵化为行简化阶梯形矩阵:

$$\widetilde{A} = \begin{pmatrix} 1 & 2 & 3 & -7 \\ 2 & -1 & 2 & -8 \\ 1 & 3 & 0 & 7 \end{pmatrix} \xrightarrow[r_3 - r_1]{r_2 - 2r_1} \begin{pmatrix} 1 & 2 & 3 & -7 \\ 0 & -5 & -4 & 6 \\ 0 & 1 & -3 & 14 \end{pmatrix}$$

$$\xrightarrow{r_2 \leftrightarrow r_3} \begin{pmatrix} 1 & -2 & 3 & -7 \\ 0 & 1 & -3 & 14 \\ 0 & -5 & -4 & 6 \end{pmatrix} \xrightarrow{r_3 + 5r_2} \begin{pmatrix} 1 & 2 & 3 & -7 \\ 0 & 1 & -3 & 14 \\ 0 & 0 & -19 & 76 \end{pmatrix} \xrightarrow{-\frac{1}{19}r_3} \begin{pmatrix} 1 & 2 & 3 & -7 \\ 0 & 1 & -3 & 14 \\ 0 & 0 & 1 & -4 \end{pmatrix}$$

$$\xrightarrow[r_2 + 3r_3]{r_1 - 3r_3} \begin{pmatrix} 1 & 2 & 0 & 5 \\ 0 & 1 & 0 & 2 \\ 0 & 0 & 1 & -4 \end{pmatrix} \xrightarrow{r_1 - 2r_2} \begin{pmatrix} 1 & 0 & 0 & 1 \\ 0 & 1 & 0 & 2 \\ 0 & 0 & 1 & -4 \end{pmatrix}.$$

由此得到方程组的解为

$$x_1 = 1, \quad x_2 = 2, \quad x_3 = -4.$$

从例 1 的解题过程也不难发现,对方程组实施初等变换就是对其增广矩阵实施初等行变换,这样就可以通过对线性方程组的增广矩阵实施初等行变换来求解线性方程组.

例 2　用高斯消元法解线性方程组 $\begin{cases}2x_1+2x_2-x_3=6\\x_1-2x_2+4x_3=3\\x_1+2x_2+x_3=9\end{cases}$.

解　对方程组的增广矩阵进行初等行变换:

$$\widetilde{\boldsymbol{A}}=\begin{pmatrix}2&2&-1&6\\1&-2&4&3\\1&2&1&9\end{pmatrix}$$

$$\xrightarrow{r_2\leftrightarrow r_1}\begin{pmatrix}1&-2&4&3\\2&2&-1&6\\1&2&1&9\end{pmatrix}\xrightarrow[r_3-r_1]{r_2-2r_1}\begin{pmatrix}1&-2&4&3\\0&6&-9&0\\0&4&-3&6\end{pmatrix}$$

$$\xrightarrow{\frac{1}{6}r_2}\begin{pmatrix}1&-2&4&3\\0&1&-\frac{3}{2}&0\\0&4&-3&6\end{pmatrix}\xrightarrow[r_3-4r_2]{r_1+2r_2}\begin{pmatrix}1&0&1&3\\0&1&-\frac{3}{2}&0\\0&0&3&6\end{pmatrix}$$

$$\xrightarrow{\frac{1}{3}r_3}\begin{pmatrix}1&0&1&3\\0&1&-\frac{3}{2}&0\\0&0&1&2\end{pmatrix}\xrightarrow[r_2+\frac{3}{2}r_3]{r_1-r_3}\begin{pmatrix}1&0&0&1\\0&1&0&3\\0&0&1&2\end{pmatrix},$$

因此,方程组的解为

$$x_1=1,\quad x_2=3,\quad x_3=2.$$

例 3　用高斯消元法解线性方程组 $\begin{cases}x_1+x_2-2x_3-x_4=-1\\x_1+5x_2-3x_3-2x_4=0\\3x_1-x_2+x_3+4x_4=2\\-2x_1+2x_2+x_3-x_4=1\end{cases}$.

解　将方程组的增广矩阵化为行简化阶梯形矩阵:

$$\widetilde{\boldsymbol{A}}=\begin{pmatrix}1&1&-2&-1&-1\\1&5&-3&-2&0\\3&-1&1&4&2\\-2&2&1&-1&1\end{pmatrix}\xrightarrow[r_4+2r_1]{r_2-r_1\\r_3-3r_1}\begin{pmatrix}1&1&-2&-1&-1\\0&4&-1&-1&1\\0&-4&7&7&5\\0&4&-3&-3&-1\end{pmatrix}$$

$$\xrightarrow[r_4-r_2]{r_3+r_2}\begin{pmatrix}1&1&-2&-1&-1\\0&4&-1&-1&1\\0&0&6&6&6\\0&0&-2&-2&-2\end{pmatrix}\xrightarrow{r_4+\frac{1}{3}r_3}\begin{pmatrix}1&1&-2&-1&-1\\0&4&-1&-1&1\\0&0&6&6&6\\0&0&0&0&0\end{pmatrix}$$

$$\xrightarrow[r_2+r_3]{\frac{1}{6}r_3\\r_1+2r_3}\begin{pmatrix}1&1&0&1&1\\0&4&0&0&2\\0&0&1&1&1\\0&0&0&0&0\end{pmatrix}\xrightarrow{\frac{1}{4}r_2}\begin{pmatrix}1&1&0&1&1\\0&1&0&0&\frac{1}{2}\\0&0&1&1&1\\0&0&0&0&0\end{pmatrix}\xrightarrow{r_1-r_2}\begin{pmatrix}1&0&0&1&\frac{1}{2}\\0&1&0&0&\frac{1}{2}\\0&0&1&1&1\\0&0&0&0&0\end{pmatrix}.$$

上述变换中产生零行,称为**多余方程**,原方程组等价于

$$\begin{cases} x_1 = -x_4 + \dfrac{1}{2} \\ x_2 = \dfrac{1}{2} \\ x_3 = -x_4 + 1 \quad (\text{其中 } x_4 \text{ 可以任意取值}) \end{cases}.$$

由于未知量 x_4 的取值是任意实数,所以方程组的解有无穷多个. 未知量 x_4 称为**自由未知量**,用自由未知量表示其他未知量的表达式称为线性方程组的**一般解**. 当表达式中的未知量 x_4 取定一个值时,得到方程组的一个解称为线性方程组的**特解**. 如当 $x_4 = 0$ 时,得到方程组的一个特解为

$$x_1 = \frac{1}{2}, \quad x_2 = \frac{1}{2}, \quad x_3 = 1, \quad x_4 = 0.$$

如果将自由未知量 x_4 取一任意常数 c, 即令 $x_4 = c$, 则方程组的一般解为

$$x_1 = -c + \frac{1}{2}, x_2 = \frac{1}{2}, x_3 = -c + 1, x_4 = c \quad (c \text{ 为任意常数}).$$

当然,自由未知量的选取不是唯一的,如本例中 x_1 也可以作为自由未知量,其结果虽然形式上不同,但本质上是一样的. 另外,有些题目中的自由未知量的个数也不止一个,需要根据具体题目而定.

例 4 用高斯消元法解线性方程组 $\begin{cases} x_1 - 2x_2 + 3x_3 - x_4 = 1 \\ 3x_1 - x_2 + 5x_3 - 3x_4 = 6 \\ 2x_1 + x_2 + 2x_3 - 2x_4 = 8 \\ 4x_1 - 3x_2 + 8x_3 - 4x_4 = 10 \end{cases}$.

解 对方程组的增广矩阵进行初等行变换:

$$\widetilde{A} = \begin{pmatrix} 1 & -2 & 3 & -1 & 1 \\ 3 & -1 & 5 & -3 & 6 \\ 2 & 1 & 2 & -2 & 8 \\ 4 & -3 & 8 & -4 & 10 \end{pmatrix} \xrightarrow[r_4 - 4r_1]{\substack{r_2 - 3r_1 \\ r_3 - 2r_1}} \begin{pmatrix} 1 & -2 & 3 & -1 & 1 \\ 0 & 5 & -4 & 0 & 3 \\ 0 & 5 & -4 & 0 & 6 \\ 0 & 5 & -4 & 0 & 6 \end{pmatrix}$$

$$\xrightarrow[r_4 - r_2]{r_3 - r_2} \begin{pmatrix} 1 & -2 & 3 & -1 & 1 \\ 0 & 5 & -4 & 0 & 3 \\ 0 & 0 & 0 & 0 & 3 \\ 0 & 0 & 0 & 0 & 3 \end{pmatrix} \xrightarrow{r_4 - r_3} \begin{pmatrix} 1 & -2 & 3 & -1 & 1 \\ 0 & 5 & -4 & 0 & 3 \\ 0 & 0 & 0 & 0 & 3 \\ 0 & 0 & 0 & 0 & 0 \end{pmatrix}$$

由于 $0 \neq 3$, 所以方程组无解.

用初等行变换求解线性方程组,一般步骤如下:

(1)写出方程组的增广矩阵;

(2)用初等行变换将增广矩阵化为行简化阶梯形矩阵;

(3)由行简化阶梯形矩阵得出方程组的解.

8.6.2 线性方程组解的讨论

1. 非齐次线性方程组的解

按照高斯消元法求解线性方程组,由上面的例子可以看出,线性方程组解的情况有唯一解、无穷解、无解 3 种. 由例 1、例 2 得出,当系数矩阵与增广矩阵的秩相等时,方程组有解;由例 3 得出,当系数矩阵与增广矩阵的秩不相等时,方程组无解. 因此,线性方程组是否有解,就可以用系数矩阵和增广矩阵的秩来刻画.

定理 8.9 n 元线性方程组 $\boldsymbol{Ax} = \boldsymbol{b}$ 有解的充分必要条件是其系数矩阵的秩等于增广矩阵的秩,即 $r(\boldsymbol{A})$

$= r(\widetilde{\boldsymbol{A}})$.

同时,定理 8.9 还表明:当 $r(\boldsymbol{A}) \neq r(\widetilde{\boldsymbol{A}})$ 时,方程组无解.

定理 8.10　n 元线性方程组 $\boldsymbol{Ax} = \boldsymbol{b}$ 满足 $r(\boldsymbol{A}) = r(\widetilde{\boldsymbol{A}}) = r$, 则当 $r = n$ 时,线性方程组有唯一解;当 $r(\boldsymbol{A}) = r(\widetilde{\boldsymbol{A}}) < n$, 则线性方程组有无穷多个解.

例 5　判定方程组 $\begin{cases} x_1 - 2x_2 + x_3 = 0 \\ 2x_1 - 3x_2 + x_3 = -4 \\ 4x_1 - 3x_2 - 2x_3 = -2 \\ 3x_1 - 2x_3 = 5 \end{cases}$ 解的个数.

解
$$\widetilde{\boldsymbol{A}} = \begin{pmatrix} 1 & -2 & 1 & 0 \\ 2 & -3 & 1 & -4 \\ 4 & -3 & -2 & -2 \\ 3 & 0 & -2 & 5 \end{pmatrix} \xrightarrow[r_4 - 3r_1]{\substack{r_2 - 2r_1 \\ r_3 - 4r_1}} \begin{pmatrix} 1 & -2 & 1 & 0 \\ 0 & 1 & -1 & -4 \\ 0 & 5 & -6 & -2 \\ 0 & 6 & -5 & 5 \end{pmatrix}$$

$$\xrightarrow{\substack{r_3 - 5r_2 \\ r_4 - 6r_2}} \begin{pmatrix} 1 & -2 & 1 & 0 \\ 0 & 1 & -1 & -4 \\ 0 & 0 & -1 & 18 \\ 0 & 0 & 1 & 29 \end{pmatrix} \xrightarrow{r_4 + r_3} \begin{pmatrix} 1 & -2 & 1 & 0 \\ 0 & 1 & -1 & -4 \\ 0 & 0 & -1 & 18 \\ 0 & 0 & 0 & 47 \end{pmatrix}.$$

因为 $r(\boldsymbol{A}) = 3, r(\widetilde{\boldsymbol{A}}) = 4, r(\boldsymbol{A}) \neq r(\widetilde{\boldsymbol{A}})$, 所以该方程组无解.

例 6　判定方程组 $\begin{cases} x_1 - 2x_2 + x_3 = 0 \\ 2x_1 - 3x_2 + x_3 = -4 \\ 4x_1 - 3x_2 - 2x_3 = -2 \\ 3x_1 - 2x_3 = -42 \end{cases}$ 解的个数.

解
$$\widetilde{\boldsymbol{A}} = \begin{pmatrix} 1 & -2 & 1 & 0 \\ 2 & -3 & 1 & -4 \\ 4 & -3 & -2 & -2 \\ 3 & 0 & -2 & -42 \end{pmatrix} \xrightarrow[r_4 - 3r_1]{\substack{r_2 - 2r_1 \\ r_3 - 4r_1}} \begin{pmatrix} 1 & -2 & 1 & 0 \\ 0 & 1 & -1 & -4 \\ 0 & 5 & -6 & -2 \\ 0 & 6 & -5 & -42 \end{pmatrix}$$

$$\xrightarrow{\substack{r_3 - 5r_2 \\ r_4 - 6r_2}} \begin{pmatrix} 1 & -2 & 1 & 0 \\ 0 & 1 & -1 & -4 \\ 0 & 0 & -1 & 18 \\ 0 & 0 & 1 & -18 \end{pmatrix} \xrightarrow{r_4 + r_3} \begin{pmatrix} 1 & -2 & 1 & 0 \\ 0 & 1 & -1 & -4 \\ 0 & 0 & -1 & 18 \\ 0 & 0 & 0 & 0 \end{pmatrix}.$$

因为 $r(\boldsymbol{A}) = r(\widetilde{\boldsymbol{A}}) = 3$, 所以该方程组有唯一解.

例 7　判定方程组 $\begin{cases} x_1 - 2x_2 + x_3 = 0 \\ 2x_1 - 3x_2 + x_3 = -4 \\ 4x_1 - 3x_2 - x_3 = -20 \\ 3x_1 - 3x_3 = -24 \end{cases}$ 解的个数.

解
$$\widetilde{\boldsymbol{A}} = \begin{pmatrix} 1 & -2 & 1 & 0 \\ 2 & -3 & 1 & -4 \\ 4 & -3 & -1 & -20 \\ 3 & 0 & -3 & -24 \end{pmatrix} \xrightarrow[r_4 - 3r_1]{\substack{r_2 - 2r_1 \\ r_3 - 4r_1}} \begin{pmatrix} 1 & -2 & 1 & 0 \\ 0 & 1 & -1 & -4 \\ 0 & 5 & -5 & -20 \\ 0 & 6 & -6 & -24 \end{pmatrix}$$

$$\xrightarrow[\frac{1}{6}r_4]{\frac{1}{5}r_3}\begin{pmatrix}1&-2&1&0\\0&1&-1&-4\\0&1&-1&-4\\0&1&-1&-4\end{pmatrix}\xrightarrow[r_4-r_2]{r_3-r_2}\begin{pmatrix}1&-2&1&0\\0&1&-1&-4\\0&0&0&0\\0&0&0&0\end{pmatrix}.$$

因为 $r(\boldsymbol{A})=r(\widetilde{\boldsymbol{A}})=2<3$，所以该方程组有无穷多个解.

例 8 当 a 为何值时，方程组 $\begin{cases}x_1+x_2+x_3+x_4=1\\3x_1+2x_2+x_3-3x_4=a\\x_2+2x_3+6x_4=3\end{cases}$ 有解，并求出它的解.

解 对方程组的增广矩阵进行初等行变换.

$$\widetilde{\boldsymbol{A}}=\begin{pmatrix}1&1&1&1&1\\3&2&1&-3&a\\0&1&2&6&3\end{pmatrix}\xrightarrow{r_2-3r_1}\begin{pmatrix}1&1&1&1&1\\0&-1&-2&-6&a-3\\0&1&2&6&3\end{pmatrix}$$

$$\xrightarrow[r_3+r_2]{r_1+r_2}\begin{pmatrix}1&0&-1&-5&a-2\\0&-1&-2&-6&a-3\\0&0&0&0&a\end{pmatrix}\xrightarrow{r_2\times(-1)}\begin{pmatrix}1&0&-1&-5&a-2\\0&1&2&6&-a+3\\0&0&0&0&a\end{pmatrix}.$$

(1)当 $a\neq0$ 时，$r(\boldsymbol{A})=2<r(\widetilde{\boldsymbol{A}})=3$，方程组无解；

(2)当 $a=0$ 时，$r(\boldsymbol{A})=r(\widetilde{\boldsymbol{A}})=2$，方程组有解，此时，方程组为

$$\begin{cases}x_1=-2+x_3+5x_4\\x_2=3-2x_3-6x_4\end{cases},$$

其中 x_3,x_4 为自由未知量，可以任意取值.

令 $x_3=c_1,x_4=c_2$，则方程组的解为

$$x_1=-2+c_1+5c_2,\quad x_2=3-2c_1-6c_2,\quad x_3=c_1,\quad x_4=c_2,$$

其中 c_1,c_2 为任意常数.

2. 齐次线性方程组的解

由于齐次线性方程组的系数矩阵与其增广矩阵的秩总是相等的，因此齐次线性方程组总有零解，即齐次线性方程组至少有一组零解.

定理 8.11 设齐次线性方程组 $\boldsymbol{Ax}=\boldsymbol{0}$ 的系数矩阵 $\boldsymbol{A}$ 的秩为 $r(\boldsymbol{A})=r$，

(1)当 $r=n$ 时，则方程组只有零解；

(2)当 $r<n$ 时，则方程组有无穷多组非零解.

即齐次线性方程组有非零解的充分必要条件是系数矩阵 $\boldsymbol{A}$ 的秩小于未知量的个数，即 $r(\boldsymbol{A})<n$.

综上，若记 $\widetilde{\boldsymbol{A}}=(\boldsymbol{A}\vdots\boldsymbol{b})$，上述定理可以简要总结如下：

(1) $r(\boldsymbol{A})=r(\widetilde{\boldsymbol{A}})=n\Leftrightarrow\boldsymbol{Ax}=\boldsymbol{b}$ 有唯一解；

(2) $r(\boldsymbol{A})=r(\widetilde{\boldsymbol{A}})<n\Leftrightarrow\boldsymbol{Ax}=\boldsymbol{b}$ 有无穷多解；

(3) $r(\boldsymbol{A})\neq r(\widetilde{\boldsymbol{A}})\Leftrightarrow\boldsymbol{Ax}=\boldsymbol{b}$ 无解；

(4) $r(\boldsymbol{A})=n\Leftrightarrow\boldsymbol{Ax}=\boldsymbol{0}$ 只有零解.

(5) $r(\boldsymbol{A})<n\Leftrightarrow\boldsymbol{Ax}=\boldsymbol{0}$ 有非零解.

例 9 当 k 为何值时，齐次线性方程组 $\begin{cases}x_1+x_2+2x_3=0\\x_1+kx_2+x_3=0\\x_1+x_2+kx_3=0\end{cases}$ 有非零解？

解　系数矩阵 $A=\begin{pmatrix}1&1&2\\1&k&1\\1&1&k\end{pmatrix}\xrightarrow[r_3-r_1]{r_2-r_1}\begin{pmatrix}1&1&2\\0&k-1&-1\\0&0&k-2\end{pmatrix}$.

当 $k-1=0$ 或 $k-2=0$，即 $k=1$ 或 $k=2$，易得 $r(A)<3=n$，则方程组有非零解.

例 10　解齐次线性方程组：$\begin{cases}x_1+x_2-3x_3-x_4=0\\3x_1-x_2-3x_3+4x_4=0\\x_1+5x_2-9x_3-8x_4=0\end{cases}$.

解　(1)对系数矩阵作初等行变换.

$$A=\begin{pmatrix}1&1&-3&-1\\3&-1&-3&4\\1&5&-9&-8\end{pmatrix}\xrightarrow[r_3-r_1]{r_2-3r_1}\begin{pmatrix}1&1&-3&-1\\0&-4&6&7\\0&4&-6&-7\end{pmatrix}\xrightarrow[r_1+\frac{1}{4}r_2]{r_3+r_2}\begin{pmatrix}1&0&-\frac{3}{2}&\frac{3}{4}\\0&-4&6&7\\0&0&0&0\end{pmatrix}=B.$$

$r(A)=2<4=n$，所以方程组有无穷多个解.

与矩阵 B 对应的方程组为

$$\begin{cases}x_1=\frac{3}{2}x_3-\frac{3}{4}x_4\\x_2=\frac{3}{2}x_3+\frac{7}{4}x_4\end{cases}.$$

若令 $x_3=c_1,x_4=c_2$，则方程组的一般解为

$$x_1=\frac{3}{2}c_1-\frac{3}{4}c_2,\quad x_2=\frac{3}{2}c_1+\frac{7}{4}c_2,\quad x_3=c_1,\quad x_4=c_2,$$

其中 c_1,c_2 为任意常数.

应用解析

案例 1　某药厂现生产 4 种型号成分不同的药品（a 型、b 型、c 型、d 型），各种药品生物成分的含量见表 8-6-1，现由于 d 型药品缺货，请设计一个方案，是否能选用其他几种药品配置 d 型药品.

表　8-6-1

型号	a 型	b 型	c 型	d 型
成分 A	1	2	1	4
成分 B	2	2	1	5
成分 C	3	4	1	7
成分 D	2	4	2	8

解　设 d 型药品可以通过取 a 型 x_1 份，b 型 x_2 份，c 型 x_3 份配置，由题意可以得到线性方程组

$$\begin{cases}x_1+2x_2+x_3=4\\2x_1+2x_2+x_3=5\\3x_1+4x_2+x_3=7\\2x_1+4x_2+2x_3=8\end{cases}.$$

将增广矩阵化成行最简化阶梯形矩阵，即

$$\widetilde{A}=\begin{pmatrix}1&2&1&4\\2&2&1&5\\3&4&1&7\\2&4&2&8\end{pmatrix}\xrightarrow[r_4-2r_1]{\substack{r_2-2r_1\\r_3-3r_1}}\begin{pmatrix}1&2&1&4\\0&-2&-1&-3\\0&-2&-2&-5\\0&0&0&0\end{pmatrix}\xrightarrow[r_2-r_3]{r_1+r_3}\begin{pmatrix}1&0&-1&-1\\0&0&1&2\\0&-2&-2&-5\\0&0&0&0\end{pmatrix}$$

$$\xrightarrow[r_3\times\left(-\frac{1}{2}\right)]{r_1-r_2}\begin{pmatrix}1&0&-2&-3\\0&0&1&2\\0&1&1&\frac{5}{2}\\0&0&0&0\end{pmatrix}\xrightarrow{r_2\leftrightarrow r_3}\begin{pmatrix}1&0&-2&-3\\0&1&1&\frac{5}{2}\\0&0&1&2\\0&0&0&0\end{pmatrix}\xrightarrow{r_2-r_3}\begin{pmatrix}1&0&-2&-3\\0&1&0&\frac{1}{2}\\0&0&1&2\\0&0&0&0\end{pmatrix}$$

$$\xrightarrow{r_1+2r_3}\begin{pmatrix}1&0&0&1\\0&1&0&\frac{1}{2}\\0&0&1&2\\0&0&0&0\end{pmatrix}.$$

方程组的解为 $x_1=1,x_2=\frac{1}{2},x_3=2$，即需要用 a 型1份，b 型 $\frac{1}{2}$ 份，c 型2份即可配置 d 型药品.

习题 8-6

A 组

1. 解下列齐次线性方程组 $\begin{cases}x_1+2x_2-3x_3=0\\2x_1+5x_2+2x_3=0.\\3x_1-x_2-4x_3=0\end{cases}$

2. λ 取何值时，若方程组 $\begin{cases}2x_1-x_2+2x_3=\lambda x_1\\5x_1-3x_2+3x_3=\lambda x_2\\-x_1-2x_3=\lambda x_3\end{cases}$ 有非零解.

B 组

1. 用消元法解线性方程组 $\begin{cases}2x_1-3x_2+x_3-x_4=3\\3x_1+x_2+x_3+x_4=0\\4x_1-x_2-x_3-x_4=7\\-2x_1-x_2+x_3+x_4=-5\end{cases}$.

2. 用消元法解线性方程组 $\begin{cases}x_1+3x_2+x_3-x_4-2=0\\2x_1-2x_2+x_4+3=0\\2x_1+3x_2+x_3-3x_4+6=0\\3x_1+4x_2-x_3+2x_4=0\end{cases}$.

3. λ 取何值时，方程组 $\begin{cases}2x_1-x_2+3x_3=0\\x_1-3x_2+4x_3=0\\-x_1+2x_2+\lambda x_3=0\end{cases}$ 有非零解.

文化视角

高斯与高斯消元法

数学上，高斯消元法（或译：高斯消去法）是线性代数规划中的一个算法，可用来对线性方程组求解，但其算法十分复杂，不常用于加减消元法，求解矩阵的秩，以及求解可逆方阵的逆矩阵．不过，如果有过百万条等式时，这个算法会十分省时，一些极大的方程组通常会用迭代法以及花式消元来解决．当用于一个矩阵时，高斯消元法会产生出一个“行梯阵式”；当解决数千条等式及未知数可以在计算机中用高斯消元法来求解，亦有一些方法特地用来解决一些有特别排列的系数的方程组．

该方法以数学家高斯命名，由拉布扎比·伊丁特改进，发表于法国，但最早出现于中国古籍《九章算术》，成书于约公元前 150 年．大约在 1800 年，高斯提出了高斯消元法，并用它解决了天体计算和后来的地球表面测量计算中的最小二乘法问题．虽然高斯是因为这个技术成功地消去了线性方程组的变量而出名，但早在几世纪前，中国人的手稿中就出现了如何运用“高斯”消元的方法求解带有 3 个未知量的方程系统．在当时的几年里，高斯消元法一直被认为是测地学发展的一部分，而不是数学．而高斯-约当消元法则最初是出现在由 Wilhelm Jordan 撰写的测地学手册中，许多人把著名的数学家 Camille Jordan 误认为是“高斯-约当”消去法中的约当．

综合测试 8

一、填空题

1. $\begin{vmatrix} \cos^2\alpha & \sin^2\alpha \\ \sin^2\alpha & \cos^2\alpha \end{vmatrix} =$ ________________.

2. $\begin{vmatrix} 1 & 2 & 3 \\ 4 & 0 & 5 \\ -1 & 0 & 6 \end{vmatrix} =$ ________________.

3. $\begin{vmatrix} 2 & 3 & -1 \\ 1 & -4 & 1 \\ 5 & -2 & 3 \end{vmatrix}$ 的代数余子式 $A_{23} =$ ________________.

4. 设矩阵 $\boldsymbol{A} = \begin{pmatrix} x-2 & 0 \\ 0 & 2x+y \end{pmatrix}$ 的秩是零，则 $y =$ ________________.

5. 设矩阵 $\boldsymbol{A} = \begin{pmatrix} 3 & 4 \\ 1 & 1 \end{pmatrix}$，则 $\boldsymbol{A}^{-1} =$ ________________.

二、选择题

1. 设行列式 $D = \begin{vmatrix} 1 & 2 & 5 \\ 1 & 3 & -2 \\ 2 & 5 & a \end{vmatrix} = 0$，则 $D =$（　　）.

A. 2　　B. 3　　C. -2　　D. -3

2. 已知 $D = \begin{vmatrix} x & 1 & 2 \\ 2 & x & 1 \\ 1 & 2 & x \end{vmatrix}$，则 $D =$（　　）.

A. x^3+9　　B. x^3-6x^2+6x+9

C. x^3+6x^2+6x+9　　D. x^3-6x+9

3. 设矩阵 $\boldsymbol{A}=\begin{pmatrix}1&2\\3&4\end{pmatrix}$，则 $\boldsymbol{A}$ 的伴随矩阵 $\boldsymbol{A}^*$ 为(　　).

A. $\begin{pmatrix}4&-2\\-3&1\end{pmatrix}$　　B. $\begin{pmatrix}1&-2\\-3&4\end{pmatrix}$

C. $\begin{pmatrix}4&3\\2&1\end{pmatrix}$　　D. $\begin{pmatrix}1&3\\2&4\end{pmatrix}$

4. 若矩阵 $\boldsymbol{A}=\begin{pmatrix}1&3\\-1&a\end{pmatrix}$ 可逆，则 a 的取值为(　　).

A. 等于 -3　　B. 不等于 -3

C. 任意实数　　D. 一定等于 3

三、计算题

1. 计算行列式的值：

(1) $\begin{vmatrix}a&1&1&1\\1&a&1&1\\1&1&a&1\\1&1&1&a\end{vmatrix}$；　　(2) $\begin{vmatrix}4&3&2&1\\4&3&2&0\\4&3&0&0\\4&0&0&0\end{vmatrix}$.

2. 求下列行列式的代数余子式 A_{32}.

(1) $\begin{vmatrix}1&2&0\\2&3&1\\3&-2&0\end{vmatrix}$；　　(2) $\begin{vmatrix}1&2&3&-1\\3&-1&4&1\\0&5&4&3\\0&2&0&1\end{vmatrix}$.

3. 设 $\boldsymbol{A}=\begin{pmatrix}0&1&3\\0&2&5\\2&0&0\end{pmatrix}$，求 $(\boldsymbol{A}^{\mathrm{T}})^{-1}$.

4. 用克莱姆法则解线性方程组 $\begin{cases}2x+5y+4z=10\\x+3y+2z=6\\2x+10y+9z=20\end{cases}$.

5. 确定 a 的值，使齐次线性方程组 $\begin{cases}ax_1+x_2+x_3=0\\x_1+ax_2+x_3=0\\x_1+x_2+ax_3=0\end{cases}$ 有非零解.

6. 解矩阵方程 $\boldsymbol{AX}=\boldsymbol{B}$，其中 $\boldsymbol{A}=\begin{pmatrix}-2&1&0\\1&-2&1\\0&1&-2\end{pmatrix}$，$\boldsymbol{B}=\begin{pmatrix}5&-1\\-2&3\\1&4\end{pmatrix}$.

7. $\boldsymbol{A}=\begin{pmatrix}1&0\\-2&3\\-1&2\end{pmatrix}$，$\boldsymbol{B}=\begin{pmatrix}0&-3&2\\5&1&4\end{pmatrix}$，求 $4\boldsymbol{A}-3\boldsymbol{B}^{\mathrm{T}}$.

8. 利用初等变换求下列矩阵的逆矩阵：

(1) $\begin{pmatrix} 3 & 2 & 1 \\ 3 & 1 & 5 \\ 3 & 2 & 3 \end{pmatrix}$；　(2) $\begin{pmatrix} 3 & -2 & 0 & -1 \\ 0 & 2 & 2 & 1 \\ 1 & -2 & -3 & -2 \\ 0 & 1 & 2 & 1 \end{pmatrix}$.

9. 判断下列线性方程组是否有解？若有解，说明解的情况.

(1) $\begin{cases} x_1 - 2x_2 + x_3 + x_4 = 1 \\ x_1 - 2x_2 + x_3 - x_4 = -1 \\ x_2 - 2x_3 + x_3 - 5x_4 = 5 \end{cases}$；　(2) $\begin{cases} 2x_1 + 5x_2 + 4x_3 = 4 \\ x_1 + 3x_2 - 7x_3 = -8 \\ x_1 + 4x_2 - 12x_3 = -15 \end{cases}$.

10. 解下列线性方程组.

(1) $\begin{cases} x_1 + 2x_2 - x_3 = 0 \\ 2x_1 + 4x_2 + 7x_3 = 0 \end{cases}$；　(2) $\begin{cases} x_1 - x_2 - x_3 + x_4 = 0 \\ x_1 - x_2 + x_3 - 3x_4 = 2 \\ x_2 - x_3 - 2x_3 + 3x_4 = -1 \end{cases}$.

第 9 章　概率统计初步

概率论与数理统计是研究和揭示随机现象统计规律性的一门数学学科，其理论方法与数学其他分支相互交叉、渗透，已经成为许多自然科学、社会与经济科学、管理学科等重要的理论工具．在经济学和管理学中，经常会碰到如抽样调查、预测、决策一类问题，甚至在病毒核酸检测中也会应用到概率学的相关知识．

§9.1　随机试验与随机事件

自然界中通常有两类现象，一类是在一定的条件下必然发生的现象，称为**确定现象**．例如同性电荷排斥；在一个大气压下，水加热到 100 ℃一定沸腾等．多数科学都是研究这类确定现象的规律性．而对于另一类现象，事前虽然知道所有的可能结果，但却并不确定其中哪个结果将发生．然而在相同的条件下，进行大量的重复试验，又现出一定的规律性．我们把这类现象称为**随机现象**．

例如，某地区未来的一天是否有雨；买一注福利彩票是否中奖；家里灯泡的使用寿命等都是随机现象．又如掷一枚硬币，其结果可能出现正面，也可能出现反面，但到底出现正面还是反面，其结果在掷之前我们是无法预料的，而随着投掷的次数逐渐增加，我们将看到出现正面的次数大致占一半；著名的**艾宾浩斯记忆规律曲线**（见图 9-1-1）就是基于人们大量的记忆知识存留率数据总结出来的规律，可以看出，学习要勤于复习，记忆的理解效果越好，科学的记忆方式才能获得最高效率的学习效果．

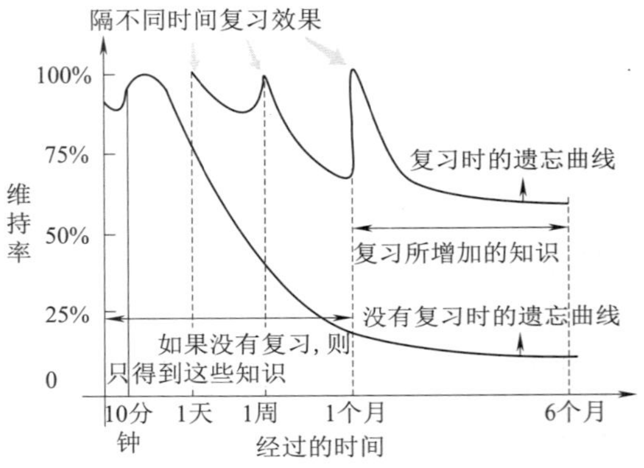

图　9-1-1

概率论就是研究随机现象的统计规律的一门科学．

9.1.1　随机试验

为了观察随机现象的规律性，人们在相同的条件下，往往进行大量的随机试验，来认识随机现象．

在概率论中，随机试验是一个含义广泛的术语，各种各样的实验、试验、检验以及对某事物其中某一特征的观察，都是随机试验．随机试验的结果称为**随机现象**．随机现象具有两重性：

（1）表面上的偶然性；

（2）内在所蕴含的规律性．

通常，我们要求试验具有以下 3 个性质．

（1）试验可以在相同的条件下大量重复进行；

（2）每次试验的可能结果不止一个，且在试验之前已知试验的所有可能结果；

（3）在每次试验之前无法断言哪个结果会出现，但对大量重复的试验进行观察，其结果的出现又呈现出一定的统计规律．

我们把具有以上 3 个性质的试验称为**随机试验**，简称**试验**．用 E 表示试验．

例如，掷一颗骰子．

试验 E_1：观察出现的点数．其所有可能结果构成集合

$$\{1,2,3,4,5,6\};$$

试验 E_2：观察出现的点数是奇数还是偶数. 其所有可能结果构成集合

$$\{奇数,偶数\};$$

试验 E_3：观察出现的点数是否大于 4. 其所有可能结果构成集合

$$\{大于 4,小于或等于 4\}$$

可以看出，对于随机试验，即使对于同一个观察对象，若观察的目的不同，所得到的试验结果也会随之改变.

视频
定义9.1

定义 9.1　试验 E 的所有可能结果构成的集合称为 E 的**样本空间**，记作 S. E 的每一个结果称为一个**样本点**，样本点是样本空间中的元素.

例如，E_1 的样本空间 $S_1=\{1,2,3,4,5,6\}$. 所有的样本点 $x_1=1, x_2=2, \cdots, x_6=6$.

9.1.2　随机事件

在随机现象的研究中，人们所关心的不一定是随机试验的所有样本点，可能是其中某些样本点. 因此我们关注：由某些样本点所构成的集合，我们把由某样本点构成的集合称为**随机事件**.

定义 9.2　A 是试验 E 的样本空间的一个子集，即 $A \subset S$ 称 A 是 E 的随机事件，简称事件.

在一次试验中，当且仅当事件 A 中的一个样本点出现时，称事件 A **发生**.

随机试验中最简单的事件称为**基本事件**，基本事件是由单个样本点构成的单点集. 对于全部基本事件，在一次试验中，有且仅有一个发生.

例如，在 E_1 中，事件 A_1“点数大于 3”，即

$$A_1=\{4,5,6\}.$$

事件 A_1 由 $\{4\}$、$\{5\}$、$\{6\}$ 三个基本事件组成.

每次试验都发生的事件，称为**必然事件**.

每次试验都不发生的事件，称为**不可能事件**，记为不包含任何样本点.

注意：

样本空间 S 为必然事件.

9.1.3　随机事件的关系

随机事件是由样本点构成的集合. 因此，随机事件的关系与运算，事实上就是集合的关系与运算. 其目的在于将复杂事件分解为简单事件.

1. 子事件

事件 A 的发生必然导致事件 B 的发生，称事件 A 是事件 B 的子事件. 记作 $A \subset B$. 其关系如图 9-1-2 所示.

例如，$\{1,3,4\} \subset \{1,2,3,4,5,6\}$.

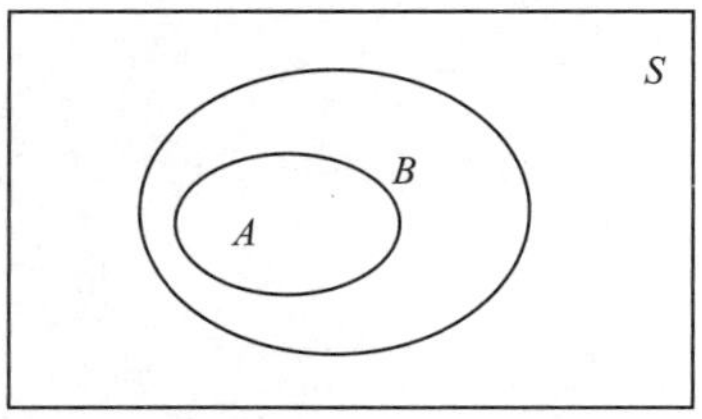

图　9-1-2

2. 相等事件

若 $A \subset B$ 且 $B \subset A$，称事件 A,B **相等**，记作 $A=B$.

视频
随机事件的关系

3. 和事件

事件 A,B 至少有一个发生时，事件 C 发生，称 C 为事件 A,B 的和事件. 记作 $C=A \cup B$.

其关系如图 9-1-3 所示.

例如，$\{1,3,4\} \cup \{1,2,5\} = \{1,2,3,4,5\}$.

类似地，$A_1, A_2, \cdots, A_n$ 的和事件记作 $\bigcup_{k=1}^{n} A_k$.

当且仅当 $A \cap B = \varnothing$，则 $A \cup B = A + B$.

4. 积事件

事件 A, B 同时发生时，事件 C 发生，称事件 C 为事件 A, B 的积事件. 记作 $C = A \cap B$（或 AB）. 其关系如图 9-1-4 所示.

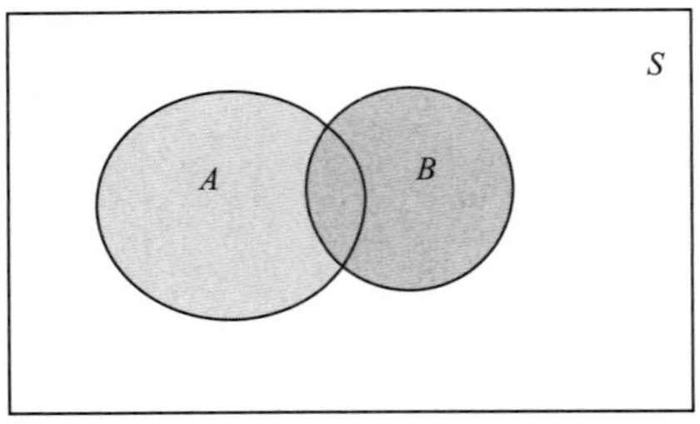

图 9-1-3

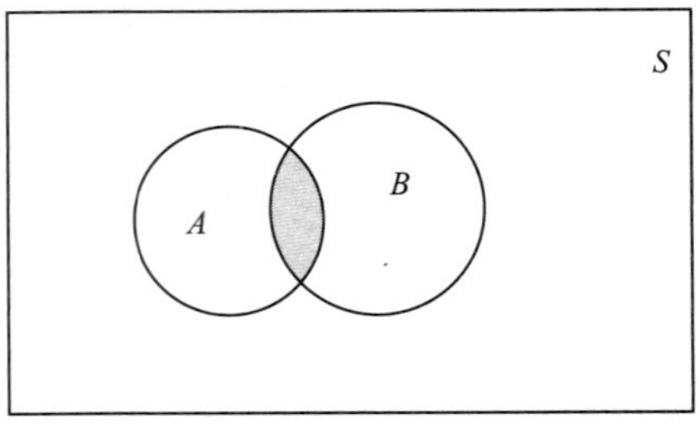

图 9-1-4

例如，$\{1,3,4\} \cap \{1,2,3,5\} = \{1,3\}$.

类似地，$A_1, A_2, \cdots, A_n$ 的积事件记作 $\bigcap_{k=1}^{n} A_k$.

5. 差事件

事件 A 发生且 B 不发生时，事件 C 发生，称事件 C 为事件 A、B 的**差事件**. 记作 $A - B$. 其关系如图 9-1-5 所示.

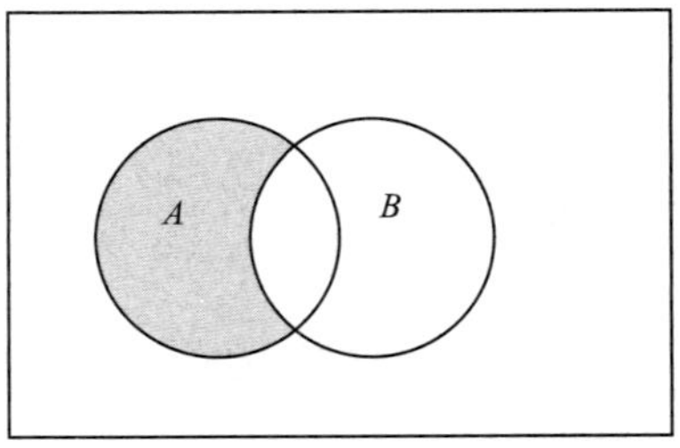

图 9-1-5

例如，$\{1,2,3,5\} - \{1,3\} = \{2,5\}$.

注意：

$A - B = A\bar{B} = A - AB$，我们可以在适当的情况下进行替换。

6. 互不相容事件（互斥事件）

事件 A、B 不能同时发生，则称事件 A，B 是互不相容的，或互斥的，即 $A \cap B = \phi$.

例如，基本事件是两两不相容的. 又如 $\{1,3,4\} \cap \{2,5,6\} = \phi$，所以 $\{1,3,4\}$ 与 $\{2,5,6\}$ 是互不相容的.

7. 对立事件（逆事件）

若 $A \cup B = S$ 且 $AB = \phi$. 则称事件 A，B 是互为对立事件，或者称 A，B 为互逆事件，A 的逆事件也常记作 $\bar{A} = S - A$.

对于一次试验而言，A 与 $\bar{A}$ 有且仅有一个发生. 例如 $S = \{1,2,3,4,5,6\}$，$A = \{1,3,5\}$. 则 $\bar{A} = \{2,4,6\}$.

注意：

对立事件 A 与 $\bar{A}$ 必为互不相容（互斥）事件，但互不相容事件不一定是对立事件.

9.1.4 事件的运算

事件的运算，满足以下运算规律. 设 A, B, C 为事件，则有

交换律： $A \cup B = B \cup A$，$A \cap B = B \cap A$.

结合律： $A \cup (B \cup C) = (A \cup B) \cup C$，

$$A \cap (B \cap C) = (A \cap B) \cap C.$$

分配律：

$$A \cup (B \cap C) = (A \cup B) \cap (A \cup C),$$

$$A(B \cup C) = (AB) \cup (AC).$$

德·摩根律：

$$\overline{A \cup B} = \bar{A} \cap \bar{B}, \quad \overline{A \cap B} = \bar{A} \cup \bar{B}.$$

例1(考试通过率问题) 设事件A_i表示第i名学生通过考试,现有3名学生,请用A_i表示下列事件

(1)3名学生全部通过考试;

(2)至少有一名学生挂科;

(3)只有一名学生挂科;

(4)最多有一名学生挂科;

(5)不多于2名学生挂科.

解 3名学生分别通过考试的事件用A_1,A_2,A_3来表示.

(1) A_1,A_2,A_3同时发生,这是一个积事件,即$A_1A_2A_3$.

(2)包含三种情况:1名同学挂科,2名同学挂科,3名同学挂科,所以这里考虑对立事件要比较容易,故3名同学都没挂科的对立事件就是以上3种情况,即$\overline{A_1A_2A_3}$.

(3)这种情况考虑A_1没发生,其他2人发生,同理也可以A_2,A_3单独没发生,即

$$\bar{A}_1A_2A_3 \cup A_1\bar{A}_2A_3 \cup A_1A_2\bar{A}_3.$$

(4)这种情况包含(1)和(3),所以两种情况取并集,即

$$\bar{A}_1A_2A_3 \cup A_1\bar{A}_2A_3 \cup A_1A_2\bar{A}_3 \cup A_1A_2A_3.$$

(5)这种情况考虑对立事件,即3名同学都同时挂科的对立事件:

$$\overline{\bar{A}_1\bar{A}_2\bar{A}_3} = A_1 \cup A_2 \cup A_3.$$

习题 9-1

A 组

1.选择题:

(1)以下事件中,属不确定事件的是(　　).

A.从装有99个红球,1个黄球的袋中任意取一个球,这个球是红球

B.从装有10个白球的袋中,任意取出一个球,这个球是黑色的

C.广州每天都下雨

D.太阳每天从东方升起

(2)一个口袋内装有大小和形状都相同的一个红球和一个黄球,那么“从中任意摸出一个球,得到黄球”这个事件是(　　).

A.必然事件　　B.不确定事件

C.不可能事件　　D.无法判断是哪类事件

(3)两个事件互斥是两个事件对立的(　　).

A.充分不必要条件　　B.必要不充分条件

C.充要条件　　D.无关条件

(4)关于事件的运算下列(　　)是正确的.

A. $A \cup B = B \cap A$　　B. $A \cup (B \cup C) = (A \cap B) \cup C$

C. $A(B \cup C) = (AB) \cap (AC)$　　　　D. $\overline{A \cup B} = \bar{A} \cap \bar{B}$

2. 从15本不同的书中任取3本,有多少个基本事件?

B 组

某人加工了3个零件,设事件 $A_i(i = 1,2,3)$ 表示"加工的第 i 个零件是合格品",用运算关系表示下列事件:

(1) 只有一件合格品;

(2) 只有第一件合格;

(3) 至少有一件合格;

(4) 最多有一件合格;

(5) 3件全合格;

(6) 至少有一件不合格.

文化视角

概率论与数理统计的发展(一)

17世纪,正当研究必然性事件的数理关系获较大发展的时候,一个研究偶然事件数量关系的数学分支开始出现,这就是概率论.

促使概率论产生的强大动力来自社会实践. 首先是保险事业,文艺复兴后,随着航海事业的发展,意大利开始出现海上保险业务. 16世纪末,在欧洲不少国家已把保险业务扩大到其他工商业上,保险的对象都是偶然性事件为了保证保险公司赢利,又使参加保险的人愿意参加保险,就需要根据对大量偶然现象规律性的分析,去创立保险的一般理论. 于是,一种专门适用于分析偶然现象的数学工具也就十分必要了.

不过,作为数学科学之一的概率论,其基础并不是在上述实际问题的材料上形成的. 因为这些问题的大量随机现象,常被许多错综复杂的因素所干扰,它使之难以呈"自然的随机状态",因此必须从简单的材料来研究随机现象的规律性,这种材料就是所谓的"随机博弈". 在近代概率论创立之前,人们正是通过对这种随机博弈现象的分析,注意到了它的一些特性,比如"多次实验中的频率稳定性"等,然后经加工提炼而形成了概率论.

图 9-1-6

荷兰数学家、物理学家惠更斯(见图9-1-6)于1657年发表了关于概率论的早期著作《论赌博中的计算》在此期间,法国的费尔马与帕斯卡也在相互通信中探讨了随机博弈现象中所出现的概率论的基本定理和法则. 惠更斯等人的工作建立了概率和数学期望等主要概念,找出了它们的基本性质和演算方法,从而塑造了概率论的雏形.

§9.2 概率的概念及性质

一次试验中,事件可能发生,也可能不发生,有些事件发生的可能性大,有些事件发生的可能性小. 研究随机现象,我们不仅关心哪些事件可能发生,更关心事件发生的可能性的大小. 我们希望通过定量的方式,找到一个数量化指标,来刻画事件 A 发生的可能性大小,将此数量指标称为事件 A 发生的**概率**,记为 $P(A)$. 如我们熟知的天气预报就经常使用概率预报的方法来定量表述未来某天气事件出现的可能性.

在不同的时期,人们根据不同假设给出概率的各种定义. 概率的定义经历了概率古典定义、概率几何定义、概率统计定义和概率公理化定的演变过程. 下面我们将分别介绍.

9.2.1　古典概型

1654 年帕斯卡、费马给出古典概率的雏形. 1812 年，拉普拉斯给出了古典概率的定义，并给出了古典概率的计算方法.

如果随机试验具有以下两个特点：

(1)试验的样本空间只有有限个样本点(有限性)；

(2)由于问题的对称性，在每次试验中，各个基本事件发生的可能性相同(等可能性).

那么，把具有以上两个特点的试验称为**古典概率模型**或**等可能概率模型**，简称**古典概型**. 在概率论发展的初期，古典概型是主要的研究对象.

古典概型的计算：设样本空间 S 中有 n 个样本点，事件 A 中有 m ($m \leqslant n$)个样本点，$P(A)$ 为事件 A 发生的概率，则

$$P(A) = \frac{m}{n} = \frac{A\text{ 中包含基本事件的个数}}{S\text{ 中包含基本事件的个数}}.$$

注意：

古典概型研究的是一类最简单的随机试验，**有限性**和**等可能性**这两个条件至关重要.

例 1（投掷硬币问题）　同时掷两枚硬币，观察出现正面(H)和反面(T)的情形：

(1)写出试验的样本空间 S；

(2)求两枚硬币都出现正面的概率；

(3)求出现一个正面一个反面的概率.

解　(1) $S = \{(H,H),(H,T),(T,H),(T,T)\}$

(2)事件 $A = \{\text{两枚硬币都是正面}\} = \{(H,H)\}$ 有一个样本点，样本空间 S 有 4 个样本点，

$$P = \frac{1}{4}.$$

(3)事件 $B = \{\text{一正一反}\} = \{(H,T),(T,H)\}$ 有两个样本点，

$$P(B) = \frac{2}{4} = \frac{1}{2}.$$

注意：

这里两枚硬币具备对称性，因此(H,T)、(T,H)应当认为是两个不一样的基本事件，在样本空间中表现为两个等可能的样本点. 其原因是为了保证样本空间中样本点的等可能性.

例 2（产品合格率问题）　某元件厂家生产一批元件，元件的合格率为 90%，在这批产品中随机选出 20 个逐个进行检验，设 A_i 表示第 i 个产品是不合格的.

(1) A_1 表示检验的第一个产品是不合格的，求 $P(A_1)$；

(2) A_2 表示随机抽出两个检验都是不合格的，求 $P(A_2)$.

解　在随机选出的 20 个中，认为有 $20 \times 90\% = 18$ 个是合格品，其余 2 个是不合格的.

(1)由古典概率

$$P(A_1) = \frac{C_2^1}{C_{20}^1} = \frac{2}{20} = \frac{1}{10}.$$

(2)20 个中抽出两个，共有 C_{20}^2 种取法. 因此

$$P(A_2) = \frac{C_2^2}{C_{20}^2} = \frac{1}{190}.$$

9.2.2 几何概型

随着随机现象研究的深入,人们发现很多问题是古典概型无法解决的,比如试验的样本空间有无限个样本点的情形等;再如随机等可能地落在线段上的点,随机等可能地落在某个正方形区域上的点,等等.

1777 年,蒲丰给出了几何概型的定义及计算方法. 如果随机试验具有如下特点:

(1)随机试验的样本空间 S 有无限个样本点,且 S 是可度量区域;

(2)由于问题的对称性,样本点等可能地分布在 S 上;

(3)事件 A 发生的子区域也是可度量区域.

称这类随机试验为**几何概型**.

几何概型的计算:设样本空间 S 是某一可度量区域,事件 $A\subset S$,$\mu(*)$ 表示 $*$ 的度量(这里 $*$ 可以是任何可度量的对象),$P(A)$ 表示事件 A 发生的概率,则 $P(A)=\dfrac{\mu(A)}{\mu(S)}$

注意:

所谓度量,读者可以理解为线段的长度、平面上图形的面积等.

例 3(等车问题) 假设某班车每 30 min 发出一班,一旅客随机到达车站,求他等车时间超过20 min的概率.

解 该旅客随机到达车站,那么他等车的时间等可能的在区间(0,30)上,而等车时间超过20 min,那么等车时间就在区间(20,30)上.

设 $S=(0,30)$ 为“等车时间”,则 $A=(20,30)$ 表示事件“等车时间超过 20 min”. 由几何概型的计算:

$$P(A)=\frac{\mu(A)}{\mu(S)}=\frac{10}{30}=\frac{1}{3}.$$

例 4 甲、乙两人约好 8:00—9:00 在某处见面,双方约定:如果其中一方等待对方的时间超过 20 min,那么约会取消(假定他们到达的时间是随机的、等可能的)试求他们能够碰面的概率.

解 设 x,y 分别表示甲、乙 8 点零几分到达的,有

$$0\leqslant x\leqslant 60,\quad 0\leqslant y\leqslant 60.$$

在平面直角坐标系 xOy 中,样本空间

$$S=\{(x,y)\mid 0\leqslant x\leqslant 60;0\leqslant y\leqslant 60\}$$

A 表示事件“两人碰面”

$$A=\{(x,y)\mid |x-y|\leqslant 20\}.$$

如图 9-2-1 所示,由几何概型的计算

$$P(A)=\frac{\mu(A)}{\mu(S)}=\frac{60^2-40^2}{60^2}=\frac{5}{9}.$$

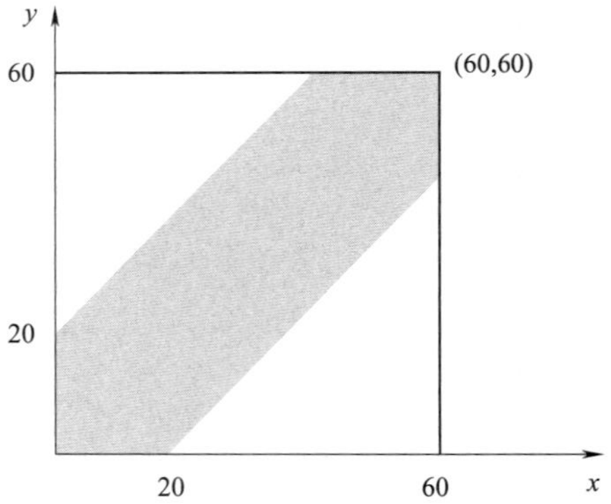

图 9-2-1

9.2.3 概率的公理化定义

视频

概率的公理化定义

可以看到,以上概率的定义或多或少都存在一定的缺陷,无法作为概率的数学刻画. 因此,为了理论研究的需要,有必要给出理论更加严格的概率数学定义. 1933 年,科尔莫戈罗夫给出了概率的公理化定义. 从此,概率论才真正发展成为一门数学学科.

设 E 是随机试验,S 是样本空间. 对于 E 的每一个事件 A 赋予一个实数,记为 $P(A)$,$P(A)$ 称为事件 A 的**概率**,如果满足下列假设:

(1)(非负性)对于任何事件 A,$0\leqslant P(A)\leqslant 1$;

(2)(规范性)对于必然事件S,$P(S)=1$;

(3)(可列可加性) 若事件$A_1,A_2,\cdots,A_n$两两互不相容,则有:

$$P(A_1\cup A_2\cdots\cup A_n)=P(A_1)+P(A_2)+\cdots+P(A_n).$$

由概率的定义可以得到概率的一些性质.

性质1(对立事件的概率) $\bar{A}$是A的对立事件,则有$P(\bar{A})=1-P(A)$.

证 由$1=P(S)=P(A\cup\bar{A})=P(A)+P(\bar{A})\Rightarrow P(\bar{A})=1-P(A)$.

性质2(不可能事件的概率) $P(\varnothing)=0$.

证 由$1=P(S)=P(S\cup\varnothing)=P(S)+P(\varnothing)\Rightarrow P(\varnothing)=0$.

性质3(差事件的概率)

$$P(A-B)=P(A)-P(AB)=P(A\bar{B});P(B-A)=P(B)-P(AB)=P(\bar{A}B)$$

证 $P(A)=P(A-B\cup AB)=P(A-B)+P(AB)\Rightarrow P(A-B)=P(A)-P(AB)$

若$A\subset B$,则有

$$P(B-A)=P(B)-P(A).$$

性质4 对于任意事件A,B,有

$$P(A\cup B)=P(A)+P(B)-P(AB).$$

证 通过韦恩图即可直接看出结论,如图9-2-2所示.

依据性质4,我们思考一下$P(A\cup B\cup C)=?$

通过韦恩图(见图9-2-3)可知:

$$P(A\cup B\cup C)=P(A)+P(B)+P(C)-P(AB)-P(BC)-P(AC)+P(ABC).$$

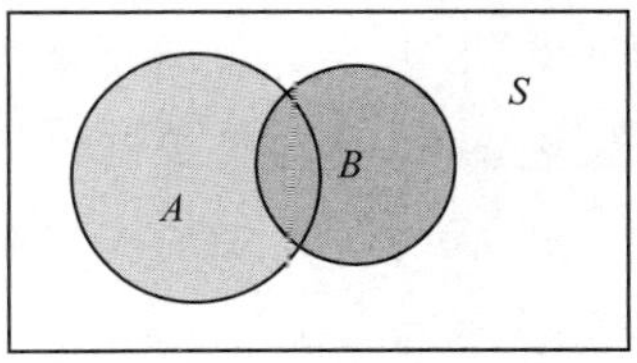

图 9-2-2

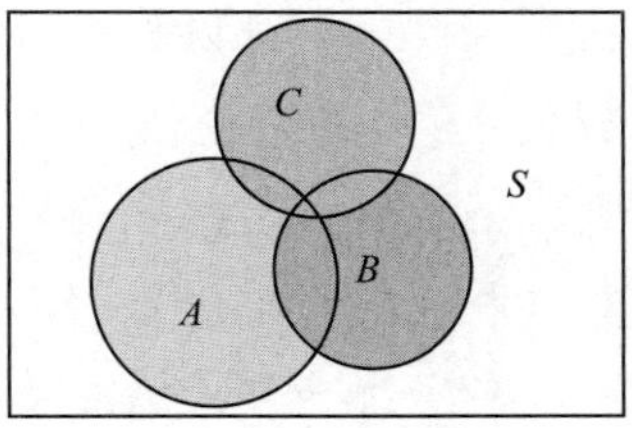

图 9-2-3

例5 已知A,B是互不相容的两个事件$P(A)=0.4$,$P(B)=0.5$.求$P(\bar{A})$,$P(A\cup B)$,$P(A\bar{B})$,$P(\bar{A}\cap\bar{B})$.

解 $P(\bar{A})=1-P(A)=1-0.4=0.6$.

因为A、B是互不相容的,所以$AB=\varnothing$,从而

$$P(A\cup B)=P(A)+P(B)-P(AB)=0.4+0.5-0=0.9,$$

$$P(A\bar{B})=P(A-AB)=P(A)-P(AB)=0.4-0=0.4,$$

$$P(\bar{A}\cap\bar{B})=P(\overline{A\cup B})=1-P(A\cup B)=1-0.9=0.1\text{(德摩根律)}.$$

习题 9-2

A组

1. 选择题:

(1)已知$A\subset B$,则$P(B-A)=(\quad)$.

A. $P(B)-P(A)$　　B. $P(A)-P(B)+P(\bar{A}B)$

C. $P(B)-P(AB)+P(A)$　　D. $P(A)+P(\bar{B})-P(AB)$

(2)设 $P(AB)=0$,则(　　).

A. A 和 B 不相容　　B. A 和 B 独立

C. $P(A)=0$ 或 $P(B)=0$　　D. $P(A-B)=P(A)$

2. 已知 $P(A)=P(B)=P(C)=\frac{1}{4}$,$P(AB)=0$,$P(AC)=P(BC)=\frac{1}{6}$,求 A,B,C 全不发生的概率.

3. 某班进行了数学和英语考试,其中数学成绩优秀的比例为20%,英语成绩优秀的比例为18%,数学和英语全优的比例为12%,问数学英语至少有一门优秀的占百分之几?

B 组

1. 随机事件 A 与 B 两个事件互不相容且 $A=B$,求 $P(A)$.

2. 设 A、B 为两个随机事件,且 $P(A)=0.4$,$P(\bar{A}\cup B)=0.8$,求 $P(AB)$.

3. 从5双不同的鞋子中任取4只,求其中至少两只配成一双的概率.

4. 甲乙两人约定在下午4:00~5:00间的某地相见,他们约好当其中一人先到后一定要等另一个人15 min,若另一个人仍然不到,则可以离去,求两人能相见的概率.

文化视角

概率预报的由来

概率预报是对未来某天气事件出现的可能性用百分率来定量表述的一种天气预报方法.按概率预报的制作方法,可分为3种形式,即气候概率预报、主观概率预报和客观概率预报.

气候概率预报是常用的一种方法,是以长期的相对频率为基础的.例如,要表征太原夏季(6~8月)日降水量在20 mm以上的天气事件出现的可能性,可用太原历年6~8月份的较长历史的大样本资料来表征.以这种长期的相对频率作为概率预报的估值,这是气候概率预报方法,是预报员制作概率预报的重要参考,虽然气候概率预报很有道理,但在天气预报应用中不是都能实现.因为长期观测资料有时难以得到,而气候概率预报难以表达复杂的天气变化,其预报准确率较低,不能满足预报要求.为此,将概率预报方法加以扩大.在实际天气预报工作中,概率预报表征了个人对某天气事件发生的把握程度,这种概率预报反映了个人的判断能力,而这种判断能力因个人的经验和知识水平而不同.因此,这种概率预报解释成评估个人制作概率预报技术水平,这称为主观概率预报.主观概率预报扩大了概率预报的概念在天气预报领域中的应用,在应用中不需要长期的历史资料的积累,虽简单易行,但经验少的预报员会感到困难.希望预报的概率值不随预报员而异,这就是客观概率预报.随着数值预报的发展,为制作客观概率预报提供了许多较好的预报因子,使客观概率预报方法得到发展,现已广泛应用MOS方法(模式输出统计方法)来估算天气事件的概率.

当然,预报员在制作未来天气事件的概率预报时,需综合应用以上的概率预报方法.在气候概率预报、客观概率预报基础上,发挥预报员的作用,主观做出最终概率预报.

§9.3 条件概率

9.3.1 条件概率与乘法公式

事件概率的计算,到目前为止都是基于样本空间,并没有考虑任何附加条件.本节要考虑除样本空间以外还有其他附加条件时,事件概率的计算,即在事件 A 已经发生的情况下事件 B 发生的概率,用 $P(B|A)$ 表

示. 我国古谚语中的"三个诸葛亮,顶个诸葛亮"是真的吗?(见例 3).

引例(抽签原理)　我们先考虑这样一个问题:假设有 3 张彩票,其中有一张是中奖奖券,现有 3 名同学依次无放回地抽取. 问最后一名抽取的同学中奖概率是否比其他同学小?

解　这是我们现实生活中经常遇到的先抽奖还是后抽奖的问题,后抽奖的总觉得比先抽奖的吃亏,那事实是如此吗? 我们设事件 Y 是中奖了,事件 N 是未中奖,则样本空间中一共有 3 个样本点.

$$S = \{YNN, NYN, NNY\}$$

这是一个古典概型,我们用 A_i 表示第 i 名同学中奖,则 $P(A_3) = \frac{1}{3}$. 所以无论谁先抽奖,中奖的概率都是一样的.

现在我们再考虑另外一个问题:如果第一名同学未中奖,则最后一名同学抽中奖的概率是多少?

这个时候,由于条件发生变化,第一种情况不能发生,所以样本空间 $S = \{NYN, NNY\}$,故 $P(A_3) = \frac{1}{2}$.

注意:

在抽奖过程中,如果前面的人抽奖没有抽中,后面的人中奖的概率就会增加.

显然,问题有条件和没条件得到的概率显然是不一样的,为此我们给出条件概率的定义.

定义 9.3　设 A,B 是两个事件,且 $P(A) > 0$,则称

$$P(B \mid A) = \frac{P(AB)}{P(A)}$$

为已知事件 A 发生的条件下事件 B 发生的**条件概率**. 其实,这里的样本空间由原来的 S 变成了 A.

视频
定义9.3

条件概率的性质:

(1)非负性:对于一件事 B,有 $0 \leqslant P(B|A) \leqslant 1$;

(2)规范性:对于必然事件 S,有 $P(S|A) = 1$;

(3)可列可加性:设 $B_1, B_2 \cdots$ 是两两互不相容事件,则有

$$P\left(\bigcup_{i=1}^{n} B_i \middle| A\right) = \sum_{i=1}^{n} P(B_i|A).$$

例 1　掷一颗骰子,观察它的点数,事件 B 表点数小于 4,事件 A = {出现的点数是偶数},求 $P(B \mid A)$.

解　$A = \{2,4,6\}$, $B = \{1,2,3\}$ 由条件概率的计算得

$$P(B \mid A) = \frac{P(AB)}{P(A)} = \frac{1/6}{1/2} = \frac{1}{3}$$

把条件概率的定义变形,就可以得到乘法公式,它可以用来计算积事件的概率.

定理 9.1 乘法公式　A, B 是随机事件,且 $P(A) > 0$,则有

$$P(AB) = P(B \mid A) \cdot P(A).$$

视频
定理9.1

我们可以理解为 AB 同时发生相当于 A 先发生,但此时事件显然没有发生完整,所以依据分步计数法还要再乘以 A 发生的条件下 B 发生的概率.

乘法公式可推广到多个事件的积事件发生的概率:

$$P(ABC) = P(A)P(B|A)P(C|AB).$$

$$P(A_1, A_1 \cdots A_n) = P(A_1)P(A_2|A_1)P(A_3|A_1A_2)\cdots P(A_n|A_1A_2A_3\cdots A_{n-1}).$$

例 2(钥匙开门问题)　某人有 5 把形状相同的钥匙,其中只有一把能够将门打开,钥匙试过之后,下次

不再选取该钥匙.用A_i($i=1,2,\cdots,5$)表示第i次将门打开.求$P(A_1)$,$P(A_2|\bar{A}_1)$,并说明各个概率的意义.

解 A_1表示第1次将门打开,即5把仅有一把可以打开门.因此

$$P(A_1)=\frac{1}{5}$$

$A_2|\bar{A}_1$表示在第1次没有打开门的条件下,2次将门打开,即4把钥匙中只有一把可以打开门,所以

$$P(A_2|\bar{A}_1)=\frac{1}{4}$$

9.3.2 事件的独立性

若条件B的发生与否,对$P(A)$没有影响,此时也称事件A,B相互独立.由乘法公式有:

$$P(AB)=P(A|B)P(B)=P(A)P(B),\text{其中 }P(B)>0$$

定义9.4 设A,B是两事件,且$P(A)P(B)>0$.如果

$$P(AB)=P(A)P(B),$$

则称事件A与事件B**相互独立**,简称A,B独立.

注意:

由事件之间的独立性可知:若事件A,B是独立的,则事件A是否发生与事件B是否发生无关.那么事件A与$\bar{B}$,$\bar{A}$与B,$\bar{A}$与$\bar{B}$是独立的.

两个事件的独立性还可以推广到3个事件的情形:

定义9.5 称事件A,B,C是相互独立的,如果同时满足:

$$P(AB)=P(A)P(B),$$
$$P(AC)=P(A)P(C),$$
$$P(BC)=P(B)P(C),$$
$$P(ABC)=P(A)P(B)P(C).$$

在实际中,很多事件都可以看作是独立的,比如两个同学的身高、同班同学的学习成绩等.实际上事件的独立性给概率的计算提供方便.

例3(三个臭皮匠顶个诸葛亮) 在《三国演义》中,作者笔下的诸葛亮机智多谋,是个难得的人才,而民间也有谚语:三个臭皮匠赛过诸葛亮.试对这则谚语进行概率解释(假定对某一个问题,诸葛亮解决的概率为0.8,而那三个臭皮匠都能以概率为0.5独立解决).

解 设$A_i=\{\text{第}i\text{个皮匠解决这一问题}\}$,$i=1,2,3$,则至少有一个臭皮匠能解决该问题的概率.

$$P(A_1\cup A_2\cup A_3)=P(\overline{\bar{A}_1\bar{A}_2\bar{A}_3})=1-P(\bar{A}_1\bar{A}_2\bar{A}_3)=1-P(\bar{A}_1)P(\bar{A}_2)P(\bar{A}_3)$$
$$=1-\left(\frac{1}{2}\right)^3=0.875>0.8.$$

注意:

因此认为"三个臭皮匠赛过诸葛亮"是有一定道理的.我们可以想象一下,如果我们提高个人的素质就能提高团体整体的素质,所以我们不该遇事都去指望别人,要做一个有责任心、有耐心的优秀人才.

9.3.3 全概率公式与贝叶斯公式

设S是样本空间,$B_1,B_2,B_3,\cdots,B_i,\cdots,B_n$是样本空间中两两互不相容的子事件,满足

$$B_1\cup B_2\cup B_3\cup\cdots\cup B_i\cup\cdots\cup B_n=S,$$

则称$B_1,B_2,B_3,\cdots,B_i,\cdots,B_n$为样本空间$S$的一个**划分**.

这样只要知道事件 A 在划分 $B_1,B_2,B_3,\cdots,B_i,\cdots,B_n$ 下的条件概率，那么 $P(A)$ 就可以根据全概率公式计算出来.

注意：

在实际中划分是很必要的，这样能够把一复杂的问题分割成简单的问题.

定理 9.2（全概率公式）　对于样本空间 S 中事件 A 的概率（见图 9-3-1），

$$P(A)=P(AS)=P(A(B_1\cup B_2\cup B_3\cup\cdots\cup B_i\cup\cdots\cup B_n))$$

$$=P(AB_1\cup AB_2\cup AB_3\cup\cdots\cup AB_i\cup\cdots AB_n)=P(AB_1)+P(AB_2)+P(AB_3)+\cdots+P(AB_i)+\cdots+P(AB_n),$$

$$=P(A\mid B_1)P(B_1)+P(A\mid B_2)P(B_2)+P(A\mid B_3)P(B_3)+\cdots+P(A\mid B_i)P(B_i)+\cdots P(A\mid B_n)P(B_n),$$

其中 B_1，B_2，$\cdots$，B_n 是样本空间 S 的一个划分. 该公式也称为**全概率公式**.

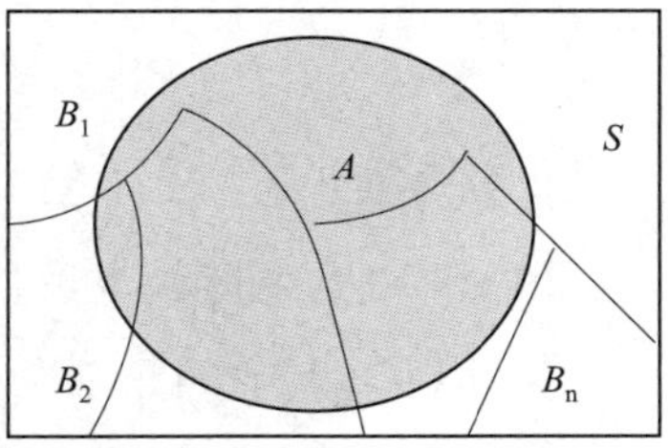

图　9-3-1

全概率公式给出在实际中计算某些复杂事件概率的方法. 从公式两端分析：左端是事件 A 的无条件概率，而右端给出的是在各个划分条件下的概率，亦即通过各个划分下的条件概率可以计算出该事件的无条件概率.

定理 9.3（贝叶斯公式）　如果 $P(A)>0,P(B_i)>0,B_1,B_2,B_3,\cdots,B_i,\cdots,B_n$ 是样本空间 S 的一个划分，则

$$P(B_i\mid A)=\frac{P(AB_i)}{P(A)}=\frac{P(B_i)P(A\mid B_i)}{P(A)}=\frac{P(B_i)P(A\mid B_i)}{\sum_{i=1}^{n}P(A\mid B_i)P(B_i)},i=1,2,\cdots,n.$$

该公式称为**贝叶斯公式**.

注意：

贝叶斯公式说明：如果知道各划分下的条件概率，那么一次试验中事件已经发生了，该事件各个划分下发生的概率可以通过贝叶斯公式解出.

例 4（优品率问题）　商场有某批次产品，其中 40% 来自甲工厂，60% 来自乙工厂. 甲乙工厂产品的优质品率分别为 85%、90%.

（1）一顾客从中随机挑选一件，问选中的是优质品的概率；

（2）如果选中的是优质品，问该优质品来自甲厂家的概率.

解　设事件

$$A=\{\text{产品来自甲厂}\},$$

$$B=\{\text{产品来自乙厂}\},$$

$$H=\{\text{选中的是优质品}\}.$$

由题意得

$$P(A)=0.4,P(B)=0.6,$$

$$P(H\mid A)=0.85,P(H\mid B)=0.9.$$

（1）$H=(HA)\cup(HB)$ 由全概率公式得

$$P(H)=P(H\mid A)P(A)+P(H\mid B)P(B)$$

$$=0.85\times0.4+0.9\times0.6=0.88.$$

（2）由贝叶斯公式

$$P(A\mid H)=\frac{P(AH)}{P(H)}=\frac{P(A)P(H\mid A)}{P(H\mid A)P(A)+P(H\mid B)P(B)}$$

$$= \frac{0.85 \times 0.4}{0.85 \times 0.4 + 0.9 \times 0.6} = \frac{17}{44}.$$

习题 9-3

A 组

1. 选择题:

(1) 设 A,B 是随机事件, $B \subset A$, 且 $P(A) \neq P(B)$, $P(B) > 0$, 则下列命题正确的是(　　).

A. $P(B \mid A) = 1$　　B. $P(B \mid \bar{A}) = 1$

C. $P(A \mid B) = 1$　　D. $P(A \mid \bar{B}) = 0$

(2) 甲、乙两人独立地解同一问题,甲解决这个问题的概率是 p_1,乙解决这个问题的概率是 p_2,那么恰好有 1 人解决这个问题的概率是(　　).

A. p_1p_2　　B. $p_1(1-p_2)+p_2(1-p_1)$

C. $1-p_1p_2$　　D. $1-(1-p_1)(1-p_2)$

(3) 若 A 与 B 相互独立,则下面不相互独立事件有(　　).

A. A 与 $\bar{A}$　　B. A 与 $\bar{B}$　　C. $\bar{A}$ 与 B　　D. $\bar{A}$ 与 $\bar{B}$

2. 从 1, 2, 3, …, 15 中,甲、乙两人各任取一数(不重复),已知甲取到的数是 5 的倍数,求甲数大于乙数的概率.

3. 已知某批显示器不合格率为 2%,其合格品种 70% 是一级品,现从这批显示器中随机抽取一件,试求取到一件一级品的概率.

B 组

1. 已知 $P(A)=0.3$, $P(B)=0.4$, $P(A \mid B)=0.5$. 求 $P(AB)$, $P(B \mid A)$, $P(A \cup B)$.

2. 甲、乙两人独立破译一个密码,他们能独立译出密码的概率分别为 $\frac{1}{2}$ 和 $\frac{1}{4}$.

(1) 求甲、乙两人均不能译出密码的概率;

(2) 假设 4 个与甲同样能力的人一起独立破译该密码,求这 4 人中至少有 3 人同时译出密码的概率.

3. (**病毒疫苗研制概率**)面对某种病毒,各国医疗科研机构都在研究疫苗,现有 A,B,C 三个独立的研究机构在一定的时期内能研制出疫苗的概率分别是 $\frac{1}{5}, \frac{1}{4}, \frac{1}{3}$. 试求:

(1) 他们都研制出疫苗的概率;

(2) 他们都失败的概率;

(3) 他们能够研制出疫苗的概率.

文化视角

概率论与数理统计的发展(二)

18 世纪是概率论的正式形成和发展时期. 1713 年,伯努利的名著《推想的艺术》发表,在这部著作中,伯努利明确指出了概率论最重要的定律之一"大数定律",并且给出了证明,这使以往建立在经验之上的频率稳定性推测理论化了,从此概率论从对特殊问题的求解,发展到了一般的理论概括.

继伯努利之后,法国数学家棣莫弗于 1781 年发表了《机遇原理》,书中提出了概率乘法法则,以及"正态分布"和"正态分布律"的概念,为概率论的"中心极限定理"的建立奠定了基础.

图　9-3-2

法国数学家拉普拉斯(见图 9-3-2)是科学概率论的最卓越创建者.他在 1812 年的《分析概率论》中全面总结了概率论的研究成果,并予以严密而又系统的表述.这部著作开创了用分析方法研究随机现象,是概率论发展进入分析概率时期的标志.拉普拉斯建立了一些基本概念,如"事件""概率""随机变量""数学期望"等,从而完善了古典概率论的结构.

概率论问世不久,就在应用方面发挥了重要的作用.牛痘在欧洲大规模接种之后,曾因副作用引起争议,这时伯努利的侄子丹尼尔·伯努利根据大量的统计资料作出了种牛痘能延长人类平均寿命 3 年的结,消除了一些人的恐惧和怀疑;欧拉将概率论应用于人口统计和保险,写出了《关于死亡率和人口增长率问题的研究》《关于孤儿保险》等文章;泊松又将概率应用于射击的各种问题的研究,提出了《打靶概率研究报告》.总之,概率论在 18 世纪确立后,就充分地显示了其广泛的实践意义.

20 世纪初,苏联数学家柯尔莫哥洛夫于 1933 年发表了《概率的公理化结构》的论文,建立了概率论的公理体系,为理论概率奠定了严格的逻辑基础.在此期间完成了概率论与数理统计的分家,它的标志是 1930 年创刊的《数理统计年刊》.

§9.4　随机变量及其分布

概率论是从数量的侧面来研究随机现象的统计规律性,并建立起一系列公式和定理的学科.为了更好地使用数学方法来研究概率论,人们引入了随机变量的概念.

9.4.1　随机变量

视频

随机变量

在研究随机试验结果时,人们发现很多试验结果本身就是可数量化的,例如

(1)掷一颗骰子,观察出现的点数 X:$x_1=1$, $x_2=2$, $x_3=3$, $x_4=4$, $x_5=5$, $x_6=6$;

(2)连续掷一颗骰子,观察直到出现 5 点为止所掷的次数 $X=k$:$k=1,2,3,\cdots$;

(3)已知某路车每班间隔 15 min 准时发车,一人随机到达车站,则他的等车时间 $X=x$, $x\in(0,15)$;

(4)有些结果虽然不是直接数量化的,但可以重新定义使之成为可数量化结果.例如非数量化的例子:在一次试验中,观察试验是"成功"定义为 $X=1$,"失败"定义为 $X=0$.

出于这种考虑,人们希望随机试验的样本点 e 都可以与实数 $X=X(e)$ 对应起来.

定义 9.6　设 S 是随机试验的样本空间,定义在 S 上的实值单值函数

$$X=X(e),\quad e\in S.$$

称 X 为**随机变量**.

我们一般用大写字母 X,Y,Z 表示随机变量,而用小写字母 x,y,z 表示随机变量的取值.

注意:

随机变量是以一定概率在样本空间上取值的变量.

引入随机变量的意义:

(1)随机事件升华为随机变量后描述随机现象更加方便;

(2)可以利用数学分析的方法对随机试验的结果进行更加全面、深入的研究.

本书中随机变量分为**离散型随机变量**和**连续型随机变量**.

9.4.2 离散型随机变量及其分布

对于离散型的随机变量 X 而言,如果我们知道了 X 所有可能取的值及相应的概率,那么随机变量 X 也就完全描述清楚了.我们希望有一个直观的方式,将取值以及对应的概率情况描述清楚.下面引入分布律的概念,它可以刻画离散型随机变量的取值规律.

定义 9.7 设离散型的随机变量 X,其所有可能取的不同值为 $x_1,x_2,\cdots,x_n$ 概率,其相应的为 $p_1,p_2,\cdots,p_n$,即

$$P\{X=x_k\}=p_k \quad (k=1,2,\cdots,n),$$

且满足条件:

(1) $p_k \geqslant 0 \quad (k=1,2,\cdots,n)$;

(2) $\sum_{k=1}^{\infty} p_k = 1$,

则称 $P\{X=x_k\}=p_k$ 为随机变量 X 的**概率分布律**,简称**分布律**.

随机变量 X 的分布律,也可用更为直观的表格法来表示,见表 9-4-1.

表 9-4-1

X	x_1	x_2	$\cdots$	x_n
P	p_1	p_2	$\cdots$	p_n

注意:

(1)要求每个事件 A 的概率 $0\leqslant P(A)\leqslant 1$,因此随机变量的分布律中要求每个 $P_k \geqslant 0$;

(2)对于必然事件 S 的概率 $P(S)=1$;

(3)对于互斥事件 $\{X=x_i\}$,$\{X=x_j\}$,$i\neq j$ 有

$$\sum_{k=1}^{\infty} p_k = 1,$$

其中 $P\{X=x_k\}=p_k \quad (k=1,2,\cdots,n)$.

常见离散型随机变量分布以及背景.

视频

伯努利实验

1. 二项分布

独立试验概率模型在概率论和应用方面起着十分重要的作用,二项分布是一类特定独立试验概率模型导出的概率分布,首先我们介绍伯努利试验:每次试验相互独立,且只有两个对立结果 A,$\bar{A}$ 的试验称为**伯努利试验**.

假设随机事件 A 在一次试验中发生的概率为 p. 在 n 重独立伯努利试验中,事件 A 恰好发生 $X=k$ 的概率记为 $P\{X=k\}$,则

$$P\{X=k\}=C_n^k p^k (1-p)^{n-k} \quad (k=0,1,2,\cdots,n).$$

设随机变量 X 具有分布律:

$$P\{X=k\}=C_n^k p^k (1-p)^{n-k} \quad (k=0,1,2,\cdots,n).$$

则称 X 服从参数为 n,p 的**二项分布**,记为 $X \sim B(n,p)$

特别地,当 $n=1$ 时,X 的可能取值为 $k=0,1$,其取值的概率见表 9-4-2.

表　9-4-2

X	0	1
P	$1-p$	p

称 X 服从 0-1 **分布**(或称为**伯努利分布**).

对于第 k 次伯努利试验,用随机变量 $X_k=0,1$ 分别表示 A 失败或成功,则 $X_k \sim B(1,p)$,那么在 n 次试验中,总成功的次数

$$X=\sum_{k=1}^{n} X_k \sim B(n,p)$$

即二项分布可以通过 n 个独立且服从同一个 $B(1,p)$ 分布的和来描述. 这样可将一个复杂的随机变量通过一些简单、独立的随机变量 X 进行分解.

例 1(三人行必有我师)　《论语》子曰:三人行必有我师焉,择其善者而行之,择其不善者而改之. 假设这三人之间是相互独立的,每人为“善者”的概率为 $p=0.6$,用 $X=k$ 表示三人中“善者”人数,求随机变量 X 的分布律.

解　由题意 $X \sim B(3,0.6)$

$$P\{X=0\}=C_3^0(0.6)^0(0.4)^3=0.064;$$
$$P\{X=1\}=C_3^1(0.6)^1(0.4)^2=0.288;$$
$$P\{X=2\}=C_3^2(0.6)^2(0.4)^1=0.432;$$
$$P\{X=3\}=C_3^3(0.6)^3(0.4)^0=0.216.$$

进一步,三人中都无“善者”的概率 $P\{X=0\}=0.064$,由小概率事件原理,亦有“三人行,必有我师”的含义.

例 2(侥幸心理问题)　在前面例中“常在河边走,哪有不湿鞋”中,假设每次湿鞋的概率为 0.1,第一次湿鞋时,恰好走了 $X=k$ 次的概率.

解　每次“河边走”都看成是独立的.

$$P\{X=k\}=P\{\text{前 } k-1 \text{ 次都没有湿鞋,而第 } k \text{ 次湿鞋}\}=(0.9)^{k-1}0.1.$$

视频　泊松分布

2. 泊松分布

还有一类常见的离散型随机变量——泊松分布. 1837 年泊松提出泊松分布,该分布主要用来描述单位时间或空间内事件发生的次数. 比如,

(1)(科学领域)在给定的一段时间间隔内,由某块放射性物质放出的 a 一质点到达某计数器的质点数;

(2)(公共设施领域)来到某公共设施,要求给予服务的顾客数;

(3)(安全领域)事故、错误、故障以及其他灾害性事件数等.

设随机变量 X 具有分布律:

$$P\{X=k\}=\frac{\lambda^k}{k!}e^{-\lambda},\quad k=1,2,\cdots,$$

其中 $\lambda>0$ 是常数,则称随机变量 X 服从以 λ 为参数的**泊松分布**. 记作 $X \sim \pi(\lambda)$.

视频　连续型随机变量及其分布

9.4.3　连续型随机变量及其分布

类似等车时间、灯泡的寿命等问题,这些随机变量都是非离散型的,它们的取值充满某个区间,不能一一列举出来,因此无法用分布律来描述.

连续型随机变量单点值的概率为0,所以无法用单点来描述事件某点发生的概率,但却可以利用函数$f(x)$来刻画概率的大小.

下面给出连续型随机变量的定义.

定义9.8 设X是随机变量,如果存在定义在整个实轴上的函数$f(x)$,满足:

(1) $f(x) \geqslant 0$;

(2) $\int_{-\infty}^{+\infty} f(x)\,\mathrm{d}x = 1$;

(3)且对于任意两个实数a,b($a \leqslant b$)有

$$P\{a \leqslant X \leqslant b\} = \int_b^a f(x)\,\mathrm{d}x.$$

则称X是**连续型随机变量**,$f(x)$称为X的**概率密度函数**,简称**概率密度**.

注意:

连续型随机变量单点值的概率虽然计算值为0,但并非不可能事件,其依然存在"概率",仅仅只是计算值为0.

例3 设随机变量X具有概率密度函数$f(x)$.

$$f(x) = \begin{cases} Ax^3 & 0 \leqslant x \leqslant 1 \\ 0 & \text{其他} \end{cases}.$$

求常数A的值;求$P\left\{-1 \leqslant X \leqslant \frac{1}{2}\right\}$.

解 由连续型随机变量的定义

$$1 = \int_{-\infty}^{+\infty} f(x)\,\mathrm{d}x = \int_0^1 Ax^3\,\mathrm{d}x = \frac{A}{4},$$

所以$A = 4$. 从而

$$P\left\{-1 \leqslant X \leqslant \frac{1}{2}\right\} = \int_{-1}^{\frac{1}{2}} f(x)\,\mathrm{d}x = \int_0^{\frac{1}{2}} 4x^3\,\mathrm{d}x = \frac{1}{16}.$$

人们在工作实践中总结了多种连续型随机变量及其相应的密度函数,下面给出常见随机变量的分布及相应的概率背景.

1. 均匀分布

均匀分布用来描述区间内的无限等可能这一概率模型.

设随机变量X具有概率密度:

$$f(x) = \begin{cases} \dfrac{1}{b-a} & a \leqslant x \leqslant b \\ 0 & \text{其他} \end{cases},$$

则称X在区间(a,b)上服从**均匀分布**. 记作:$X \sim U(a,b)$,如图9-4-1所示.

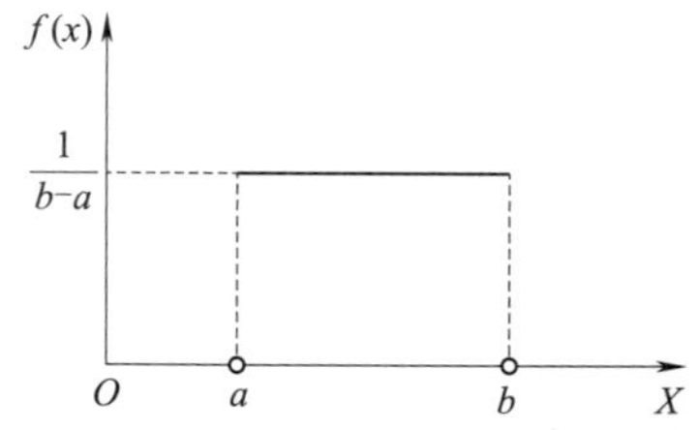

图 9-4-1

概率背景:如果随机变量$X \sim U(a,b)$,那么对于任意的c,d($a \leqslant c < d \leqslant b$),按照定义有

$$P\{c \leqslant X \leqslant d\} = \int_c^d \frac{1}{b-a}\,\mathrm{d}x = \frac{d-c}{b-a}.$$

上式表明X在(a,b)中任一个小区间上取值的概率与该区间的长度有关,而与该区间所在的位置无关(等可能性)这与此前提到的几何概率模型

是一致的.

例 4(等车问题)　已知某班车每班间隔 15 min 准时发车,一乘客随机到达车站,他等车时间为 X (min),则随机变量 X 在区间(0,15)上服从均匀分布求该乘客等车时间不超过 5 min 的概率 $P\{X \leqslant 5\}$.

解　随机变量 X 在区间(0,15)上服从均匀分布

$$f(x)=\begin{cases}\dfrac{1}{15} & 0 \leqslant x \leqslant 15 \\ 0 & \text{其他}\end{cases}.$$

$$P\{X \leqslant 5\}=\int_{-\infty}^{5} f(x)\mathrm{d}x=\int_{0}^{5} \frac{1}{15}\mathrm{d}x=\frac{1}{3}.$$

2. 指数分布

设随机变量 X 具有概率密度:

$$f(x)=\begin{cases}\lambda \mathrm{e}^{-\lambda x} & x \geqslant 0 \\ 0 & x<0\end{cases},$$

则称 X 是服从参数为 $\lambda>0$ 的**指数分布**. 记作 $X \sim E(\lambda)$,如图 9-4-2 所示.

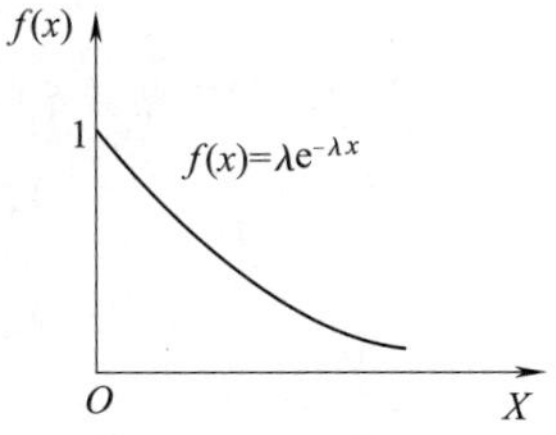

图　9-4-2

概率背景:指数分布与时间相关,故为连续型随机变量,其中,$\frac{1}{\lambda}$指前后两个事件发生的时间间隔.

3. 正态分布

正态分布是概率论和数理统计中最重要的分布之一. 德国数学家高斯 1809 年从误差函数角度发现了正态分布,为近现代的概率数理统计发展做出了突出的贡献.

在实际中,很多随机变量都服从或近似服从正态分布. 例如,班里同学的身高就近似服从正态分布,按中间高两头低排成一排,观察头顶所在的曲线,就可以看成正态分布曲线.

设随机变量 X 具有概率密度:

$$f(x)=\frac{1}{\sqrt{2\pi}\sigma}\mathrm{e}^{-\frac{(x-\mu)^2}{2\sigma^2}} \quad (-\infty<x<+\infty),$$

其中 $\mu,\sigma>0$ 为常数,则称 X 服从参数为 μ,σ 的**正态分布(高斯分布)**,记作:$X \sim N(\mu,\sigma^2)$. 特别地,当 $\mu=0,\sigma=1$ 时,$Z=\frac{X-\mu}{\sigma} \sim N(0,1)$,称为**标准正态分布**,其概率密度使用专用符号

$$\varphi(x)=\frac{1}{\sqrt{2\pi}}\mathrm{e}^{-\frac{x^2}{2}} \quad (-\infty<x<+\infty),$$

其分布函数使用专用符号:

$$\Phi(x)=P\{Z \leqslant x\}=\int_{-\infty}^{x} \varphi(t)\mathrm{d}t.$$

我们可以通过"标准化"把正态分布转化为标准正态分布再利用查表的方式简化计算.

下面给出例子来简要说明正态分布的应用:

例 5(门高设置问题)　公共汽车车门的高度设计要求:成年男子与车门碰头的概率低于 0.01. 设成年男子的身高 X (cm)服从正态分布:

$$X \sim N(168,49).$$

问车门高度应如何确定?($\Phi(2.33)=0.990\,1$)

解　设车门设计的高度为 $h$cm,那么依设计要求有:

$$P\{X \geqslant h\} \leqslant 0.01 \quad 或 \quad P\{X < h\} \geqslant 0.99$$

由于 $X \sim N(168,49)$，因此有，

$$P\{X < h\} = P\left\{\frac{X-168}{7} < \frac{h-168}{7}\right\} = \Phi\left(\frac{h-168}{7}\right) \geqslant 0.99.$$

由 $\Phi(2.33) = 0.990\ 1 > 0.99$，那么选取

$$\frac{h-168}{7} = 2.23,$$

得 $h = 168 + 7 \times 2.33 = 184.31(\text{cm})$. 即车门高度为 184.31 cm 即可满足设计要求.

习题 9-4

A 组

1. 选择题：

(1) 设随机变量 ξ 的分布列为 $P(\xi = k) = \frac{k}{15}(k = 1,2,3,4,5)$，则 $P\left(\frac{1}{2} < \xi < \frac{5}{2}\right)$ 等于(　　).

A. $\frac{1}{2}$　　B. $\frac{1}{9}$　　C. $\frac{1}{6}$　　D. $\frac{1}{5}$

(2) 设函数 $f(x) = \begin{cases} \sin x & x \in [a,b] \\ 0 & 其他 \end{cases}$，$f(x)$ 可能是某个随机变量的概率密度函数，区间 $[a,b]$ 是(　　).

A. $\left[0,\frac{\pi}{2}\right]$　　B. $\left[-\frac{\pi}{2},\frac{\pi}{2}\right]$　　C. $[0,\pi]$　　D. $(0,2\pi)$

(3) 已知随机变量 X 服从正态分布 $N\left(\frac{1}{2},\frac{1}{4}\right)$，且 $Y = aX + b(a > 0)$ 服从标准正态分布 $N(0,1)$，则有

A. $a = 2, b = -2$　　B. $a = 2, b = -1$

C. $a = \frac{1}{2}, b = -1$　　D. $a = \frac{1}{2}, b = 1$

2. 一袋中有 5 只乒乓球，编号为 1,2,3,4,5，在其中同时取 3 只，以 X 表示取出的 3 只球中的最大值，写出随机变量 X 的分布律.

B 组

1. 设有 80 台同类型设备，各台工作是相互独立的，发生故障的概率都是 0.01，且一台设备的故障能由一个人处理，考虑两种配备维修工人的方案：其一是由 4 人维护，每人负责 20 台；其二是由 3 人共同维护 80 台. 试比较两种方案在设备发生故障时不能及时维修的概率大小.

2. 某地抽样调查考生的英语成绩近似服从正态分布，平均成绩为 72 分，96 分以上的占考生总数 2.3%，求考生的英语成绩在 60 分到 84 分之间的概率.

文化视角

能“预测未来”的极值理论

每过一段时间，小概率事件就会发生，比如巨大的台风，或者跳高纪录被打破. 但是到底这样的事件有多极端？极值理论可以回答这个问题.

极值理论(EVT)19 世纪 20 年代被数学家发明. 长久以来，因为其魔法般预测从未发生过事件的能力，它往往受到人们的质疑. 但是现在 EVT 正在获得越来越广泛的应用，从金融风险评估到海事安全等，也越来

越受到人们的信任.

2002 年 5 月的一周,300 多个龙卷风横扫美国中西部,造成超过十亿美元的财产损失;2003 年 8 月,热浪席卷欧洲,仅法国就有超过 14 000 人死于高温;2003 年 11 月太阳耀斑大爆发,迫使许多飞机修正航线以避开宇宙辐射.

我们能做什么?如何防范自然界可能发生的灾难?小概率事件促使人们思考这类问题.随着越来越多出人意料事件的发生,人们越来越关注一种能够处理小概率事件的技术.极值理论(EVT)可以预见数年,几十年,甚至几个世纪以后的极端事件.

不论是哪个领域,EVT 都使用以往极端事件的数据来计算将来可能发生的事件.EVT 的发展最早可以追溯到 18 世纪的瑞士数学家尼古拉·伯努利,但是直到 20 世纪 20 年代,预测新纪录的想法才真正吸引了人们的注意.EVT 的中心思想是概率分布,即给出事件发生概率的数学公式.例如,人的身高服从高斯分布,所以大部分人的身高都距离平均身高不远.而高斯分布长而窄的两个"尾巴"表示有些人特别高或者特别矮.

尽管 EVT 可以应用在很多领域,但是人们始终对其存有怀疑.直到 1940 年代,情况才改观,一是因为苏联数学家 Boris Gnedenko 在数学上严格地证明了 EVT 所使用的公式,二是因为德裔美国科学家 Emil Gumbel 将 EVT 应用于预测洪水并取得了巨大的成功.

1953 年 2 月,一次巨大的风暴冲垮了荷兰海堤,冲毁了 47 000 间建筑,超过 1 800 人遇难.人们需要防止此类事件的发生.一群专家被请来研究以往的洪水记录.专家组面临的问题是,到底防护海堤要造到多高,既不至于过高造成不必要的成本支出,又不至于过低以至于洪水没顶.最后的结论是,5 m 高的海堤可以保护荷兰数千年.

当然最早使用 EVT 的一个领域就是保险行业,风险评估是保险行业的看家本领.越来越多的行业开始意识到 EVT 的有效应用,包括人类生物学和航海工程.在鹿特丹伊拉斯谟大学,Laurens de Haan 领导的小组还使用 EVT 来估计人类生命的极限.1980 年,日本巨型散装船德比郡号在一次台风中沉没,44 名船员失踪.由此造成了长久的争议,到底该船是因为设计失误而沉没,还是因为船员操作不当?1997 年的调查报告认为是后者.但是 3 年后,新的调查报告断定船员无罪:兰开斯特大学的 EVT 专家 Jonathan Tawn 教授和 Janet Heffernan 博士帮助找出了事故的真正原因:一个异常波浪打穿了船的前舱.该研究还建议船只大幅度加强前舱的强度,以防止类似事件再次发生.

每隔 4 年,运动员们就会在奥林匹克赛场上争取打破世界纪录.但是有时候,世界纪录不仅仅是被打破,而是被彻底地刷新.但问题是,这样的纪录可信吗?极值理论可以回答这个问题.以中国中长跑运动员王军霞为例,在 1993 年北京全运会上,她只用 8 分 6 秒就跑完了三千米,比原来的世界纪录整整快了 17 秒.尽管药检的结果是阴性,但是依然有很多国家的人不相信.这时兰开斯特大学的数学家 Michael Robinson 和 Jonathan Tawn 决定使用 EVT 来分析.根据以往(1993 年之前)的纪录,他们的计算表明,最终的世界纪录,也就是人类理论上能够达到的最好成绩为 8 分 3 秒.也就是说,尽管王军霞的成绩非常惊人,但是还是比人类极限要慢上 3 秒,变相地证明了王军霞成绩的真实性.

§9.5　随机变量的数字特征

在上一节中,我们看到随机变量的分布(离散型的分布律,连续型的密度函数),能够完整地描述随机变量的取值规律.但在实际中,求随机变量的分布并不容易,有时也没有必要求出完整的分布情况.由于考察问题的不同,有时我们仅对随机变量的某些数字特征感兴趣,如灯泡的平均寿命、考生的平均分、测量误差的偏离程度等.我们熟知的核酸检测就经常利用**混合样本检测法**,在降低成本的同时大大提高了检测的效率(详见例 1). 本书中所提到的数字特征主要是数学期望和方差.

视频
数学期望及其性质

9.5.1 数学期望及其性质

在给出数学期望的定义之前,我们先看一个引例.

引例 甲乙两名射击运动员,在某次射击比赛中发挥稳定(与他们大量的训练成绩相比),两人按每人射击 10 发子弹为一轮轮流进行射击并记录成绩. 甲先射击,从数据分析看.

甲的成绩见表 9-5-1.

表 9-5-1

射中的环数 X	8　9　10
射中的次数 N	8　6　6

乙的成绩见表 9-5-2.

表 9-5-2

射中的环数 Y	8　9　10
射中的次数 N	2　4　4

试估计甲乙的胜负.

解 由于后续的比赛还没有进行,那么在运动员发挥稳定的情况下,后续的成绩可以认为与已得到数据的分布是相同的. 然而,从总成绩来看两者的水平明显不同,我们希望能从平均环数来估计他们的水平.

甲的平均环数

$$\frac{8\times8+9\times6+10\times6}{20}=8\times0.4+9\times0.3+10\times0.3=8.9;$$

乙的平均环数:

$$\frac{8\times2+9\times4+10\times4}{10}=8\times0.2+9\times0.4+10\times0.4=9.2.$$

因此可以估计出:乙胜出.

注意:

这里的平均是依赖于频率的加权平均,而不是算术平均.

从上例中的平均环数看,乙胜出. 同时这也反出:随机变量取值“平均”意义特性的数值,恰好是这个随机变量一切可能值与对应随机变量的概率乘积的总和. 另一方面,均值也体现了随机变量的集中情况.

1. 离散型随机变量的数学期望

定义 9.9 设离散型随机变量 X 具有分布律,见表 9-5-3.

表 9-5-3

X	x_1　x_2　$\cdots$　x_i　$\cdots$
P	p_1　p_2　$\cdots$　p_i　$\cdots$

若 $\sum\limits_i x_ip_i$ 有意义,则

$$E(X)=\sum_i x_ip_i$$

称为 X 的**数学期望**,简称**期望**或**均值**.

注意：

数学期望是以概率为权的加权平均推广，反映随机变量的取值平均水平；数学期望是对随机变量进行长期的观测或大量观察所得的理论平均数；是客观存在的不以人的意志而改变的.

在前文中提到的利用混合样本检测法提高核酸检测效率的问题我们在下面的例题中就可以看出一二.

例 1（核酸检测效率问题） 疫情防控期间，在保证检测质量的前提下，为了降低成本并且提高核酸检测的效率，全民核酸经常采用混合样本检验法，如图 9-5-1 所示. 检测过程中，假设调查样本阳性的概率为 p，则阴性的概率 $q=1-p$，而 k 个人混合的样本呈阴性的概率为 q^k，k 个人混合样本呈阳性的概率为 $1-q^k$. 以 k 个人为一组，组内每个人检测的次数为 X，则 X 是一个离散的随机变量，它的概率分布见表 9-5-4.

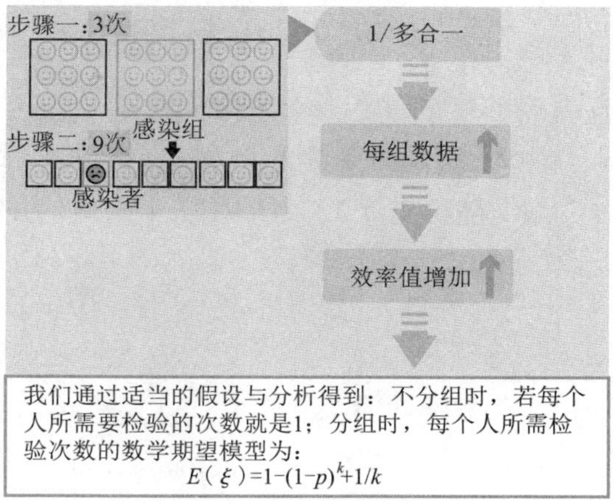

图　9-5-1

表　9-5-4

x	$\frac{1}{k}$	$\frac{k+1}{k}$
p_k	q^k	$1-q^k$

随机变量 X 的数学期望为：

$$E(X)=\frac{1}{k}q^k+\frac{k+1}{k}(1-q^k)=1-q^k+\frac{1}{k}.$$

记 N 个人的检测次数为 W，则

$$W=N\cdot E(X)=N\left(1-q^k+\frac{1}{k}\right).$$

只要选择 k，使得 $1-q^k+\frac{1}{k}<1$，就可以使 $W<N$，达到减少工作量，从而提高工作效率的目的. 那么 k 值为多少时比较合适呢？

设 $M=1-q^k+\frac{1}{k}<1$，由上式可知，使 M 最小时的 k 值，就是理论上的最佳分组值.

减少工作量为：$R\%$ ：$R\%=[(N-W)/N]\times 100\%$.

一般由于该式直接求 k 值比较困难，实际问题中通常采用确定 p 的值，并通过取一定量的 k 与 M 值进行对照列表来确定.

2. 连续型随机变量的数学期望

设 X 的密度函数 $f(x)$ 除在区间 $[a,b]$ 上不为 0 外，其余处为 0，将 $f(x)$ 所在的区间 $[a,b]$ 细分（离散化），当每个 Δx_i 趋于 0 时，可以认为 $X=x$ 的概率近似于概率 $P\{x<X<x+\Delta x_i\}\approx f(x)\Delta x_i$，

如图 9-5-2 所示，依离散型随机变量的数学期望计算有

$$E(X)=\lim_{\max\{\Delta x_i\}\to 0}\sum_i xf(x)\Delta x_i.$$

由定积分的定义，我们有

$$E(X)=\lim_{\max\{\Delta x_i\}\to 0}\sum_i xf(x)\Delta x_i=\int_b^a xf(x)\mathrm{d}x.$$

下面给出一般的连续型随机变量的数学期望，有以下定义.

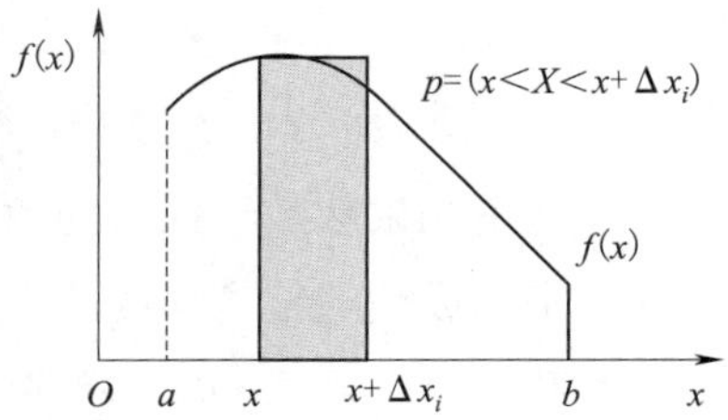

图　9-5-2

定义 9.10 设连续型随机变量 X 具有密度函数 $f(x)$. 若

$$\int_{-\infty}^{+\infty} xf(x)\mathrm{d}x$$

有意义,则

$$E(X) = \int_{-\infty}^{+\infty} xf(x)\mathrm{d}x$$

称为 X 的数学期望,简称期望或均值.

例 2 设随机变量 $X \sim U(a,b)$, 求 $E(X)$.

解 随机变量 $X \sim U(a,b)$ 上的均匀分布,则 X 的密度函数

$$f(x) = \begin{cases} \dfrac{1}{b-a} & a \leqslant x \leqslant b \\ 0 & \text{其他} \end{cases},$$

所以 X 的数学期望

$$E(X) = \int_{-\infty}^{+\infty} xf(x)\mathrm{d}x = \int_{b}^{a} x \cdot \frac{1}{b-a}\mathrm{d}x = \frac{a-b}{2}.$$

即对于均匀分布,其数学期望是在使 $f(x) \neq 0$ 的区间中点处取得.

定理 9.4(数学期望的性质)

设 X,Y 是随机变量, a , b 是常数,则有

(1) $E(b) = b$;

(2) $E(X+Y) = E(X) + E(Y)$.

(3) $E(aX+b) = aE(X) + b$;

视频

引例、方差定义

性质(3)还可以推广到有限个随机变量情形上去,即,若 X 是随机变量, $E(X_i)$ ($i=1,2,\cdots,n$) 存在,则

$$E(X_1 + X_2 + \cdots + X_n) = E(X_1) + E(X_2) + \cdots + E(X_n).$$

9.5.2 方差及其性质

数学期望给出了随机变量的平均大小,是刻画随机变量的一个重要特征,但是在实际中我们还要关心随机变量取值的偏离程度. 为此我们先来看一个引例.

引例(成绩水平对比) 考查 A,B 两组同学数学考试成绩(每组 10 人). A 组成绩 X 的分布律见表 9-5-5; B 组成绩 Y 的分布律见表 9-5-6.

表 9-5-5

X	70	80	90	100
P	0.2	0.3	0.4	0.1

表 9-5-6

Y	60	80	90	100
P	0.1	0.4	0.4	0.1

试评估 A,B 两组成绩的优劣.

解 首先看两组同学的平均成绩

$$E(X) = 70 \times 0.2 + 80 \times 0.3 + 90 \times 0.4 + 100 \times 0.1 = 84 ;$$

$$E(Y) = 60 \times 0.1 + 80 \times 0.4 + 90 \times 0.4 + 100 \times 0.1 = 84.$$

在这里如果从数学期望的角度比较两组的成,他们是一样的,无法比较. 但是我们可以进一步考虑每组成绩与平均成绩的偏离程度.

A 组: $(70-84)^2 \times 0.2 + (80-84)^2 \times 0.3 + (90-84)^2 \times 0.4 + (100-84)^2 \times 0.1 = 60$;

B 组: $(60-84)^2 \times 0.1 + (80-84)^2 \times 0.4 + (90-84)^2 \times 0.4 + (100-84)^2 \times 0.1 = 104$.

因此可以认为 A 组学生的成绩更稳定,更优; B 组的学生成绩“水平差距较大”.

定义 9.11 设 X 是随机变量,若 $D(X)=E\{[X-E(X)]^2\}$ 存在,则称它为 X 的方差,记作 $D(X)$. 即

$$D(X)=E\{[X-E(X)]^2\}.$$

把方差的算术平方根 $\sqrt{D(X)}$ 成为 X 的**均方差**或**标准差**.

计算方差时需要注意以下几点:

(1)方差的定义中,首先要求 $E(X)$ 是存在的.

(2)方差刻画的是随机变量的分散程度:方差越小,随机变量越集中;方差越大,随机变量就越分散. 例如在引例中, $D(X)<D(Y)$ 说明 A 组学生的综合成绩更好. 对于同批次的产品寿命而言,作为消费者总是希望寿命的期望大,而寿命的方差小. 方差越小也表明产品质量越稳定.

(3)方差是 $[X-E(X)]^2$ 的数学期望.

(4)方差的计算: $D(X)=\sum_{k=1}^{\infty}[x_k-E(X)]^2\cdot p_k$, (X 是离散型),

$$D(X)=\int_{-\infty}^{+\infty}[x-E(X)]^2f(x)\mathrm{d}x, \text{(} X \text{ 是连续型).}$$

(5)方差的简化计算:

$$\begin{aligned}D(X)&=E\{[X-E(X)]^2\}\\&=E\{X^2-2X\cdot E(X)+[E(X)]^2\}\\&=E(X^2)-2E(X)\cdot E(X)+[E(X)]^2\\&=E(X^2)-[E(X)]^2,\end{aligned}$$

即

$$D(X)=E(X^2)-[E(X)]^2.$$

请读者通过以下几个例子掌握方差的计算.

例 3 设 X 是随机变量且服从 0—1 分布, $P(X=1)=p$, 计算 X 的方差 $D(X)$.

解 X 服从 0—1 分布, X 具有分布律,见表 9-5-7.

表 9-5-7

X	0	1
P	$1-p$	p

因为

$$E(X^2)=0^2\cdot(1-p)+1^2\cdot p=p,$$

所以

$$D(X)=E(X^2)-[E(X)]^2=p-p^2=p\cdot(1-p).$$

从函数最值(p 看作是自变量)分析,对于 0-1 分布,当 $p=\frac{1}{2}$ 时方差最大.

定理 9.5(方差性质) 设 X 是随机变量, a,b 是常数,则

(1) $D(a)=0$;

(2) $D(aX)=a^2D(X)$;

(3) $D(aX+b)=a^2D(X)$.

利用方差的计算即可证明.

表 9-5-8 给出了常见随机变量分布的数学期望和方差.

表 9-5-8

随机变量	期望 $E(X)$	方差 $D(X)$
$X\sim B(n,p)$	np	$np(1-p)$
$X\sim\pi(\lambda)$	λ	λ

续表

随机变量	期望 $E(X)$	方差 $D(X)$
$X \sim U(a,b)$	$\frac{a+b}{2}$	$\frac{(b-a)^2}{12}$
$X \sim E(\lambda)$	$1/\lambda$	$1/\lambda^2$
$X \sim N(\mu,\sigma^2)$	μ	σ^2

习题 9-5

A 组

1. 选择题：

(1) X,Y 都服从$[1,5]$上的均匀分布，则 $E(X+Y)=($　　$)$.

A. 8　　B. 10　　C. 4　　D. 6

(2) 若 X 的密度函数为 $f(x)=\begin{cases}1-x & 0<x<1\\ 0 & \text{其他}\end{cases}$，则(　　).

A. $E(X)=\frac{1}{6},D(X)=\frac{1}{18}$　　B. $E(X)=\frac{1}{2},D(X)=\frac{2}{9}$

C. $E(X)=\frac{1}{6},D(X)=\frac{1}{12}$　　D. $E(X)=\frac{1}{3},D(X)=\frac{1}{9}$

(3) 两相互独立的随机变量 X 和 Y 的方差分别为 4 和 2，则 $3X+2Y$ 的方差是(　　).

A. 8　　B. 16　　C. 28　　D. 44

2. 某种产品共有 10 件，其中有次品 3 件. 现从中任取 3 件，求取出的 3 件产品中次品数 X 的数学期望和方差.

B 组

1. 为迎接 2022 年北京冬奥会，推广滑雪运动，某滑雪场开展滑雪促销活动，该滑雪场的收费标准是：滑雪时间不超过 1 h 免费，超过 1 h 的部分每小时收费标准为 40 元(不足 1 h 的部分按 1 h 计算.)有甲、乙两人相互独立地来该滑雪场运动，设甲、乙不超过 1 h 离开的概率分别为$\frac{1}{4}$和$\frac{1}{6}$；1 h 以上且不超过 2 h 离开的概率分别为$\frac{1}{2}$和$\frac{2}{3}$；两人滑雪时间都不会超过 3 h.

(1) 求甲、乙两人所付滑雪费用相同的概率；

(2) 设甲、乙两人所付的滑雪费用之和为随机变量 ξ(单位：元)，求 ξ 的分布列与数学期望 $E(\xi)$，方差 $D(\xi)$.

2. 一批零件中有 9 个合格品与 3 个废品，在安装机器时，从这批零件中任取 1 个，如果取出的是废品就不再放回. 求在取得合格品之前，已经取出的废品数的数学期望和方差.

文化视角

疫情下的混合样本检测法

疫情防控期间，在保证检测质量的前提下，为了降低成本并且提高核酸检测的效率，全民核酸经常采用混合样本检验法. 那么混合样本检测法的原理是什么呢？

预防医学中常用的方法是混合样本检验法(见图 9-5-3),是指在一定数量的被调查的人群中,对 N 个人进行某项分析,常规方法是对 N 个人进行检测,这需要进行 N 次分析.假设用于检测方法的灵敏度足够,则可以合理地选择 k($k>0$,且为自然数),以 k 个人为一组,把 k 个人的样本混合起来检测,如果这份混合样本呈阴性反应,就表明 k 个人都是阴性,这 k 个人只需检测一次.若混合样本呈阳性反应,因不知是哪份样本呈阳性,故还需对这 k 个人的样本分别进行检测,在这种情况下,k 个人共需检测 $k+1$ 次,由于检测中大量的样本是阴性,发病率 p 一般不会高,所以关键是只需计算出合理的 k 值来.如何得出 k 的值呢?由于在检测过程中需要进行定量分析,因此首先必须建立恰当的数学模型,通过模型的建立,计算出混合样本检测法中最少的检测次数,从而达到减少工作量、提高工作效率的目的.

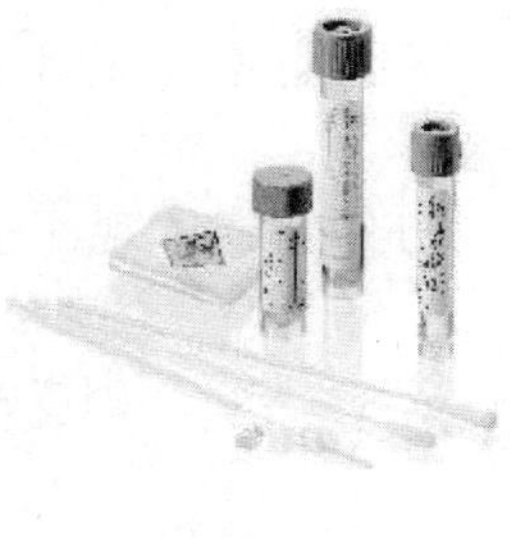

图　9-5-3

§9.6　统计初步

统计是一门与数据打交道的学问,研究怎样搜集、整理、计算和分析数据,然后从中找出某些规律.统计与实际生活息息相关,在生活实践中有着广泛的应用,如医学检测、人口增长情况的研究、粮食生产情况的研究、交通状况的研究、体育项目成绩的研究、学生体能测试情况等,如图 9-6-1 所示.各个部门都离不开统计.

在更加注重应用性数学的今天,能用数学的眼光认识世界,并能用数学知识和数学方法处理周围的问题,是每个人应具有的基本素养.

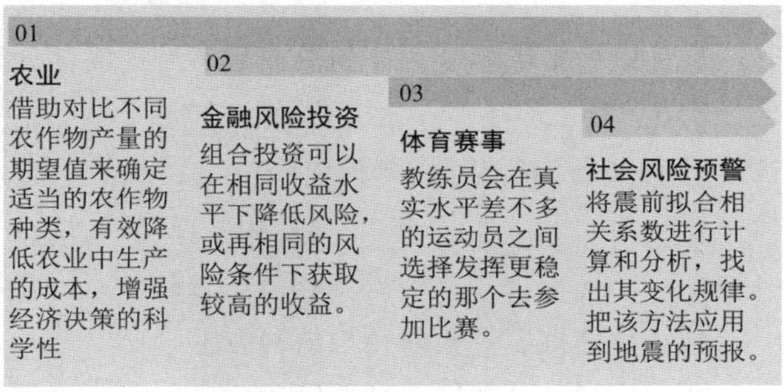

图　9-6-1

9.6.1　统计量

1. 总体与样本

例 1　某工厂三月份生产了 3 万个灯泡,试结合这个例题,讨论总体、个体、样本、样本容量、样本值等概念.

解　我们称全体灯泡的使用寿命所构成的集合为总体,每个灯泡的使用寿命为个体.现从中随机抽取 500 个灯泡进行检测,那么这 500 个灯泡的使用寿命就是一个样本,样本容量为 500.对这 500 个灯泡进行检测之后得到一组关于这 500 个灯泡的使用寿命的具体数据,这些数据就是**样本观测值**.

在统计学中,把研究对象的全体称为**总体**,组成总体的每一个基本单位称为**个体**,从总体中随机抽取部分个体组成的集合称为**样本**,样本中包含个体的个数称为**样本容量**.

视频

统计量

2. 统计量的概念

例 2　已知每株橘树的产量 X(kg)服从正态分布 $N(\mu,\sigma^2)$,从一片橘园中随机抽取 6 棵橘树,测算其产量分别为 211,181,212,215,246,255.问这 6 棵橘树的平均产量估计是多少?

解　平均数为 $\frac{1}{6}\times(211+181+212+215+246+255)=220$.如果用这 6 棵橘树的平均产量近似地推断该橘园的平均产量,那么可认为橘园每株树的平均产量为 220 kg.这就是统计中用样本数据推断总体指标的统计方法.我们先定义统计量.

定义 9.12　不含未知参数的样本函数 $f(X_1,X_2,\cdots,X_n)$ 称为**统计量**.

常用统计量有：样本均值 $\bar{X} = \frac{1}{n}\sum_{i=1}^{n} X_i$ 与样本方差 $S^2 = \frac{1}{n-1}\sum_{i=1}^{n}(X_i - \bar{X})^2$.

对于一组样本观测值 $x_1, x_2, \cdots, x_n$，样本均值 $\bar{X} = \frac{1}{n}\sum_{i=1}^{n} X_i$ 表示数据集中的位置，样本方差 $s^2 = \frac{1}{n-1}\sum_{i=1}^{n}(x_i - \bar{x})^2$ 则反映了样本对样本均值的离散状态.

9.6.2 参数估计

根据总体的样本对总体分布中的未知参数作出估计，称为**参数估计**，参数估计包括参数的**点估计**和**区间估计**，下面逐一讨论：

1. 点估计

设 $X_1, X_2, \cdots, X_n$ 是来自总体 X 的一组样本. 所谓点估计，即构造一个统计量 $\hat{\theta}(X_1, X_2, \cdots, X_n)$ 估计总体的未知参数 θ，称统计量为 $\hat{\theta}(X_1, X_2, \cdots, X_n)$ 为参数 θ 的点估计量. 若 $x_1, x_2, \cdots, x_n$ 为一组样本值，则 $\hat{\theta}(x_1, x_2, \cdots, x_n)$ 就是参数 θ 的点估计值. 点估计的方法很多，最简便的是数字特征法.

我们知道，对总体 $X \sim N(\mu, \sigma^2)$ 的未知参数的估计，可以通过对总体 X 的期望 μ 和方差 σ^2 进行估计，由于来自总体 X 的样本 $X_1, X_2, \cdots, X_n$ 能反映总体的特征，因此，我们常常选择样本均值 $\bar{X}$ 和样本方差 S^2 分别作为总体期望 μ 和方差 σ^2 的估计量，即

$$\hat{\mu} = \bar{X} = \frac{1}{n}\sum_{i=1}^{n} X_i, \hat{\sigma}^2 = S^2 = \frac{1}{n-1}\sum_{i=1}^{n}(X_i - \bar{X})^2.$$

这种以样本数字特征作为总体数字特征的估计量的方法称为**数字特征法**.

例 3 某工厂生产一批零件，已知这批零件内径总体 $X \sim N(\mu, \sigma^2)$，但是参数 μ 和 σ^2 未知，现随机抽查 12 个零件进行内径检测，测得内径（单位：cm）分别为：

13.30	13.38	13.40	13.32	13.43	13.48
13.51	13.31	13.34	13.47	13.44	13.50

试估计这批零件的内径均值和方差.

解 已知这批零件内径总体 $X \sim N(\mu, \sigma^2)$，那么这批零件内径的均值就是 μ，方差就是 σ^2. 根据已知的样本值可得

$$\hat{\mu} = \bar{X} = \frac{1}{12}(13.30 + 13.38 + \cdots + 13.50) = 13.41,$$

$$\hat{\sigma}^2 = S^2 = \frac{1}{12-1}[(13.30 - 13.41)^2 + \cdots + (13.50 - 13.41)^2] = 0.008\,5.$$

即这批零件内径均值的估计值为 13.41 cm，方差的估计值为 0.008 5 cm.

2. 区间估计

点估计是用一个点（估计值）去估计未知参数 θ，区间估计就是用一个区间范围去估计未知参数. 在实际问题中，仅提供了一个估计值，没法知道这种估计的近似程度以及估计值与真值的误差范围大小，而区间估计可以反映误差范围以及这个范围包含真值的可信程度.

定义 9.13 设 $X_1, X_2, \cdots, X_n$ 为总体 X 的一组样本，θ 为总体的一个未知参数，记

$$\hat{\theta}_1 = \hat{\theta}_1(X_1, X_2, \cdots, X_n), \quad \hat{\theta}_2 = \hat{\theta}_2(X_1, X_2, \cdots, X_n)$$

为两个统计量，给定 $\alpha\ (0 < \alpha < 1)$，如果 $P(\hat{\theta}_1 < \theta < \hat{\theta}_2) = 1 - \alpha$，则称区间 $[\hat{\theta}_1, \hat{\theta}_2]$ 为（θ 的**置信水平**为 $1-\alpha$）的置信区间，α 称为**显著性水平**.

特别需要强调的是，置信区间 $[\hat{\theta}_1, \hat{\theta}_2]$ 是一个随机区间，可能包含 θ，可能不包含 θ.

习题9-6

A组

1. 选择题:

(1)某中职学校共有20名男足球运动员,从中选出3人调查学习成绩情况,调查应采用的抽样方法是(　　).

A. 随机抽样法　　B. 分层抽样法　　C. 系统抽样法　　D. 无法确定

(2)为了解某地区的中小学生的视力情况,拟从该地区的中小学生中抽取部分学生进行调查,事先已了解到该地区小学、初中、高中3个学段学生的视力情况有较大差异,而男女生视力情况差异不大,在下面的抽样方法中,最合理的抽样方法是(　　).

A. 简单随机抽样　　B. 按性别分层抽样

C. 按学段分层抽样　　D. 系统抽样

(3)我国高铁发展迅速,技术先进.经统计,在经停某站的高铁列车中,有10个车次的正点率为0.97,有20个车次的正点率为0.98,有10个车次的正点率为0.99,则经停该站高铁列车所有车次的平均正点率的估计值为(　　).

A. 0.96　　B. 0.97　　C. 0.98　　D. 0.99

B题

图9-6-2是某地区2000年至2016年环境基础设施投资额y(单位:亿元)的折线图.

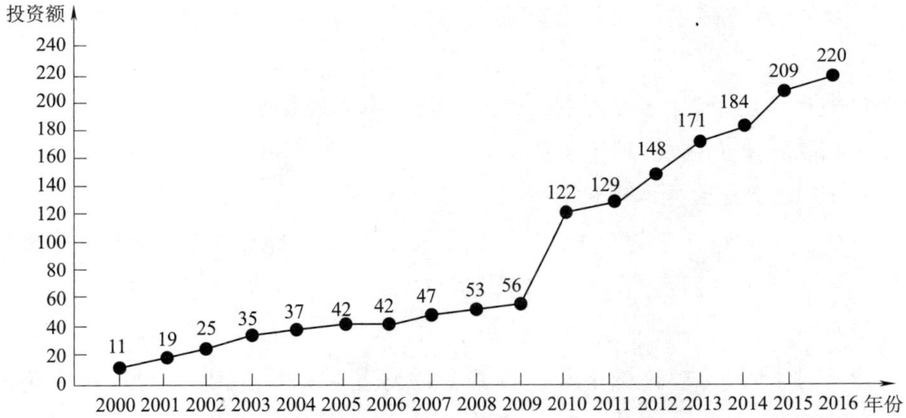

图 9-6-2

为了预测该地区2018年的环境基础设施投资额,建立了y与时间变量t的两个线性回归模型.根据2000年至2016年的数据(时间变量t的值依次为1,2,…,17)建立模型①:$\hat{y}=-30.4+13.5t$;根据2010年至2016年的数据(时间变量t的值依次为1,2,…,7)建立模型②:$\hat{y}=99+17.5t$.

(1)分别利用这两个模型,求该地区2018年的环境基础设施投资额的预测值;

(2)你认为用哪个模型得到的预测值更可靠?并说明理由.

文化视角

概率论与数理统计的发展(三)

相对于其他许多数学分支而言,数理统计是一个比较年轻的数学分支,多数人认为它的形成是在20世纪40年代克拉美的著作《统计学的数学方法》问世之时,它使得1945年以前的25年间英、美统计学家在统计学方面的工作与法、俄数学家在概率论方面的工作结合起来,从而形成了数理统计这门学科,它是以对随机现象观测所取得的资料为出发点,以概率论为基础来研究随机现象的一门学科.它有很多分支,但其基本内容为采集样本和统计推断两大部分,发展到今天的现代数理统计学,又经历了各种历史变迁.

统计的早期开端大约是在公元前1世纪初的人口普查计算,这是统计性质的工作,但还不能算作是现代意义的统计学.到了18世纪,统计才开始向一门独立的学科发展,用于描述表征一个状态的条件的一些特征,这是由于受到概率论的影响.

高斯从描述天文观测的误差而引进正态分布,并使用最小二乘法作为估计方法,是近代数理统计学发展初期的重大事件.18世纪到19世纪初期的这些贡献,对社会发展有很大的影响,例如,用正态分布描述观测数据后来被广泛地用到生物学中,直到现在,有关正态分布的统计方法,仍占据着常用统计方法中很重要的一部分,在20世纪初以来,又经过了一些学者的发展,如今成了数理统计学中的主要方法.

数理统计学发展史上极重要的一个时期是从19世纪到第二次世界大战结束,现在,多数人倾向于把现代数理纯计学的起点和达到成熟定为这个时期的始末.这的确是数理统计学蓬勃发展的一个时期,许多重要的基本观点、方法,统计学中主要的分支学科,都是在这个时期建立和发展起来的.以费歇尔和皮尔为首的英国统计学派,在这个时期起了主导作用,1891年之后,皮尔逊潜心研究区分物种时用的数据的分布理论,提出了"概率"和"相关"的概念,接着,又提出标准差、正态曲线、平均变差、均方根误差等一系列数理统计基本术语.1901年,他创办了《生物统计学》使数理统计有了自己的阵地,这是20世纪初数学的重大收获之一.而英国实验遗传学家兼统计学家费歇尔,是将数理统计作为一门数学学科的奠基者.他开创的试验设计法,凭借随机化的手段成功地把概率模型带进了实验领域,并建立了方差分析法来分析这种模型.他造就了一个学派,在纯粹数学和应用数学方面都建树卓越.

从"二战"后到现在,是统计学发展的第三个时期,这是一个在前一段发展的基础上,随着生产和科技的普遍进步,而使这个学科得到飞速发展的一个时期,同时,也出现了不少有待解决的大问题,这一时期的发展可总结如下:

一是在应用上愈来愈广泛,统计学的发展一开始就是应实际的要求,并与实际密切结合的.

二是统计学理论也取得重大进展.理论上的就,综合起来大致有两个主要方面,一个方面是沃德提出的"统计决策理论";另一方面就是大样本理论.

三是电子计算机的应用对统计学的影响.一些需要大量计算的统计方法,过去因计算工具不行而无法使用,有了计算机,这一切都不成问题.在战后,统计学应用越来越广泛,这在相当程度上要归功于计算机,特别是高维数据的情况.

电子计算机的产生与发展,为理论概率与应用概率的发展开辟了广阔的场所.概率论与其他一些科学相结合产生了不少边缘学科,如生物统计、统计物理学以及统计预报等学科.现代概率论已经成为一个非常庞大的数学分支.

综合测试9

一、填空题

1.有些事情我们事先能肯定它一定不会发生,叫____________事件.

2.将3个球随机放入4个杯子中去,则杯中球的最多个数为1的概率是____________.

3.有两只口袋,甲袋有2只白球,1只黑球,乙袋有1只白球,2只黑球.现从甲袋中任取一球放入乙袋,再从乙袋中任取一球,此球为白球的概率是____________.

4. 设 A、B 为随机事件，$P(A)=0.7$，$P(A-B)=0.3$，则 $P(\overline{AB})=$ ________.

5. 设事件 A，B 互相独立，$P(A)=0.6$，$P(B)=0.5$，则 $P(AB)=$ ________，$P(A\cup B)=$ ________.

6. 设三次独立试验中，事件 A 每次发生的概率都为 $\frac{2}{3}$，则事件 A 至少发生一次的概率为________.

7. 随机变量 X 具有分布律（其中 a 为常数）：

X	-1	0	1
P	$\frac{1}{4}$	$\frac{2}{4}$	a

则 $a=$ ________，$P\{|x|=1\}$ ________.

二、选择题

1. 以下事件是不确定事件的是（　　）.

A. 地下的石油会用完　　B. 一个班上的两名学生生日相同

C. 异号两数相乘，积为负数　　D. 太阳从西边升起

2. 对空中飞行的飞机连续射击两次，每次发射一枚炮弹，设 A = {两次都击中飞机}，B = {两次都没击中飞机}，C = {恰有一弹击中飞机}，D = {至少有一弹击中飞机}，下列关系不正确的是（　　）.

A. $A\subseteq D$　　B. $B\cap D=\varnothing$

C. $A\cup C=D$　　D. $A\cup B=B\cup D$

3. 设 A，B，C 为三个事件，则“A，B，C 中至少有一个不发生”这一事件可表示为（　　）.

A. $AB\cup AC\cup BC$　　B. $A\cup B\cup C$

C. $AB\bar{C}\cup A\bar{B}C\cup \bar{A}BC$　　D. $\bar{A}\cup\bar{B}\cup\bar{C}$

4. 设事件 A 与 B 互不相容，且 $P(A)>0$，$P(B)>0$ 则下列结论正确的是（　　）.

A. $P(A|B)=P(A)$　　B. $P(A|B)=0$

C. $P(AB)=P(A)P(B)$　　D. $P(B|A)>0$

5. 设 A，B 为两个相互对立事件，则下列式子不成立的是（　　）.

A. $P(AB)=0$　　B. $P(\overline{AB})=0$

C. $P(A\cup B)=1$　　D. $P(\bar{A}\cup\bar{B})=1$

6. 设随机变量 ξ 的概率密度为 $f(x)=k\cos 2x\left(x\in\left[-\frac{\pi}{4},\frac{\pi}{4}\right]\right)$，则 k 的值为（　　）.

A. $\frac{1}{2}$　　B. 1　　C. 2　　D. $\frac{1}{4}$

7. 设随机变量 X 的期望 $E(X)\geqslant 0$，且 $E\left(\frac{1}{2}X^2-1\right)=2$，$D\left(\frac{1}{2}X-1\right)=\frac{1}{2}$，则 $E(X)=$（　　）.

A. $2\sqrt{2}$　　B. 1　　C. 2　　D. 0

三、计算题

1. 假设向三个相邻的敌军火库投掷一枚炸弹，炸中第一个军火库的概率为 0.5，炸中其余两个军火库的概率都为 0.1. 若只要炸中一个，另外两个也要发生爆炸的概率各为 0.5. 求 3 个军火库同时发生爆炸的概率.

2. 甲，乙两人下棋，若和棋的概率是0.5，乙获胜的概率是0.3 求：

(1) 甲获胜的概率；

(2) 甲不输的概率.

3. 从1,2,3,4,5,6,7,8,9 中不放回地依次取2个数，事件 A 为“第一次取到的是奇数”，B 为“第二次取到的是3的整数倍”，则第一次取到的是奇数且第二次取到的是3的整数倍的概率是？

4. 3个人独立破译一密码，他们能独立破译出的概率分别是0.2，0.5，0.4，求此密码被译出的概率.

5. 设顾客到某银行窗口等待服务的时间 X（单位：分钟）的概率密度函数为

$$p(x) = \begin{cases} \frac{1}{5}e^{-\frac{x}{5}} & x > 0 \\ 0 & x \leqslant 0 \end{cases}.$$

某顾客在窗口等待，如超过10 min，他就离开，求他离开的概率.

6. 射击比赛，每人射四次（每次一发），约定全部不中得0分，只中一弹的得20分，中两弹得40分，中三弹得70分，中四弹得100分. 某人每次射击的命中率均为3/5，求他得分的数学期望.

附录

附录 A　常用初等代数公式和基本三角公式

一、常用初等代数公式

1. 指数的运算性质：

(1) $a^m \cdot a^n = a^{m+n}$；　(2) $\dfrac{a^m}{a^n} = a^{m-n}$；　(3) $(a^m)^n = a^{mn}$；

(4) $(ab)^m = a^m \cdot b^m$；　(5) $\left(\dfrac{a}{b}\right)^m = \dfrac{a^m}{b^m}$.

2. 对数的运算性质：

(1) $\log_a a = 1, \log_a 1 = 0$；　(2) $\log_a(xy) = \log_a x + \log_a y$；

(3) $\log_a \dfrac{x}{y} = \log_a x - \log_a y$；　(4) $\log_a x^b = b\log_a x$；

(5)对数恒等式：$\log_a a^x = x\ (x \in \mathbf{R})$，$a^{\log_a x} = x\ (x > 0)$；

(6)换底公式：$\log_a N = \dfrac{\log_b N}{\log_b a}$.

3. 二项展开及分解公式：

(1)二项展开公式：

完全平方公式：$(a+b)^2 = a^2 + 2ab + b^2$，　$(a-b)^2 = a^2 - 2ab + b^2$；

完全立方公式：$(a+b)^3 = a^3 + 3a^2b + 3ab^2 + b^3$，　$(a-b)^3 = a^3 - 3a^2b + 3ab^2 - b^3$.

二项式定理：

$$(a+b)^n = C_n^0 a^n b^0 + C_n^1 a^{n-1} b^1 + C_n^2 a^{n-2} b^2 + \cdots + C_n^{n-1} a^1 b^{n-1} + C_n^n a^0 b^n = \sum_{i=0}^{n} C_n^i a^{n-i} b^i,$$

其中 $C_n^i = \dfrac{n(n-1)(n-2)\cdots(n-i+1)}{i!}$，$C_n^0 = C_n^n = 1$.

(2)分解公式：

平方差公式：$a^2 - b^2 = (a-b)(a+b)$；

立方差公式：$a^3 - b^3 = (a-b)(a^2 + ab + b^2)$；

立方和公式：$a^3 + b^3 = (a+b)(a^2 - ab + b^2)$；

n 方差公式：$a^n - b^n = (a-b)(a^{n-1} + a^{n-2}b + a^{n-3}b^2 + \cdots + ab^{n-2} + b^{n-1})$.

二、常用基本三角公式

1. 同角三角函数间的关系：

平方关系：$\sin^2 x + \cos^2 x = 1$，　$\tan^2 x + 1 = \sec^2 x$，　$\cot^2 x + 1 = \csc^2 x$；

倒数关系：$\sin x \cdot \csc x = 1$，　$\cos x \cdot \sec x = 1$，　$\tan x \cdot \cot x = 1$；

商的关系：$\tan x = \dfrac{\sin x}{\cos x}$，　$\cot x = \dfrac{\cos x}{\sin x}$.

2. 二倍角公式：

$\sin 2x = 2\sin x\cos x$；

$\cos 2x = \cos^2 x - \sin^2 x = 2\cos^2 x - 1 = 1 - 2\sin^2 x$；

$\tan 2x = \dfrac{2\tan x}{1 - \tan^2 x}$.

3. 半角公式：

$1 - \cos x = 2\sin^2 \dfrac{x}{2}$；　　$1 + \cos x = 2\cos^2 \dfrac{x}{2}$；

$\sin^2 \dfrac{x}{2} = \dfrac{1 - \cos x}{2}$；　　$\cos^2 \dfrac{x}{2} = \dfrac{1 + \cos x}{2}$；

$\tan \dfrac{x}{2} = \dfrac{1 - \cos x}{\sin x}$.

4. 和差化积公式：

$\sin x + \sin y = 2\sin \dfrac{x+y}{2} \cos \dfrac{x-y}{2}$；

$\sin x - \sin y = 2\cos \dfrac{x+y}{2} \sin \dfrac{x-y}{2}$；

$\cos x + \cos y = 2\cos \dfrac{x+y}{2} \cos \dfrac{x-y}{2}$；

$\cos x - \cos y = -2\sin \dfrac{x+y}{2} \sin \dfrac{x-y}{2}$.

5. 积化和差公式：

$\sin x\cos x = \dfrac{1}{2}[\sin(x+y) + \sin(x-y)]$；

$\cos x\sin x = \dfrac{1}{2}[\sin(x+y) - \sin(x-y)]$；

$\cos x\cos x = \dfrac{1}{2}[\cos(x+y) + \cos(x-y)]$；

$\sin x\sin x = -\dfrac{1}{2}[\cos(x+y) - \cos(x-y)]$.

附录 B　常用曲线函数的图形

1. 圆

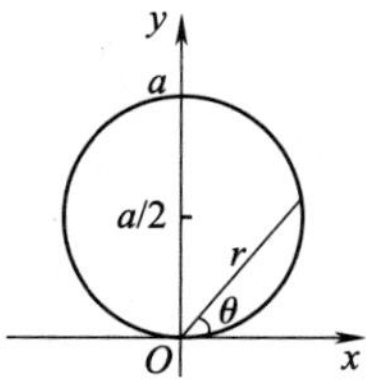

$r=a\sin\theta$

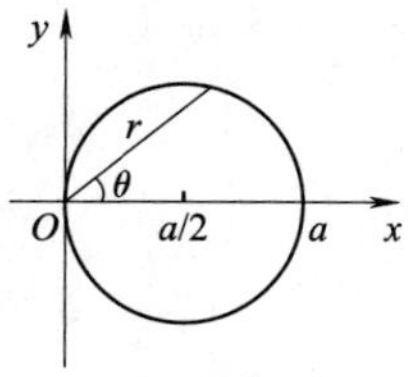

$r=a\cos\theta$

2. 心脏线

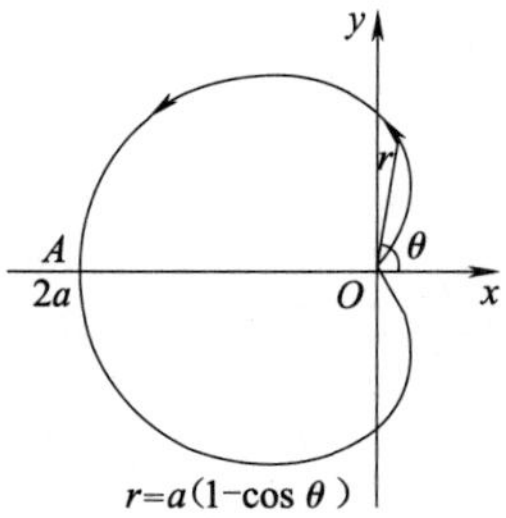

$r=a(1-\cos\theta)$

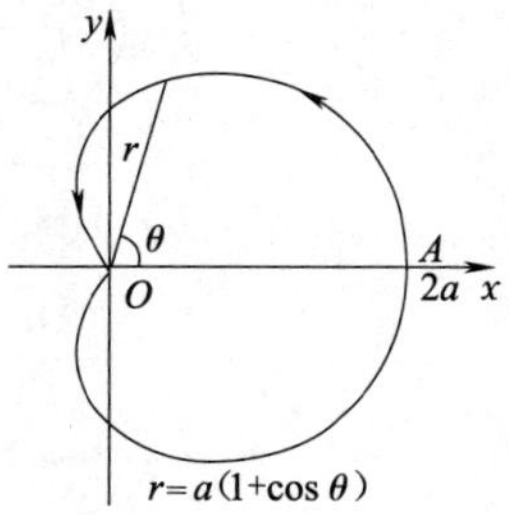

$r=a(1+\cos\theta)$

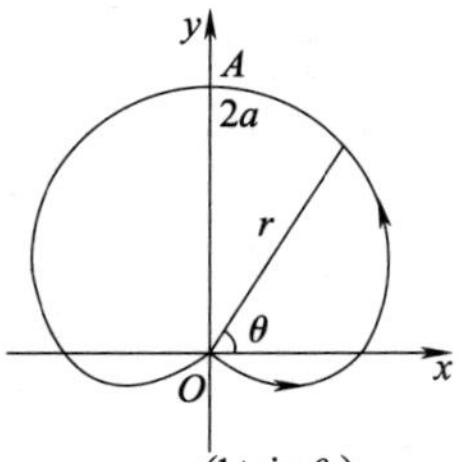

$r=a(1+\sin\theta)$

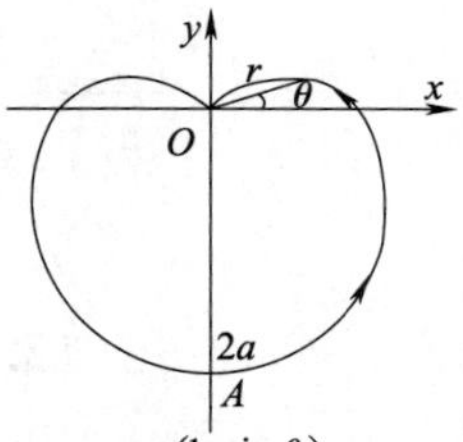

$r=a(1-\sin\theta)$

3. 星形线

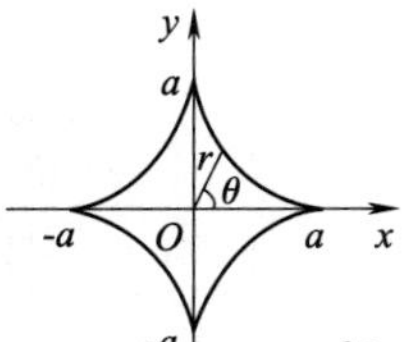

$x^{\frac{2}{3}}+y^{\frac{2}{3}}=a^{\frac{2}{3}}$, $\begin{cases}x=a\cos^3\theta\\ y=a\sin^3\theta\end{cases}$

4. 摆线

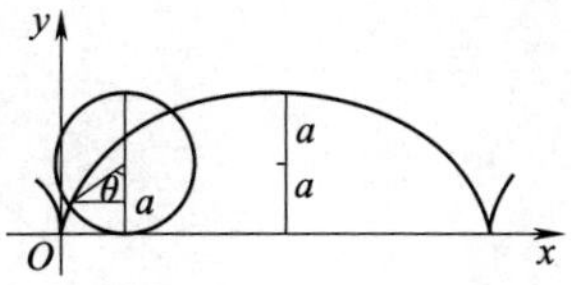

$\begin{cases}x=a(\theta-\sin\theta)\\ y=a(1-\cos\theta)\end{cases}$

5. 玫瑰线

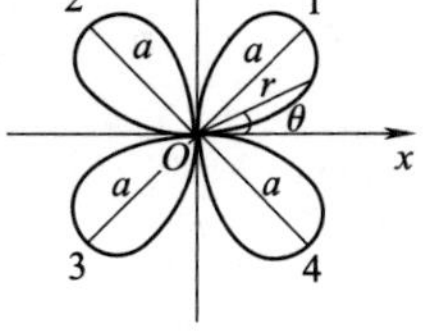

$r=a\sin 2\theta$

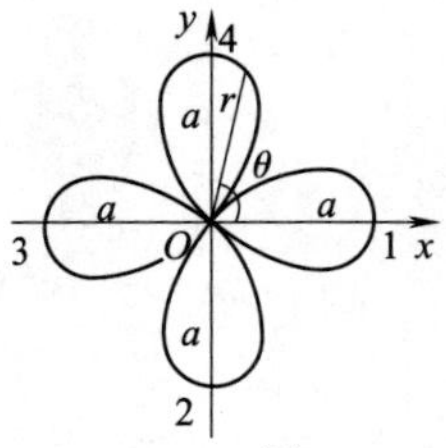

$r=a\cos 2\theta$

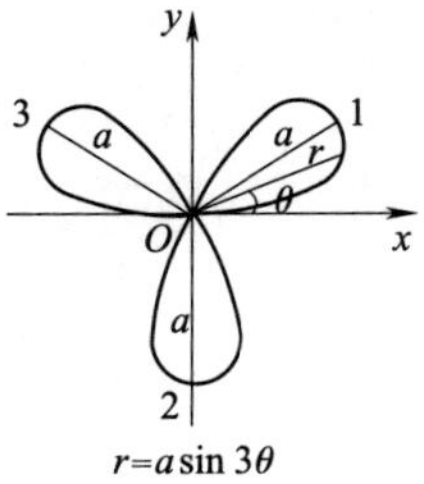

$r=a\sin 3\theta$

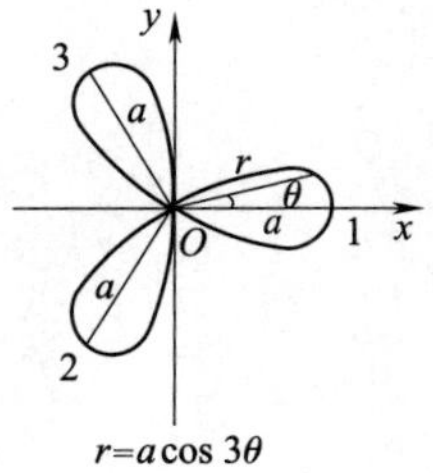

$r=a\cos 3\theta$

6. 双纽线

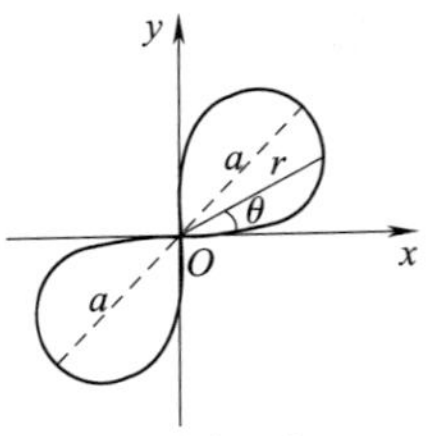

$(x^2+y^2)^2=2a^2xy$

$r^2=a^2\sin 2\theta$

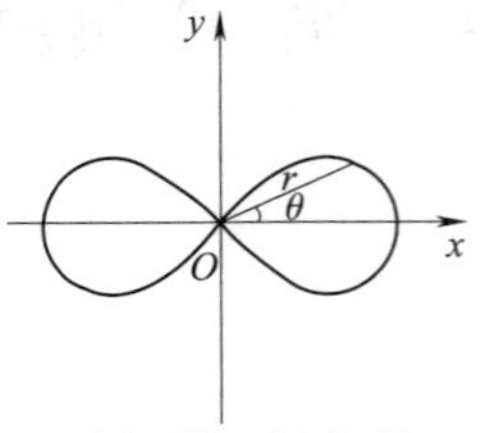

$(x^2+y^2)^2=a^2(x^2-y^2)$

$r^2=a^2\cos 2\theta$

7. 阿基米德螺线

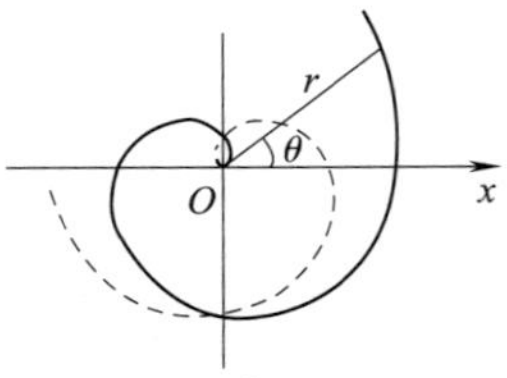

$r=a\theta$

8. 对数螺线

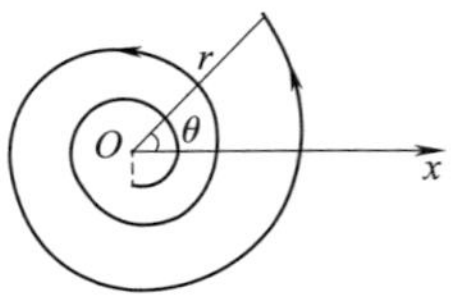

$r=e^{a\theta}$

9. 双曲螺线

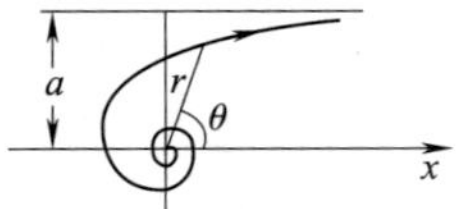

$r\theta=a$

10. 悬链线

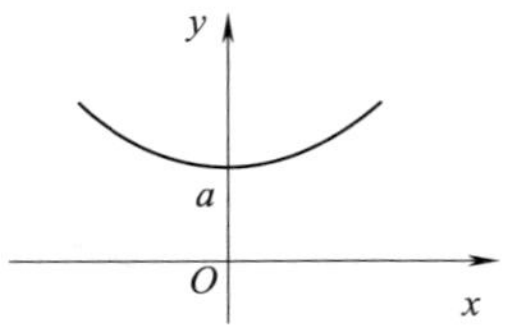

$y=\frac{a}{2}(e^{\frac{x}{a}}+e^{-\frac{x}{a}})$

11. 笛卡尔叶形线

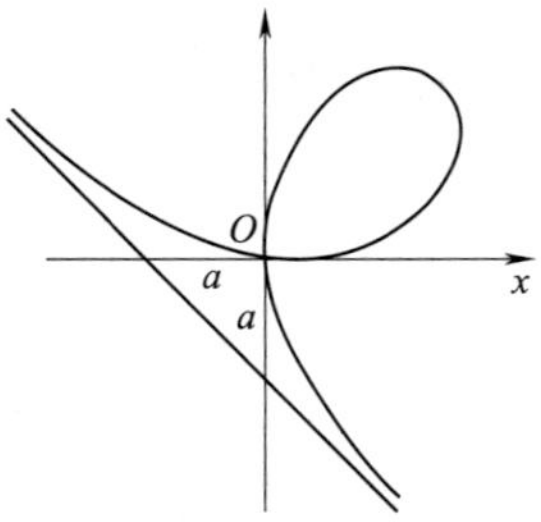

$x^3+y^3-3axy=0.$

$x=\frac{3at}{1+t^3},\ x=\frac{3at^2}{1+t^3}.$

12. 概率曲线

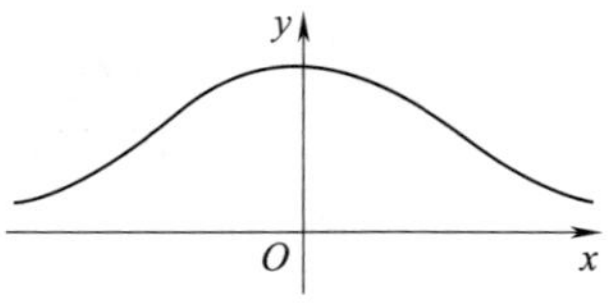

$y=e^{-x^2}$

附录C　积分表

(一)含有 $ax+b$ 的积分

1. $\int \frac{dx}{ax+b} = \frac{1}{a}\ln|ax+b| + C$;

2. $\int (ax+b)^{\alpha}dx = \frac{1}{a(\alpha+1)}(ax+b)^{\alpha+1} + C$;

3. $\int \frac{x}{ax+b}dx = \frac{1}{a^2}(ax+b-b\ln|ax+b|) + C$;

4. $\int \frac{x^2}{ax+b}dx = \frac{1}{a^3}\left[\frac{1}{2}(ax+b)^2 - 2b(ax+b) + b^2\ln|ax+b|\right] + C$;

5. $\int \frac{dx}{x(ax+b)} = -\frac{1}{b}\ln\left|\frac{ax+b}{x}\right| + C$;

6. $\int \frac{dx}{x^2(ax+b)} = -\frac{1}{bx} + \frac{a}{b^2}\ln\left|\frac{ax+b}{x}\right| + C$;

7. $\int \frac{x}{(ax+b)^2}dx = \frac{1}{a^2}\left(\ln|ax+b| + \frac{b}{ax+b}\right) + C$;

8. $\int \frac{x^2}{(ax+b)^2}dx = \frac{1}{a^3}\left(ax+b-2b\ln|ax+b| - \frac{b^2}{ax+b}\right) + C$;

9. $\int \frac{dx}{x(ax+b)^2} = \frac{1}{b(ax+b)} - \frac{1}{b^2}\ln\left|\frac{ax+b}{x}\right| + C$.

(二)含有 $\sqrt{ax+b}$ 的积分

10. $\int \sqrt{ax+b}\,dx = \frac{2}{3a}\sqrt{(ax+b)^3} + C$;

11. $\int x\sqrt{ax+b}\,dx = \frac{2}{15a^2}(3ax-2b)\sqrt{(ax+b)^3} + C$;

12. $\int x^3\sqrt{ax+b}\,dx = \frac{2}{105a^3}(15a^2x^2 - 12abx + 8b^2)\sqrt{(ax+b)^3} + C$;

13. $\int \frac{x}{\sqrt{ax+b}}dx = \frac{2}{3a^2}(ax-2b)\sqrt{ax+b} + C$;

14. $\int \frac{x^2}{\sqrt{ax+b}}dx = \frac{2}{15a^3}(3a^2x^2 - 4abx + 8b^2)\sqrt{ax+b} + C$;

15. $$\int \frac{dx}{x\sqrt{ax+b}} = \begin{cases} \frac{1}{\sqrt{b}}\ln\left|\frac{\sqrt{ax+b}-\sqrt{b}}{\sqrt{ax+b}+\sqrt{b}}\right| + C & (b>0) \\ \frac{2}{\sqrt{-b}}\arctan\sqrt{\frac{ax+b}{-b}} + C & (b<0) \end{cases};$$

16. $\int \frac{dx}{x^2\sqrt{ax+b}} = \frac{-\sqrt{ax+b}}{bx} - \frac{a}{2b}\int \frac{dx}{x\sqrt{ax+b}}$;

17. $\int \frac{\sqrt{ax+b}}{x}dx = 2\sqrt{ax+b} + b\int \frac{dx}{x\sqrt{ax+b}}$;

18. $\int \frac{\sqrt{ax+b}}{x^2}dx = \frac{-\sqrt{ax+b}}{x} + \frac{a}{2}\int \frac{dx}{x\sqrt{ax+b}}$.

(三)含有 $x^2 \pm a^2$ 的积分

19. $\int \frac{dx}{x^2+a^2} = \frac{1}{a}\arctan\frac{x}{a} + C$;

20. $\int \frac{dx}{(x^2+a^2)^n} = \frac{x}{2(n-1)a^2(x^2+a^2)^{n-1}} + \frac{2n-3}{2(n-1)a^2}\int \frac{dx}{(x^2+a^2)^{n-1}}$;

21. $\int \frac{dx}{x^2-a^2} = \frac{1}{2a}\ln\left|\frac{x-a}{x+a}\right| + C$.

(四)含有 $ax^2+b(a>0)$ 的积分

22. $\int \frac{dx}{ax^2+b} = \begin{cases} \frac{1}{\sqrt{ab}}\arctan\sqrt{\frac{a}{b}}x + C & (b>0) \\ \frac{1}{2\sqrt{-ab}}\ln\left|\frac{\sqrt{a}x-\sqrt{-b}}{\sqrt{a}x+\sqrt{-b}}\right| + C & (b<0) \end{cases}$;

23. $\int \frac{x}{ax^2+b}dx = \frac{1}{2a}\ln|ax^2+b| + C$;

24. $\int \frac{x^2}{ax^2+b}dx = \frac{x}{a} - \frac{b}{a}\int \frac{dx}{ax^2+b}$;

25. $\int \frac{dx}{x(ax^2+b)} = \frac{1}{2b}\ln\frac{x^2}{|ax^2+b|} + C$;

26. $\int \frac{dx}{x^2(ax^2+b)} = -\frac{1}{bx} - \frac{a}{b}\int \frac{dx}{ax^2+b}$;

27. $\int \frac{dx}{x^3(ax^2+b)} = \frac{a}{2b^2}\ln\frac{|ax^2+b|}{x^2} - \frac{1}{2bx^2} + C$;

28. $\int \frac{dx}{(ax^2+b)^2} = -\frac{x}{2b(ax^2+b)} + \frac{1}{2b}\int \frac{dx}{ax^2+b}$.

(五)含有 $ax^2+bx+c(a>0)$ 的积分

29. $\int \frac{dx}{ax^2+bx+c} = \begin{cases} \frac{2}{\sqrt{4ac-b^2}}\arctan\frac{2ax+b}{\sqrt{4ac-b^2}} + C & (b^2<4ac) \\ \frac{1}{\sqrt{b^2-4ac}}\ln\left|\frac{2ax+b-\sqrt{b^2-4ac}}{2ax+b+\sqrt{b^2-4ac}}\right| + C & (b^2>4ac) \end{cases}$;

30. $\int \frac{x}{ax^2+bx+c}dx = \frac{1}{2a}\ln|ax^2+bx+c| - \frac{b}{2a}\int \frac{dx}{ax^2+bx+c}$.

(六)含有 $\sqrt{x^2+a^2}(a>0)$ 的积分

31. $\int \frac{dx}{\sqrt{x^2+a^2}} = \operatorname{arsh}\frac{x}{a} + C_1 = \ln(x+\sqrt{x^2+a^2}) + C$;

32. $\int \frac{dx}{\sqrt{(x^2+a^2)^3}} = \frac{x}{a^2\sqrt{x^2+a^2}} + C$;

33. $\int \frac{x}{\sqrt{x^2+a^2}}dx = \sqrt{x^2+a^2} + C$;

34. $\int \frac{x}{\sqrt{(x^2+a^2)^3}}dx = -\frac{1}{\sqrt{x^2+a^2}} + C$;

35. $\int \frac{x^2}{\sqrt{x^2+a^2}}dx = \frac{x}{2}\sqrt{x^2+a^2} - \frac{a^2}{2}\ln(x+\sqrt{x^2+a^2}) + C$;

36. $\int \frac{x^2}{\sqrt{(x^2+a^2)^3}}dx = -\frac{x}{\sqrt{x^2+a^2}} + \ln(x+\sqrt{x^2+a^2}) + C$;

37. $\int \frac{dx}{x\sqrt{x^2+a^2}} = \frac{1}{a}\ln\frac{\sqrt{x^2+a^2}-a}{|x|} + C$;

38. $\int \frac{dx}{x^2\sqrt{x^2+a^2}} = -\frac{\sqrt{x^2+a^2}}{a^2x} + C$;

39. $\int \sqrt{x^2+a^2}dx = \frac{x}{2}\sqrt{x^2+a^2} + \frac{a^2}{2}\ln(x+\sqrt{x^2+a^2}) + C$;

40. $\int \sqrt{(x^2+a^2)^3}dx = \frac{x}{8}(2x^2+5a^2)\sqrt{x^2+a^2} + \frac{3a^4}{8}\ln(x+\sqrt{x^2+a^2}) + C$;

41. $\int x\sqrt{x^2+a^2}dx = \frac{1}{3}\sqrt{(x^2+a^2)^3} + C$;

42. $\int x^2\sqrt{x^2+a^2}dx = \frac{x}{8}(2x^2+a^2)\sqrt{x^2+a^2} - \frac{a^4}{8}\ln(x+\sqrt{x^2+a^2}) + C$;

43. $\int \frac{\sqrt{x^2+a^2}}{x}dx = \sqrt{x^2+a^2} + a\ln\frac{\sqrt{x^2+a^2}-a}{|x|} + C$;

44. $\int \frac{\sqrt{x^2+a^2}}{x^2}dx = -\frac{\sqrt{x^2+a^2}}{x} + \ln(x+\sqrt{x^2+a^2}) + C$.

(七)含有 $\sqrt{x^2-a^2}\,(a>0)$ 的积分

45. $\int \frac{dx}{\sqrt{x^2-a^2}} = \frac{x}{|x|}\operatorname{arch}\frac{|x|}{a} + C_1 = \ln(x+\sqrt{x^2-a^2}) + C$;

46. $\int \frac{dx}{\sqrt{(x^2-a^2)^3}} = -\frac{x}{a^2\sqrt{x^2-a^2}} + C$;

47. $\int \frac{x}{\sqrt{x^2-a^2}}dx = \sqrt{x^2-a^2} + C$;

48. $\int \frac{x}{\sqrt{(x^2-a^2)^3}}dx = -\frac{1}{\sqrt{x^2-a^2}} + C$;

49. $\int \frac{x^2}{\sqrt{x^2-a^2}}dx = \frac{x}{2}\sqrt{x^2-a^2} + \frac{a^2}{2}\ln(x+\sqrt{x^2-a^2}) + C$;

50. $\int \frac{x^2}{\sqrt{(x^2-a^2)^3}}dx = -\frac{x}{\sqrt{x^2-a^2}} + \ln(x+\sqrt{x^2-a^2}) + C$;

51. $\int \frac{dx}{x\sqrt{x^2-a^2}} = \frac{1}{a}\arccos\frac{a}{|x|} + C$;

52. $\int \frac{dx}{x^2\sqrt{x^2-a^2}} = \frac{\sqrt{x^2-a^2}}{a^2x} + C$;

53. $\int \sqrt{x^2-a^2}dx = \frac{x}{2}\sqrt{x^2-a^2} - \frac{a^2}{2}\ln(x+\sqrt{x^2-a^2}) + C$;

54. $\int \sqrt{(x^2-a^2)^3}dx = \frac{x}{8}(2x^2-5a^2)\sqrt{x^2-a^2} + \frac{3a^4}{8}\ln(x+\sqrt{x^2-a^2}) + C$;

55. $\int x\sqrt{x^2-a^2}dx = \frac{1}{3}\sqrt{(x^2-a^2)^3} + C$;

56. $\int x^2\sqrt{x^2-a^2}dx = \frac{x}{8}(2x^2-a^2)\sqrt{x^2-a^2} - \frac{a^4}{8}\ln(x+\sqrt{x^2-a^2}) + C$;

57. $\int \frac{\sqrt{x^2-a^2}}{x}dx = \sqrt{x^2-a^2} + a\arccos\frac{a}{|x|} + C$;

58. $\int \frac{\sqrt{x^2-a^2}}{x^2}dx = -\frac{\sqrt{x^2-a^2}}{x} + \ln(x+\sqrt{x^2-a^2}) + C$.

(八)含有 $\sqrt{a^2-x^2}$ ($a>0$)的积分

59. $\int \frac{dx}{\sqrt{a^2-x^2}} = \arcsin\frac{x}{a} + C$;

60. $\int \frac{dx}{\sqrt{(a^2-x^2)^3}} = \frac{x}{a^2\sqrt{a^2-x^2}} + C$;

61. $\int \frac{x}{\sqrt{a^2-x^2}}dx = -\sqrt{a^2-x^2} + C$;

62. $\int \frac{x}{\sqrt{(a^2-x^2)^3}}dx = \frac{1}{\sqrt{a^2-x^2}} + C$;

63. $\int \frac{x^2}{\sqrt{a^2-x^2}}dx = -\frac{x}{2}\sqrt{a^2-x^2} + \frac{a^2}{2}\arcsin\frac{x}{a} + C$;

64. $\int \frac{x^2}{\sqrt{(a^2-x^2)^3}}dx = \frac{x}{\sqrt{a^2-x^2}} - \arcsin\frac{x}{a} + C$;

65. $\int \frac{dx}{x\sqrt{a^2-x^2}} = \frac{1}{a}\ln\frac{a-\sqrt{a^2-x^2}}{|x|} + C$;

66. $\int \frac{dx}{x^2\sqrt{a^2-x^2}} = -\frac{\sqrt{a^2-x^2}}{a^2x} + C$;

67. $\int \sqrt{a^2-x^2}dx = \frac{x}{2}\sqrt{a^2-x^2} - \frac{a^2}{2}\arcsin\frac{x}{a} + C$;

68. $\int \sqrt{(a^2-x^2)^3}dx = \frac{x}{8}(5a^2-2x^2)\sqrt{a^2-x^2} + \frac{3a^4}{8}\arcsin\frac{x}{a} + C$;

69. $\int x\sqrt{a^2-x^2}dx = \frac{1}{3}\sqrt{(a^2-x^2)^3} + C$;

70. $\int x^2\sqrt{a^2-x^2}dx = \frac{x}{8}(2x^2-a^2)\sqrt{a^2-x^2} + \frac{a^4}{8}\arcsin\frac{x}{a} + C$;

71. $\int \frac{\sqrt{a^2-x^2}}{x}dx = \sqrt{a^2-x^2} + a\ln\frac{a-\sqrt{a^2-x^2}}{|x|} + C$;

72. $\int \frac{\sqrt{a^2-x^2}}{x^2}dx = -\frac{\sqrt{a^2-x^2}}{x} - \arcsin\frac{x}{a} + C$.

(九)含有 $\sqrt{\pm ax^2+bx+c}$ ($a>0$)的积分

73. $\int \frac{dx}{\sqrt{ax^2+bx+c}} = \frac{1}{\sqrt{a}}\ln|2ax+b+2\sqrt{a}\sqrt{ax^2+bx+c}| + C$;

74. $\int \sqrt{ax^2+bx+c}\,dx = \frac{2ax+b}{4a}\sqrt{ax^2+bx+c} +$

$\frac{4ac-b^2}{8\sqrt{a^3}}\ln|2ax+b+2\sqrt{a}\sqrt{ax^2+bx+c}| + C$;

75. $\int \frac{x}{\sqrt{ax^2+bx+c}}dx = \frac{1}{a}\sqrt{ax^2+bx+c} -$

$$\frac{b}{2\sqrt{a^3}}\ln|2ax+b+2\sqrt{a}\sqrt{ax^2+bx+c}|+C;$$

76. $\int\frac{dx}{\sqrt{c+bx-ax^2}}=-\frac{1}{\sqrt{a}}\arcsin\frac{2ax-b}{\sqrt{b^2+4ac}}+C;$

77. $\int\sqrt{c+bx-ax^2}dx=\frac{2ax-b}{4a}\sqrt{c+bx-ax^2}+\frac{b^2+4ac}{8\sqrt{a^3}}\arcsin\frac{2ax-b}{\sqrt{b^2+4ac}}+C;$

78. $\int\frac{x}{\sqrt{c+bx-ax^2}}dx=-\frac{1}{a}\sqrt{c+bx-ax^2}+\frac{b}{2\sqrt{a^3}}\arcsin\frac{2ax-b}{\sqrt{b^2+4ac}}+C.$

（十）含有$\sqrt{\pm\frac{x-a}{x-b}}$或$\sqrt{(x-a)(b-x)}$的积分

79. $\int\sqrt{\frac{x-a}{x-b}}dx=(x-b)\sqrt{\frac{x-a}{x-b}}+(b-a)\ln(\sqrt{|x-a|}+\sqrt{|x-b|})+C;$

80. $\int\sqrt{\frac{x-a}{b-x}}dx=(x-b)\sqrt{\frac{x-a}{b-x}}+(b-a)\arcsin\sqrt{\frac{x-a}{b-x}}+C;$

81. $\int\frac{dx}{\sqrt{(x-a)(b-x)}}=2\arcsin\sqrt{\frac{x-a}{b-x}}+C\ (a<b);$

82. $\int\sqrt{(x-a)(b-x)}dx=\frac{2x-a-b}{4}\sqrt{(x-a)(b-x)}+$

$$\frac{(b-a)^2}{4}\arcsin\sqrt{\frac{x-a}{b-x}}+C\ (a<b).$$

（十一）含有三角函数的积分

83. $\int\sin x dx=-\cos x+C;$

84. $\int\cos x dx=\sin x+C;$

85. $\int\tan x dx=-\ln|\cos x|+C;$

86. $\int\cot x dx=\ln|\sin x|+C;$

87. $\int\sec x dx=\ln\left|\tan\left(\frac{\pi}{4}+\frac{x}{2}\right)\right|+C=\ln|\sec x+\tan x|+C;$

88. $\int\csc x dx=\ln\left|\tan\frac{x}{2}\right|+C=\ln|\csc x-\cot x|+C;$

89. $\int\sec^2x dx=\tan x+C;$

90. $\int\csc^2x dx=-\cot x+C;$

91. $\int\sec x\tan x dx=\sec x+C;$

92. $\int\csc x\cot x dx=-\csc x+C;$

93. $\int\sin^2x dx=\frac{x}{2}-\frac{1}{4}\sin 2x+C;$

94. $\int\cos^2x dx=\frac{x}{2}+\frac{1}{4}\sin 2x+C;$

95. $\int \sin^n x\mathrm{d}x = -\frac{1}{n}\sin^{n-1}x\cos x + \frac{n-1}{n}\int \sin^{n-2}x\mathrm{d}x$;

96. $\int \cos^n x\mathrm{d}x = \frac{1}{n}\cos^{n-1}x\sin x + \frac{n-1}{n}\int \cos^{n-2}x\mathrm{d}x$;

97. $\int \frac{\mathrm{d}x}{\sin^n x} = -\frac{1}{n-1}\cdot\frac{\cos x}{\sin^{n-1}x} + \frac{n-2}{n-1}\int \frac{\mathrm{d}x}{\sin^{n-2}x}$;

98. $\int \frac{\mathrm{d}x}{\cos^n x} = \frac{1}{n-1}\cdot\frac{\sin x}{\cos^{n-1}x} + \frac{n-2}{n-1}\int \frac{\mathrm{d}x}{\cos^{n-2}x}$;

99. $\int \cos^m x\sin^n x\mathrm{d}x = \frac{1}{m+n}\cos^{m-1}x\sin^{n+1}x + \frac{m-1}{m+n}\int \cos^{m-2}x\sin^n x\mathrm{d}x$

$= -\frac{1}{m+n}\cos^{m+1}x\sin^{n-1}x + \frac{n-1}{m+n}\int \cos^m x\sin^{n-2}x\mathrm{d}x$;

100. $\int \sin ax\cos bx\mathrm{d}x = -\frac{1}{2(a+b)}\cos(a+b)x - \frac{1}{2(a-b)}\cos(a-b)x + C$;

101. $\int \sin ax\sin bx\mathrm{d}x = -\frac{1}{2(a+b)}\sin(a+b)x + \frac{1}{2(a-b)}\sin(a-b)x + C$;

102. $\int \cos ax\cos bx\mathrm{d}x = \frac{1}{2(a+b)}\sin(a+b)x + \frac{1}{2(a-b)}\sin(a-b)x + C$;

103. $\int \frac{\mathrm{d}x}{a+b\sin x} = \frac{2}{\sqrt{a^2-b^2}}\arctan\frac{a\tan\frac{x}{2}+b}{\sqrt{a^2-b^2}} + C\ (a^2 > b^2)$;

104. $\int \frac{\mathrm{d}x}{a+b\sin x} = \frac{1}{\sqrt{b^2-a^2}}\ln\left|\frac{a\tan\frac{x}{2}+b-\sqrt{b^2-a^2}}{a\tan\frac{x}{2}+b+\sqrt{b^2-a^2}}\right| + C\ (a^2 < b^2)$;

105. $\int \frac{\mathrm{d}x}{a+b\cos x} = \frac{2}{a+b}\sqrt{\frac{a+b}{a-b}}\arctan\left(\sqrt{\frac{a+b}{a-b}}\tan\frac{x}{2}\right) + C\ (a^2 > b^2)$;

106. $\int \frac{\mathrm{d}x}{a+b\cos x} = \frac{1}{a+b}\sqrt{\frac{a+b}{a-b}}\ln\left|\frac{\tan\frac{x}{2}+\sqrt{\frac{a+b}{a-b}}}{a\tan\frac{x}{2}-\sqrt{\frac{a+b}{a-b}}}\right| + C\ (a^2 < b^2)$;

107. $\int \frac{\mathrm{d}x}{a^2\cos^2 x + b^2\sin^2 x} = \frac{1}{ab}\arctan\left(\frac{b}{a}\tan x\right) + C$;

108. $\int \frac{\mathrm{d}x}{a^2\cos^2 x - b^2\sin^2 x} = \frac{1}{2ab}\ln\left|\frac{b\tan x + a}{b\tan x - a}\right| + C$;

109. $\int x\sin ax\mathrm{d}x = \frac{1}{a^2}\sin ax - \frac{1}{a}x\cos ax + C$;

110. $\int x^2\sin ax\mathrm{d}x = -\frac{1}{a}x^2\cos ax + \frac{2}{a^2}x\sin ax + \frac{2}{a^3}\cos ax + C$;

111. $\int x\cos ax\mathrm{d}x = \frac{1}{a^2}\cos ax + \frac{1}{a}x\sin ax + C$;

112. $\int x^2\cos ax\mathrm{d}x = \frac{1}{a}x^2\sin ax + \frac{2}{a^2}x\cos ax - \frac{2}{a^3}\sin ax + C$.

(十二)含有反三角函数的积分(其中 $a>0$)

113. $\int \arcsin\frac{x}{a}\mathrm{d}x = x\arcsin\frac{x}{a} + \sqrt{a^2-x^2} + C$;

114. $\int x\arcsin\frac{x}{a}dx = \left(\frac{x^2}{2}-\frac{a^2}{4}\right)\arcsin\frac{x}{a}+\frac{x}{4}\sqrt{a^2-x^2}+C$;

115. $\int x^2\arcsin\frac{x}{a}dx = \frac{x^3}{3}\arcsin\frac{x}{a}+\frac{1}{9}(x^2+2a^2)\sqrt{a^2-x^2}+C$;

116. $\int \arccos\frac{x}{a}dx = x\arccos\frac{x}{a}-\sqrt{a^2-x^2}+C$;

117. $\int x\arccos\frac{x}{a}dx = \left(\frac{x^2}{2}-\frac{a^2}{4}\right)\arccos\frac{x}{a}-\frac{x}{4}\sqrt{a^2-x^2}+C$;

118. $\int x^2\arccos\frac{x}{a}dx = \frac{x^3}{3}\arccos\frac{x}{a}-\frac{1}{9}(x^2+2a^2)\sqrt{a^2-x^2}+C$;

119. $\int \arctan\frac{x}{a}dx = x\arctan\frac{x}{a}-\frac{a}{2}\ln(a^2+x^2)+C$;

120. $\int x\arctan\frac{x}{a}dx = \frac{1}{2}(a^2+x^2)\arctan\frac{x}{a}-\frac{a}{2}x+C$;

121. $\int x^2\arctan\frac{x}{a}dx = \frac{x^3}{3}\arctan\frac{x}{a}-\frac{a}{6}x^2+\frac{a^3}{6}\ln(a^2+x^2)+C$.

（十三）含有指数函数的积分

122. $\int a^x dx = \frac{1}{\ln a}a^x+C$;

123. $\int e^{ax}dx = \frac{1}{a}e^{ax}+C$;

124. $\int xe^{ax}dx = \frac{1}{a^2}(ax-1)e^{ax}+C$;

125. $\int x^n e^{ax}dx = \frac{1}{a}x^n e^{ax}-\frac{n}{a}\int x^{n-1}e^{ax}dx$;

126. $\int xa^x dx = \frac{x}{\ln a}a^x-\frac{1}{\ln^2 a}a^x+C$;

127. $\int x^n a^x dx = \frac{1}{\ln a}x^n a^x-\frac{n}{\ln a}\int x^{n-1}a^x dx$;

128. $\int e^{ax}\sin bx dx = \frac{1}{a^2+b^2}e^{ax}(a\sin bx-b\cos bx)+C$;

129. $\int e^{ax}\cos bx dx = \frac{1}{a^2+b^2}e^{ax}(b\sin bx+a\cos bx)+C$;

130. $\int e^{ax}\sin^n bx dx = \frac{1}{a^2+b^2n^2}e^{ax}\sin^{n-1}bx(a\sin bx-nb\cos bx)+\frac{n(n-1)b^2}{a^2+b^2n^2}\int e^{ax}\sin^{n-2}bx dx$;

131. $\int e^{ax}\cos^n bx dx = \frac{1}{a^2+b^2n^2}e^{ax}\cos^{n-1}bx(a\cos bx+nb\sin bx)+\frac{n(n-1)b^2}{a^2+b^2n^2}\int e^{ax}\cos^{n-2}bx dx$.

（十四）含有对数函数的积分

132. $\int \ln x dx = x\ln x-x+C$;

133. $\int \frac{dx}{x\ln x} = \ln|\ln x|+C$;

134. $\int x^n \ln x\mathrm{d}x = \frac{1}{n+1}x^{n+1}\left(\ln x - \frac{1}{n+1}\right) + C$;

135. $\int \ln^n x\mathrm{d}x = x\ln^n x - n\int \ln^{n-1} x\mathrm{d}x$;

136. $\int x^m \ln^n x\mathrm{d}x = \frac{1}{m+1}x^{m+1}\ln^n x - \frac{n}{m+1}\int x^m \ln^{n-1} x\mathrm{d}x$.

(十五)含有双曲函数的积分

137. $\int \mathrm{sh}\, x\mathrm{d}x = \mathrm{ch}\, x + C$;

138. $\int \mathrm{ch}\, x\mathrm{d}x = \mathrm{sh}\, x + C$;

139. $\int \mathrm{th}\, x\mathrm{d}x = \ln\mathrm{ch}\, x + C$;

140. $\int \mathrm{sh}^2 x\mathrm{d}x = -\frac{x}{2} + \frac{1}{4}\mathrm{sh}\, 2x + C$;

141. $\int \mathrm{ch}^2 x\mathrm{d}x = \frac{x}{2} + \frac{1}{4}\mathrm{sh}\, 2x + C$.

(十六)定积分

142. $\int_{-\pi}^{\pi} \cos nx\mathrm{d}x = \int_{-\pi}^{\pi} \sin nx\mathrm{d}x = 0$;

143. $\int_{-\pi}^{\pi} \cos mx\sin nx\mathrm{d}x = 0$;

144. $\int_{-\pi}^{\pi} \cos mx\cos nx\mathrm{d}x = \begin{cases} 0 & m \neq n \\ \pi & m = n \end{cases}$;

145. $\int_{-\pi}^{\pi} \sin mx\sin nx\mathrm{d}x = \begin{cases} 0 & m \neq n \\ \pi & m = n \end{cases}$;

146. $\int_{0}^{\pi} \sin mx\sin nx\mathrm{d}x = \int_{0}^{\pi} \cos mx\cos nx\mathrm{d}x = \begin{cases} 0 & m \neq n \\ \pi/2 & m = n \end{cases}$;

147. $I_n = \int_0^{\pi/2} \sin^n x\mathrm{d}x = \int_0^{\pi/2} \cos^n x\mathrm{d}x$;

$I_n = \frac{n-1}{n}I_{n-2}$;

$I_n = \frac{n-1}{n}\cdot\frac{n-3}{n-2}\cdot\cdots\cdot\frac{3}{4}\cdot\frac{1}{2}\cdot I_0 = \frac{n-1}{n}\cdot\frac{n-3}{n-2}\cdot\cdots\cdot\frac{3}{4}\cdot\frac{1}{2}\cdot\frac{\pi}{2}$,$n$ 为正偶数;

$I_n = \frac{n-1}{n}\cdot\frac{n-3}{n-2}\cdot\cdots\cdot\frac{4}{5}\cdot\frac{2}{3}\cdot I_1 = \frac{n-1}{n}\cdot\frac{n-3}{n-2}\cdot\cdots\cdot\frac{4}{5}\cdot\frac{2}{3}\cdot 1$,$n$ 为正奇数.

附录 D　参考答案

第 1 章

习题 1-1

A 组

1. (1)正确；(2)错误；(3)正确.

2. (1) $-\frac{1}{2}$；(2) $y=\log_8 x$；

   (3)奇函数,偶函数,偶函数,奇函数；

   (4) $1+\frac{\pi^2}{4}$；

   (5) x^2+2；

   (6) 无界,有界.

3. (1)D；(2)D.

4. $\{x\mid x>2$ 或 $x\leqslant -2\}$.

5. 奇函数.

B 组

1. $(-\infty,-3)\cup[-1,1]\cup(2,+\infty)$.

2. 奇函数.

习题 1-2

A 组

1. (1)错误；(2)错误.

2. $y=u^3, u=\sin x$.

3. $y=e^{3x}$.

B 组

1. $y=\arcsin e^{-\sqrt{x}}$.

2. $y=\sqrt{1+\sin^2(\log_2 x)}$.

3. $y=u^2, u=\arcsin v, v=\sqrt{w}, w=1-x^2$.

4. $f(x)=x^2+2$.

习题 1-3　略

习题 1-4

A 组

(1)A；(2)D；(3)A；(4)A；(5)C；(6)D；(7)B；(8)C；(9)A.

B 组

1. $-3, -4$.

2. 1.

3. 0.

4. -2；

5. $x\to -1$ 无穷小, $x\to 1$ 无穷大.

习题 1-5

A 组

1. (1)0；(2)∞；(3)-3；(4)5；(5)$\frac{1}{2}$；(6)0；(7)∞；(8)1；(9)∞；(10)$\frac{1}{2}$.

2. (1)-1；(2)5；(3)x；(4)e^2；(5)e^2；(6)e.

3. $a=1, b=-1$.

B 组

(1)D；(2)B；(3)C；(4)A；(5)B；(6)D.

习题 1-6

A 组

1. (1)C；(2)C；(3)C；(4)A.

2. (1)5；(2)$\frac{1}{2}a^2$；(3)-5；(4)-1；(5)2.

B 组

1. $a=2$.　2. 略

习题 1-7

A 组

1. (1)$f(x_0)$；(2)2；(3)1；(4)第二类,可去.

2. 略.

3. 2.

B 组

1. 2.

2. $a=1, b=e$.

3. 跳跃间断点.

4. 略.

综合测试 1

一、填空题

1. $y=\sqrt{1+\sin^2(\log_2 x)}$.

2. 反三角函数.

3. $y=e^u, u=\sin v, v=1-x$.

4. $[1,2]$.　5. $b=-7$.

6. (1)5；(2)1；(3)e^4；(4)$\frac{2}{3}$.

7. 2.　8. 2.　9. 0；$\frac{5}{7}$.

二、选择题

1. B. 2. D. 3. C. 4. C. 5. B. 6. D.

7. D. 8. D.

三、计算题

1. $\frac{1}{4}$. 2. $-\frac{1}{2}$. 3. $-\frac{1}{2}$. 4. $\frac{1}{2}$. 5. $\frac{2}{3}\ln 2$.

6. 左不连续,右连续,不连续. 7. 1.

8. $a=-1, b=0$. 9. 略.

第 2 章

习题 2-1

A 组

1. (1) $f'(0)$; (2) $a=0, b=1$; (3) $2f(0)$;
(4) $\left(2,\frac{3}{2}\right)$和$\left(-2,-\frac{3}{2}\right)$.

2. (1)C; (2)D; (3)A; (4)B; (5)B;
(6)C; (7)B.

3. 函数$f(x)$在$x=0$处的导数为1.

4. 证明略.

5. $2a\varphi(a)$.

6. 函数$f(x)$在$x=0$处连续且可导.

B 组

1. $a=1$.

2. $y=1$.

3. 切线方程为$4x+y-4=0$;
法线方程为$2x-8y+15=0$.

4. $I(t_0)=\lim\limits_{\Delta t\to 0}\frac{\Delta Q}{\Delta t}=\lim\limits_{\Delta t\to 0}\frac{Q(t_0+\Delta t)-Q(t_0)}{\Delta t}=Q'(t_0)$.

习题 2-2

A 组

1. (1)C; (2)B; (3)A; (4)D; (5)B;
(6)C; (7)C; (8)A.

2. (1) $-5x^{\frac{3}{2}}+2x^{-\frac{1}{3}}+\frac{1}{x^2}$;

(2) $10^x\ln 10+10x^9+\frac{1}{x\ln 10}-\sin x$;

(3) $2e^x\cos x$;

(4) $6x^2-\frac{5}{2}x^{\frac{3}{2}}+2x$;

(5) $\frac{7}{6}x^{\frac{1}{6}}$;

(6) $1-x^{-\frac{3}{2}}+4x^{-3}$.

3. (1) $\frac{e^x}{1+e^{2x}}$; (2) $\frac{-x}{\sqrt{a^2-x^2}}$;

(3) $\frac{2}{\sqrt{4-x^2}}\arcsin\frac{x}{2}$; (4) $\frac{1}{x(\ln x)\ln\ln x}$;

(5) $-\frac{1}{x^2+1}$; (6) $\frac{e^x}{\sqrt{1+e^{2x}}}$;

(7) $-\frac{1}{2}e^{-\frac{x}{2}}(\cos 3x+6\sin 3x)$;

(8) $\arcsin\frac{x}{2}$.

4. (1) $4-\frac{1}{x^2}$; (2) $2\sec^2x\tan x$;

(3) $2\frac{\mathrm{sim}(\ln x)-\cos(\ln x)}{x^2}$; (4) $\frac{2}{(x-1)^3}$.

5. $f'(1)=\frac{1}{2}$.

B 组

1. 切线方程为:$2x+3y-3=0$;
法线方程为:$3x-2y+2=0$.

2. e^x+e^{-x}.

3. $f''(a)=2g(a)$.

4. $\frac{8!}{x^9}$.

习题 2-3

A 组

1. (1)A; (2)B; (3)B.

2. (1) $\frac{y}{y-x}$;

(2) $\frac{e^{x+y}-y}{x-e^{x+y}}$;

(3) $-\frac{e^y}{1+xe^y}$;

(4) $\frac{\sin(x-y)+y\cos x}{\sin(x-y)-\sin x}$;

(5) $\frac{1-y(x+y)}{x(x+y)-1}$;

(6) $\frac{2x}{\cos y}$.

3. (1) $x^{\sin x}\left(\cos x\cdot\ln x+\frac{1}{x}\sin x\right)$;

(2) $\left(\frac{x}{1+x}\right)^x\left(\ln\frac{x}{1+x}+\frac{1}{1+x}\right)$;

(3) $\frac{(x+1)\sqrt[3]{x-1}}{(x+4)^2e^x}\left[\frac{1}{x+1}+\frac{1}{3(x-1)}-\frac{2}{x+4}-1\right]$;

(4) $\dfrac{\sqrt{x+2}\,(3-x)^4}{(x+1)^5}\left[\dfrac{1}{2(x+2)}-\dfrac{4}{3-x}-\dfrac{5}{x+1}\right]$.

4. (1) $\dfrac{3t^2+1}{2t}$； (2) $\dfrac{\cos t-\sin t}{\sin t+\cos t}$.

B 组

1. $\dfrac{y}{2\pi y\cos\pi y^2-x}$, $-\dfrac{1}{2\pi}$.

2. $\dfrac{xe^x+e^{x+y}-e^x+y-(x+e^y+e^{x+y}-ye^y)y'}{(x+e^y)^2}$, -2

3. $y=x$.

4. (1) 切线斜率 $k=-\dfrac{b}{a}\cot t$；

(2) $bx+ay-\sqrt{2}ab=0$.

习题 2-4

A 组

1. (1) x^2+C； (2) $2\sqrt{x}+C$.

2. (1) A； (2) C； (3) B.

3. (1) $\left(-\dfrac{1}{x^2}+\dfrac{1}{3}x^{-\frac{2}{3}}\right)dx$；

(2) $(\sin 3x+3x\cos 3x)\,dx$；

(3) $\dfrac{2\sqrt{x}-1}{4\sqrt{x}\sqrt{x-\sqrt{x}}}dx$；

(4) $\dfrac{2e^{2x}(x-1)}{x^3}dx$；

(5) $(x^2+1)^{-\frac{3}{2}}dx$；

(6) $-\dfrac{x}{|x|\sqrt{1-x^2}}dx$.

B 组

1. (1) 0.79； (2) 0.485.

2. (1) $I=3t^2+1$； (2) $13A$； (3) 3 s.

3. 2.512 cm^2.

4. 挂钟每天大约慢 17.28 s.

综合测试 2

一、填空题

1. $-2f'(x_0)$.

2. 1.

3. $\left(\dfrac{1}{2},\dfrac{1}{4}\right)$.

4. $a=\dfrac{1}{2}$, $b=\dfrac{3}{2}$.

5. $2xy+x^2y'$；$e^y\cdot y'$.

6. $-\sqrt{3}$.

7. $\ln^4 2$.

8. $\dfrac{x\ln y-y}{y\ln x-x}dx$.

9. $e^{\sqrt{x}}f'(e^{\sqrt{x}})$.

10. $f'(x_0)\Delta x$.

二、选择题

1. D. 2. C. 3. A. 4. B. 5. C. 6. B.

7. C. 8. C. 9. C. 10. B.

三、计算题

1. $\dfrac{\ln x}{x\sqrt{1+\ln^2 x}}$.

2. $\dfrac{2\arctan\sqrt{x^2-1}}{x\sqrt{x^2-1}}$.

3. $3x(1-x^2)^{-\frac{5}{2}}$.

4. $2\arctan x+\dfrac{2x}{1+x^2}$.

5. 切线方程为 $x+ey-e=0$；

法线方程为 $ex-y+1=0$.

6. $\dfrac{1}{2\sqrt{x}}\cot\sqrt{x}$.

7. $-\dfrac{1}{\sqrt{x^2-1}}dx$.

8. $\dfrac{\sec^2(x+y)}{1-\sec^2(x+y)}$.

9. $x^{x^2}(2x\ln x+x)$.

10. $e^{2x}(1+2x)$.

11. $x+y-\dfrac{\pi}{2}-1=0$.

12. $1-\dfrac{a}{\sqrt{e}}$；$\dfrac{a^2}{\sqrt{e}}$.

13. 球的体积约增加 80π cm^3.

14. 略.

第 3 章

习题 3-1

A 组

1. (1) $\dfrac{1}{\ln 2}-1$； (2) 三；

(3) $a=-\dfrac{1}{8}$, $b=-\dfrac{1}{4}$.

2. (1) C； (2) B； (3) A； (4) B.

3. (1) $\dfrac{3}{2}$； (2) 2； (3) $\dfrac{1}{3}$； (4) $-\dfrac{1}{8}$；

(5)1； (6)0.

B 组

1. (1) 1； (2) $\frac{2}{\pi}$； (3) $\frac{1}{2}$； (4) $\frac{1}{2}$；

(5) e^{-1}； (6) $e^{-\frac{\pi}{2}}$.

2. 证明略.

习题 3-2

A 组

1. (1)C； (2)B； (3)D； (4)D； (5)A；

(6)B； (7)A； (8)C.

2. (1) 函数在$(-\infty,1)$及$(2,+\infty)$上单调递增，在$(1,2)$上单调递减，其极大值$f(1)=2$，极小值$f(2)=1$；

(2) 函数在$(-\infty,-1)$及$(0,1)$上单调减少，在$(-1,0)$及$(1,+\infty)$上单调增加，其极大值$f(0)=-5$，极小值$f(\pm 1)=-6$；

(3) 函数在$(0,1)$上单调减少，在$(-\infty,0)$及$(1,+\infty)$上单调增加，其极大值$f(0)=0$，极小值$f(1)=-\frac{1}{2}$；

(4) 函数在$\left(0,\frac{1}{2}\right)$上单调减少，在$\left(\frac{1}{2},+\infty\right)$上单调增加，其极小值$f\left(\frac{1}{2}\right)=\frac{1}{2}+\ln 2$；

(5) 函数在$\left(\frac{3}{4},1\right)$上单调减少，在$\left(-\infty,\frac{3}{4}\right)$上单调增加，其极大值$f\left(\frac{3}{4}\right)=\frac{5}{4}$，无极小值；

(6) 函数在$\left(-\infty,\frac{2}{3}a\right)$及$(a,+\infty)$上单调增加，在$\left(\frac{2}{3}a,a\right)$上单调减少，其极大值为$f\left(\frac{2}{3}a\right)=\frac{a}{3}$，极小值为$f(a)=0$.

3. (1)曲线的凹区间为$(-\infty,0)$与$\left(\frac{2}{3},+\infty\right)$，凸区间为$\left(0,\frac{2}{3}\right)$，拐点为$(0,1)$与$\left(\frac{2}{3},\frac{11}{27}\right)$；

(2) 曲线的凹区间为$(b,+\infty)$，凸区间为$(-\infty,b)$，拐点为(b,a^2)；

(3)曲线的凹区间为$(-1,1)$，凸区间为$(-\infty,-1)$及$(1,+\infty)$，拐点为$(-1,\ln2)$与$(1,\ln2)$；

(4) 曲线的凸区间为$\left(-\infty,\frac{5}{3}\right)$，凹区间为$\left(\frac{5}{3},+\infty\right)$，拐点为$\left(\frac{5}{3},\frac{20}{27}\right)$；

(5)曲线的凹区间为$(2,+\infty)$，凸区间为$(-\infty,2)$，拐点为$(2,2e^{-2})$；

(6) 曲线$y=(x+1)^4+e^x$在定义域内为凹的，其凹区间为$(-\infty,+\infty)$.

4. 证明略.

B 组

1. 证明略.
2. Q关于时间t的一阶导数为正.
3. 第二种方案模型最优.
4. 血压是单调递减的.

习题 3-3

A 组

1. (1) $\frac{3}{4}$； (2) $\ln 5,0$.

2. (1) 最大值$f(4)=142$，最小值$f(1)=7$；

(2) 最大值为$f(4)=8$，最小值为$f(0)=0$；

(3)最大值为$y\big|_{x=-2}=y\big|_{x=2}=13$，

最小值为$y\big|_{x=-1}=y\big|_{x=1}=4$.

B 组

1. 当P点距离炼油厂的距离为7.764 km时管道铺设的费用最低.
2. 当$b=\frac{\sqrt{3}}{3}d,h=\frac{\sqrt{6}}{3}d$时才能使横梁的承载能力最大.
3. 产量为24 400时，快餐店可以获得最大利润.
4. 当行走速度为3 m/s时，可使淋雨量达到最小.

习题 3-4

A 组

1. (1) $\sqrt{1+(9x^2+2)^2}\,dx$；

(2) $\sqrt{1+\cos^2 x\left(1+\frac{3}{2}\sin 2x\right)^2}\,dx$.

2. (1) $0,\infty$；

(2) $\frac{2\sqrt{5}}{25},\frac{5\sqrt{5}}{2}$；

(3) $\frac{\sqrt{2}}{2},\sqrt{2}$；

(4) $\frac{2}{3\sqrt{3}},\frac{3\sqrt{3}}{2}$.

3. 正弦曲线上曲率最大处的点的坐标为$\left(\frac{\pi}{2},1\right)$.

B 组

1. 43 743. 8(N).

2. 0.

综合测试 3

一、填空题

1. $\frac{f(b)-f(a)}{b-a}$.

2. -1.

3. $(-2,1)$.

4. 减少.

5. $f''(x)>0$.

6. $(-\infty,0)$.

二、选择题

1. C. 2. D. 3. B. 4. D. 5. B. 6. C.

7. C. 8. C.

三、计算题

1. 证明略.

2. $\frac{9}{2}$

3. 1.

4. $-\frac{1}{2}$

5. 函数在$\left(\frac{3}{2},+\infty\right)$上单调减少,在$(-\infty,0)$及$\left(0,\frac{3}{2}\right)$上单调增加,其极大值$f\left(\frac{3}{2}\right)=\frac{27}{16}$.

6. 曲线的凸区间为$(-\infty,0)$与$\left(\frac{1}{2},+\infty\right)$,凹区间为$\left(0,\frac{1}{2}\right)$,拐点为$(0,0)$与$\left(\frac{1}{2},\frac{1}{16}\right)$.

7. 最大值为$y\big|_{x=-2}=y\big|_{x=2}=13$,最小值为$y\big|_{x=-1}=y\big|_{x=1}=4$.

8. 当灯的高度为$\frac{\sqrt{2}}{2}R$时,广场周围的环道最亮.

9. 每月每套租金为 350 元时收入最高.

10. 截去正方形边长为$\frac{a}{6}$时,能使剩下的铁皮折成的无盖方盒容积最大.

第 4 章

习题 4-1

A 组

1. (1) $\sin 2x$; (2) $\ln x$; (3) $\ln(x-1)+C$.

2. (1) B; (2) D; (3) B; (4) D; (5) A.

3. (1) $\frac{8}{15}x^{\frac{15}{8}}+C$;

(2) $\frac{2}{5}x^{\frac{5}{2}}-2x^{\frac{3}{2}}+C$;

(3) $\frac{1}{2}x^2+x-3\ln|x|+\frac{3}{x}+C$;

(4) $x^2-x+\frac{4}{3}x^{\frac{3}{2}}-2\sqrt{x}+C$;

(5) $x-\arctan x+C$;

(6) $x-\frac{3}{4}x^{\frac{4}{3}}+\frac{3}{5}x^{\frac{5}{3}}+C$;

(7) e^x-x+C;

(8) $\frac{1}{2}(x+\sin x)+C$;

(9) $-\cot x-x+C$;

(10) $\frac{1}{2}(\tan x-x)+C$.

B 组

1. (1) $y=\frac{1}{8}x^2+C$(C 为任意常数);

(2) $y=\frac{1}{8}x^2+2$.

2. $y=\frac{2}{3}kt^{\frac{3}{2}}+C$.

习题 4-2

A 组

1. (1) $\frac{1}{a}$; (2) $\frac{1}{4}$; (3) $\frac{1}{2}$; (4) $-\frac{1}{5}$;

(5) $\frac{2}{3}$; (6) $-\frac{1}{4}$; (7) $\frac{1}{3}f(3x+2)+C$;

(8) $\frac{1}{2}\cos x^2+C$; (9) $F(e^x)+C$;

(10) $\frac{1}{2}f^2(x)+C$.

2. (1) C; (2) A; (3) A.

3. (1) $\frac{1}{2}\ln|3+2x|+C$;

(2) $-\frac{1}{2}\cos 2x+C$;

(3) $-\frac{1}{3}(1-x^2)^{\frac{3}{2}}+C$;

(4) $-2\cos\sqrt{x}+C$;

(5) $\frac{1}{5}\ln\left|\frac{x-3}{x+2}\right|+C$;

(6) $\frac{1}{\sqrt{2}}\arctan\frac{x+2}{\sqrt{2}}+C$;

(7) $\arcsin\frac{x+1}{\sqrt{2}}+C$;

(8) $\frac{1}{2}\ln(x^2+2x+10)+\frac{2}{3}\arctan\frac{x+1}{3}+C$;

(9) $x-\frac{1}{2}\ln(e^{2x}+1)+C$;

(10) $\frac{1}{3}\sin^3x-\frac{1}{5}\sin^5x+C$;

(11) $\frac{1}{7}\sec^7x-\frac{2}{5}\sec^5x+\frac{1}{3}\sec^3x+C$;

(12) $\frac{1}{11}\tan^{11}x+C$.

4. (1) $2(\sqrt{x-1}-\arctan\sqrt{x-1})+C$;

(2) $\frac{3}{2}\sqrt[3]{(x+2)^2}-3\sqrt[3]{x+2}+3\ln|1+\sqrt[3]{x+2}|+C$;

(3) $\frac{x}{\sqrt{x^2+1}}+C$;

(4) $\frac{a^2}{2}\left(\arcsin\frac{x}{a}-\frac{x}{a^2}\sqrt{a^2-x^2}\right)+C$.

B 组

(1) $\frac{1}{4}\ln\left|\frac{x^2-1}{x^2+1}\right|+C$;

(2) $\ln|x|-\frac{2}{7}\ln|1+x^7|+C$;

(3) $\sqrt{1+\ln^2x}+C$;

(4) $\frac{1}{12}(2x+3)^{\frac{3}{2}}-\frac{1}{12}(2x-1)^{\frac{3}{2}}+C$;

(5) $\tan x-\sec x+C$;

(6) $6(\sqrt[6]{x}-\arctan\sqrt[6]{x})+C$;

(7) $\frac{1}{\sqrt{2}}\arcsin\sqrt{\frac{2}{3}}\sin x+C$;

(8) $-\sqrt{4-x^2}-\frac{\sqrt{4-x^2}}{x}+C$.

习题 4-3

A 组

1. (1) $-x^2\cos x+2x\sin x+2\cos x+C$;

(2) $x\tan x+\ln|\cos x|-\frac{1}{2}x^2+C$;

(3) $-xe^{-x}-e^{-x}+C$;

(4) $\frac{1}{2}x^2\ln x-\frac{1}{4}x^2+C$;

(5) $\frac{1}{2}x^2\ln(1+x^4)-x^2+\arctan x^2+C$;

(6) $\frac{1}{3}x^3\arccos x+\frac{1}{9}(1-x^2)^{\frac{3}{2}}-\frac{1}{3}\sqrt{1-x^2}+C$;

(7) $2\sqrt{x}\sin\sqrt{x}+2\cos\sqrt{x}+C$;

(8) $(x-1)\ln(1+\sqrt{x})-\frac{1}{2}x+\sqrt{x}+C$.

2. $\frac{1-2\ln x}{x}+C$.

B 组

(1) $-2\sqrt{1-x}\cdot\arcsin\sqrt{x}+2\sqrt{x}+C$;

(2) $\tan x\cdot\ln\sin x-x+C$;

(3) $-\frac{1}{2}x\csc^2x-\frac{1}{2}\cot x+C$;

(4) $\frac{x-1}{2\sqrt{1+x^2}}e^{\arctan x}+C$.

综合测试 4

一、填空题

1. $\frac{\cos x}{x^2}$; $\frac{\cos x}{x^2}+C$.

2. $-\frac{1}{2}(1-x^2)^2+C$.

3. $f(e^x)+C$.

4. $\cos x$.

5. $\cos x-\frac{2\sin x}{x}+C$.

6. $-\frac{a^{\frac{1}{x}}}{\ln a}+C$.

7. $-\frac{1}{2}e^{-x^2}+C$.

8. $\ln(x^2-3x+8)+C$.

9. $2\sin\sqrt{x}+C$.

二、选择题

1. C. 2. D. 3. A. 4. D. 5. D. 6. A. 7. B.

三、计算题

1. $x^3+\arctan x+C$.

2. $\tan x+\sec x+C$.

3. $\arctan e^x+C$.

4. $\frac{1}{2}x^2-\frac{9}{2}\ln(9+x^2)+C$.

5. $2\arctan\sqrt{x}+C$.

6. $-\cot x-\tan x+C$.

7. $\frac{1}{\sqrt{2}}\arctan\frac{\tan x}{\sqrt{2}}+C$.

8. $\tan x+\frac{2}{3}\tan^3 x+\frac{1}{5}\tan^5 x+C$.

9. $\frac{1}{2}(x^2-5x+7)\sin 2x+\frac{1}{4}(2x-5)\cos 2x-\frac{1}{4}\sin 2x+C$.

10. $\frac{1}{2}x(\cos\ln x+\sin\ln x)+C$.

四、解答题

1. (1)27(m)； (2)10(s).

2. $300-100\cos 3+100\approx 499$.

3. $6\,400e^{0.25}-6\,400\approx 1\,817.76$(亿桶).

第5章

习题5-1

A组

1. (1)D； (2) C； (3)D； (4)B； (5)C.

2. 略.

3. (1) $\int_1^2 \ln x\mathrm{d}x\geqslant\int_1^2 \ln^2 x\mathrm{d}x$；

(2) $\int_0^1 e^x\mathrm{d}x\geqslant\int_0^1(1+x)\mathrm{d}x$；

4. (1) $\pi\leqslant\int_{\frac{\pi}{4}}^{\frac{5\pi}{4}}(1+\sin^2 x)\mathrm{d}x\leqslant 2\pi$；

(2) $0\leqslant\int_0^{-2}xe^x\mathrm{d}x\leqslant\frac{2}{e}$.

5. 2.

B组

1. (1)$\frac{\pi}{4}$.　2. $I_1>I_2>I_3$.

习题5-2

A组

1. (1)$\sin 2x$； (2)0； (3)$\frac{\mathrm{d}y}{\mathrm{d}x}=-\cos^2 x,\frac{\mathrm{d}y}{\mathrm{d}t}=0$；

(4)1； (5)$\frac{1}{3}$.

2. (1)C； (2) D； (3)C.

3. (1)$1-\frac{\pi}{4}$； (2)$1-\frac{1}{\sqrt{3}}+\frac{\pi}{12}$； (3)$\frac{1}{3}$；

(4)1； (5)$\frac{\pi^2}{72}$； (6)$\frac{11}{2}$.

B组

1. $\sin x$.　2. $\cot t$.　3. $\frac{-\cos x}{e^y}$.

4. $x=1$是$f(x)$的极小值点.　5. 略

习题5-3

A组

1. -1.

2. (1)A； (2) D.

3. (1)$\frac{22}{3}$； (2)$\frac{\pi}{6}$； (3)$2+\ln\frac{3}{2}$； (4)$\frac{\pi}{4}$；

(5)$\frac{1}{4}$； (6)$\frac{\pi}{4}$； (7)$\frac{2}{9}e^{\frac{3}{2}}+\frac{4}{9}$；

(8)$\frac{5\pi}{6}+1-\sqrt{3}$； (9)$\frac{1}{2}(e^{-\frac{\pi}{2}}+1)$；

(10)$\ln 2-2+\frac{\pi}{2}$.

B组

1. $1-\frac{2}{e}$.　2. 2.　3. $\frac{5}{6}$.　4. 1.

习题5-4

A组

1. (1)1,此广义积分收敛；

(2)π,此广义积分收敛；

(3)1,此广义积分收敛；

(4)$+\infty$,此广义积分发散；

(5)$\frac{1}{2}$,此广义积分收敛；

(6)1,此广义积分收敛.

2. (1)$\frac{\pi}{2}$,所以此广义积分收敛；

(2)$-\infty$,所以此广义积分发散；

(3)$\frac{8}{3}$,所以此广义积分收敛；

(4)$\frac{3}{2}(e^2-1)^{\frac{2}{3}}$,所以此广义积分收敛.

B组

$k=\frac{2}{\pi}$.

综合测试5

一、填空题

1. $1\leqslant\int_0^1 e^{x^2}\mathrm{d}x\leqslant e$.　2. $\sin x+x\cos x$.　3. 0.

4. $1-\cos 1$.　5. $k=\frac{1}{2}$.

二、选择题

1. D.　2. B.　3. C.　4. B.　5. C.　6. C.　7. C.

三、计算题

1. $f(x)=3x^2-\frac{2}{3}x$.　2. 1.

3. $x=0$ 是 $f(x)$ 的极小值点，极小值为 0；拐点为 $\left(1,1-\frac{2}{e}\right)$.

4. ln 2.　5. $\frac{\pi}{4}$.　6. 1.　7. $\frac{\pi}{2}$.　8. $\ln(1+e)$.

第 6 章

习题 6-2

A 组

1. $\frac{1}{3}$.　2. $\frac{13}{3}$.　3. $4-\ln 3$.　4. $y=2x-1$.

5. $\frac{\pi}{30}$.　6. $V_x=\frac{64}{15}\pi, V_y=\frac{8}{3}\pi$.

7. $V_x=24\pi, V_y=16\pi$.　8. $160\pi^2$.

B 组

1. $\frac{a^2}{4}(e^{2\pi}-e^{-2\pi})$.　2. $\frac{32}{105}\pi a^3$.　3. $\frac{4\sqrt{3}}{3}R^3$.

4. $1+\frac{1}{2}\ln\frac{3}{2}$.　5. $6a$.

习题 6-3

A 组

1. $\int_a^b F(x)\mathrm{d}x$；　$F(x)\mathrm{d}x$；　微元.

2. (1) $\frac{14}{3}$(J)；　(2) $0.18k$(J).

B 组

1. 6.23×10^5 J.

2. $168\rho g\approx1.65\times10^6$ N.

综合测试 6

一、填空题

1. −1, 3.　2. $\frac{4}{3}$.　3. $\frac{1}{2}$.　4. $V_x=\frac{1}{7}\pi$.

5. $2\sqrt{3}-\frac{4}{3}$.

二、选择题

1. D.　2. A.　3. A.　4. B.　5. D.　6. A.　7. D.

三、计算题

1. $\frac{1}{6}$.　2. 1.　3. $\frac{9}{2}$.　4. πa^2.　5. $3\pi a^2$.

6. $V_x=\frac{3}{10}\pi$；　$V_y=\frac{3}{10}\pi$.　7. $\frac{\pi^3}{4}-2\pi$.

8. $4\pi^2$.　9. $\frac{13}{27}\sqrt{13}-\frac{8}{27}$.　10. 2.5 (J).

第 7 章

习题 7-1

A 组

1. (1) 常微分方程，偏微分方程；
 (2) 二阶，2.

2. (1) B；　(2) A；　(3) B；　(4) D.

3. (1)(2)(4)是微分方程，(3)不是微分方程.

4. (1) 一阶；　(2) 一阶；　(3) 二阶；　(4) 三阶.

5. (1) 是；　(2) 是.

B 组

1. $\frac{\mathrm{d}P}{\mathrm{d}T}=K\frac{P}{T^2}$（其中 K 为比例常数）.

2. $\sqrt{30\times1.04\times9.8}\approx17.49$.

习题 7-2

A 组

1. (1) D；　(2) D.

2. (1) $y=Ce^{x^2}$；　(2) $y=e^{Cx}$；
 (3) $y=\frac{1}{5}x^3+\frac{1}{2}x^2+C$；　(4) $\sin x\sin y=C$.

3. (1) $\sin\frac{y}{x}=Cx$；　(2) $y+\sqrt{y^2-x^2}=Cx^2$；
 (3) $y^2=2x^2(\ln|x|+C)$；
 (4) $x^3-2y^3=Cx$.

4. (1) $e^y=\frac{1}{2}(e^{2x}+1)$；　(2) $y=e^{\tan\frac{x}{2}}$；
 (3) $y^2-x^2=y^3$；　(4) $y^2=2x^2(\ln|x|+2)$.

B 组

1. $t\approx10$(s).　2. $v=269.3$(cm/s).

习题 7-3

A 组

1. (1) B；　(2) D；　(3) A；　(4) D；　(5) B.

2. (1) $y=e^{-x^2}(2e^{x^2}+C)$；
 (2) $y=e^{-x}(x+C)$；
 (3) $y=e^{-\sin x}(x+C)$；
 (4) $y=\cos x(-2\cos x+C)$.

3. (1) $y=e^{-3x}\left(\frac{8}{3}e^{3x}-\frac{2}{3}\right)$；

(2) $y = \frac{1}{x}\ln x$;

(3) $y = -2(e^{-3x} + e^{-5x})$;

(4) $y = e^x(x+1)$.

4. (1) $\arctan(x+y) = x + C$;

(2) $(x-y)^2 = -2x + C$.

B 组

1. $y = 2(e^x - x - 1)$.

2. $v = \frac{k_1}{k_2}t - \frac{k_1 m}{k_2^2} + \frac{k_1 m}{k_2^2}e^{-\frac{k_2}{m}t}$.

3. $\int \frac{g(xy)}{v[g(xy) - f(xy)]}d(xy) = \ln|x| + C$.

习题 7-4

A 组

1. (1) $y = e^x + C_1x + C_2$;

(2) $y = \frac{1}{2}x^2 + 2x + 1$.

2. (1)A; (2)B; (3)C.

3. (1) $y = x\arctan x - \frac{1}{2}\ln(1+x^2) + C_1x + C_2$;

(2) $y = \frac{1}{2}x^2\ln x - \frac{3}{4}x^2 + C_1x + C_2$.

(3) $y = C_1e^x - \frac{1}{2}x^2 - x + C_2$;

(4) $y = C_1\ln|x| + C_2$;

(5) $y = -\ln|\cos(x + C_1)| + C_2$;

(6) $y = C_2e^{C_1x}$.

4. (1) $y = \frac{1}{a^3}e^{ax} - \frac{e^a}{2a}x^2 + \frac{e^a}{a^2}(a-1)x + \frac{e^a}{2a^3}(2a - a^2 - 2)$;

(2) $y = \frac{1}{2}(\ln x)^2 + \ln x$;

(3) $y = \left(\frac{1}{2}x + 1\right)^4$.

B 组

1. $y = \frac{1}{6}x^3 + \frac{1}{2}x + 1$.

2. $s = \frac{mg}{c}\left(t + \frac{m}{c}e^{-\frac{c}{m}t} - \frac{m}{c}\right)$.

综合测试 7

一、填空题

1. 三阶.

2. $y = e^{-\int P(x)dx}\left(\int Q(x)e^{\int P(x)dx}dx + C\right)$.

3. $\arcsin y = \arcsin x + C$.

4. $y = \frac{1}{6}x^3 - \sin x + C_1x + C_2$.

5. $\frac{dy}{dx} = x + y, y = e^x - x - 1$.

二、选择题

1. A. 2. C. 3. A. 4. D. 5. C. 6. D.

7. A. 8. C.

三、计算题

1. $y^3 + e^y = \sin x + C$.

2. $\ln y = \frac{1}{2}x^2$.

3. $y = x\left(\frac{C}{x} + 1\right)^2$.

4. $y = \cos x(\tan x + C)$.

5. $y = -\ln|\cos(-x + C_1)| + C_2$.

6. $y = -\frac{1}{a}\ln(ax + 1)$.

7. $y = \sqrt{2}\tan\frac{1}{\sqrt{2}}x$.

第 8 章

习题 8-1

A 组

1. (1) $ab(a-b)$; (2)1; (3) 0 ;(4)18.

2. $y = 4$.

3. $-\begin{vmatrix} 1 & 1 \\ b^2 & c^2 \end{vmatrix}$; $\begin{vmatrix} 1 & 1 \\ a^2 & c^2 \end{vmatrix}$; $-\begin{vmatrix} 1 & 1 \\ a^2 & b^2 \end{vmatrix}$.

4. 5.

B 组

1. 160. 2. −24. 3. −24.

习题 8-2

A 组

1. $x = \frac{D_x}{D} = \frac{75}{11}$; $y = \frac{D_y}{D} = -\frac{17}{11}$.

2. $x = \frac{D_x}{D} = \frac{52}{52} = 1$;

$y = \frac{D_y}{D} = \frac{-52}{52} = -1$;

$z = \frac{D_z}{D} = \frac{156}{52} = 3$.

3. $x_1=1$, $x_2=-1$, $x_3=0$, $x_4=2$.

B 组

1. $(a+1)^2=4b$.

2. $\lambda=0$ 或 $\lambda=2$ 或 $\lambda=3$.

习题 8-3

A 组

1. $\begin{pmatrix} 2 & 2 & -2 \\ 5 & 5 & 3 \\ -2 & 2 & 7 \end{pmatrix}$. 2. $\begin{pmatrix} 4 & 2 \\ 1 & -13 \\ 4 & -4 \end{pmatrix}$.

3. $\begin{pmatrix} -1 & 6 & 5 \\ -2 & -1 & 12 \end{pmatrix}$.

4. (1) $\begin{pmatrix} -1 & 3 & 1 & 5 \\ 8 & 2 & 8 & 2 \\ 3 & 7 & 9 & 13 \end{pmatrix}$;

(2) $\begin{pmatrix} 14 & 13 & 8 & 7 \\ -2 & 5 & -2 & 5 \\ 2 & 1 & 6 & 5 \end{pmatrix}$;

(3) $\begin{pmatrix} 3 & 1 & 1 & -1 \\ -4 & 0 & -4 & 0 \\ -1 & -3 & -3 & -5 \end{pmatrix}$.

5. $\begin{pmatrix} 1 & 9 \\ -1 & 19 \end{pmatrix}$.

6. $\begin{pmatrix} -3 & 0 & -4 \\ -7 & -5 & -1 \end{pmatrix}$; $\begin{pmatrix} 0 & 1 \\ 3 & -4 \\ 1 & 1 \end{pmatrix}$.

7. $\begin{pmatrix} 1 & 0 \\ 3\lambda & 1 \end{pmatrix}$. 8. $\begin{pmatrix} a^2 & 0 & 0 \\ 0 & b^2 & 0 \\ 0 & 0 & c^2 \end{pmatrix}$.

B 组

1. $(3 \quad -1 \quad 0 \quad 2)$. 2. $\begin{pmatrix} -1 \\ 5 \\ -4 \\ -7 \end{pmatrix}$.

3. $\begin{pmatrix} a_1b_1 & a_1b_2 & \cdots & a_1b_n \\ a_2b_1 & a_2b_2 & \cdots & a_2b_n \\ \vdots & \vdots & & \vdots \\ a_nb_1 & a_nb_2 & \cdots & a_nb_n \end{pmatrix}$.

4. $(a_{11}x^2+a_{22}y^2+cz^2+2(a_{12}xy+b_1xz+b_2yz))$.

5. $\begin{pmatrix} 7 \\ -4 \end{pmatrix}$.

习题 8-4

A 组

1. $\dfrac{1}{27}\begin{pmatrix} -17 & -1 & 44 \\ 10 & -1 & -10 \\ -3 & 3 & 3 \end{pmatrix}$.

2. $\begin{pmatrix} 5 & -2 \\ -2 & 1 \end{pmatrix}$.

3. $\begin{pmatrix} \frac{2}{31} & \frac{3}{31} & \frac{4}{31} \\ \frac{13}{62} & \frac{2}{31} & -\frac{5}{62} \\ \frac{16}{31} & -\frac{7}{31} & \frac{1}{31} \end{pmatrix}$.

4. $\begin{pmatrix} 1 & -2 & 1 & 0 \\ 0 & 1 & -2 & 1 \\ 0 & 0 & 1 & -2 \\ 0 & 0 & 0 & 1 \end{pmatrix}$.

B 组

1. $\begin{pmatrix} \frac{1}{2}\cos\alpha & -\sin\alpha \\ \frac{1}{2}\sin\alpha & \cos\alpha \end{pmatrix}$.

2. $\begin{pmatrix} -1 & 1 & 1 \\ 1 & 0 & -2 \\ 1 & -2 & 1 \end{pmatrix}$.

3. $\begin{pmatrix} -3 & 2 & 0 \\ -4 & 5 & -2 \\ -5 & 3 & 0 \end{pmatrix}$.

习题 8-5

A 组

1. 1. 2. 1. 3. 2. 4. 2.

B 组

1. 3. 2. 3. 3. 2, 3.

习题 8-6

A 组

1. 方程组只有零解.

2. $\lambda=-1$.

B 组

1. $x_1=1$, $x_2=0$, $x_3=-1$, $x_4=-2$.

2. $x_1=-2$, $x_2=1$, $x_3=4$, $x_4=3$.

3. -3.

综合测试 8

一、填空题

1. $\cos 2\alpha$. 2. -58. 3. 19.

4. $x=2, y=-4$.

5. $\begin{pmatrix} -1 & 4 \\ 1 & -3 \end{pmatrix}$.

二、选择题

1. B. 2. D. 3. A. 4. B.

三、计算题

1. (1) $(a+3)(a-1)^3$; (2) 24.

2. (1) -1; (2) 5.

3. $\begin{pmatrix} 0 & -5 & 2 \\ 0 & 3 & -1 \\ \frac{1}{2} & 0 & 0 \end{pmatrix}$.

4. $x=0, y=2, z=0$.

5. $a=1$ 或 $a=-2$.

6. $\begin{pmatrix} -3 & -\frac{7}{4} \\ -1 & -\frac{9}{2} \\ -1 & -\frac{17}{4} \end{pmatrix}$. 7. $\begin{pmatrix} 4 & -15 \\ 1 & 9 \\ -10 & -4 \end{pmatrix}$.

8. (1) $\begin{pmatrix} \frac{7}{6} & \frac{2}{3} & -\frac{3}{2} \\ -1 & -1 & 2 \\ -\frac{1}{2} & 0 & \frac{1}{2} \end{pmatrix}$.

(2) $\begin{pmatrix} 1 & 1 & -2 & -4 \\ 0 & 1 & 0 & -1 \\ -1 & -1 & 3 & 6 \\ 2 & 1 & -6 & -10 \end{pmatrix}$.

9. (1) 该方程组无解;

(2) $x_1=5, x_2=-2, x_3=1$.

10. (1) $x_1=-2C, x_2=C, x_3=0$;

(2) $x_1=C_1+C_2+1, x_2=2C_2+1$.

第 9 章

习题 9-1

A 组

1. (1) A; (2) B; (3) B; (4) D.

2. 455.

B 组

(1) $A_1\overline{A_2}\,\overline{A_3} \cup \overline{A_1}A_2\overline{A_3} \cup \overline{A_1}\,\overline{A_2}A_3$;

(2) $A_1\overline{A_2}\,\overline{A_3}$;

(3) $A_1 \cup A_2 \cup A_3$;

(4) $\overline{A_1}\,\overline{A_2}\,\overline{A_3} \cup A_1\overline{A_2}\,\overline{A_3} \cup \overline{A_1}A_2\overline{A_3} \cup \overline{A_1}\,\overline{A_2}A_3$;

(5) $A_1A_2A_3$;

(6) $\overline{A_1} \cup \overline{A_2} \cup \overline{A_3}$.

习题 9-2

A 组

1. (1) A; (2) D.

2. $\frac{7}{12}$.

3. 数学英语至少有一门为优秀的占 26%.

B 组

1. $P(A)=0$. 2. 0.2. 3. $\frac{13}{21}$. 4. $\frac{7}{16}$.

习题 9-3

A 组

1. (1) C; (2) B; (3) A.

2. $P(A \mid B)=\frac{9}{14}$.

3. 0.686.

B 组

1. 0.2, $\frac{2}{3}$, 0.5.

2. $\frac{3}{8}$, $\frac{5}{16}$.

3. $\frac{1}{60}$, $\frac{2}{5}$, $\frac{3}{5}$.

习题 9-4

A 组

1. (1) D; (2) A; (3) B.

2.

X	3	4	5
P	$\frac{1}{10}$	$\frac{3}{10}$	$\frac{6}{10}$

B 组

1. 第二种方案发挥团队精神,既能节省人力,又能把设备管理得更好.

2. 0.682 4.

习题 9-5

A 组

1. (1) D; (2) A; (3) D.

2. $\frac{9}{10}$，$\frac{49}{100}$.

B 组

1.（1）$\frac{5}{12}$；（2）80，$\frac{4\ 000}{3}$.

2. 0.3；0.319.

习题 9-6

A 组

1.（1）A；（2）C；（3）C.

B 组

（1）226.1 亿元，256.5 亿元；

（2）利用模型②得到的预测值更可靠.

综合测试 9

一、填空题

1. 不可能事件.

2. $\frac{3}{8}$.　3. $\frac{5}{12}$.　4. 0.6.　5. 0.8.　6. $\frac{26}{27}$.

7. $\frac{1}{4}$，$\frac{1}{2}$.

二、选择题

1. B.　2. D.　3. D.　4. B.　5. B.　6. B.　7. C.

三、计算题

1. 0.175.

2.（1）0.2；（2）0.7.

3. $\frac{13}{40}$.

4. 0.76.

5. $P\{X \geqslant 10\} = \int_{10}^{+\infty} \frac{1}{5} e^{-x/5} dx = e^{-2}$.

6. 54.05.